北京12316

农业服务热线农业技术咨询1000例(2)

北京市农业局　编

中国农业大学出版社

·北京·

图书在版编目(CIP)数据

北京12316农业服务热线农业技术咨询1000例(2)/北京市农业局编. —北京:中国农业大学出版社,2012.9

ISBN 978-7-5655-0562-1

Ⅰ.①北…　Ⅱ.①北…　Ⅲ.①蔬菜园艺-问题解答 ②观赏园艺-问题解答 ③养殖-问题解答　Ⅳ.①S6-44 ②S8-44

中国版本图书馆CIP数据核字(2012)第143744号

书　　名	北京12316农业服务热线农业技术咨询1000例(2)		
作　　者	北京市农业局　编		
责任编辑	张秀环	**责任校对**	王晓凤　陈　莹
封面设计	郑　川		
出版发行	中国农业大学出版社		
社　　址	北京市海淀区圆明园西路2号	**邮政编码**	100193
电　　话	发行部 010-62818525,8625	读者服务部	010-62732336
	编辑部 010-62732617,2618	出　版　部	010-62733440
网　　址	http://www.cau.edu.cn/caup	**e-mail**	cbsszs@cau.edu.cn
经　　销	新华书店		
印　　刷	涿州市星河印刷有限公司		
版　　次	2012年9月第1版　　2012年9月第1次印刷		
规　　格	850×1 168　32开本　18.875印张　568千字		
定　　价	38.00元		

图书如有质量问题本社发行部负责调换

编委会名单

编写专家

阳台蔬菜部分　曹　华　郑建秋　李明远　陈　博　李红岑　赵景文　师迎春　李常平

花卉部分　汪兆林　王　静　孙奂明　曹玲玲

观赏鱼部分　殷守仁　徐立蒲　何　川　付　饶　汤理思　朱文君

宠物部分　祝俊杰　云　鹏　曹　平　张志红　王　昊

前　言

“12316”是全国统一的农业服务专用公益号码。“北京 12316 农业服务热线”是北京市农业局创建的农业公益服务“窗口”。热线于 2008 年开通，主要开展农资打假投诉举报、农业技术咨询服务、农业发展意见收集整理等三项服务工作，为北京农民、市民、企业提供了数以万计的服务。

热线开通以来积累了大量实用农业技术信息，为了更好地为社会公众提供涉农信息服务，我们梳理热线服务中咨询普遍、切合生产生活实际的相关问题，进行归纳提炼，编写了《北京 12316 农业服务热线农业技术咨询 1000 例》(2)，是继 2010 年出版的《北京 12316 农业服务热线农业技术咨询 1000 例》系列丛书的后续部分。本书共分四部分，涉及阳台蔬菜栽培管理与病虫害防治、花卉栽培管理与病虫害防治、观赏鱼饲养与疫病防治、宠物饲养与疫病防治等方面内容，全部编排内容采取问答形式，力求信息准确、资料翔实、技术可靠、方便实用、通俗易懂，具有较强的针对性和实用性。本书既是“12316 农业服务热线”为民服务的延伸，也是一本工具书，旨在在农业知识普及和促进城乡融合方面发挥积极作用。

由于编写时间紧，编写人员水平有限，本书难免存在不妥之处，敬请读者提出宝贵意见。

编　者

2012 年 5 月

目　录

阳台蔬菜

一、入门知识 …… 3
1. 阳台蔬菜的意义是什么? …… 3
2. 适宜阳台种植的蔬菜品种有哪些? …… 3
3. 阳台蔬菜的栽培方式有哪些? …… 4
4. 朝东的阳台四季适合栽种什么蔬菜? …… 4
5. 朝南的阳台四季适合栽种什么蔬菜? …… 4
6. 朝西的阳台四季适合栽种什么蔬菜? …… 5
7. 朝北的阳台四季适合栽种什么蔬菜? …… 5
8. 初学者适宜种什么蔬菜? …… 5
9. 什么是阳台小气候? …… 5
10. 怎么理解阳台与楼顶的热资源? …… 6
11. 怎么理解阳台与楼顶的光资源? …… 7
12. 怎么理解阳台与楼顶的水资源? …… 7
13. 怎样应对阳台的干旱气候? …… 8
14. 怎样应对阳台的风速影响? …… 9
二、土培蔬菜 …… 10
(一)土壤和肥料 …… 10
1. 土壤中的哪些成分可以供给植物生长? …… 10

2.什么样的土适宜阳台栽种蔬菜？ …… 11
3.什么是基质？ …… 11
4.用挖来的楼房外的土种菜,行吗？ …… 11
5.阳台栽培蔬菜可以把土摊开,下面放泡沫板种植吗？ …… 11
6.如何给土壤消毒？ …… 11
7.种植蔬菜之前要不要施用底肥？ …… 12
8.什么样的肥料适用于阳台种植蔬菜？ …… 12
9.基肥的使用方法是什么？ …… 12
10.如何利用家里现有的材料(动物粪便、麻酱渣等)自制肥料？ …… 12
11.怎样减少沤肥、施肥时发出的臭味？ …… 13
12.施肥一次可以种多茬蔬菜吗？ …… 14
13.什么是叶面肥？ …… 14
14.叶面肥的作用是什么？ …… 14
15.什么情况下需要补肥？ …… 15
16.补充叶面肥时的操作方法以及注意事项是什么？ …… 15
17.如何做到合理施肥？ …… 15
18.为什么不能施未腐熟肥料？ …… 16
19.施用浓肥有什么害处？ …… 16
(二)器皿和工具 …… 17
1.什么器皿适用于阳台土培蔬菜？ …… 17
2.为什么种植器皿一定要有排水孔？ …… 17
3.如何根据种植的蔬菜搭配器皿？ …… 18
4.阳台种菜常用的工具都有哪些？ …… 18
(三)浇水的原则 …… 18
1.什么样的水浇菜好？ …… 18

2.雨(雪)水浇菜好不好? …… 19
3.淘米水能浇菜吗? …… 19
4.养鱼的水能浇菜吗? …… 19
5.什么样的水不能浇菜? …… 20
6.平时应怎样给蔬菜浇水? …… 20
7.浇水过多或者过少对蔬菜会有什么影响? …… 20
8.怎样根据气温浇水? …… 21
(四)叶类蔬菜栽培与管理 …… 21
1.如何选择品质好的种子? …… 21
2.播种之前,种子需要浸泡吗? …… 21
3.播种之前,都需要做什么准备? …… 22
4.播种时如何操作? …… 22
5.种子萌发初期,对光照有什么要求? …… 22
6.对水分有什么要求? …… 22
7.播种后,一般过多长时间种子会发芽? …… 23
8.出芽后,栽培管理要点有哪些? …… 23
9.阳台种植叶类蔬菜,对光照如何要求? …… 23
10.光照过强或者过弱对叶类蔬菜会有什么影响? …… 24
11.怎样做到合适的采光? …… 24
12.对温度如何要求? …… 24
13.温度过高或者过低对叶类蔬菜会有什么影响? …… 24
14.如何进行分盆、移栽的操作? …… 25
15.如何促进叶类蔬菜叶子生长? …… 25
16.叶类蔬菜的采收标准和方法是什么? …… 25
17.阳台上种植蔬菜,强光透过玻璃窗照射进来,会对蔬菜造成影响吗? …… 25
18.播种后种子不发芽,是什么原因造成的? …… 26
19.为什么刚出苗,苗就死了? …… 26

20. 苗刚长出来，为什么浇了水后，根浮起来，全倒了？ … 26
21. 水浇得不少，为什么苗慢慢就蔫了？ …… 26
22. 为什么苗长得很慢，长到一定程度就不长了？ …… 26
23. 为什么苗长得特别细？ …… 26
24. 苗长得太高太细了，后来就倒了，怎么办？ …… 27
25. 种了一段时间的蔬菜，为什么最早长出来的叶子开始变干？ …… 27
26. 种香菜出莛是什么原因？ …… 27
27. 小油菜为什么茎部变蔫了？ …… 27
(五)茄果类蔬菜栽培与管理 …… 27
1. 出芽后，栽培管理要点有哪些？ …… 27
2. 阳台种植茄果类蔬菜，对光照如何要求？ …… 28
3. 光照过强或者过弱对茄果类蔬菜会有什么影响？ …… 28
4. 对温度如何要求？ …… 28
5. 温度过高或者过低对茄果类蔬菜会有什么影响？ …… 29
6. 夜温过高或者过低会对茄果类蔬菜会有什么影响？ … 29
7. 什么时候需要“掐尖”？ …… 29
8. 秧子长到多高，需要搭架子？ …… 30
9. 开花坐果期，栽培管理上要特别注意什么？ …… 30
10. 怎么提高坐果率？ …… 30
11. 茄果类蔬菜的采收标准是什么？ …… 31
12. 为什么番茄上部的叶子没事，下面的叶子干枯了呢？ …… 31
13. 种的番茄，白天光照强都把叶子晒蔫了，晚上浇点水，第二天早上就缓过来了。这种情况是不是要少见光啊？ …… 31

14. 种的番茄，秧子疯长，开花后很快花就掉了，为什么？ …… 32
15. 为什么番茄光开花不结果？ …… 32
16. 为什么番茄结出来的果实硬？ …… 32
17. 番茄果实很小，怎么办？ …… 33
18. 种的番茄，叶子总是特别干，最后弄得果实都不行了，什么原因？ …… 33
19. 番茄结的果实味道酸，这样的果实可以吃吗？ …… 33
20. 青色的番茄能吃吗？ …… 33
21. 种了快两个月的彩椒，就1寸多高、6片叶子，怎么回事？ …… 34
22. 彩椒种植过程中果实坐不住，是什么原因？ …… 34
(六)瓜类蔬菜栽培与管理 …… 34
1. 出芽后，栽培管理要点有哪些？ …… 34
2. 阳台种植瓜类蔬菜，对光照如何要求？ …… 35
3. 光照过强或者过弱对瓜类蔬菜会有什么影响？ …… 35
4. 对温度如何要求？ …… 36
5. 温度过高或者过低对瓜类蔬菜会有什么影响？ …… 36
6. 秧子长到多高，需要搭架子？ …… 36
7. 开花坐果期，栽培管理上要特别注意什么？ …… 36
8. 怎么提高坐果率？ …… 36
9. 瓜类蔬菜的采收标准是什么？ …… 37
10. 1周给黄瓜浇2、3次水，为什么刚长的几片叶子还变黄？ …… 37
11. 为什么黄瓜长着长着，新、老叶子都变黄了？ …… 37
12. 为什么黄瓜叶子卷边？ …… 38
13. 黄瓜秧子长得特别长，不结果，为什么？ …… 38

14. 为什么阳台上种的黄瓜光开花就是不结果呢？……… 38
15. 黄瓜结果了，但是果实长得很慢，怎么办？……… 38
16. 黄瓜的果实长到两三寸长时，就不长了，就蔫了，为什么？……… 38
17. 种的小南瓜有好多花，要不要掐掉一些？……… 39
18. 丝瓜和南瓜长势挺好，为什么果实长到大拇指大小就烂了？……… 39
19. 阳台上种植的丝瓜还没开花就长小瓜了，这种现象没有问题吧？……… 39
20. 种的黄瓜果实，为什么是苦的，这种黄瓜可不可以吃啊？……… 39
21. 为什么第二年种的苦瓜结的果比第一年的要苦，不好吃呢？……… 40
三、水培蔬菜……… 41
（一）芽菜类……… 41
1. 芽苗菜是什么？……… 41
2. 什么种子适用于作芽菜种子？……… 41
3. 芽菜种子需要浸种多长时间？……… 41
4. 怎样根据种植器皿大小及蔬菜品种确定播种数量？……… 41
5. 种植器皿如何选择？……… 42
6. 对光照如何要求？……… 42
7. 对温度如何要求？……… 42
8. 对湿度如何要求？……… 42
9. 怎样栽培管理？……… 42
10. 芽菜的采收标准是什么？……… 42
11. 一般情况下，一茬芽菜可以采收几次？……… 43

12. 为什么种上的芽苗菜不发芽？ …… 43
13. 芽菜种子上发霉了，是不是水多了？ …… 43
14. 芽苗菜出芽后，上面还要盖纸遮挡阳光吗？ …… 43
15. 种的芽菜发臭了，怎么办？ …… 43
16. 芽苗菜种上几天了，为什么不怎么长呢？ …… 43
17. 芽苗菜长到8、9厘米了，为什么子叶打不开？ …… 44
18. 芽苗菜光长莛，特细，为什么不长叶呢？ …… 44
19. 芽苗菜的根太长了，能不能剪点儿下去？ …… 44
（二）其他蔬菜 …… 44
1. 什么是无土栽培？ …… 44
2. 阳台无土栽培设备有什么特点？ …… 46
3. 适合的蔬菜品种有哪些？ …… 46
4. 如何培育菜苗？ …… 47
5. 种菜装置如何使用？ …… 48
6. 什么情况下需向设备中添加营养液？ …… 49
四、阳台蔬菜病虫害防治 …… 50
（一）病害防治 …… 50
1. 家庭种植蔬菜易感染哪些病害？ …… 50
2. 黄瓜白粉病的症状是怎么样的？ …… 51
3. 家庭种植黄瓜，如何防治白粉病？ …… 51
（二）虫害防治 …… 52
1. 家庭种植蔬菜易发生哪些虫害？ …… 52
2. 蚜虫的形态特征及危害症状是什么？ …… 52
3. 家庭种植蔬菜如何防治蚜虫？ …… 53
4. 粉虱的形态特征及危害症状是什么？ …… 53
5. 家庭种植蔬菜如何防治粉虱？ …… 55

6.斑潜蝇的形态特征及危害症状是什么? …… 55
7.家庭种植蔬菜如何防治斑潜蝇? …… 56
8.蓟马的形态特征及危害症状是什么? …… 56
9.家庭种植蔬菜如何防治蓟马? …… 57
10.红蜘蛛的形态特征及危害症状是什么? …… 58
11.家庭种植蔬菜如何防治红蜘蛛? …… 59
(三)农药的介绍与使用 …… 59
1.什么是农药? …… 59
2.农药标签有什么作用? …… 59
3.农药标签应包括哪些内容? …… 60
4.按照防治对象农药一般分为哪几种类型? …… 60
5.不同农药的类别标志带是什么? …… 60
6.农药用量表示方法有哪些? …… 61
7.农药制剂用量如何分类? …… 61
8.如何计算农药有效成分量? …… 61
9.液体农药应如何配置? …… 62
10.什么是农药的毒性,用什么来表示? …… 62
11.农药毒性分几级? …… 62
12.为什么要正确选择和使用农药? …… 62
13.购买农药应注意什么? …… 63
14.如何科学合理使用农药? …… 63
15.使用农药时应注意什么? …… 64
16.家庭种菜可以使用的低毒农药都有哪些? …… 65
17.蔬菜农药使用过量如何急救? …… 65
18.如何减少和避免农药残留? …… 65
19.家庭如何自制生物农药? …… 66

花　卉

一、入门知识 …… 69
1.怎样选购苗木？ …… 69
2.怎样选购盆花？ …… 69
3.购买花木怎样辨别真伪？ …… 70
4.适宜初学者养的花卉都有哪些？ …… 70
5.按照形态特征，花卉如何分类？ …… 70
6.朝东的阳台适合摆放什么花卉？ …… 71
7.朝南的阳台适合摆放什么花卉？ …… 71
8.朝西的阳台适合摆放什么花卉？ …… 72
9.朝北的阳台适合摆放什么花卉？ …… 72
10.什么花卉不宜放在室内？ …… 72
11.装修过后的居室适合摆放什么花卉“吸毒”？ …… 72
12.客厅装饰适合摆放什么花卉？ …… 73
13.卧室适合摆放什么花卉？ …… 73
14.什么花卉不宜放在卧室？ …… 74
二、花卉养护必备材料 …… 75
(一)养护工具 …… 75
1.花盆的种类有哪些？ …… 75
2.如何根据种植的花卉选择花盆？ …… 75
3.养花的必备工具有哪些？ …… 76
(二)土壤和肥料 …… 76
1.花卉生长需要哪些营养成分？ …… 76
2.什么是基质？ …… 77
3.用了几年的老盆和土能不能继续使用？ …… 77
4.如何进行土壤消毒？ …… 77

5.换盆的操作方法有哪些? …… 78
6.换完盆后要注意什么? …… 78
7.什么样的肥料适用于家庭养花? …… 78
8.基肥的使用方法是什么? …… 79
9.如何利用家里现有的材料(动物粪便、麻酱渣等)自制肥料? …… 79
10.怎样减少沤肥、施肥时发出的臭味? …… 80
11.什么是叶面肥? …… 80
12.叶面肥的作用是什么? …… 81
13.什么情况下需要补肥? …… 81
14.补充叶面肥时的操作方法以及注意事项是什么? …… 81
15.如何做到合理施肥? …… 82
16.为什么不能施未腐熟肥料? …… 82
17.施用浓肥有什么害处? …… 82
(三)浇水 …… 83
1.什么水适宜浇花? …… 83
2.雨(雪)水浇花好吗? …… 83
3.如何用淘米水浇花? …… 84
4.为什么说养鱼的水浇花好? …… 84
5.剩茶水可以浇花吗? …… 84
6.啤酒可以浇花吗? …… 85
7.大豆水、牛奶可以浇花吗? …… 85
8.食醋可以浇花吗? …… 85
9.怎么用自来水浇花? …… 85
10.什么水不能浇花? …… 85
11.什么样才是“浇透水”了? …… 86
12.为什么浇水要“见干见湿”? …… 86

13. 如何做到浇水“见干见湿”？ …… 86
14. 浇水过多或者过少对花卉有什么影响？ …… 86
15. 给什么样的花卉浇水要浇酸性的水？ …… 87
16. 夏季中午为什么不能用冷水浇花？ …… 87
17. 怎样根据天气浇水？ …… 87
18. 通风不良会产生什么影响？ …… 87
19. 湿度过大或者过小会产生什么影响？ …… 88
三、家庭常见观花类花卉养护 …… 89
（一）矮牵牛 …… 89
1. 盆栽矮牵牛选择什么基质适宜？ …… 89
2. 养护矮牵牛，什么样的光照适宜？ …… 90
3. 光照过强或者过弱会产生什么影响？ …… 90
4. 养护矮牵牛，什么样的温度适宜？ …… 90
5. 温度过高或者过低会产生什么影响？ …… 90
6. 养护矮牵牛，什么样的湿度适宜？ …… 90
7. 如何繁殖牵牛花？ …… 91
（二）报春花 …… 91
1. 盆栽报春花选择什么基质适宜？ …… 91
2. 养护报春花，什么样的光照适宜？ …… 91
3. 光照过强或者过弱会产生什么影响？ …… 92
4. 养护报春花，什么样的温度适宜？ …… 92
5. 温度过高或者过低会产生什么影响？ …… 92
6. 养护报春花，什么样的湿度适宜？ …… 92
7. 叶片边缘焦黄、叶片萎蔫是怎么回事？ …… 92
8. 如何繁殖报春花？ …… 93
（三）茶花 …… 93
1. 盆栽茶花选择什么基质适宜？ …… 93

2. 养护茶花,什么样的光照适宜? …… 94
3. 光照过强或者过弱会产生什么影响? …… 94
4. 怎样做到合适的采光? …… 94
5. 养护茶花,什么样的温度适宜? …… 94
6. 温度过高或者过低会产生什么影响? …… 94
7. 养护茶花,什么样的湿度适宜? …… 95
8. 茶花四季的养护要点是什么? …… 95
9. 如何繁殖茶花? …… 95
10. 茶花花骨朵发干要掉落,怎么办? …… 96
(四)杜鹃 …… 96
1. 盆栽杜鹃选择什么基质适宜? …… 96
2. 养护杜鹃,什么样的光照适宜? …… 97
3. 光照过强或者过弱会产生什么影响? …… 97
4. 怎样做到合适的采光? …… 97
5. 养护杜鹃,什么样的温度适宜? …… 98
6. 温度过高或者过低会产生什么影响? …… 98
7. 养护杜鹃,什么样的湿度适宜? …… 98
8. 杜鹃四季的养护要点是什么? …… 98
9. 如何繁殖杜鹃花? …… 98
10. 如何控制杜鹃花期? …… 100
11. 杜鹃花开时怎么管理? …… 100
12. 杜鹃 7 月份开花了,如果想让它春节还能开花,是不是要把它齐一下头? …… 100
13. 冬天把杜鹃花放在离窗户较近的地方,怎么反而花开始蔫了呢? …… 101
14. 杜鹃买回来时开着花,后来叶子开始掉,根焦黄,是不是 1 周浇一次水少的原因? …… 101

15. 为什么每年养杜鹃都是花开过后，养到后期，掉叶子死了呢？ …… 101
16. 为什么每年养杜鹃，一到伏天就死了呢？ …… 102
17. 放在阳台护栏里养杜鹃，怎么下完雨叶子发蔫呢？ …… 102
(五)扶桑 …… 102
1. 盆栽扶桑选择什么基质适宜？ …… 102
2. 养护扶桑，什么样的光照适宜？ …… 102
3. 光照过强或者过弱会产生什么影响？ …… 103
4. 养护扶桑，什么样的温度适宜？ …… 103
5. 温度过高或者过低会产生什么影响？ …… 103
6. 如何繁殖扶桑？ …… 103
7. 为什么扶桑的花苞还没打开就掉了呢？ …… 104
8. 冬天，扶桑买回来的时候开着花，后来全掉了，新长出来的花骨朵也掉，叶尖和边缘发黄，怎么回事？ …… 104
(六)桂花 …… 105
1. 盆栽桂花选择什么基质适宜？ …… 105
2. 养护桂花，什么样的光照适宜？ …… 105
3. 光照过强或者过弱会产生什么影响？ …… 105
4. 养护桂花，什么样的温度适宜？ …… 106
5. 温度过高或者过低会产生什么影响？ …… 106
6. 养护桂花，什么样的湿度适宜？ …… 106
7. 桂花树不长叶子，新长的叶子也变皱，怎么办？ …… 106
8. 将桂花摆放在采光好的阳台上，浇水见干见湿，半个月施一次肥，为什么叶子四周变黄变焦呢？ …… 106
9. 冬季买的桂花放在阳台上，浇水见干见湿，只施一次肥，现在中下部的叶子变干枯发白，最后掉光了，怎么办？ …… 107

10. 盆栽桂花为什么不开花? …… 107
11. 桂花树上有裂皮的地方,怎么补上? …… 108
12. 为什么冬、春之交桂花树容易死? …… 108
13. 受冻桂花如何解冻? …… 108
14. 春节买的四季桂,叶尖和四周发褐,叶面上还有小黑点,怎么回事? …… 109
15. 刚买的四季桂放在屋子里,两三天浇一次水,现在叶子变脆往下掉,怎么办? …… 109
16. 四季桂一开始的叶子带着花骨朵一起长,现在长出来的叶子,怎么就没有花骨朵了? …… 109
17. 四季桂为什么不香? …… 109
(七)红掌(火鹤)…… 110
1. 盆栽红掌选择什么基质适宜? …… 110
2. 养护红掌,什么样的光照适宜? …… 110
3. 光照过强或者过弱会产生什么影响? …… 110
4. 养护红掌,什么样的温度适宜? …… 111
5. 温度过高或者过低会产生什么影响? …… 111
6. 养护红掌,什么样的湿度适宜? …… 111
7. 如何分株、扦插繁殖红掌? …… 111
8. 为什么红掌养一段时间叶子就变黄变干呢? …… 112
9. 快入冬时,从室外挪到室内的红掌,叶子有烧焦状的黄色边,开的花也掉了,怎么回事? …… 112
10. 养了一年的红掌,开过花后,就不好了,叶子一块块儿地变黄,怎么办? …… 112
(八)蝴蝶兰 …… 113
1. 盆栽蝴蝶兰,选用什么基质适宜? …… 113
2. 养护蝴蝶兰,什么样的光照适宜? …… 113

3. 光照过强或者过弱会产生什么影响？ …………………… 113
4. 养护蝴蝶兰，什么样的温度适宜？ …………………… 113
5. 温度过高或者过低会产生什么影响？ …………………… 113
6. 养护蝴蝶兰，什么样的湿度适宜？ …………………… 114
7. 蝴蝶兰四季的养护要点是什么？ …………………… 114
8. 如何繁殖蝴蝶兰？ …………………… 114
9. 蝴蝶兰的叶子发黄、变干是什么原因？ …………………… 115
10. 蝴蝶兰花开过后，为什么叶尖开始发黄发蔫，后来面积逐渐扩大，叶子就不行了？ …………………… 115
11. 蝴蝶兰第一次花开过后，再长出来的花骨朵很小，怎么回事？ …………………… 116
12. 蝴蝶兰花开过后一段时间，根烂了，是不是水大了？ …………………… 116
(九)君子兰 …………………… 116
1. 盆栽君子兰适宜用什么样的基质？ …………………… 117
2. 养护君子兰，什么样的光照适宜？ …………………… 117
3. 光照过强或者过弱会对君子兰产生什么影响？ …………………… 117
4. 怎样做到合适的采光？ …………………… 117
5. 养护君子兰，什么样的温度适宜？ …………………… 118
6. 温度过高或者过低会产生什么影响？ …………………… 118
7. 养护君子兰，什么样的湿度适宜？ …………………… 118
8. 君子兰四季的养护要点是什么？ …………………… 118
9. 如何繁殖君子兰？ …………………… 118
10. 君子兰的叶子不平整，怎么办？ …………………… 120
11. 君子兰的叶子发黄、掉落是什么原因？ …………………… 120
12. 君子兰的叶子从中间开始烂了，是什么原因？ …………………… 121
13. 养了一段时间的君子兰，为什么不开花？ …………………… 121

14. 为什么君子兰夹箭了，怎么解决？ …… 121
15. 夏天放在楼下的君子兰叶片发黄，叶梢尤其严重，拿进屋里来之后更严重了，怎么办？ …… 122
16. 如何延长君子兰花期？ …… 122
(十)马蹄莲 …… 122
1. 盆栽马蹄莲选择什么基质适宜？ …… 123
2. 养护马蹄莲，什么样的光照适宜？ …… 123
3. 光照过强或者过弱会产生什么影响？ …… 123
4. 养护马蹄莲，什么样的温度适宜？ …… 123
5. 温度过高或者过低会产生什么影响？ …… 123
6. 养护马蹄莲，什么样的湿度适宜？ …… 123
7. 如何分株繁殖马蹄莲？ …… 124
8. 为什么夏天马蹄莲的叶子越长越小，也不开花呢？ …… 124
9. 马蹄莲腐烂是什么原因？ …… 124
(十一)茉莉 …… 125
1. 盆栽茉莉选择什么基质适宜？ …… 125
2. 养护茉莉，什么样的光照适宜？ …… 125
3. 光照过强或者过弱会产生什么影响？ …… 125
4. 怎样做到合适的采光？ …… 126
5. 养护茉莉，什么样的温度适宜？ …… 126
6. 温度过高或者过低会产生什么影响？ …… 126
7. 养护茉莉，什么样的湿度适宜？ …… 126
8. 茉莉四季的养护要点是什么？ …… 126
9. 如何繁殖茉莉？ …… 128
10. 怎样使茉莉多开花？ …… 128
11. 夏天一天给茉莉花浇一次水，怎么叶子还是黄的呢？ …… 129

12. 家里养的几盆茉莉，为什么有的长得很好，有的叶子很干呢？ …… 129
13. 怎么茉莉花不爱开花呢？ …… 129
(十二)水仙花 …… 130
1. 盆栽水仙花选择什么基质适宜？ …… 130
2. 养护水仙花，什么样的光照适宜？ …… 130
3. 光照过强或者过弱会产生什么影响？ …… 130
4. 养护水仙花，什么样的温度适宜？ …… 131
5. 温度过高或者过低会产生什么影响？ …… 131
6. 养护水仙花，怎样的湿度适宜？ …… 131
7. 如何进行水仙花的根部雕刻？ …… 131
8. 如何水培水仙花？ …… 131
9. 如何控制水仙花的开花时间？ …… 132
10. 刚养一个多月的水仙花，叶尖开始发黄了，怎么回事？ …… 132
11. 如何防止水仙花疯长？ …… 132
(十三)四季海棠 …… 133
1. 盆栽四季海棠选择什么基质适宜？ …… 133
2. 养护四季海棠，什么样的光照适宜？ …… 133
3. 光照过强或者过弱会产生什么影响？ …… 133
4. 怎样做到合适的采光？ …… 134
5. 养护四季海棠，什么样的温度适宜？ …… 134
6. 温度过高或者过低会产生什么影响？ …… 134
7. 养护四季海棠，什么样的湿度适宜？ …… 134
8. 湿度过大或者过小会产生什么影响？ …… 134
9. 四季海棠四季的养护要点是什么？ …… 135
10. 如何繁殖四季海棠？ …… 135

(十四)月季…………………………………………………… 135
1.盆栽月季选择什么基质适宜? ……………………… 135
2.养护月季,什么样的光照适宜? …………………… 135
3.光照过强或者过弱会产生什么影响? ……………… 136
4.怎样做到合适的采光? ……………………………… 136
5.养护月季,什么样的温度适宜? …………………… 136
6.温度过高或者过低会产生什么影响? ……………… 137
7.养护月季,什么样的湿度适宜? …………………… 137
8.月季四季的养护要点是什么? ……………………… 137
9.如何扦插繁殖月季? ………………………………… 137
10.怎样控制好月季的花期? ………………………… 138
(十五)栀子花………………………………………………… 138
1.盆栽栀子花选择什么基质适宜? …………………… 138
2.养护栀子花,什么样的光照适宜? ………………… 139
3.光照过强或者过弱会产生什么影响? ……………… 139
4.养护栀子花,什么样的温度适宜? ………………… 139
5.温度过高或者过低会产生什么影响? ……………… 139
6.栀子花四季的养护要点是什么? …………………… 139
7.如何扦插、压条繁殖栀子花? ……………………… 140
8.刚买回不久的栀子花,怎么叶子就黄了? ………… 140
9.冬天过后栀子花的叶子掉光了,但是枝条还是绿的,
这花还有救吗? ……………………………………… 141
四、家庭常见观叶类花卉养护 ………………………… 142
(一)巴西木…………………………………………………… 142
1.盆栽巴西木选择什么基质适宜? …………………… 142
2.养护巴西木,什么样的光照适宜? ………………… 142
3.光照过强或者过弱会产生什么影响? ……………… 142

4. 养护巴西木，什么样的温度适宜？ …… 143
5. 温度过高或者过低会产生什么影响？ …… 143
6. 养护巴西木，什么样的湿度适宜？ …… 143
7. 巴西木四季的养护要点是什么？ …… 143
8. 如何繁殖巴西木？ …… 144
9. 为什么冬天巴西木叶子容易变黄变干呢？ …… 145
(二)常春藤 …… 145
1. 盆栽常春藤选择什么基质适宜？ …… 145
2. 养护常春藤，什么样的光照适宜？ …… 145
3. 光照过强或者过弱会产生什么影响？ …… 146
4. 养护常春藤，什么样的温度适宜？ …… 146
5. 温度过高或者过低会产生什么影响？ …… 146
6. 养护常春藤，什么样的湿度适宜？ …… 146
7. 常青藤四季的养护要点是什么？ …… 146
8. 如何扦插繁殖常春藤？ …… 147
(三)滴水观音(海芋) …… 148
1. 盆栽滴水观音选择什么基质适宜？ …… 148
2. 养护滴水观音，什么样的光照适宜？ …… 148
3. 光照过强或者过弱会产生什么影响？ …… 149
4. 养护滴水观音，什么样的温度适宜？ …… 149
5. 温度过高或者过低会产生什么影响？ …… 149
6. 养护滴水观音，什么样的湿度适宜？ …… 149
7. 滴水观音四季的养护要点是什么？ …… 149
8. 如何繁殖滴水观音？ …… 150
9. 滴水观音有毒，能不能放在屋子里养？ …… 151
10. 阳光晒了几天之后，水培的滴水观音叶子变黄了，怎么办？ …… 151

11. 室外栽培的滴水观音，冬天什么时候要挪到屋子里来？ …… 151
(四)吊兰 …… 152
1. 盆栽吊兰选择什么基质适宜？ …… 152
2. 养护吊兰，什么样的光照适宜？ …… 152
3. 光照过强或者过弱会产生什么影响？ …… 152
4. 养护吊兰，什么样的温度适宜？ …… 153
5. 温度过高或者过低会产生什么影响？ …… 153
6. 养护吊兰，什么样的湿度适宜？ …… 153
7. 吊兰四季的养护要点是什么？ …… 153
8. 吊兰扦插、分株如何操作？ …… 154
9. 吊兰叶子尖发黄是什么原因？ …… 154
(五)发财树 …… 154
1. 盆栽发财树选择什么基质适宜？ …… 154
2. 养护发财树，什么样的光照适宜？ …… 154
3. 养护发财树，什么样的温度适宜？ …… 155
4. 温度过高或者过低会产生什么影响？ …… 155
5. 养护发财树，什么样的湿度适宜？ …… 155
6. 发财树四季的养护要点是什么？ …… 155
7. 冬季室内养的发财树，为什么容易叶子发黄变干呢？ …… 156
8. 水浇多了，发财树的叶子变黄了，怎么解救？ …… 157
9. 养了一年的发财树，老叶枯萎了，顶芽发黑，怎么办？ …… 157
(六)富贵竹 …… 157
1. 养护富贵竹，什么样的光照适宜？ …… 157
2. 光照过强或者过弱会产生什么影响？ …… 158

3. 养护富贵竹，什么样的温度适宜？ …………………… 158
4. 温度过高或者过低会产生什么影响？ ………………… 158
5. 养护富贵竹，什么样的湿度适宜？ …………………… 158
6. 富贵竹四季的养护要点是什么？ ……………………… 158
7. 如何用水培育富贵竹？ ………………………………… 159
8. 如何繁殖富贵竹？ ……………………………………… 159
9. 水培的富贵竹叶子总黄，怎么办？ …………………… 160
(七)龟背竹………………………………………………… 160
1. 养护龟背竹，什么样的光照适宜？ …………………… 160
2. 光照过强或者过弱会产生什么影响？ ………………… 160
3. 养护龟背竹，什么样的温度适宜？ …………………… 160
4. 温度过高或者过低会产生什么影响？ ………………… 161
5. 养护龟背竹，什么样的湿度适宜？ …………………… 161
6. 盆栽龟背竹选择什么基质适宜？ ……………………… 161
7. 如何水培龟背竹？ ……………………………………… 161
8. 龟背竹四季的养护要点是什么？ ……………………… 162
9. 如何繁殖龟背竹？ ……………………………………… 163
10. 养了几年的龟背竹，叶片越来越少、越来越小，倒盆看有空根和烂根，细根少，是否盆土有问题？ ……… 164
11. 龟背竹有毒吗？ ……………………………………… 164
(八)金钻蔓绿绒…………………………………………… 164
1. 盆栽金钻蔓绿绒选择什么基质适宜？ ………………… 164
2. 养护金钻蔓绿绒，什么样的光照适宜？ ……………… 165
3. 光照过强或者过弱会产生什么影响？ ………………… 165
4. 养护金钻蔓绿绒，什么样的温度适宜？ ……………… 165
5. 温度过高或者过低会产生什么影响？ ………………… 166
6. 养护金钻蔓绿绒，什么样的湿度适宜？ ……………… 166

7.金钻蔓绿绒四季的养护要点是什么?…… 166
8.如何繁殖金钻蔓绿绒?…… 166
9.金钻蔓绿绒黄叶是怎么回事?…… 167
(九)绿萝…… 167
1.养护绿萝,什么样的光照适宜?…… 167
2.光照过强或者过弱会产生什么影响?…… 167
3.养护绿萝,什么样的温度适宜?…… 168
4.温度过高或者过低会产生什么影响?…… 169
5.养护绿萝,什么样的湿度适宜?…… 169
6.盆栽绿萝选择什么基质适宜?…… 169
7.如何水培养护绿萝?…… 169
8.绿萝四季的养护要点是什么?…… 170
9.如何扦插繁殖绿萝?…… 171
10.冬季室内养的绿萝,叶子总变黄发蔫是怎么回事?…… 171
11.养了很多年的绿萝,现在长杈的地方,茎的部分一节一节地死,怎么办?…… 172
12.剪断枝的绿萝根生发得很慢,什么原因?…… 172
(十)米兰…… 172
1.盆栽米兰选择什么基质适宜?…… 172
2.养护米兰,什么样的光照适宜?…… 173
3.光照过强或者过弱会产生什么影响?…… 173
4.养护米兰,什么样的温度适宜?…… 173
5.温度过高或者过低会产生什么影响?…… 173
6.养护米兰,什么样的湿度适宜?…… 174
7.米兰四季的养护要点是什么?…… 174

8. 什么时候适宜给米兰换盆? …… 174
9. 如何繁殖米兰? …… 175
10. 米兰叶子变黄是什么原因? …… 175
11. 米兰不开花,怎么回事? …… 175
(十一)榕树盆景 …… 175
1. 盆栽榕树盆景选择什么基质适宜? …… 175
2. 养护榕树盆景,什么样的光照适宜? …… 176
3. 光照过强或者过弱会产生什么影响? …… 176
4. 养护榕树盆景,什么样的温度适宜? …… 176
5. 温度过高或者过低会产生什么影响? …… 176
6. 养护榕树盆景,什么样的湿度适宜? …… 177
7. 榕树盆景四季的养护要点是什么? …… 177
8. 榕树盆景叶子发黄变干、掉落,怎么办? …… 177
9. 养了 1～2 年的榕树盆景,一直放在南北通畅的屋里,浇水见干见湿的,半个月浇一次营养水,为什么叶子很干呢? …… 178
(十二)散尾葵 …… 178
1. 盆栽散尾葵选择什么基质适宜? …… 178
2. 养护散尾葵,什么样的光照适宜? …… 178
3. 光照过强或者过弱会产生什么影响? …… 179
4. 养护散尾葵,什么样的温度适宜? …… 179
5. 温度过高或者过低会产生什么影响? …… 179
6. 养护散尾葵,什么样的湿度适宜? …… 179
7. 散尾葵四季的养护要点是什么? …… 179
8. 如何繁殖散尾葵? …… 180
9. 刚养的散尾葵叶尖和叶缘就变干变焦了,怎么办? …… 180

(十三)苏铁…………………………………………………… 181
1. 盆栽苏铁选择什么基质适宜? …………………………… 181
2. 养护苏铁,什么样的光照适宜? ………………………… 182
3. 光照过强或者过弱会产生什么影响? …………………… 182
4. 养护苏铁,什么样的温度适宜? ………………………… 182
5. 养护苏铁,什么样的湿度适宜? ………………………… 182
6. 苏铁四季的养护要点是什么? …………………………… 182
7. 如何分蘖繁殖苏铁? ……………………………………… 183
8. 10 年龄的苏铁,现在长出一个花朵,一长一短花蕊,是不是花? ……………………………………………………… 184
9. 苏铁冬天还放在院子里吗? ……………………………… 184
10. 苏铁有部分叶子开始发黄,不着光的地方更厉害些,是什么原因? ……………………………………………… 184
(十四)万年青………………………………………………… 185
1. 盆栽万年青选择什么基质适宜? ………………………… 185
2. 养护万年青,什么样的光照适宜? ……………………… 185
3. 光照过强或者过弱会产生什么影响? …………………… 185
4. 养护万年青,什么样的温度适宜? ……………………… 186
5. 温度过高或者过低会产生什么影响? …………………… 186
6. 养护万年青,什么样的湿度适宜? ……………………… 186
7. 万年青四季的养护要点是什么? ………………………… 186
8. 如何繁殖万年青? ………………………………………… 187
9. 怎样使万年青不落果? …………………………………… 187
(十五)文竹…………………………………………………… 187
1. 盆栽文竹选择什么基质适宜? …………………………… 187
2. 养护文竹,什么样的光照适宜? ………………………… 188
3. 光照过强或者过弱会产生什么影响? …………………… 188

4. 养护文竹，什么样的温度适宜？ …………………… 188
5. 温度过高或者过低会产生什么影响？ ……………… 188
6. 养护文竹，什么样的湿度适宜？ …………………… 189
7. 文竹四季的养护要点是什么？ ……………………… 189
8. 什么时候适宜给文竹换盆？ ………………………… 189
9. 如何繁殖文竹？ …………………………………… 189
10. 文竹叶子发黄，什么原因？ ……………………… 190
11. 文竹的嫩叶为何长到一定高度尖端就会变得焦黑，而旁侧却仍可长出分枝和叶片？ ………………… 191
五、家庭常见观果类花卉养护 ……………………………… 192
(一)柠檬盆栽 ………………………………………… 192
1. 盆栽柠檬选择什么基质适宜？ …………………… 192
2. 养护柠檬，什么样的光照适宜？ ………………… 192
3. 养护柠檬，什么样的温度适宜？ ………………… 192
4. 温度过高或者过低会产生什么影响？ …………… 193
5. 柠檬四季的养护要点是什么？ …………………… 193
6. 养了几年的柠檬树，以前都正常开花结果，今年枝叶长得很好，但为什么不开花呢？ ……………………… 194
7. 如何促进柠檬开花结果？ ………………………… 195
(二)盆栽石榴 ………………………………………… 195
1. 盆栽石榴选择什么基质适宜？ …………………… 196
2. 养护石榴，什么样的光照适宜？ ………………… 196
3. 光照过强或者过弱会产生什么影响？ …………… 196
4. 养护石榴，什么样的温度适宜？ ………………… 196
5. 养护石榴，什么样的湿度适宜？ ………………… 196
6. 石榴四季的养护要点是什么？ …………………… 196
7. 如何促进石榴开花结果？ ………………………… 197

六、家庭常见仙人掌及多肉类花卉养护 …… 199
(一)虎皮掌…… 199
1. 盆栽虎皮掌选择什么基质适宜? …… 199
2. 养护虎皮掌,什么样的光照适宜? …… 199
3. 养护虎皮掌,什么样的温度适宜? …… 199
4. 养护虎皮掌,什么样的湿度适宜? …… 200
5. 虎皮掌四季的养护要点是什么? …… 200
6. 如何繁殖虎皮掌? …… 200
7. 虎皮掌长得太高了,能不能剪? …… 200
8. 虎皮掌烂了,拿出来用多菌灵泡上后,晾着,可怎么还继续烂啊? …… 200
9. 天冷了,什么时候要把放在护栏里养的虎皮掌挪进屋子里来? …… 201
(二)麒麟掌…… 201
1. 盆栽麒麟掌选择什么基质适宜? …… 201
2. 养护麒麟掌,什么样的光照适宜? …… 201
3. 养护麒麟掌,什么样的温度适宜? …… 201
4. 养护麒麟掌,什么样的湿度适宜? …… 202
5. 麒麟掌四季的养护要点是什么? …… 202
6. 如何繁殖麒麟掌? …… 202
7. 刚买回来的麒麟掌,枝都烂掉了,叶子发黄,怎么办? …… 203
(三)仙人掌(球)…… 203
1. 盆栽选择仙人掌(球)什么基质适宜? …… 203
2. 什么样的光照适宜? …… 203
3. 光照过强或者过弱会产生什么影响? …… 203
4. 养护仙人掌(球),什么样的温度适宜? …… 204

5. 温度过高或者过低会产生什么影响？ …… 204
6. 养护仙人掌(球)，什么样的湿度适宜？ …… 204
7. 仙人掌(球)四季的养护要点是什么？ …… 204
8. 如何繁殖仙人掌(球)？ …… 205
9. 4～5 天给仙人掌浇一次水，为什么顶部发黄，植株慢慢发蔫呢？ …… 205
10. 刚买回来的仙人掌，一开始出现小黑斑，浇完水之后黑斑大面积扩散，个体也萎缩了，怎么回事？ …… 205
11. 种在盆里的仙人掌有一点儿烂，还有救吗？ …… 205
(四)蟹爪 …… 206
1. 盆栽蟹爪选择什么基质适宜？ …… 206
2. 养护蟹爪，什么样的光照适宜？ …… 206
3. 怎样做到合适的采光？ …… 206
4. 养护蟹爪，什么样的温度适宜？ …… 207
5. 温度过高或者过低会产生什么影响？ …… 207
6. 养护蟹爪，什么样的湿度适宜？ …… 207
7. 蟹爪四季的养护要点是什么？ …… 207
8. 如何扦插、嫁接繁殖蟹爪？ …… 208
9. 冬季在室内养的蟹爪的花骨朵都掉了，怎么回事？ …… 208
10. 蟹爪长得很好，为什么不开花？ …… 208
七、家庭常见花卉病虫害防治 …… 209
(一)病害防治 …… 209
1. 家庭养花易感染哪些病害？ …… 209
2. 白粉病的症状有哪些？ …… 209
3. 如何防治白粉病？ …… 209
4. 煤污病(又叫煤烟病)的症状有哪些？ …… 210
5. 如何防治煤污病？ …… 211
6. 黑斑病的症状有哪些？ …… 211

7. 如何防治黑斑病? …… 212
8. 褐斑病的症状有哪些? …… 212
9. 如何防治褐斑病? …… 212
(二)虫害防治 …… 213
1. 家庭养护花卉易感染哪些虫害? …… 213
2. 蚜虫的形态特征及危害症状是什么? …… 213
3. 如何防治蚜虫? …… 214
4. 白粉虱的形态特征及危害症状是什么? …… 214
5. 如何防治白粉虱? …… 214
6. 红蜘蛛的形态特征及危害症状是什么? …… 215
7. 如何防治红蜘蛛? …… 215
8. 介壳虫的形态特征及危害症状是什么? …… 216
9. 如何防治介壳虫? …… 216

观赏鱼

一、入门知识 …… 221
(一)购买观赏鱼要点 …… 221
1. 如何选购观赏鱼? …… 221
2. 怎么给刚买回来的观赏鱼“过水”? …… 222
(二)观赏鱼分类 …… 223
1. 按照观赏鱼对生活水温的要求,如何分类? …… 223
2. 按照观赏鱼对生活水体盐分要求,如何分类? …… 224
3. 按照人们对观赏鱼的认知程度,如何分类? …… 225
4. 按照观赏鱼在市场上的经济价值,如何分类? …… 225
(三)器材与设备 …… 225
1. 曲面水族箱是什么样子? …… 225
2. 普及型玻璃水族箱是什么样子? …… 225

3. 过滤装置有什么作用? …………………………………… 226
4. 过滤器的过滤方式有哪些? ……………………………… 226
5. 沉水式过滤的作用机理及优缺点是什么? …………… 226
6. 底部式过滤的作用机理及优缺点是什么? …………… 226
7. 外置式过滤的作用机理及优缺点是什么? …………… 227
8. 过滤棉的作用及使用方法是什么? …………………… 227
9. 活性炭的作用及使用方法是什么? …………………… 227
10. 沙石的作用是什么? ……………………………………… 227
11. 珊瑚砂的作用是什么? …………………………………… 228
12. 充气装置有什么功能? …………………………………… 228
13. 沉水式加热器使用时应注意什么? …………………… 228
14. 外挂式加热器使用时应注意什么? …………………… 229
15. 为什么要在鱼缸中安装照明装置? …………………… 229
16. 磁力式刮苔器的有什么作用? ………………………… 229
17. 鱼捞的作用及其使用时需要注意什么? …………… 229
18. 吸水管有什么作用? ……………………………………… 230
19. 夹子有什么作用? ………………………………………… 230
20. 饵杯有什么作用? ………………………………………… 230
(四)水 ……………………………………………………………… 230
1. 养殖观赏鱼,对水质一般如何要求? ………………… 230
2. 对水温一般如何要求? ………………………………… 232
3. 水族箱(鱼缸)里的水量多少适宜? ………………… 232
4. 多长时间为水族箱(鱼缸)里的观赏鱼换一次水
合适? ……………………………………………………… 232
5. 怎样为水族箱(鱼缸)里的观赏鱼换水? …………… 233
6. 鱼缸的水为何会变浑? ………………………………… 233
7. 家里养金鱼的水怎么总变绿呢,对鱼有好处吗? …… 233

8.如何给水保温? …………………………………………… 234
(五)鱼饵……………………………………………………… 234
1.蛋黄作为饵料的优点及投喂方法是什么? ……………… 234
2.丰年虾是什么?其培育方法是什么? …………………… 234
3.红虫是什么?其作为饵料的优点有哪些? ……………… 235
4.孑孓是什么?其采集加工方法有哪些? ………………… 235
5.轮虫是什么?其采集加工方法有哪些? ………………… 235
6.面包虫作为饵料的优点有哪些? ………………………… 235
7.水蚯蚓作为饵料的优点及采集加工方法是什么? …… 236
8.水蚤作为饵料的优点及采集加工方法是什么? ……… 236
9.其他常见的动物性饵料有哪些? ………………………… 236
10.芜萍是什么?其作为饵料的优点有哪些? ………… 237
11.小浮萍是什么?其作为饵料的优点有哪些? ……… 237
12.紫背芜萍是什么? ………………………………… 237
13.人工配合饵料的优点是什么? ……………………… 237
14.观赏鱼的生长需要饵料中的哪些营养元素? ……… 238
15.饵料的投放量与投放次数多少为宜? ……………… 238
(六)水草……………………………………………………… 238
1.什么是水草的盆栽法? ………………………………… 239
2.什么是水草的压根法? ………………………………… 239
3.什么是水草的缸栽法? ………………………………… 239
4.水草的日常管理应注意哪些问题? …………………… 239
5.宝塔草的特征及养殖时应注意的问题有哪些? ……… 239
6.大水兰的特征及养殖时应注意的问题有哪些? ……… 240
7.红蝴蝶的特征及养殖时应注意的问题有哪些? ……… 240
8.红菊花草的特征及养殖时应注意的问题有哪些? …… 240

9. 虎耳草的特征及养殖时应注意的问题有哪些？……… 240
10. 皇冠草的特征及养殖时应注意的问题有哪些？…… 241
11. 金鱼草的特征及养殖时应注意的问题有哪些？…… 241
12. 菊花草的特征及养殖时应注意的问题有哪些？…… 241
13. 苦草的特征及养殖时应注意的问题有哪些？……… 242
14. 辣椒草的特征及养殖时应注意的问题有哪些？…… 242
15. 绿菊花草的特征及养殖时应注意的问题有哪些？… 242
16. 扭兰草的特征及养殖时应注意的问题有哪些？…… 242
17. 苹果草的特征及养殖时应注意的问题有哪些？…… 243
18. 水芹的特征及养殖时应注意的问题有哪些？……… 243
19. 水蕴草的特征及养殖时应注意的问题有哪些？…… 243
20. 铁皇冠的特征及养殖时应注意的问题有哪些？…… 243
21. 网草的特征及养殖时应注意的问题有哪些？……… 244
22. 小对叶的特征及养殖时应注意的问题有哪些？…… 244
23. 小水榕的特征及养殖时应注意的问题有哪些？…… 244
24. 小圆叶的特征及养殖时应注意的问题有哪些？…… 245
25. 中柳的特征及养殖时应注意的问题有哪些？……… 245
二、常见观赏鱼饲养 ………………………………………… 246
(一)金鱼…………………………………………………… 246
1. 金鱼在历史上是如何经过发展变异而来的？……… 246
2. 金鱼的四类分法是怎样划分的？…………………… 247
3. 金鱼的两类分法是怎样划分的？…………………… 247
4. 草种鱼的种类都有什么？…………………………… 247
5. 文种鱼的种类都有什么？…………………………… 248
6. 龙种鱼的种类都有什么？…………………………… 248
7. 蛋种鱼的种类都有什么？…………………………… 249

8. 选购金鱼时应注意哪些问题？ …………………… 250
9. 如何鉴别金鱼苗种的优劣？ …………………… 251
10. 金鱼的生长特点有哪些？ …………………… 251
11. 金鱼发育特点有哪些？ …………………… 252
12. 水温对金鱼有哪些影响？ …………………… 252
13. 水质对金鱼有哪些影响？ …………………… 252
14. 金鱼的用水是怎样的？ …………………… 253
15. 饲养金鱼,对光线如何要求？ …………………… 253
16. 饲养金鱼,水族箱(鱼缸)容积多少适宜？ …………… 254
17. 金鱼的食性如何？ …………………… 254
18. 金鱼的鱼饵投放量多少适宜？ …………………… 254
19. 什么时间适宜给金鱼投放鱼饵？ …………………… 255
20. 如何给金鱼换水？ …………………… 255
21. 春季怎样养殖管理金鱼？ …………………… 256
22. 夏季怎样养殖管理金鱼？ …………………… 256
23. 秋季怎样养殖管理金鱼？ …………………… 257
24. 冬季怎样养殖管理金鱼？ …………………… 257
25. 如何鉴别金鱼的雌、雄？ …………………… 257
(二)锦鲤 …………………… 258
1. 红白锦鲤的种类都有什么？ …………………… 258
2. 大正三色锦鲤的种类都有什么？ …………………… 259
3. 昭和三色锦鲤的种类都有什么？ …………………… 259
4. 写鲤的种类都有什么？ …………………… 260
5. 别光锦鲤的种类都有什么？ …………………… 260
6. 浅黄锦鲤的种类都有什么？ …………………… 260
7. 衣锦鲤的种类都有什么？ …………………… 261
8. 变种鲤的种类都有什么？ …………………… 261

9. 黄金锦鲤的种类都有什么? …… 262
10. 光写锦鲤的种类都有什么? …… 262
11. 花纹皮光鲤的种类都有什么? …… 262
12. 丹顶锦鲤的种类都有什么? …… 262
13. 金、银鳞锦鲤特征如何? …… 263
14. 怎样选购锦鲤? …… 263
15. 锦鲤对水环境的要求有哪些? …… 263
16. 锦鲤对光环境的要求有哪些? …… 263
17. 锦鲤生长发育的特征有哪些? …… 264
18. 锦鲤的食性如何? …… 264
19. 如何给锦鲤喂食? …… 264
20. 如何给锦鲤换水? …… 264
21. 锦鲤的日常管理应主要注意哪些方面? …… 265
22. 锦鲤的雌、雄如何鉴别? …… 265
(三)热带鱼 …… 265
热带鱼饲养基础知识 …… 265
1. 热带鱼用水应注意哪些事项? …… 265
2. 水温怎样控制? …… 266
3. 光线对热带鱼有什么影响? …… 266
4. 怎样进行热带鱼的选择? …… 267
5. 热带鱼的食性如何? …… 267
6. 热带鱼的喂食方法有哪些? …… 267
7. 不宜在有水草缸中饲养的热带鱼有哪些? …… 268
8. 群养热带鱼要注意什么? …… 268
9. 混养热带鱼要注意什么? …… 268
10. 长时间无人在家情况下,热带鱼该怎么办? …… 269

大型观赏鱼 …… 269
斑马鸭嘴鱼 …… 269
1. 如何选购斑马鸭嘴鱼? …… 269
2. 怎样饲养斑马鸭嘴鱼? …… 270
帝王三间鱼 …… 270
1. 帝王三间鱼的外形特点是什么? …… 270
2. 怎样饲养帝王三间鱼? …… 271
黑白魟鱼 …… 271
1. 如何选购黑白魟鱼? …… 271
2. 怎样饲养黑白魟鱼? …… 272
七星刀鱼 …… 272
1. 七星刀鱼的外形特点是什么? …… 272
2. 怎样饲养七星刀鱼? …… 273
亚洲龙鱼 …… 273
1. 亚洲龙鱼的种类都有什么? …… 273
2. 如何选购过背金龙鱼? …… 274
3. 怎样饲养亚洲龙鱼? …… 275
印尼虎鱼 …… 276
1. 如何选购印尼虎鱼? …… 276
2. 怎样饲养印尼虎鱼? …… 277
中型观赏鱼 …… 277
阿里鱼 …… 277
1. 如何选购阿里鱼? …… 277
2. 怎样饲养阿里鱼? …… 278
菠萝鱼 …… 278
1. 菠萝鱼的种类都有什么? …… 278
2. 如何选购菠萝鱼? …… 279

3. 怎样饲养菠萝鱼？ …………………………………… 279
地图鱼 …………………………………………………… 279
1. 地图鱼的种类都有什么？ ………………………… 280
2. 如何选购地图鱼？ ………………………………… 280
3. 怎样饲养地图鱼？ ………………………………… 280
反游猫鱼 ………………………………………………… 281
1. 反游猫鱼的种类都有什么？ ……………………… 281
2. 反游猫鱼的外形特点是什么？ …………………… 281
3. 怎样饲养反游猫鱼？ ……………………………… 282
飞凤鱼 …………………………………………………… 282
1. 飞凤鱼的外形特点是什么？ ……………………… 282
2. 怎样饲养飞凤鱼？ ………………………………… 282
红宝石鱼 ………………………………………………… 283
1. 如何选购红宝石鱼？ ……………………………… 283
2. 怎样饲养红宝石鱼？ ……………………………… 284
皇冠狗头鱼 ……………………………………………… 284
1. 如何选购皇冠狗头鱼？ …………………………… 284
2. 怎样饲养皇冠狗头鱼？ …………………………… 285
皇冠九间鱼 ……………………………………………… 285
1. 如何选购皇冠九间鱼？ …………………………… 285
2. 怎样饲养皇冠九间鱼？ …………………………… 286
火口鱼 …………………………………………………… 286
1. 火口鱼的种类都有什么？ ………………………… 286
2. 火口鱼的外形特点是什么？ ……………………… 287
3. 怎样饲养火口鱼？ ………………………………… 288
金鼓鱼 …………………………………………………… 288
1. 金鼓鱼的外形特点是什么？ ……………………… 288

2. 怎样饲养金鼓鱼? …… 288
罗汉鱼 …… 289
1. 罗汉鱼的种类都有什么? …… 289
2. 如何选购罗汉鱼? …… 290
3. 怎样饲养罗汉鱼? …… 291
魔鬼刀鱼 …… 292
1. 如何选购魔鬼刀鱼? …… 292
2. 怎样饲养魔鬼刀鱼? …… 293
喷点红剑尾坦克鱼 …… 293
1. 如何选购喷点红剑尾坦克鱼? …… 293
2. 怎样饲养喷点红剑尾坦克鱼? …… 294
七彩神仙鱼 …… 295
1. 如何选购七彩神仙鱼? …… 295
2. 怎样饲养七彩神仙鱼? …… 296
3. 如何繁殖七彩神仙鱼? …… 297
鹦鹉鱼 …… 300
1. 鹦鹉鱼的种类都有什么? …… 300
2. 如何选购鹦鹉鱼? …… 300
3. 怎样饲养鹦鹉鱼? …… 301
小型观赏鱼 …… 301
斑马鱼 …… 301
1. 斑马鱼的种类都有什么? …… 302
2. 斑马鱼的外形特点是什么? …… 302
3. 怎样饲养斑马鱼? …… 302
灯鱼 …… 302
1. 灯鱼的种类都有什么? …… 302
2. 怎样饲养灯鱼? …… 304

刚果扯旗鱼 …… 304
1.如何选购刚果扯旗鱼？ …… 304
2.怎样饲养刚果扯旗鱼？ …… 305
拐棍鱼 …… 305
1.拐棍鱼的外形特点是什么？ …… 306
2.怎样饲养拐棍鱼？ …… 306
荷兰凤凰鱼 …… 306
1.荷兰凤凰鱼的外形特点是什么？ …… 307
2.怎样饲养荷兰凤凰鱼？ …… 307
黑玛丽鱼 …… 307
1.如何选购黑玛丽鱼？ …… 307
2.怎样饲养黑玛丽鱼？ …… 308
3.如何繁殖黑玛丽鱼？ …… 308
黑裙鱼 …… 309
1.如何选购黑裙鱼？ …… 309
2.怎样饲养黑裙鱼？ …… 310
红鼻剪刀鱼 …… 310
1.如何选购红鼻剪刀鱼？ …… 310
2.怎样饲养红鼻剪刀鱼？ …… 311
红苹果鱼 …… 311
1.如何选购红苹果鱼？ …… 311
2.怎样饲养红苹果鱼？ …… 312
红尾黑鲨鱼 …… 312
1.如何选购红尾黑鲨鱼？ …… 312
2.怎样饲养红尾黑鲨鱼？ …… 313
虎皮鱼 …… 313
1.虎皮鱼的种类都有什么？ …… 314

2. 虎皮鱼的外形特点是什么？…… 314
3. 怎样饲养虎皮鱼？…… 314
4. 如何繁殖虎皮鱼？…… 315
火焰铅笔鱼 …… 315
1. 火焰铅笔鱼的外形特点是什么？…… 315
2. 怎样饲养火焰铅笔鱼？…… 316
剑尾鱼 …… 317
1. 剑尾鱼的种类都有什么？…… 317
2. 剑尾鱼的外形特点是什么？…… 317
3. 怎样饲养剑尾鱼？…… 318
4. 如何繁殖剑尾鱼？…… 318
接吻鱼 …… 319
1. 怎样饲养接吻鱼？…… 319
2. 如何繁殖接吻鱼？…… 319
孔雀鱼 …… 320
1. 孔雀鱼的种类都有什么？…… 320
2. 怎样饲养孔雀鱼？…… 322
3. 如何繁殖孔雀鱼？…… 323
丽丽鱼 …… 324
1. 丽丽鱼的种类都有什么？…… 324
2. 如何选购丽丽鱼？…… 324
3. 怎样饲养丽丽鱼？…… 325
神仙鱼 …… 325
1. 神仙鱼的种类都有什么？…… 326
2. 神仙鱼的外形特点是什么？…… 326
3. 怎样饲养神仙鱼？…… 327
4. 如何繁殖神仙鱼？…… 327

石斧鱼 …………………………………………………………… 328
1. 石斧鱼的种类都有什么？ ………………………………… 328
2. 石斧鱼的外形特点是什么？ ……………………………… 328
3. 怎样饲养石斧鱼？ ………………………………………… 329
泰国斗鱼 ………………………………………………………… 329
1. 如何选购泰国斗鱼？ ……………………………………… 329
2. 怎样饲养泰国斗鱼？ ……………………………………… 330
3. 如何繁殖泰国斗鱼？ ……………………………………… 331
熊猫鼠鱼 ………………………………………………………… 332
1. 如何选购熊猫鼠鱼？ ……………………………………… 332
2. 怎样饲养熊猫鼠鱼？ ……………………………………… 333
一眉道人鱼 ……………………………………………………… 333
1. 如何选购一眉道人鱼？ …………………………………… 334
2. 怎样饲养一眉道人鱼？ …………………………………… 334
月光鱼 …………………………………………………………… 335
1. 月光鱼的种类都有什么？ ………………………………… 335
2. 月光鱼的外形特点是什么？ ……………………………… 335
3. 怎样饲养月光鱼？ ………………………………………… 336
4. 如何繁殖月光鱼？ ………………………………………… 336
三、家庭饲养观赏鱼常见疾病 ………………………………… 337
1. 观赏鱼的发病原因有哪些？ ……………………………… 337
2. 预防观赏鱼疾病的措施有哪些？ ………………………… 337
3. 家庭饲养观赏鱼，常见疾病分为几大类？ ……………… 339
4. 家庭养殖观赏鱼，如何对鱼体进行目检以发现并确定病原？ …………………………………………………………… 339
5. 家庭养殖观赏鱼，如何对鱼体进行镜检？ ……………… 340
6. 疾病检查时注意事项有哪些？ …………………………… 341

7. 怎样进行病原体计数? …… 342
8. 当疾病发生严重,需要送到专业部门进行病原鉴定时,送样注意事项有哪些? …… 342
9. 家庭饲养观赏鱼,易发哪些病毒性疾病?如何防治? …… 343
10. 家庭饲养观赏鱼,易发哪些细菌性疾病?如何防治? …… 344
11. 家庭饲养观赏鱼,易发哪些真菌性疾病?如何防治? …… 346
12. 家庭饲养观赏鱼,易发哪些寄生虫病?如何防治? …… 347
13. 怎样预防缺氧浮头? …… 349
14. 观赏鱼养殖的药物防治应注意哪些问题? …… 349
15. 家庭饲养观赏鱼,常用药物及作用都是什么? …… 351
16. 常用给药方法有哪些? …… 353

宠　物

一、猫 …… 357
(一)养猫前的准备工作 …… 357
1. 养猫前需做好哪些心理准备? …… 357
2. 养猫前需做好哪些硬件准备? …… 357
3. 如何选择适合个人的品种? …… 358
(二)选购猫的基本知识 …… 360
1. 阿比西尼亚猫的外形特征是什么样子? …… 360
2. 安哥拉猫的外形特征是什么样子? …… 361
3. 巴密兹猫的外形特征是什么样子? …… 362
4. 波斯猫的外形特征是什么样子? …… 362

5.伯曼猫的外形特征是什么样子？ …………………… 363
6.东方短毛猫的外形特征是什么样子？ ………………… 364
7.海曼岛猫的外形特征是什么样子？ …………………… 364
8.金吉拉猫的外形特征是什么样子？ …………………… 365
9.卡尔特猫的外形特征是什么样子？ …………………… 365
10.狸花猫的外形特征是什么样子？ …………………… 366
11.美国短毛猫的外形特征是什么样子？ ……………… 367
12.美国反耳猫的外形特征是什么样子？ ……………… 368
13.缅因库恩猫的外形特征是什么样子？ ……………… 369
14.挪威森林猫的外形特征是什么样子？ ……………… 370
15.日本短尾猫的外形特征是什么样子？ ……………… 370
16.山东狮子猫的外形特征是什么样子？ ……………… 371
17.苏格兰折耳猫的外形特征是什么样子？ …………… 372
18.索马里猫的外形特征是什么样子？ ………………… 373
19.土耳其梵猫的外形特征是什么样子？ ……………… 374
20.韦尔斯猫的外形特征是什么样子？ ………………… 374
21.喜马拉雅猫的外形特征是什么样子？ ……………… 375
22.暹罗猫的外形特征是什么样子？ …………………… 376
23.新加坡猫的外形特征是什么样子？ ………………… 377
24.异国短毛猫的外形特征是什么样子？ ……………… 377
25.云猫的外形特征是什么样子？ ……………………… 378
26.在哪里能买到健康的猫？ …………………………… 379
27.如何选择放心的猫舍？ ……………………………… 379
28.如何挑选健康的猫？ ………………………………… 379
29.购买前需向卖家询问哪些相关问题？ ……………… 380
30.购买前应与卖家签订哪些保障性条款？ …………… 380
31.购买后如出现疾病等问题应如何处理？ …………… 380

(三)猫饲养初期的注意事项…………………………………… 381
1.如何帮助新购猫降低饲养初期的应激反应? ………… 381
2.针对不同年龄的猫如何选择食物? ……………………… 382
3.新养猫应遵循何种免疫程序? …………………………… 383
4.新养猫是否应该驱虫? 遵循何种驱虫程序? ………… 383
5.如何帮助新养猫建立良好的行为习惯? ……………… 387
6.猫的行为语言表现何种意图? ………………………… 389
7.猫的基础生理指标有哪些? …………………………… 390
(四)养猫家庭应注意的自身安全问题…………………… 391
1.猫传播的人畜共患病有哪些? …………………………… 391
2.如何预防猫所传播的疾病? …………………………… 392
3.什么是弓形虫? 弓形虫对人类有何影响? ………… 392
4.如被猫抓伤或咬伤应如何处理? ……………………… 393
5.如何做好环境清洁和消毒? …………………………… 393
(五)猫的日常饲养与护理……………………………………… 394
1.保持幼猫的卫生应该注意哪些问题? ………………… 394
2.在春季如何饲养管理猫? ………………………………… 394
3.在夏季如何饲养管理猫? ………………………………… 395
4.在秋季如何饲养管理猫? ………………………………… 395
5.在冬季如何饲养管理猫? ………………………………… 395
6.如何给猫洗脸? ……………………………………………… 396
7.如何给猫洗澡? ……………………………………………… 396
8.猫的毛皮怎样护理? ……………………………………… 397
9.如何帮猫“换夏装”? ……………………………………… 398
10.如何给猫剪指甲? ………………………………………… 398
11.家中常备护理用品有哪些? ………………………… 399

(六)猫的发情和怀孕生产…………………………………………… 400
1.猫发情了怎么办? ……………………………………………… 400
2.猫发情的时候有什么表现? …………………………………… 401
3.什么样的公猫和母猫交配比较合适? ………………………… 401
4.猫什么时候生育最合适? ……………………………………… 401
5.猫怀孕的时候有哪些表现? …………………………………… 402
6.如何照顾好怀孕的猫? ………………………………………… 402
7.猫临产前可能出现的征兆有哪些? …………………………… 403
8.猫临产前主人应做好哪些准备? ……………………………… 404
9.如何为猫接生? ………………………………………………… 404
10.猫难产怎么办? ……………………………………………… 405
11.猫产后如何照料? …………………………………………… 406
12.猫产后出现哪些情况需要诊治? …………………………… 407
13.为什么母猫吞食亲生仔猫? ………………………………… 407
14.怎样预防母猫食仔行为? …………………………………… 407
(七)正确面对绝育手术…………………………………………… 408
1.绝育有何益处? ………………………………………………… 408
2.猫何时适合绝育? ……………………………………………… 408
3.绝育手术前需要做哪些准备? ………………………………… 409
4.绝育手术后应注意哪些问题? ………………………………… 409
5.绝育手术后饮食需要做哪些改变? …………………………… 409
(八)猫的疾病的治疗与预防……………………………………… 410
1.家中常备的日常药品有哪些? ………………………………… 410
2.如何预防猫日常疾病? ………………………………………… 411
3.怎样判断猫是否生病? ………………………………………… 411
4.主人可做哪些简单检查来确定猫是否生病? ………………… 411
5.主人可做哪些处理以解决猫的简单疾病? …………………… 412

6.猫哪些疾病问题可暂时观察? …… 414
7.猫哪些疾病问题需要及时就诊? …… 414
8.怎样选择可信的宠物医院和宠物医生? …… 415
9.幼猫常见疾病有哪些? …… 416
10.青壮年猫常见疾病有哪些? …… 417
11.老年猫常见疾病有哪些? …… 417
(九)猫的生、老、病、死 …… 418
1.如何理智面对猫的生、老、病、死? …… 418
2.怎样正确看待“安乐死”? …… 418
3.猫咪去世后如何处理? …… 418
4.主人应以怎样的心理迎接新的宠物? …… 419
二、犬 …… 420
(一)犬的挑选与购买 …… 420
1.应去哪里选购幼犬? …… 420
2.如何挑选健康的幼犬? …… 420
3.按照体型区分,犬的种类都有哪些? …… 422
4.我国有哪些世界名犬? …… 422
5.怎样挑选性格温顺的犬? …… 422
6.怎样通过牙齿判定犬的年龄? …… 423
7.应选择购买什么年龄的犬? …… 423
8.什么样的犬适宜家庭饲养? …… 424
9.什么样的犬适合年轻人饲养? …… 424
10.什么样的犬适合女性饲养? …… 424
11.什么样的犬适合老年人饲养? …… 425
12.如何认识“星期狗”? …… 425
13.如何识别狗贩的骗人招数? …… 426

(二)常见犬种的来历及外形特征……………………… 426
1.阿富汗猎犬的外形特征是什么样子? ……………… 426
2.爱尔兰猎狼犬的外形特征是什么样子? …………… 427
3.獒犬的外形特征是什么样子? ……………………… 427
4.澳洲牧羊犬的外形特征是什么样子? ……………… 428
5.八哥犬的外形特征是什么样子? …………………… 429
6.巴仙吉犬的外形特征是什么样子? ………………… 429
7.北京犬的外形特征是什么样子? …………………… 430
8.贝林登梗犬的外形特征是什么样子? ……………… 431
9.比格犬的外形特征是什么样子? …………………… 432
10.比利时牧羊犬的外形特征是什么样子? ………… 432
11.比熊犬的外形特征是什么样子? ………………… 433
12.波美拉尼亚犬的外形特征是什么样子? ………… 434
13.波音达猎犬的外形特征是什么样子? …………… 435
14.伯德梗犬的外形特征是什么样子? ……………… 435
15.伯恩山犬的外形特征是什么样子? ……………… 436
16.布鲁塞尔格里芬犬的外形特征是什么样子? …… 437
17.达尔马提亚犬的外形特征是什么样子? ………… 438
18.大白熊犬的外形特征是什么样子? ……………… 438
19.大丹犬的外形特征是什么样子? ………………… 439
20.德国杜宾犬的外形特征是什么样子? …………… 440
21.德国牧羊犬的外形特征是什么样子? …………… 440
22.斗牛犬的外形特征是什么样子? ………………… 441
23.多伯曼犬的外形特征是什么样子? ……………… 442
24.法兰德斯牧牛犬的外形特征是什么样子? ……… 443
25.古典英国牧羊犬的外形特征是什么样子? ……… 443

26. 贵宾犬的外形特征是什么样子? …………………… 444
27. 荷兰毛狮犬的外形特征是什么样子? ……………… 445
28. 猴面犬的外形特征是什么样子? …………………… 446
29. 狐狸犬的外形特征是什么样子? …………………… 447
30. 蝴蝶犬的外形特征是什么样子? …………………… 448
31. 惠比特犬的外形特征是什么样子? ………………… 448
32. 吉娃娃犬的外形特征是什么样子? ………………… 449
33. 金毛寻回犬的外形特征是什么样子? ……………… 450
34. 凯安梗犬的外形特征是什么样子? ………………… 451
35. 凯利蓝梗犬的外形特征是什么样子? ……………… 452
36. 可卡犬的外形特征是什么样子? …………………… 452
37. 拉布拉多猎犬的外形特征是什么样子? …………… 453
38. 拉萨犬的外形特征是什么样子? …………………… 454
39. 腊肠犬的外形特征是什么样子? …………………… 455
40. 猎狐犬的外形特征是什么样子? …………………… 456
41. 灵缇犬的外形特征是什么样子? …………………… 457
42. 罗威纳犬的外形特征是什么样子? ………………… 457
43. “马耳他”犬的外形特征是什么样子? …………… 458
44. 曼彻斯特梗犬的外形特征是什么样子? …………… 459
45. 迷你杜宾犬的外形特征是什么样子? ……………… 460
46. 牛头梗犬的外形特征是什么样子? ………………… 460
47. 纽芬兰犬的外形特征是什么样子? ………………… 461
48. 骑士查理王犬的外形特征是什么样子? …………… 462
49. 秋田犬的外形特征是什么样子? …………………… 462
50. 拳师犬的外形特征是什么样子? …………………… 463
51. 萨摩犬的外形特征是什么样子? …………………… 464

52. 沙克犬的外形特征是什么样子？ …………………… 464
53. 沙皮犬的外形特征是什么样子？ …………………… 465
54. 圣伯纳犬的外形特征是什么样子？ ………………… 466
55. 丝毛梗犬的外形特征是什么样子？ ………………… 466
56. 斯凯梗犬的外形特征是什么样子？ ………………… 467
57. 松狮犬的外形特征是什么样子？ …………………… 468
58. 苏俄牧羊犬的外形特征是什么样子？ ……………… 469
59. 苏格兰梗犬的外形特征是什么样子？ ……………… 469
60. 苏格兰牧羊犬的外形特征是什么样子？ …………… 470
61. 威尔士柯基犬的外形特征是什么样子？ …………… 471
62. 威玛猎犬的外形特征是什么样子？ ………………… 472
63. 威斯拉犬的外形特征是什么样子？ ………………… 473
64. 西伯利亚雪橇犬的外形特征是什么样子？ ………… 473
65. 西部高地白梗犬的外形特征是什么样子？ ………… 474
66. 西藏狮子犬的外形特征是什么样子？ ……………… 475
67. 西里汉梗犬的外形特征是什么样子？ ……………… 476
68. 西施犬的外形特征是什么样子？ …………………… 477
69. 雪达犬的外形特征是什么样子？ …………………… 477
70. 雪橇犬的外形特征是什么样子？ …………………… 478
71. 寻血猎犬的外形特征是什么样子？ ………………… 479
72. 意大利布拉可犬的外形特征是什么样子？ ………… 479
73. 约克夏犬的外形特征是什么样子？ ………………… 480
74. 长须牧羊犬的外形特征是什么样子？ ……………… 480
75. 中国冠毛犬的外形特征是什么样子？ ……………… 481
(三)幼犬的护理…………………………………………… 482
1. 初养幼犬应该注意哪些问题？ ……………………… 482

2.幼犬为何要注意保温? …… 483
3.如何正确抱幼犬? …… 483
4.幼犬都要做哪些免疫? …… 483
5.如何为幼犬驱虫? …… 485
(四)犬的饲喂与饮食 …… 485
1.犬每天应喂几次? …… 485
2.为什么初生幼犬不宜喝牛奶? …… 485
3.为什么幼犬不能只吃肉? …… 486
4.哪些食物有利于犬的科学喂养? …… 486
5.犬也需要蔬菜和水果吗? …… 486
6.为什么说犬吃人吃的食物不好? …… 487
7.犬类不可食用的食物有哪些? …… 487
8.选购狗粮的基本准则是什么? …… 488
9.狗粮如何精挑细选? …… 488
10.狗粮该泡不该泡? …… 489
11.如何喂犬零食? …… 490
12.如何纠正犬挑食的毛病? …… 490
(五)犬的日常饲养 …… 490
1.养犬对家庭环境卫生有何要求? …… 490
2.犬在家里的适宜温度是多少? …… 491
3.在春季如何饲养管理犬? …… 492
4.在夏季如何饲养管理犬? …… 492
5.在秋季如何饲养管理犬? …… 493
6.在冬季如何饲养管理犬? …… 493
7.犬的运动量多少才适合? …… 494
8.犬只肥胖有哪些危害? …… 495

9.肥胖的犬该怎样减肥? …………………………… 495
10.遛狗时应注意什么? …………………………… 495
11.为什么说犬不宜爬楼梯? ……………………… 496
12.犬在什么情况下会伤人? ……………………… 496
13.如何防止犬伤人? ………………………………… 497
14.外出旅游时,如何安置犬? ……………………… 497
15.如何保证犬在家中的安全? …………………… 498
16.如何给犬选择衣服? …………………………… 499
17.给犬穿衣服有哪些好处和坏处? ……………… 499
(六)犬的训练与调教……………………………………… 500
1.如何看懂犬的表情? …………………………… 500
2.如何听懂犬的“语言”? ………………………… 501
3.如何理解犬的情绪? …………………………… 501
4.如何理解犬的姿态? …………………………… 502
5.训练犬的最佳时间是什么时候? ……………… 502
6.调教犬时有哪些手段? ………………………… 502
7.如何对幼犬进行呼名训练? …………………… 503
8.如何制止幼犬夜吠? …………………………… 503
9.如何训练幼犬排便? …………………………… 503
10.如何让犬“听话”? …………………………… 504
11.如何进行幼犬的随行训练? ………………… 504
12.如何教犬握手? ………………………………… 505
13.如何教犬作揖? ………………………………… 505
14.如何训练犬摆出优美姿势? ………………… 505
15.如何让犬站起来? ……………………………… 505
16.如何让犬学会入座? …………………………… 506

17.如何让犬不乱吃? …… 506
18.如何让犬反应敏捷? …… 506
19.如何让犬学会等待? …… 507
20.如何训练犬给主人帮忙? …… 507
21.如何训练犬送物品? …… 507
22.如何让犬适应犬绳? …… 508
23.如何用犬绳有效驯犬? …… 508
24.如何防止犬乱叫? …… 509
25.如何让犬不撒野? …… 510
26.如何带犬坐车? …… 510
27.如何训练犬不晕车? …… 510
28.如何让犬恋家? …… 511
29.如何让犬学会独处? …… 511
30.如何让犬养成单独留下的习惯? …… 511
31.如何让犬和平相处? …… 512
32.如何阻止犬随便扑人? …… 512
33.如何不让犬随意舔人? …… 512
34.如何纠正犬的坏习惯? …… 513
(七)犬的洗澡与美容 …… 514
1.犬的洗澡频率是什么? …… 514
2.犬洗澡时应该注意什么问题? …… 514
3.经常给犬洗澡好吗? …… 514
4.病犬、幼犬能洗澡吗? …… 515
5.注射疫苗后可以马上洗澡吗? …… 515
6.犬美容都有哪些步骤? …… 515
7.犬有眼屎怎么清洁? …… 516

8.如何为犬清耳垢？…… 517
9.什么样的犬需要拔耳毛？…… 517
10.为何犬耳螨须经常清理？…… 517
11.犬的牙齿如何保护？…… 518
12.为什么要关注犬的脚的健康？…… 518
13.犬为什么要经常进行趾甲修剪？…… 519
14.怎样给犬清理肛门腺？…… 520
15.如何梳理犬的被毛？…… 520
16.犬毛梳理时的注意事项有哪些？…… 521
17.如何让犬毛色变漂亮？…… 521
18.经常美容会不会造成犬不换新装扮就不出家门的坏毛病？…… 522
19.犬的皮屑特别多怎么办？…… 522
20.犬身上有异味怎么办？…… 523
(八)犬的交配…… 524
1.母犬什么时候适宜交配？…… 524
2.如何挑选合适的公犬交配？…… 524
3.犬交配的方法及注意事项是什么？…… 525
4.孕犬如何护理？…… 525
(九)犬的疾病预防…… 526
1.给犬注射疫苗都需要注意什么？…… 526
2.在给犬注射疫苗方面有哪些误区？…… 527
3.犬的春季防病要点都是什么？…… 527
4.犬的夏季防病要点都是什么？…… 528
5.犬的秋季防病要点都是什么？…… 528
6.犬的冬季防病要点都是什么？…… 529
7.犬生病前的征兆都有哪些？…… 529

8.如何诊治犬瘟热? …… 530
9.如何预防犬细小病毒病? …… 531
10.如何预防犬中暑? …… 532
11.犬中暑如何急救? …… 533
12.换季时,如何预防犬窝咳? …… 533
13.如何辨别犬是否感冒? …… 534
14.如何处理犬发烧? …… 534
15.犬呕吐的原因及处理方法都有哪些? …… 535
16.犬腹泻的原因都有哪些? …… 535
17.犬便秘的原因有哪些? …… 536
18.大龄犬为何要定期体检? …… 536
19.如何做好老年犬健康维护? …… 537
20.如何预防犬的常见疾病? …… 537
21.如何治疗犬耳痒螨? …… 537
22.如何治疗犬皮肤真菌病? …… 538
23.如何避免犬患肛门腺炎? …… 538
24.如何预防犬传染给人的常见病? …… 539
25.狂犬病的传播方式有哪些? …… 539
26.狂犬病有什么表现? …… 540
27.如何使用国产狂犬病疫苗防治狂犬病? …… 540
28.什么是伪狂犬病? …… 541
29.家庭常备宠物用药以及作用都是什么? …… 541
30.如何给犬喂药? …… 542
31.如何进行犬的急救与护理? …… 543
32.带犬去宠物医院治疗的注意事项都是什么? …… 544
33.吸烟对犬有什么危害? …… 545
参考文献 …… 546

阳台蔬菜

一、入门知识

1. 阳台蔬菜的意义是什么？

答：以前很多市民喜欢在家中阳台种植花草和植物，却只能欣赏，不能食用，现在市民通过阳台种植蔬菜不但能体验农耕、收获的乐趣，还能吃上自己种植的新鲜蔬菜。一是既饱眼福、又饱口福。二是使儿童在家里能深入了解从种子长到蔬菜产品上餐桌的全过程，起到科普作用。三是使老年人通过种菜调节心情，陶冶情操。四是增加家庭景观效果，提高室内氧气含量，有益身心健康。

2. 适宜阳台种植的蔬菜品种有哪些？

答：可以种植的蔬菜分为叶菜类、瓜果类和根茎类三种。叶菜类蔬菜又分为长时间采收和短时间采收两类，其中适合长时间种植的品种有紫背天葵、白凤菜、羽衣甘蓝等，一次栽植后可以采收5～6个月。适合短时间种植的有紫叶生菜、直立生菜、苦苣、大速生菜、韭菜、茼蒿、红梗叶甜菜、芹菜、油菜、豆瓣菜、空心菜、金丝芥菜等40多个品种，栽植后25～30天采收，单株重量在150～200克。颜色有红色、黄色、深绿色、淡绿色、紫色等多种，市民可以在一种装置上栽种几种颜色的蔬菜。茄果类蔬菜有樱桃番茄、微型茄子、彩椒、辣椒、人参果(香艳茄)等。瓜类蔬菜有黄瓜、南瓜、甜瓜、香蕉西葫芦、水果黄瓜等。根茎类蔬菜有萝卜、胡萝卜、球茎茴香、芜菁等。

3. 阳台蔬菜的栽培方式有哪些?

答:主要有两种栽培方式:一是利用专用装置进行营养液无土栽培。二是利用花盆、木桶、泡沫箱等多种容器进行土培或基质栽培蔬菜。

4. 朝东的阳台四季适合栽种什么蔬菜?

答:朝东阳台为半日照光照条件,适宜种植喜光耐阴蔬菜,如番茄、黄瓜、茄子、辣椒、豆角、洋葱、油麦菜、小油菜、韭菜、丝瓜、香菜、萝卜等。

5. 朝南的阳台四季适合栽种什么蔬菜?

答:朝南阳台为全日照光照条件,阳光充足,通风良好,是最理想的种菜阳台。几乎所有蔬菜都可以种植,大多数蔬菜在全日照的光照条件下生长最好。因此,一般蔬菜一年四季均可在朝南的阳台上种植,如黄瓜、苦瓜、番茄、菜豆、金针菜、番杏、芥菜、西葫芦、青椒、莴苣、韭菜等。此外,莲藕、荸荠、菱角等水生蔬菜也适宜在朝南的阳台种植。但夏秋季节光照强,温度高,要在南侧安装遮阳网或遮阳帘,以起到遮阳降温的效果;冬季朝南阳台大部分地方都能受到阳光直射,夜间再配备简易保温设施,使夜间最低温度达到13℃以上，给蔬菜创造一个良好的生长环境。

6. 朝西的阳台四季适合栽种什么蔬菜？

答：朝西阳台为半日照光照条件，适宜种植喜光耐阴蔬菜，如洋葱、油麦菜、小油菜、韭菜、丝瓜、香菜、萝卜、番茄、黄瓜、茄子、辣椒、豆角等。但朝西阳台夏季西晒时光照强，温度高，使某些蔬菜产生日烧病，轻者落叶，重者死亡。因此，最好在阳台的窗面安装遮阳网或遮阳帘，也可在角隅栽植蔓性耐高温的蔬菜，如苦瓜、丝瓜、葫芦等。在夏季，对后面楼层反射过来的强光及辐射光也要设法防御。

7. 朝北的阳台四季适合栽种什么蔬菜？

答：朝北阳台光照条件最差，只能有一些反射光，种植蔬菜的选择范围最小。应选择耐阴的蔬菜种植，如莴苣、韭菜、芦笋、香椿、蒲公英、空心菜、木耳菜等。

8. 初学者适宜种什么蔬菜？

答：初学者可选择易于种植的蔬菜或速生菜。例如，油菜和油麦菜这两种速生菜全年皆可种植、且生长较快速，五六周即可采收。而苦瓜、葱、姜等适应性强，且本身有股特殊味道，因此昆虫不喜接近，不需要施用农药也能生长得很好。

9. 什么是阳台小气候？

答：植物的生长离不开外界环境条件，农业生产离不开农业气候。所谓农业气候,也就是对农业生产影响较为紧密的各种环境因子的总称。一个地区的年平均温度、日夜温差、季节性的日照长度、无霜期的长短、年降雨量等构成了该地区的天气气候。某些地区又会因地质、地文、地理、地貌、海拔、植被等不同,构成了该地区的特有气候,叫做小气候。这些小气候也与大气候一样将直接影响到植物的生长,直接影响到物候期与环境适应性。阳台蔬菜所处环境是阳台与楼顶,是完全人工改造、异于自然的环境,我们管这种环境小气候叫做阳台农业气候。阳台农业因其所处空间位置及周遭环境的不同,而表现出各种不同的阳台小气候。

10. 怎么理解阳台与楼顶的热资源?

答:阳台与楼顶之间在热资源的获取上是有所区别的。

阳台因受周遭建筑物或朝向的影响,常会形成了阴生态与阳生态的阳台。阴生态的阳台是因周围建筑物的遮蔽而使单位面积所获热量大大减少,常低于自然的地面环境。从光照角度来说,不管在强度及时间上都低于自然环境,这种阴生阳台就最适种植一些对光照要求并不十分严格的叶菜类或者其他的阴生植物。对于坐北朝南或周边空旷无遮蔽的阳台,称之为阳生态的阳台。适于该生态环境的植物大多应选择喜阳的瓜果类为主或其他的喜阳植物。

楼顶热资源基本处于充足丰富状态。大多楼顶毫无遮挡物,可直接吸收大量的太阳辐射能。混凝土的楼面失去像土壤般很强的纵向热传导调控能力,通常升温快,降温也快,波动性大,没有土壤温度来得稳定。夏季,楼面的温度比土壤环境温度要高8~10℃,空气的温度也会因水泥楼面热辐射而提高3~5℃,对盛夏的抗旱抗高温来说是极为不利的。但是楼顶降温也比地面土壤来得快，所以能形成比平地环境更好的昼夜温差效应，有利于瓜果类植物着色及糖度的积累，所以楼顶瓜果具有比平地栽培更好的风味。冬季楼顶的温度也比地面要低，所以秋冬季节楼顶的打霜几率就比平地要高一些，无霜期天数稍有缩短。

11. 怎么理解阳台与楼顶的光资源？

答：光与热具有同步效应，因此光资源与热资源具有许多相似之处。但光除了热效应外，光照时间、光照强度、光质等也将会影响到植物的生长。

楼顶因周遭空旷无遮蔽物，具有与地面土壤相同的光资源。从楼顶水泥平面性质来说，光照经水泥楼面反射的光比土壤要强，所以楼顶环境能作用于植物的总体光资源比平面土壤环境又要丰富些。当然有遮光的低层楼顶除外。充足光资源是植物良好光合作用的基础，所以楼顶环境从光资源角度来说是充足而丰富的，可适于各种喜阳植物的生长。喜阴植物也行，可以与高层植物结合，实现生态立体遮阴，以实现喜阳及喜阴植物间的和谐共生。

阳台会因建筑物的挡光作用而使光照变弱、时间变短，这因遮光程度的不同而不同。光资源因阳台的嵌入式结构，与楼排间的相互挡光会使光照时间缩短，直射光减少散射光增多。同时也使光质发生变化，如紫外线明显比楼顶要少，这种光环境更适于叶菜类植物的栽培。当然挡光少的阳台也可栽培一些喜阳的瓜果或花卉，这可因实际情况而定。

12. 怎么理解阳台与楼顶的水资源？

答：对于生长着的植物来说，作用于植物的水有地下部分的根际水、地上部分的影响叶片蒸腾的空气水及在楼面自由漫流的地面雨水，这些水对植物的生长及小气候的影响都带来或大或小的影响。

地下部分的根际水，因栽培方式的不同而不同。如果是土培的植物，根际因土壤或基质容量的有限性及盆钵表面积效应，使盆土的湿度变化加剧，在高温季节常会导致干旱，没有平地土壤的相对稳定性，需通过每天数次的人工浇水来维持。如果是水培的方式，就不存在根际水的胁迫及浇水管理问题了。

楼顶的空气与自然地表相比更为干燥。因地表受大地土壤水蒸发的调节，可以为植物创造一个相对较高的小气候湿度环境，而且也较为稳定。同时，楼顶过于通风。夏季，楼顶的空气湿度常低于 30%～40%，对阴湿植物的生长有抑制作用。当然一些喜阴湿的植物可以通过不同生态位植物的立体布局来实现小气候环境的优化。也可通过人工环境创造技术，如空气喷雾加湿来得以提高。而地面漫流水却比平地的地表要丰富充足，这与水泥地面的不吸水、不渗漏有关，所以楼顶栽培时要做好排水的设计，或者专门于栽培槽底设计排水沟或孔，最好能设计成雨水收集可重复利用的排水系统。可用雨水来进行水培或者浇灌植物所用。同时楼顶的漫流水对降温增湿调节也是起到一定作用的。

13．怎样应对阳台的干旱气候？

答：阳台因由上述三大因子的影响，常导致夏季干旱气候的形成。要解决干旱气候的胁迫危害，只得采用勤浇水的方法来实现。遇高温天气，每天可能要进行 2 次水分管理，早、晚各 1 次，管理较为繁琐。如果采用管道栽培、气雾栽培、漂浮栽培后，可轻松解决，根系处于水或气雾中，能为之提供最为充足的水分保障，无需繁琐的管理。另外,解决干旱,也可通过微喷降温来实现。既可降温又可提高空气湿度,这对阳台植物的正常生长是极为有利的。

14. 怎样应对阳台的风速影响?

答:阳台因处于楼宇间的狭道,当风刮过城市排楼时,会使风速倍增,可提高至3倍。另外,不规则的楼排或城市的其他建筑物,又会使风产生湍流,这些加速的或湍流的风,都将影响到阳台的植物。微风有利于促进植物生长的,但如果是加速的狂风就会使阳台植物的枝叶造成机械伤害。特别是湍风,不需多大的风力就可让枝叶间造成大的摩擦损伤,严重的会把柔嫩的枝叶或植株整株刮走或吹成蓑衣叶,或者风后造成病菌的侵染而严重影响生长。在阳台栽培植物时,风大处以种植矮小抗风的叶菜类为主,缓风处方可栽培植株较大的攀藤类,如丝瓜、西瓜、南瓜等,但最好也对枝蔓进行网架的固定绑缚。

由于城市楼顶高低不一致性,也会受到同样的影响。狂风在10～100米高度内,会随着高度的增高而风速不断加快。由于楼顶少或没有风障,所以楼顶也是狂风加速后的肆虐区。在设计安排时,可于角落缓风处栽培大植株,风口或风速较大区栽培漂浮的叶菜类。除了机械伤的危害外,更严重的情况是风与雨的同步互作,使病害、虫害暴发,给植物带来严重的灾害。另外,狂风对栽培设施的破坏也是很大的,如管道栽培系统在强风下较易变形或损坏。

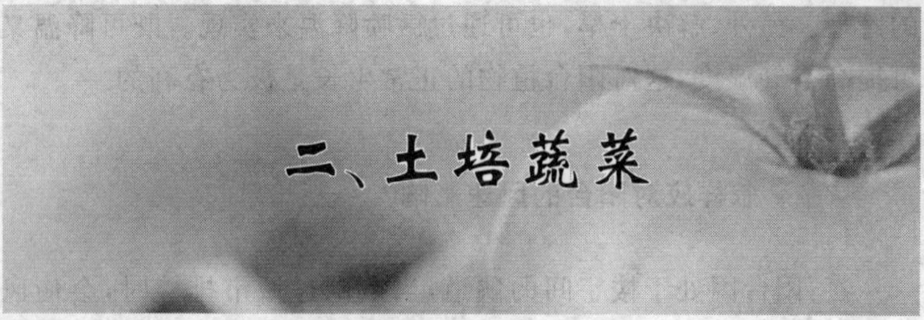

二、土培蔬菜

(一)土壤和肥料

1. 土壤中的哪些成分可以供给植物生长?

答:植物首先是对氮、磷、钾三种元素需要量最多,其次是钙、镁、硫以及铁、锰、锌、硼、铜、钼等微量元素。氮肥主要是促使植株茂盛,增加叶绿素,加强营养生长。氮肥太多会导致组织柔软,茎叶徒长,易受病虫侵害,耐寒能力降低。缺少氮肥则植株瘦小,叶片黄绿,生长缓慢,不能开花。磷肥能使植株茎秆坚韧,促使花芽形成,花大色艳,果实早熟,并能使植株生长发育良好,多发新根,提高抗寒、抗旱能力。磷肥不足则植株生长缓慢,叶小、分枝或分蘖减少,花果小,成熟晚,下部叶片的叶脉间先黄化而后呈现紫红色。缺磷时通常老叶先出现病症。钾肥能使植株茎秆强健,提高抗病虫、抗寒、抗旱和抗倒伏的能力,促使根部发达,球根增大,并能促使果实膨大,色泽良好。缺钾会导致植株叶缘出现坏死斑点,最初下部老叶出现斑点,叶缘叶尖开始变黄,继之发生枯焦坏死。钾肥过量,会引起植株节间缩短,全株矮化,叶色变黄,甚至枯死。

2. 什么样的土适宜阳台栽种蔬菜?

答:蔬菜对土壤要求严格,一是要有深厚的土层和耕层,阳台种菜最好要保持耕层在25厘米以上;二是耕层应该疏松通气而且相对稳定;三是土壤理化性状好,质地黏度适中,含有较多的有机质,具有良好的团粒结构,像森林中的松针土、枯叶层土,不仅疏松通气而且富含大量的腐殖质;四是土壤有害物质含量低,pH值在7左右,土壤中不含有过多的重金属离子及其他有毒物质。所以最好从郊区的菜田中取些肥沃土壤来种植。

3. 什么是基质?

答:栽培蔬菜所用的材料。如草炭土、蛭石、珍珠岩、砂土、煤焦渣、腐叶土等能用来种植作物的材料统称为基质。

4. 用挖来的楼房外的土种菜,行吗?

答:不行。楼房外的土壤物理结构差,有机质含量少,含石灰成分多,不利于植物生长。

5. 阳台栽培蔬菜可以把土摊开,下面放泡沫板种植吗?

答:不可以。种植蔬菜土的厚度不能低于15厘米,而且容器要有一定的通气性,否则不利于蔬菜的生长。

6. 如何给土壤消毒?

答:土壤消毒是控制土传病害和消灭病虫杂草的重要措施之

一。土壤消毒的方法有日晒、高温消毒等。日晒:放在强烈的日光下曝晒 4～5 小时。高温消毒:若土壤量少,可以采取高温消毒的方法。

7. 种植蔬菜之前要不要施用底肥?

答:需要施用底肥,根据土壤的肥沃程度不同,来决定施肥数量。

8. 什么样的肥料适用于阳台种植蔬菜?

答:现在市场有很多现成的肥料出售,品种丰富,可供选用,基本上为有机肥和无机肥两类。有机肥是动植物等有机物经腐烂发酵而成,所含养分全面,肥效长且对改善盆土结构有利;无机肥是化学肥料和矿物肥料,肥效快而不持久,使用简便,无臭味,但常用会使盆土板结。有机肥一般作为基肥和追肥用,无机肥一般作为追肥用,如随水冲施和叶面喷肥用。

9. 基肥的使用方法是什么?

答:在盆里放一部分基质或土壤,约盆体积的 1/4。再放入基肥。再加适量基质或土壤,充分掺匀后再播种或定植,使植株根系不与基肥直接接触。也可将基质或土壤与肥料掺匀后直接装盆。

10. 如何利用家里现有的材料(动物粪便、麻酱渣等)自制肥料?

答:①氮肥:将豆类、麻酱渣捣碎,加入 3～5 倍水放在容器里密封,放置在高温处,夏季 20 天左右,冬季 40 天左右。待液体发酵后成黑色方可使用。在使用时,用原液再加 8～10 倍水作液体肥使用。②磷肥:鱼肚肠、鸡鸭肠、肉骨(无盐分的,要敲碎)、虾蟹壳、羽毛、蛋壳等加水 2～3 倍,腐熟后用上面的液体加 12 倍水稀释后作液肥使用。植物开花前适用。③钾肥:以上两种肥料亦含钾肥,如再要补充钾肥,可在盆土中加拌草木灰 2 成,能使植物更壮实,根系更发达。④长效全效肥:豆类、花生、菜籽饼、螺蛳、贝类、鸽、鸡、鸭粪等加水 2～3 倍,腐熟后用上面的液体加 12 倍水稀释后作液肥使用。将豆饼、菜籽饼等浇水淋湿后,用塑料布或密闭容器密封,经过夏季 15～20 天、冬季 40～50 天后,方可作为基肥或拌土使用。⑤矾肥水:历史比较悠久。用硫酸亚铁和豆饼一起浸泡,经过夏季 20 天左右,冬季 40～50 天后,方可使用。施用肥水后,再浇一遍清水。

11. 怎样减少沤肥、施肥时发出的臭味?

答:关键是做好密封,使用时采取埋施,以减少臭味。现将下面两种方法介绍给大家:①有资料介绍,在沤肥容器内放几块柚子皮、橘子皮(干、鲜均可),即可减少臭味。橘子皮里含有大量的香精油,随着肥料的发酵,不断地挥发出香味来,可减轻臭味。若橘子皮的效果减少,可再继续投入新的橘子皮。橘子皮发酵后也是一种好肥料,可以增加肥效。②使用泡菜坛沤肥。把家庭副食品的废物,如臭鸡蛋、动物内脏、过期牛奶、豆浆、豆渣等物投入泡菜坛里,加入适量清水,注意将坛口水槽添满水,再放入一些杀虫药物,扣上盖子即可避免臭味散了出来。夏季经 2～3 个月即可腐熟。使用时取其上清液加水 10～20 倍,并在肥水中加少许敌百虫等农药以防生蛆。

12. 施肥一次可以种多茬蔬菜吗?

答:不可以。施用肥料后所含养分被作物吸收掉一大部分,所以每茬作物种植时都要重新施肥。

13. 什么是叶面肥?

答:叶面肥是营养元素通过喷洒的方法施用于农作物叶片表面,通过叶片的吸收而发挥基本功能的一种肥料类型。植物的叶片有上、下两层表皮,由表皮细胞组成,上表皮细胞的外侧有角质层和蜡质,可以保护表皮组织下的叶肉细胞行使光合、呼吸等功能,不受外界不利条件变化的影响。叶片表现还有许多微小的气孔,行使气体更换的功能。叶片表面的气孔是叶面肥进入叶片的通道。化肥中尿素类物质对表皮细胞的角质层有软化作用,可以加速其他营养物质的渗入,所以尿素成为叶面肥重要的组成成分。叶背面的气孔数量比叶表面多,所以喷肥时要注意多喷背面。

14. 叶面肥的作用是什么?

答:①补充根部施肥的不足:当作物出现根部施肥不便时,如在作物生长后期,根系活力衰退,吸肥能力降低;或者当土壤环境对作物生长不利时,如水分过多、干旱、土壤过酸、过碱,造成作物根系吸收受阻,而作物又需要迅速恢复生长,如果以根施方法不能及时满足作物需要时,只有采取叶面喷施,才能迅速补充营养,满足作物生长发育的需要。②迅速补充营养:在作物生长过程中,作物已经表现出某些营养元素缺乏症,由于采用土壤施肥需要一定的时间养分才能被作物吸收,不能及时缓解作物的缺素症状。这时采用叶面施肥,则能使养分迅速通过叶片进入植物体,解决缺素的问题。③充分发挥肥效:某些肥料如磷、铁、锰、铜、锌肥等,如果作根施,易被土壤固定,影响施用效果,而采用叶面喷施就不会受土壤条件的限制。

15. 什么情况下需要补肥?

答:追肥量和追肥次数要根据作物的生长状况而定,一般在花芽分化期和开花结果期为最好。阳台种菜,针对不同的品种周期长的和周期短的,要有不同的追肥次数和追肥量。

16. 补充叶面肥时的操作方法以及注意事项是什么?

答:常用的施肥品种有磷酸二氢钾、氨基酸类、腐殖酸类、海藻酸类肥料以及尿素等。喷施时,要向叶片正、反两面均匀喷施。生长季节 4~6 天 1 次,半休眠时 2 周 1 次。一般在日出后或日落前喷施,植株开花前停施。必须注意的是,这种方法只有在发现植株缺肥的情况下才可使用。若植株营养充足,生长旺盛,则不宜采用。

17. 如何做到合理施肥?

答:合理施肥是指要注意适时、适量。种植蔬菜需要时施,至于什么时候施什么肥，则根据不同生长发育期而定，如苗期可适当多施氮肥，以促进幼苗迅速、健壮地生长；孕蕾期可多施磷肥，以促进花大籽壮；坐果初期适当控制施肥，以利于坐果。任何时期施肥都要注意适量，施氮肥过多，易形成徒长；施钾肥过多，阻碍生育，影响开花结果。

18. 为什么不能施未腐熟肥料？

答：有些人种植阳台蔬菜常把臭鸡蛋、动物内脏、肉皮等直接埋入盆土中，想增加土壤中的养分，使枝繁叶茂，结果反而伤害了蔬菜。植物的生长发育是通过吸收土壤中经发酵溶解于水中的氮、磷、钾等各种营养元素完成的。而上述腐败食物，未经发酵即直接埋入盆内，遇水分进行发酵产生高温，会烧伤植物的根系，导致植物死亡。同时，未腐熟的肥料在发酵时会产生臭味，污染环境；此外，还会招来蝇类。

19. 施用浓肥有什么害处？

答：在正常情况下，植物根尖细胞液的浓度比土壤溶液浓度大，因此两者的渗透压是不同的。这时根尖能从土壤中吸收水分和养分，供给蔬菜生长发育。如果施肥浓度过大，使土壤溶液浓度大于细胞液深度，会出现相反的情况，即细胞液反而向土壤溶液渗透，使根尖细胞失水，造成根系受损，严重时造成蔬菜死亡。这种现象多发生在施化肥过多时，若施沤制液肥过浓也会发生类似现象。因此，施肥时，浓度不可过大，一般化肥浓度在 0.1%～0.3% 为宜。施用沤制的液肥时，可稀释 5～10 倍。

(二)器皿和工具

1.什么器皿适用于阳台土培蔬菜?

答:几乎任何类型的容器都可用来种菜,只要它足够坚固、能提供足够的空间和排水通道。除了传统的花盆、花槽等专业容器外,许多生活中的器物经过改装都可利用,如塑料盆、木箱等。但无论选用什么容器,都要保证底部有排水孔。一般而言,陶制和木制容器比塑料容器排水快,需要多浇水。塑料容器不要放在窗边,因为塑料器皿重量轻,易被风吹倒。不要用经过高压处理的木制容器,高压处理过程中加入了化学防腐剂,虽然这一方式使得经处理的木材能够在很长一段时间内得以免遭白蚁、腐朽及其他有害因素的侵袭,但木材本身也含有了有毒物质,会毒害植物。如果自制木制容器,最好使用抗腐蚀木材,如松木、杉木等。容器慎用黑色,因为黑色吸热,有可能损害植物根系。如果选择了黑色容器,最好在外层涂上一层颜色较浅的漆,或者仅把容器遮蔽起来,以免阳光直射。

2.为什么种植器皿一定要有排水孔?

答:无论选用何种容器栽种蔬菜,都必须保证底部有排水孔,保证排水通畅。容器的排水十分关键。排水不良,植物根系窒息腐烂;排水过快,又会使植物缺水而枯死。市场上购买的花盆、花槽等专业容器,底部都有排水孔。用生活器物改装的容器,就要自己钻几个排水孔,一般可在底部周围均衡地钻几个直径 0.5～1 厘米的排水孔。为避免浇水时泥土流失,可进行“垫盆”,即用碎的花盆片、瓦片覆盖住排水孔。为促进排水,可在垫盆物之上放一些粗沙砾或小石子,保持排水通畅。

3. 如何根据种植的蔬菜搭配器皿?

答:容器的大小很重要。种菜的选择宁大勿小,大点的容器不仅有充裕的地方放肥料,而且蓄水量也大,夏季不会很快干涸。西红柿、辣椒、菜豆等需要较大的容器,一般15～20升的容器足够。购买种子种苗的时候最好咨询一下卖主,需要多大容器,如何浇水施肥等情况。

4. 阳台种菜常用的工具都有哪些?

答:为了家庭种菜播种、育苗、移植等管理过程更加容易操作,需要一些简单的工具。主要有以下几种。①水桶:用于存水和取水。②喷水壶:用于给蔬菜浇水,一般喷嘴的出水孔较大,水均匀地从喷嘴的小孔中喷出。多用于较大的蔬菜日常浇水。③细孔喷壶:也叫喷雾水壶,喷嘴的出水孔较小,水以微小雾滴状从喷嘴中喷出。多用于蔬菜刚播种后浇水或蔬菜苗较小时浇水用。④起苗铲:也叫瓜铲,用于移苗时将小苗从土中起出。也可用于混匀基质或土壤、装土上盆。⑤小铁锹:可用于混匀土壤,装土上盆,还可以用来挖坑。⑥小苗耙:也叫搂子,有大小不同类型,主要用于给蔬菜中耕松土。

(三)浇水的原则

1. 什么样的水浇菜好?

答:水可按照含盐类的状况分为硬水和软水。硬水含盐类较多。浇菜用水以软水为宜。北京地区的水大多偏碱性，所以在施用时要晒水。

2. 雨(雪)水浇菜好不好?

答：在软水中以雨水(或雪水)最为理想，因为雨水是一种接近中性的水，不含矿物质，又有较多的空气，用来浇菜十分适宜。因此雨季应多贮存些雨水留用。也可用雪水浇菜，效果也很好，但要注意需将冰雪融化后搁置到水温接近室温时方可使用。

3. 淘米水能浇菜吗?

答：可以。但是用淘米水浇菜必须经过发酵。方法：将淘米水放在一个容器里，密闭存放。经过 2 周左右时间(夏季可短些，其他季节稍长些)，即可使用。浇灌时取清液，对 50%左右的清水稀释搅拌。其他注意事项：①因为淘米水肥性大，天气热，盆的温度也高，浇淘米水或施肥易烧根，"桑拿天"一般不能浇。②刚洗过米的水不能立即浇，这样容易伤根，必须经过充分发酵。③给小苗、弱苗浇淘米水时，对清水的量要更大一点。④因为淘米水肥性大，倒盆和新栽植的蔬菜不能浇。⑤气温在 28～30℃以上时，以及冬天不能浇。

4. 养鱼的水能浇菜吗?

答：因为水中的余氯已经挥发，给菜浇水不会产生危害。鱼类的排泄物可以转变成为蔬菜的有机肥料(因其含量较少，不必担心造成肥害)。用鱼缸里换出来的水浇菜需要注意：水从鱼缸中换出后，直接浇菜时，要注意水的温度同花盆中泥土温度不能偏差太大，最好放置一两天再用。

5. 什么样的水不能浇菜？

答：植株在生长过程中会吸收水中的有害物质，因此，像含有化学试剂的水不能浇菜，如肥皂水、洗衣粉水；含有油污的水也不能浇菜，如洗碗水；中水也不能浇菜。

6. 平时应怎样给蔬菜浇水？

答：浇水要“见干见湿”。见干：是为让土壤里有很多空气在里面，供根系呼吸用。见湿：是让土壤含有充足的水分，供植株生长。浇过一次水后等到土面发白，表层及内部土壤水分消逝后，再浇第二次水，不能等盆土全部干了很久才浇水。一般的方法是把手指伸进土壤内部 1 厘米处，感受土壤干松，或者用手指弹击花盆发出清脆的声音(陶制或瓷制花盆)再浇。如果内部是湿的就不宜连续浇水，容易造成土壤下部积水，严重的导致烂根。花盆盆壁与盆土紧密结实情况下，浇到盆底排水孔有水渗出为止，才是“浇透水”。不能浇“半截水”(即上湿下干)。

7. 浇水过多或者过少对蔬菜会有什么影响？

答：长时间浇水过多，会使土壤里空气减少，有害物质不能流通出来，对植物根系造成伤害，严重时造成植株死亡。长时间浇水过少，植物生长所需水分不够，养分也不够，造成植株的萎蔫，严重时造成植株死亡。

8. 怎样根据气温浇水?

答:春天天气干燥,植株生长又处于旺盛期,这个时候水分要供给充足。夏天气温高,植株处于营养生长期,蒸腾作用快,消耗水分多,供水也要充足。秋季天气渐凉,植物生理活动减弱,水分需要相对减少。冬季气温较低,水分需要相对较少。另外,晴天水要充足,阴天水要减少。

(四)叶类蔬菜栽培与管理

油菜

1. 如何选择品质好的种子?

答:要购买有包装、有经营许可证、质量标识(发芽率、纯度、净度、含水量等具体指标)且包装标识完整、准确,在有效期内的种子。

2. 播种之前,种子需要浸泡吗?

答:需要。家庭阳台种植浸种最常用的方法是温汤浸种,就是两份开水对 1 份凉水，水温 56℃左右，水量是种子量的 3～5 倍，把水倒入盛种子的泥瓦盆中用木棍或竹竿不停地搅拌，直至水温降至 30℃可以停止搅拌，静止浸泡 4～6 小时，然后把种皮上黏液搓洗干净，捞出摊开晾至种皮上的水分到半干即可播种。

3. 播种之前，都需要做什么准备？

答：基质拌匀后装盆，基质在装盆过程中不需压实，轻轻整平即可，否则会改变基质的物理性质，使基质的透气性降低。用细喷头浇透底水，水滴的大小以不冲击土表、保持土表平整为好。

4. 播种时如何操作？

答：土要 20 厘米左右深，最低不能低于 15 厘米。用水把盆中的土浇透，水分渗透后，在土上播种，然后加 2 厘米厚度湿润的土，播种后要注意保温保湿。

5. 种子萌发初期，对光照有什么要求？

答：要避免强光直晒。有些种子需在不见光条件下发芽。

6. 对水分有什么要求？

答：萌发初期需水分充足，出苗以后应少浇水，促进根的生发，中后期要保持土壤见干见湿。

芹菜

7. 播种后，一般过多长时间种子会发芽？

答：根据温度及品种而定。在适宜的发芽温度范围下，温度越高发芽越快。不同的品种发芽时间也不一样，一般为2～8天。

8. 出芽后，栽培管理要点有哪些？

答：生长期间保持土壤湿润。温度较高时应早、晚浇水，容器内积水应及时排水。除培养土内施入足够基肥外，如果生长期小苗发黄，瘦弱，可结合浇水施1～2次液肥。温度低、日照弱时应控制氮肥的用量，以免叶片积累过多的硝酸盐。经常松土，以利根系营养吸收，防止土壤板结。

9. 阳台种植叶类蔬菜，对光照如何要求？

答：喜光，栽培时光照充足有利于生长。

10. 光照过强或者过弱对叶类蔬菜会有什么影响?

答:光线过强,叶片表面温度过高,易造成日灼病;光线过弱,生长缓慢,叶片细小瘦弱。

11. 怎样做到合适的采光?

答:通常情况下,要将植株放置在向阳处。高温、光线过强时可适当遮阳。

12. 对温度如何要求?

答:白天 20~25℃,夜间 10~12℃为宜。

13. 温度过高或者过低对叶类蔬菜会有什么影响?

答:温度过低,易受寒害、冻害;温度过高,植株徒长,若湿度也大,易感染病虫害。

散叶生菜

14. 如何进行分盆、移栽的操作?

答:①准备好分盆及营养土。②提前浇水使土壤湿润,便于切割。③选择壮苗。④分苗要带土移栽。⑤分苗后要及时浇水、遮阳,促进缓苗。

15. 如何促进叶类蔬菜叶子生长?

答:要促进叶类蔬菜叶子生长,可适当多施一些氮肥,遵循少量多次的原则。植株若缺少氮肥则植株瘦小,叶片黄绿,生长缓慢。

16. 叶类蔬菜的采收标准和方法是什么?

答:结球类叶菜,如甘蓝与大白菜等,结球紧实后,就可以采收。在采收时,用刀将叶球从茎盘上割下来,叶球外面留 2～3 片叶保护叶球。一次性采收的叶菜类,如菠菜、油菜等,3～5 片叶后就可以开始采收,可连根拔起,也可以用刀在根部割下。多次采收的叶菜,如韭菜,一般株高 18 厘米后就可以采收。收割时叶鞘基部要留 5 厘米左右,不能割得过低,否则会伤害叶鞘的分生组织和幼芽,影响后期产量。

17. 阳台上种植蔬菜,强光透过玻璃窗照射进来,会对蔬菜造成影响吗?

答:一般不会造成影响。但是光照过强,要注意遮阳。

18．播种后种子不发芽，是什么原因造成的？

答：①种子问题。②温度不合适。③播种过深。④水分过高或不足。

19．为什么刚出苗，苗就死了？

答：①发芽温度不适宜(过高或过低)。②浇水过多导致盆土过湿。③光照过强。

20．苗刚长出来，为什么浇了水后，根浮起来，全倒了？

答：在发根的时期应该少浇水，促进根的生发，水浇多了不利于根向下生长。另外，在栽培时，要及时覆土，盖住浇水时冲掉的土。

21．水浇得不少，为什么苗慢慢就蔫了？

答：①浇水过多，导致盆土过湿，根系无法正常呼吸，植株死亡。②种植密度过大。

22．为什么苗长得很慢，长到一定程度就不长了？

答：土壤肥力不足，生长缓慢。同时，要注意加强温湿度管理。

23．为什么苗长得特别细？

答：①种植密度过大。②光照不足。③土壤养分不足。

24. 苗长得太高太细了,后来就倒了,怎么办?

答:首先,选择壮苗,淘汰弱的苗;其次,分盆移栽,扩大营养面积;第三,控制水肥管理,调节生长速度。

25. 种了一段时间的蔬菜,为什么最早长出来的叶子开始变干?

答:这是正常生理现象。随着植株的生长,先长出来的老叶会慢慢变黄变干、脱落。

26. 种香菜出莛是什么原因?

答:长莛就是抽薹,是开花结果的前一个阶段。当香菜遇到一定时间的低温,就通过春化,由营养生长转化为生殖生长,就会长莛(抽薹),开花结实。另外,陈种子也容易抽薹。

27. 小油菜为什么茎部变蔫了?

答:①浇水过多,导致盆土过湿,根系无法正常呼吸,植株萎蔫。②生长期追肥时,伤了根系。

(五)茄果类蔬菜栽培与管理

1. 出芽后,栽培管理要点有哪些?

答:茄果类的蔬菜,苗期的施肥要全面,保证氮、磷、钾的比例合适。一般在定植后15天开始施肥，每隔10天左右施1次肥，以轻施薄施为主。植株有花蕾时，勤施薄施为宜，施肥间隔由原来的10天缩短到6～7天，植株开始挂果时，重施肥料，间隔时间可缩短到5天左右，施肥量比原来增加1倍，保证果实的发育所需，注意做好整枝整叶、保花保果(部分畸形果有观赏价值的宜留)。

矮生小番茄

2. 阳台种植茄果类蔬菜，对光照如何要求？

答：喜光，要求较强的光照，但是不宜过强。

3. 光照过强或者过弱对茄果类蔬菜会有什么影响？

答：光线过强对植株生长不利，易造成日灼病；光线过弱，易落花落果。

4. 对温度如何要求？

答：白天23～30℃，夜间15～18℃为宜。

5.温度过高或者过低对茄果类蔬菜会有什么影响?

答:温度低于10℃停滞生长;温度高于35℃植株也会停止生长,容易早衰。

6.夜温过高或者过低会对茄果类蔬菜会有什么影响?

答:温度过高或过低,尤其是夜温过高或过低,是引起茄果类蔬菜落花的最普遍原因。适宜于番茄开花结实的夜温为15～20℃,如果夜温高于22℃,或低于15℃,就会引起落花;夜温超过22℃,会妨碍雄蕊的正常生理机能,影响花粉的萌发。低温引起的落花是由于温度低时,花粉管不能正常伸长,因而不能受精,引起落花。

7.什么时候需要"掐尖"?

答:茄果类蔬菜和瓜类蔬菜有多次分枝的特性,主茎上的每个腋芽都能成长一个侧枝,一次侧枝上再生成二次侧枝,任其生长则会形成繁茂郁密的枝叶,并能结出果实。但由于生长期的长短和营养条件的限制,且植物有将自身制造的营养物质优先运往顶端生长点的特性,如果任其枝叶生长,不利于结实和早熟。因此,为保证在一定栽培条件下能够采收更多更好的果实,有必要采取一定的人为措施调整枝果比例,这种措施叫整枝。根据整枝的要求,摘除无用的侧枝叫打杈,摘除顶心叫摘心(打尖)。整枝和摘心其作用是合理分配营养,调节植株营养生长和生殖生长,促进果实生长发育,这样有利于提高果实产量及质量。特别是早熟栽培更要加强这方面的管理。摘心的时间应按栽培的需要而定,除特殊情况外,不宜过早,以免降低产量。打杈宜早不宜晚,并要选择晴天进行,以利伤口愈合。

8. 秧子长到多高,需要搭架子?

答:在花盆中种植,为了便于管理,一般情况下,苗高15厘米后可以搭架子。

9. 开花坐果期,栽培管理上要特别注意什么?

答:开花期要注意控水,不宜过大;结果期对磷、钾肥需求量较大,应注意平衡施肥,同时适当增加浇水量。

朝天椒

10. 怎么提高坐果率?

答:一是适时整枝、通风透光、防止徒长;二是控制好温湿度,有利于授粉受精;三是加强肥水管理,协调植株营养生长和生殖生长的关系；四是进行人工辅助授粉或采用植物调节剂喷花或沾花；五是及时采收果实。

11．茄果类蔬菜的采收标准是什么？

答：首先，茄果类蔬菜的果实要长到符合品种特性的大小、颜色，不同品种差异很大，要因品种而定。其次，不同茄果类蔬菜间，也有基本的标准。番茄：大、中果型番茄单果一般在150～200克，果实全部转色，颜色鲜艳。樱桃番茄单果一般15～20克，果实全部转色，颜色鲜艳。樱桃番茄结果数多，成熟期不一致，可成熟一个采收一个，也可成串采收。茄子：果实长到应有的长度和粗度（圆茄应长到一定大小），果实基部的颜色较浅，其他部分的颜色变深；果皮变硬，用手按压果面，表现出比较强烈的弹性；果皮变亮。椒类：青椒，果实长到一定大小，颜色鲜艳。干椒，果实完全成熟而尚未干缩变软。彩椒，采收青熟果和红（黄）熟果均可；紫色和白色的品种果实长到一定大小，颜色鲜艳。

12．为什么番茄上部的叶子没事，下面的叶子干枯了呢？

答：这是正常生理现象，随着植株的生长，先长出来的老叶会慢慢变黄变干、掉落；但是要加强水分和管理，延缓下部叶片老化、干枯。

13．种的番茄，白天光照强都把叶子晒蔫了，晚上浇点水，第二天早上就缓过来了。这种情况是不是要少见光啊？

答：①可以遮光，降低光照强度。②早、晚见光，中午光照较强,要避光。

14. 种的番茄,秧子疯长,开花后很快花就掉了,为什么?

答:第一是花器构造的缺陷。在开花时,花器的一部分有了缺陷,容易脱落。这种缺陷可以是花器本来的特性,也可以是在开花过程中,受了外界环境条件的影响而产生。第二是没有授粉或受精。一般情况下,茄果类蔬菜的花没有授粉或受精,就易脱落。有时,即使授粉,但是没有受精也脱落。经过授粉而没有受精的原因,主要是:配子的不育、花粉与卵细胞不亲和等。第三是胚珠的退化。胚珠的退化,可以是遗传性的,也可以是由于不适宜的营养条件所引起。胚珠退化以后,子房不能正常膨大,因而脱落。

15. 为什么番茄光开花不结果?

答:首先是由于授粉效果不好,建议在上午8～10点轻摇植株,让花粉自然脱离或用毛笔在每朵花的花蕊处蘸一下,让雄蕊和雌蕊接触,同时要注意控制开花坐果期的温度,温度过高或过低,也不容易坐果;其次,由于花盆种植的番茄营养体较小,同时开花过多,营养供应不充分,就不容易结果。

16. 为什么番茄结出来的果实硬?

答:首先,品种因素,有硬果的品种;其次,水分管理中,浇水量偏少,造成果实“僵硬”。

17.番茄果实很小，怎么办？

答：在温湿度正常的情况下，追施磷、钾肥，促进果实生长。

18.种的番茄，叶子总是特别干，最后弄得果实都不行了，什么原因？

答：阳台的温湿度变化幅度较大，不易控制。番茄适应的温度上限就是30℃。夏天一天中温度最高的时候是13～14点，到那时阳台温度可能会达到35℃以上。阳台温度过高，造成植株水分供应不足，叶片萎蔫；当以后温度下来的时候，萎蔫的叶片会部分得到恢复，也有一部分（特别是叶尖、边缘）恢复不了，就会出现干枯的情况。建议在这段气温变化较大的时间，要格外注意番茄的表现，如果出现萎蔫，应通过遮阳、通风等措施，降低阳台的温度；必要时在早、晚浇水（别在高温期浇水）。

19.番茄结的果实味道酸，这样的果实可以吃吗？

答：可以吃。番茄的果实酸甜度因品种不同存在一定差异。同时，不同的栽培管理也可以造成果实酸甜度的差异，光照不足和钾肥不足也会使果实味道酸。

20.青色的番茄能吃吗？

答：能炒熟吃，不能生吃。但有的品种成熟后也是绿色（发白),可以食用,如绿宝石、青苹果品种等。而其他颜色的番茄长到一定大小的时候,开始转色(转为红、黄、棕等颜色),再转色之前,可以炒后食用,一般切成片炒一下就可以吃了。

21. 种了快两个月的彩椒,就1寸多高、6片叶子,怎么回事?

答:彩椒苗期温度需要在18~30℃,温度过低,不利于生长发育。由于家庭种植彩椒,在育苗时不易控制温度,建议买育好的苗。

22. 彩椒种植过程中果实坐不住,是什么原因?

答:首先,彩椒要有一定大小的营养体,同时要调整植株长势;其次,开花坐果的时候水量要见干见湿,不要浇太多水,果坐住了以后(果实核桃大小)再浇水。室内空气湿度过干也容易坐不住果。

(六)瓜类蔬菜栽培与管理

1. 出芽后,栽培管理要点有哪些?

答:①在苗期水分要适中,过多易引起徒长,在瓜类苗期有2~4片真叶时,可追肥,促根壮苗。②在初花期需控制水分,防止茎叶徒长。可在开花前追施磷、钾肥促花。③在结瓜期,植株生长和开花结果同步进行,所以,要保证水分充足,经常浇水,从根瓜快要采摘开始,可施肥浇水同时进行。保证温度和光照,防

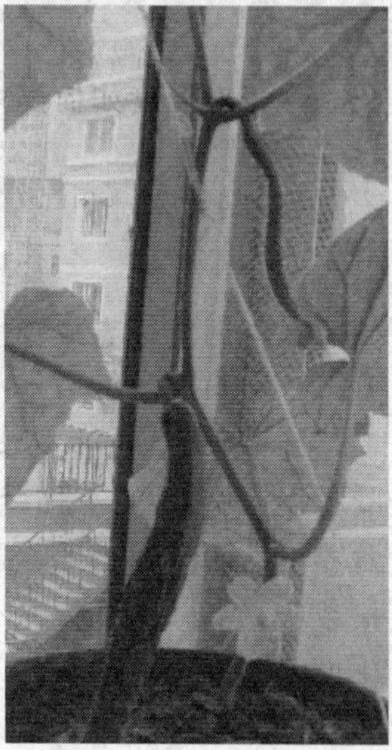

黄瓜

止化瓜。④一般在采瓜后，是重点追肥时期，选用优质复合肥，每5～7天施一次肥，施肥浇水可同时进行。⑤瓜类的异常生长发育：ⓐ花打顶。花打顶表现为瓜秧生长停滞，茎上部节间呈短缩状，靠近生长点小叶片密集，大量雌花集中在生长点的现象。发生原因主要为土温偏低，使根系活力差。应尽量提高温度，促进根系发育，促发新根，并适当促进水肥，使植株正常生长。ⓑ畸形瓜(如尖头瓜、大头瓜、弯曲瓜等)。主要原因是栽培管理不当，在生长期补充营养物质，增强植株抗旱、抗寒等抗逆力，减少畸形瓜发生。

2. 阳台种植瓜类蔬菜，对光照如何要求？

答：瓜类蔬菜一般比较喜欢阳光，但并不喜欢强光。

3. 光照过强或者过弱对瓜类蔬菜会有什么影响？

答：光线过强对植株生长不利，易造成日灼病；进入开花阶段，如遇连阴天气或植株过密，光照弱会造成光合作用不足，植株自身消耗的养分多于制造的养分，植株营养不良、瘦弱，而易出现化瓜。

4. 对温度如何要求？

答：白天 23～30℃，夜间 15～18℃为宜。

5. 温度过高或者过低对瓜类蔬菜会有什么影响？

答：温度过高，白天超过 32℃，夜间超过 20℃，光合作用降低，呼吸作用增强，碳水化合物大量向茎叶输送，造成茎叶徒长，瓜条营养不良而出现化瓜；温度过低，白天低于 20℃，晚上低于 10℃，根系吸收能力减弱，光合作用也会降低，造成营养饥饿而引起化瓜。

6. 秧子长到多高，需要搭架子？

答：可以种上之后先搭架子，等秧子长大后，会自动攀升。高度 1～2 米，视空间大小而定。不影响苗的生长，一苗一竿或者多苗一架子。

7. 开花坐果期，栽培管理上要特别注意什么？

答：保证适当光照和温度，酌量追施含磷、钾的肥，及时整枝打杈，防止通风透光不良。

8. 怎么提高坐果率？

答：①栽培措施，如控制苗龄、及时定植，合理密植，加强通风透光和病虫害防治，及时整枝、理蔓、搭架、采收、追肥等。②采用人工辅助授粉，即将当天开放雄花在去除花瓣后将留下雄蕊，在当天开放的雌花柱头上轻轻碰一下即完成授粉。③控制坐果部位及单株结果数量。坐果部位和坐果数量必须根据品种特性、植株生长状况、当时的气候条件等综合考虑，不能一概而论，但必须明确，坐果的部位和坐果的数量应以植株能正常生长发育为前提，例如在植株生长势较旺的情况下，必须早坐果、多坐果，在植株生长势较弱的情况下，植株应少坐果；小果形品种可比大果形品种多坐果。

9. 瓜类蔬菜的采收标准是什么？

答：黄瓜、葫芦、丝瓜之类的夏瓜，要趁嫩的时候采收。用指甲掐一下，就可以知道是否还嫩。黄瓜当趁瓜呈深绿色的时候采收，不要等到颜色变浅。要将瓜连着一段瓜蒂割下。南瓜等瓜皮坚硬，指甲不易掐破时再采收，有利于储存运输。连着一寸长的瓜藤割下，以便于储藏。

10. 1周给黄瓜浇2、3次水，为什么刚长的几片叶子还变黄？

答：黄瓜刚出来之后，少浇水，促进发根，水多了，根长不好就会使叶子发黄。所有东西播种之前应该把水浇透，苗期控制水量，水多了光长叶不长根。等长大了再浇水。

11. 为什么黄瓜长着长着，新、老叶子都变黄了？

答：一般施肥以前黄叶子，多是因为缺肥料。施肥以后黄叶子可能是肥料施用过量，伤到了根系。若是温度高，土壤湿度低，叶片也会变黄。

12. 为什么黄瓜叶子卷边？

答：出现这种情况有两种可能：一是缺钙，叶片上卷；二是缺水，叶片上卷。

13. 黄瓜秧子长得特别长，不结果，为什么？

答：营养生长过旺，生殖生长不足，俗话叫疯秧了。这种情况宜控水、控肥，蔫了都不要轻易浇水、浇肥，等秧子弱了以后就结瓜了。有条件的情况增加温差，植物生长需要温差。另外，让黄瓜尖往下折着点，以控制顶端生长优势。

14. 为什么阳台上种的黄瓜光开花就是不结果呢？

答：没有授粉，建议在上午8～10点轻摇植株，让花粉自然脱离或用毛笔在每朵花的花蕊处蘸一下，让雄蕊和雌蕊接触。

15. 黄瓜结果了，但是果实长得很慢，怎么办？

答：追施磷、钾肥，调节适宜的光照和温度、湿度促进果实生长。

16. 黄瓜的果实长到两三寸长时，就不长了，就蔫了，为什么？

答：生长条件不合适。在夏天11点到14、15点，阳光太强，应该适当地遮光。而且中午温度太高，应尽量创造适宜生长的环境。

17. 种的小南瓜有好多花，要不要掐掉一些？

答：不用，大部分是雄花，只有雌花坐果。

18. 丝瓜和南瓜长势挺好，为什么果实长到大拇指大小就烂了？

答：水分不能太多，温度不能太高，需要通风降温。南瓜适宜温度为 15～25℃，丝瓜的温度应该稍高一点，最高 30℃左右。另外需要人工授粉（人工振荡或雄花的花粉在雌花上蹭）。注意不要偏施氮肥，施用含氮磷、钾和微量元素的复合肥。

19. 阳台上种植的丝瓜还没开花就长小瓜了，这种现象没有问题吧？

答：没有问题。在花期过程中要注意控制浇水和施肥，等花落后果实开始膨大的时候再浇水。

20. 种的黄瓜果实，为什么是苦的，这种黄瓜可不可以吃啊？

答：黄瓜的果实有时会发生苦味，这种苦味物质称为苦瓜素（分子式为 $C_{32}H_{50}O_{8}$）。果实里容易出现苦味的位置，一般是在果梗靠近果肩的部分。黄瓜发生苦味与品种的遗传性有关：野生黄瓜就有苦味，栽培品种有苦味是返祖遗传现象。到目前为止，只有不带苦味的瓜果，而没有完全不带苦味的黄瓜品种。但是，黄瓜发生苦味，在相同的品种、由于植株不同而不一样；同一植株由于果实不同，有的出现苦味，有的则没有。因此，发生苦味的原因，需从栽培方面进行研究。在氮肥过多，水分不足，低温，日照不良，生长发育初期或后期营养不足，植株生长发育不良时，容易产生苦味。因此，加强肥、水管理，注意防治病虫害，保持植株正常生长，是防止黄瓜苦味果产生的重要栽培措施。

21．为什么第二年种的苦瓜结的果比第一年的要苦，不好吃呢？

答：①如果是用第一年的种子种出来的苦瓜，通常结的果都不会比第一年的果好吃。②两年种植的品种不同。

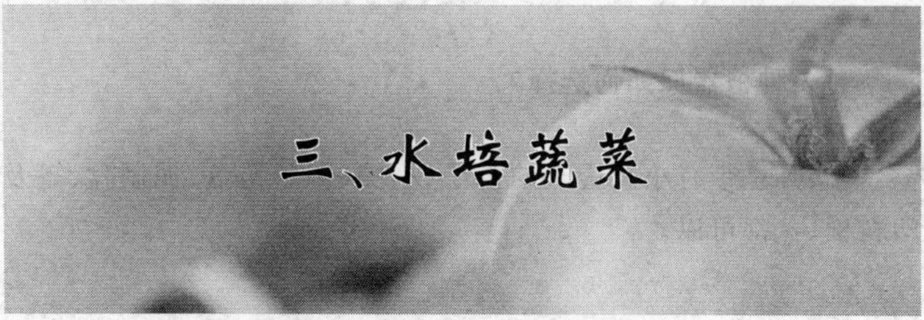

三、水培蔬菜

(一)芽菜类

1. 芽苗菜是什么?

答:芽苗菜是各种谷类、豆类、树类的种子在适宜条件下培育出可以食用的幼苗“芽菜”,也称“活体蔬菜”。

2. 什么种子适用于作芽菜种子?

答:凡是发芽率在85%以上的种子就能用于芽苗菜。

3. 芽菜种子需要浸种多长时间?

答:根据种子的发芽特性决定,4～24小时不等。

4. 怎样根据种植器皿大小及蔬菜品种确定播种数量?

答:根据种子的大小和蔬菜品种用苗大小决定播种密度。

5．种植器皿如何选择？

答：凡是带有小孔透气的盘子、小筐、塑料苗盘、泥制盆、罐及塑料桶、盆都可以。

6．对光照如何要求？

答：发芽时不可见光，发芽后可以适当见散射光。光照太强影响生长，并且品质差。

7．对温度如何要求？

答：适宜温度为15～25℃。

8．对湿度如何要求？

答：需要60%～90%的相对湿度。

9．怎样栽培管理？

答：选种—淘洗—浸种—1段催芽—每天淘洗2、3遍—码盘—催芽—上架—浇水—调节光照—倒换位置—采收。

10．芽菜的采收标准是什么？

答：叶子肥大，外观整齐，粗纤维适度，符合本品种芽菜的基本特征。一般高度 5～15 厘米。

11. 一般情况下，一茬芽菜可以采收几次？

答：只有豌豆、芸松两种可以采收两茬，其他一般采收一茬。

12. 为什么种上的芽苗菜不发芽？

答：①种子有问题；②温湿度不合适；③浸种时间不正确。

13. 芽菜种子上发霉了，是不是水多了？

答：①水加得过多；②有部分没发芽的种子没挑出去。

14. 芽苗菜出芽后，上面还要盖纸遮挡阳光吗？

答：发芽后 1 厘米，把上面盖的纸掀掉。

15. 种的芽菜发臭了，怎么办？

答：主要因为催芽淘洗次数不够（每天淘洗 2、3 遍），只能淘汰重新生产。

16. 芽苗菜种上几天了，为什么不怎么长呢？

答：水浇得少，温湿度条件不够。

17．芽苗菜长到 8、9 厘米了，为什么子叶打不开？

答：光照不够(2～3 厘米就见弱光照、每天 8～10 小时)。

18．芽苗菜光长莛，特细，为什么不长叶呢？

答：见光晚，温度偏高。

19．芽苗菜的根太长了，能不能剪点儿下去？

答：根长和开盘晚有关系，要剪掉同样会损失茎部的养分(最好小芽 1 厘米开盘见光)。

(二)其他蔬菜

1．什么是无土栽培？

答：无土栽培是现代化形式下的一种新型栽培模式。无土栽培就是不用天然土壤栽培植物的方法，国际无土栽培协会为无土栽培下了一个较为严格的定义，即凡是用除天然土壤之外的基质为作物提供水分、养分、氧气的栽培方式均可称为无土栽培。无土栽培和传统土壤栽培的差异主要表现在两个方面：①无土栽培不使用土壤，这是无土栽培的核心，植物生长在各种各样的装有营养液的栽培装置中，或生长在浇灌营养液的基质中；②植物依靠营养液提供养分，不使用普通有机肥和无机肥。应用无土栽培方式生产蔬菜，植物在全程生长过程中，没有接触土壤，包括育苗都用的是无土基质。目前用的比较广泛的无土基质有草炭、蛭石、沙粒、陶粒、岩棉、木屑、蘑渣、草木灰等。采用无土方式育苗能最大限度地保护植物根系不受损伤，利于根系发生和发展。出苗后要定期浇灌营养液，营养液中包含植物生长所需的各种营养成分，大量元素和微量元素比例合理，能最大限度地满足植物生长的需求。同时，营养液中的各种元素可控性非常好，能通过植株的外在形态判断出营养液中各种元素的比例情况。例如植株生长缓慢，矮小；叶片颜色变淡，叶片变小，严重时变黄，老而硬，甚至枯萎时，就是缺少氮元素的表现。这种现象首先表现在植株下部叶片等缺乏程度加重时会逐渐往上移。番茄缺氮时，下部茎、叶柄和叶脉上会出现紫红色，导致番茄的青果绿白色，红果无光泽，产量和品质都会下降。植物缺钾时，地下部分的生长显著停滞，表现在老叶上，叶缘失绿变黄，逐渐变褐，呈烧灼状，叶缘卷曲；果实会有枯斑，成熟不均匀，有绿色区。番茄后期缺钾时，果实有棱，果肉薄而中空。针对缺乏氮元素的症状可以在营养液中滴加适量的磷酸二氢铵（$NH_4H_2PO_4$）；针对缺乏钾元素的症状可以滴加硫酸钾（K_2SO_4）。无土栽培的优越性：①避免土壤连作障碍；②提高蔬菜品质；③省肥、省水、省工；④提高蔬菜产量；⑤病虫害少，生产过程实现无公

阳台蔬菜无土栽培设备

害化;⑥充分利用土地资源,非常适合家庭栽培;⑦满足高档消费的需求。无土栽培生产的蔬菜符合无公害蔬菜的标准,有益于人体的健康发展。

2.阳台无土栽培设备有什么特点?

答:家庭“阳台菜园”目前有梯架式、壁挂式、立柱式和南瓜式四种装置,具有以下特点。①节省空间:梯架式装置立在地面,占地0.6米^2,能栽植45棵生菜等叶类蔬菜;壁挂式装置挂在墙壁上,不占地面空间,能栽植32棵叶类蔬菜;立柱式装置占地0.2米^2,高度可以视阳台情况而调整,可以种植60～84棵叶类蔬菜;南瓜式装置主要用于种植番茄、茄子、黄瓜等瓜果类蔬菜,占地0.2米^2,每盆可栽种1～2棵蔬菜。②操作简便:以上四种形式的装置均采用无土栽培的种植方法,有一套营养液自动循环系统,不需要人工手动浇水、施肥,只要把幼苗栽种到孔穴中,调节适宜的温度、光照,及时补充营养液即可。成熟时可以一次性采收,也可以采取多次剥去外叶来延长收获期的方式。操作方便,技术易于掌握。③产品安全:由于采用先进的配方施肥技术,病虫害防治以物理防治手段为主,利用四种装置所生产的蔬菜产品,安全和卫生指标均达到国家规定的绿色食品的要求。④品种多样:可以种植的品种有40～50种,包括叶类和瓜果类两大类。颜色有红色、黄色、深绿色、淡绿色、紫色等多种,可以在一种装置上栽种几种颜色的蔬菜,形成不同风格的景观。

3.适合的蔬菜品种有哪些?

答:①叶类蔬菜有长季节采收和短季节采收两类。适合长季节种植的有：紫背天葵、白凤菜、绿叶羽衣甘蓝、叶甜菜、西芹、西洋菜等品种，一次栽植可以陆续采收，采收期长达3～6个月。适合短季节种植的有：奶油生菜、紫叶生菜、罗莎皱叶生菜、罗马直立生菜、大速生菜、红橡叶生菜、绿橡叶生菜、黄心苦苣、大叶茼蒿、中叶茼蒿、红梗叶甜菜、黄梗叶甜菜、白梗叶甜菜、芹菜、水芹菜、绿油菜、紫色油菜、小松菜、豆瓣菜、空心菜、千筋白茎京水菜、金丝芥菜、丸叶壬生菜等20多种叶类蔬菜，栽植后25～30天一次采收，单株重量在150～200克；也可陆续剥取外叶，多次采收。②瓜果类蔬菜：有番茄、樱桃番茄、成串番茄、茄子、辣椒、彩椒、迷你黄瓜、观赏南瓜、贝贝南瓜、西葫芦、甜瓜、袖珍西瓜等。

4. 如何培育菜苗？

答：种植时可购买成苗，也可购买蔬菜种子，种到穴盘里，等长出幼苗后再移栽到"阳台菜园"里。购种一定要到正规的种子专卖店，这样质量才能有保证。①种子消毒：种子常常带有细菌，为减少苗期病害，保证菜苗茁壮成长，让自己和家人吃到健康的蔬菜，播种前最好对种子进行简单的消毒处理。一般从市面买回种子后，将种子放在55～60℃的热水中浸泡10～15分钟，然后将水温降至30℃，继续浸泡3～4小时，取出晾干就可以了。对于表面不洁、放置时间很长或已被污染的种子，可采用药液浸泡法。一般常用福尔马林100倍液，先用清水浸种3～4小时，然后放入药液中浸泡20分钟，取出用清水冲净。②播种：有条件的家庭尽量准备几个72孔或128孔的塑料穴盘育苗，以草炭和蛭石为基质，配制比例为2∶1，既节省种子，育出的苗还壮实。播种前，先把穴盘浇透水，干籽撒播，播种后覆盖0.8～1厘米厚的基质,然后盖上一层塑料布,以便增温保湿。③苗期管理:播种后 3～5 天当小苗出土后,可及时撤掉塑料布,待小苗上无水汽时再盖一层 0.5 厘米厚的基质。出苗后适当控制浇水,防止徒长,但 3～4 天后,要用喷壶喷水,既降温,又防止由于蒸发造成苗子缺水。育苗期间,温度不宜过高,白天的适宜温度为 20～25℃,夜间为 10℃左右,当苗长到 2～4 片真叶,苗龄 20～25 天即可定植。

5.种菜装置如何使用?

答:当小苗长至 3、4 片叶时,将小苗起出,用水冲洗净根部泥土,注意尽量少伤根,再移栽到孔穴中。移栽后阳台装置立即启动,根据季节不同定好供应营养液时间,一般夏秋季阳台内温度高,蒸发量大,需水分多一些,定时器定为每天早上 8 点开始工作到晚上 10 点停止,中间每循环 20 分钟,停 2 小时;冬春季阳台内温度低,蒸发量小,需水分少,把定时器时间调整为每循环 10 分钟,停 2 小时。①温度要求:因种植的蔬菜大部分是叶菜类,属于半耐寒蔬菜,在生长期间,温度不能过高,白天 20～25℃,夜间 10～12℃最适宜。全封闭阳台由于冬季温度也较高,所受温度限制较小,基本一年四季都可栽种蔬菜。②光照调节:阳台的朝向取决于阳台的光照条件,所以,最好选择朝南、阳光充足的阳台种菜,朝南阳台为全日照,阳光充足、通风良好,是最理想的种菜阳台。一般蔬菜一年四季均可在朝南的阳台上种植。③营养液的配制与管理:把储液罐加满水,将 2 号肥倒入水中搅拌均匀后倒入 1 号肥,继续搅拌,最后加入 3 号肥,使肥料充分溶解后即可。营养液每 2 小时循环一次,每隔 5～7 天需补充一次营养液。栽后 30 天左右就可陆续采收上部嫩梢和叶片，注意一次不要采收过多，以免影响生长，如紫背天葵、大叶茼蒿、空心菜、各种散叶生菜、叶甜菜等，要分批剥取外部叶子食用。

6．什么情况下需向设备中添加营养液？

答：营养液储藏箱中液量较少的情况下。

四、阳台蔬菜病虫害防治

(一)病害防治

1. 家庭种植蔬菜易感染哪些病害?

答:家庭蔬菜分两大类:一类是种在院子里的,另一类是种在室内阳台上。在院子种植的蔬菜易发生的病害与农村露地菜园易发生的种类比较相似。例如:大白菜、大萝卜易发生的有病毒病、霜霉病、软腐病、黑腐病;黄瓜易发生霜霉病、白粉病、炭疽病;番茄易发生晚疫病、叶霉病、病毒病;茄子易发生黄萎病、褐纹病、白粉病、绵疫病;菜豆容易发生炭疽病、煤霉病、锈病等。但是在室内阳台上,一般相对湿度较低,又淋不到雨,就不大容易发生这么多的病害。最常见的是白粉病,这种病害可以为害多种蔬菜,但是对瓜类(如黄瓜、倭瓜)带来的损失更为严重。

另外,在阳台上种植的蔬菜易发生生理病害,主要是由一些极端情况所引起。例如:施肥过量。有人种菜,盼望自己种的菜长得快,各种有营养的未经腐熟的东西都往里浇,结果各种营养物质在花盆里腐熟时引起了根部腐烂。此外,还容易出现浇水太频繁,引起根部缺氧,诱发根部腐烂的问题。

2. 黄瓜白粉病的症状是怎么样的?

答:黄瓜白粉病俗称"白毛病",以叶片受害最重,其次是叶柄和茎,一般不为害果实。发病初期,叶片正面或背面产生白色近圆形的小粉斑,逐渐扩大成边缘不明显的大片白粉区,布满叶面,好像撒了层白粉。抹去白粉,可见叶面退绿,枯黄变脆。发病严重时,叶面布满白粉,变成灰白色,直至整个叶片枯死。白粉病侵染叶柄和嫩茎后,症状与叶片上的相似,惟病斑较小,粉状物也少。

3. 家庭种植黄瓜,如何防治白粉病?

答:可利用抗病品种和药剂进行防治。①选用抗病品种:目前的主栽品种除密刺类黄瓜易感白粉病外,大多数杂交种对于白粉病的抗性均较强。②化学防治:发病前喷27%高脂膜100倍液保护叶片。发病初期,可用50%硫黄胶悬剂300倍液,或2%武夷霉素水剂200倍液,或20%抗霉菌素200倍液,40%福星(氟硅唑)乳油8 000倍液,或10%世高(苯醚甲环唑)水分散粒剂2 000～3 000倍液等药剂喷雾防治。每7天喷药1次,连续防治2～3次。特别应提及的是用0.1%～0.2%的小苏打溶液喷雾防治效果良好,小苏打为弱碱性物质,可抑制多种真菌的生长蔓延。喷洒后可分解出水和二氧化碳,尚有促进光合作用之效,而且价廉,安全,无污染。防治白粉病的关键是早预防,减少病源。喷雾要周到,这样既能将药喷匀、喷到,使白粉菌孢子胀裂,又不至于因过分提高空气湿度而引起霜霉病。各种药剂交替使用，防止长期单一使用一种药剂而使病菌产生抗药性，降低防治效果。如果正值结瓜期，注意一定在安全间隔期之后采摘，以保证食品安全。

(二) 虫害防治

1．家庭种植蔬菜易发生哪些虫害？

答：如果是在自己的阳台上种植蔬菜，易发生的害虫有：蚜虫、烟粉虱和温室白粉虱、潜叶蝇、红蜘蛛、蓟马等害虫。如果是在自己的小院子里种菜，发生的害虫种类就更多了。如小菜蛾、菜粉蝶、甜菜夜蛾等鳞翅目的多种害虫都会发生。

2．蚜虫的形态特征及危害症状是什么？

答：在阳台和家庭菜园里最常见的是桃蚜，俗名腻虫，属同翅目，蚜科。无翅孤雌蚜体长2.6毫米，宽1.1毫米，体色一般为淡绿色，有时呈浅红色。头部深色。额瘤显著，中额瘤微隆。腹管长筒形，端部黑色。尾片黑褐色，圆锥形，近端部1/3收缩。有翅孤雌蚜的头和胸黑色，腹部淡色。触角第3节有小圆形状生感觉圈9～11个。腹部第4～6节背中融合为一块大斑，第2～6节各有大型缘斑，第8节背中有一对小突起。成虫及若虫在菜叶上刺吸汁液，一般不造成叶片卷缩变形，但植株生长不良。蚜虫传播病毒引起茄子发生病毒病。其他蚜虫在体形和体色上和桃蚜有些不同。如瓜蚜往往是黑色，比桃蚜短粗。

3. 家庭种植蔬菜如何防治蚜虫?

答:防治蚜虫要采用栽培管理与化学防治相结合的方法进行控制。

①栽培管理:在家庭菜园里安放银灰膜条栽培防治改为栽培管理即使用宽度为10～15 厘米的银灰膜条挂在田间及其周围,能起到避(或驱)蚜效果。如在阳台种植蔬菜,应注意尽量及时将纱窗关严。防止蚜虫飞入。

②化学防治:在数量很少的时候,可以用人工将其及时拿掉。如果发生的较多,还要使用农药防治。如果是桃蚜可用 50%辟蚜雾可湿性粉剂 2 000 倍液。如有其他的蚜虫为害可使用 5%顺式氯氰菊酯乳油(事达、高效灭百可、快杀敌)100 毫升加水 100 升,或其 1 000 倍液,或 10%顺式氯氰菊酯乳油 2 000 倍液,或 70%吡虫啉(咪蚜胺、蚜虱净、大功臣、高巧、康福多、艾美乐)水分散粒剂 3 000 倍液,或 5%除虫菊素乳油 2 000～2 500 倍液,或 21%增效氰·马乳油(灭杀毙)3 000 倍液,或 10%敌畏·氯氰乳油 4 000 倍液,或 25%乐·氰乳油 1 500 倍液,或 4.5%高效顺反氯氰菊酯乳油 2 000 倍液等均匀喷雾。用药后,注意一定要在安全间隔期之后采摘食用,以确保食品安全。

由于阳台的面积有限,在配药时一定要严格掌握浓度,以免造成药害。在阳台上用药,一定要注意将对环境的污染降低到最小。必要的时候,用报纸阻隔,不使其喷到不需要用药的地方。

4. 粉虱的形态特征及危害症状是什么?

答:目前在蔬菜上常见的粉虱有两种:一种叫温室白粉虱,另一种叫烟粉虱(又称棉粉虱)。

温室白粉虱成虫体长 1～1.5 毫米,白至淡黄色。翅面覆盖白蜡粉,停息时双翅在体上合成屋脊状,翅端半圆状遮住整个腹部,沿翅外缘有一排小颗粒。卵长约 0.2 毫米,侧面观长椭圆形,基部有卵柄,从叶背的气孔插入植物组织中。卵初产时为淡绿色,覆有蜡粉,而后渐变褐色,孵化前呈黑色。1 龄若虫体长约 0.29 毫米,长椭圆形;2 龄约 0.37 毫米;3 龄约 0.51 毫米,淡绿色或黄绿色,足和触角退化,紧贴在叶片上营固着生活;4 龄若虫又称伪蛹,体长 0.7～0.8 毫米,椭圆形,初期体扁平,逐渐加厚,中央略高,黄褐色,体背有长短不齐的蜡丝,体侧有刺。

烟粉虱成虫体长 1 毫米,白色,翅透明具白色细小粉状物。伪蛹长 0.55～0.77 毫米,宽 0.36～0.53 毫米。背刚毛较少,4 对,背蜡孔少。头部边缘圆形,且较深弯。胸部气门褶不明显,背中央具疣突 2～5 个。侧背腹部具乳头状突起 8 个。侧背区微皱不宽,尾脊变化明显,瓶形孔大小(0.05～0.09)毫米×(0.03～0.04)毫米,唇舌末端大小(0.02～0.05)毫米×(0.02～0.03)毫米。盖瓣近圆形。尾沟 0.03～0.06 毫米。

两种粉虱在形态上的区别如下表。

虫 别	伪 蛹	成 虫
温室白粉虱	蛋糕形,上缘有明显的棱	体较宽,两个翅膀较平铺,其间的缝隙较小,头胸部白色
烟粉虱	贴饼子形,上缘弧形,无明显的棱	体较窄,两个翅膀较直立,其间的缝隙较大,头胸部发黄

在粉虱发生较少的时候,一般蔬菜不表现异常。但是在其数量较大时,害虫分泌的蜜露会污染叶片和果实。在潮湿的情况下蜜露会发霉使蔬菜被污染的地方呈现出黑色,会变得很脏。

5.家庭种植蔬菜如何防治粉虱?

答:防治粉虱应当采用以化学防治为主的综合措施进行防治。包括:①培育无虫苗。如果自已育苗,应选无粉虱的地方育苗或育苗前彻底熏杀残余虫口,用尼龙纱控制外来虫源。粉虱的体型较小,使用的防虫纱网,应当使用50目以上的纱网,方才有效。如果是外来的苗,应先清除苗上的虫源,然后再定植进来。②避免黄瓜、番茄、菜豆、茄子等粉虱发生严重的蔬菜及花卉混栽。提倡种植粉虱不喜食的十字花科蔬菜,以减少虫害。③粉虱对黄色有强烈趋性的特点,在阳台上挂设黄板可起到诱杀成虫的作用。将市售的黄色粘虫板置于行间与植株高度相同的地方。④化学防治。粉虱世代重叠严重,需连续几次用药。可用药剂为:20%吡虫啉可湿性粉剂2 000 倍液,或25%阿克泰(噻虫嗪)水分散粒剂 3 000~3 500 倍液,或1.8% 阿维菌素乳油 2 000~3 000 倍液,或 10%联苯菊酯乳油3 000 倍液+10%扑虱灵乳油 1 000 倍液,或 25%灭螨猛乳油1 000 倍液+吡丙醚乳油 800~1 200 倍液。连续喷雾防治 3~5 次。

6.斑潜蝇的形态特征及危害症状是什么?

答:常见的斑潜蝇有两种。

番茄斑潜蝇成虫翅长约 2 毫米,除复眼、单眼三角区,后头及胸、腹背面大体黑色,其余部分和小盾板基本黄色;成虫内、外顶鬃均着生在黄色区,蛹后气门 7~12 孔;卵为米色,稍透明,大小(0.2~0.3)毫米×(0.1~0.15)毫米;幼虫为蛆状,初孵无色,渐变黄橙色,老熟时长约 3 毫米;蛹为卵形,腹面稍平,橙黄色,大小

(1.7～2.3)毫米×(0.5～0.75)毫米。

美洲斑潜蝇成虫翅长1.3～1.7毫米，浅灰黑色，胸背板亮黑色，体腹面黄色，雌虫体比雄虫大。幼虫蛆状，初无色，后变为浅橙黄色至橙黄色。蛹椭圆形，橙黄色，腹面稍扁平。

它们为害时钻到上、下叶表皮间取食叶肉，形成弯弯曲曲潜道。严重时将大部叶片蛀空，失掉制造营养的作用，造成产量损失。

7. 家庭种植蔬菜如何防治斑潜蝇？

答：①在植株附近挂黄色粘虫板诱杀成虫。②化学防治。用昆虫生长调节剂5%抑太保2 000倍液，或5%卡死克乳油2 000倍液，对潜蝇科成虫具不孕作用，用药后成虫产的卵孵化率低，孵化幼虫死亡。还可选用1.8%阿维菌素乳油3 000倍液、或40%绿菜宝乳油1 000倍液、或20%康福多浓可溶剂4 000倍液，掌握在发生高峰期5～7天喷1次，连续2～3次。用药后，注意一定要在安全间隔期之后采摘食用，以确保食品安全。

8. 蓟马的形态特征及危害症状是什么？

答：在北方地区，对蔬菜造成危害的主要是烟蓟马及西花蓟马。同属于蓟马科蓟马亚族，前者属于蓟马属，后者属于花蓟马属。两属的区别如下表所示。

	前胸背板长鬃	单眼鬃	翅脉鬃
蓟马属	2对	2对	前脉鬃不完全连续
花蓟马属	4对	3对	2列大致连续的前后脉鬃

蓟马的虫态有卵、若虫、预蛹、拟蛹及成虫。由于蓟马若虫形态与成虫相似，有外生翅芽的“拟蛹期”，拟蛹不取食、不排泄、活动减弱或静止不动，具备渐变态的特征。但是第1～2龄若虫翅芽不外露，在第2龄若虫之后具有休止的“蛹期”，又具备全变态的特征。因此，蓟马的变态被认为是处于渐变态与全变态之间的过渡类型，称为过渐变态的昆虫。

卵：卵一般为肾形，卵壳光滑、无毛柔软，乳白色或暗黄色。蓟马成虫具有锯齿状产卵器，将卵产在植物的叶、花和果肉组织内。实验观察发现西花蓟马将卵产在薄叶片内时，在有卵处略隆起，卵单产，即将孵化时眼点呈红色。

若虫：若虫期多为2龄，龄期长短与温度、食物等因素有关，随温度升高而缩短。第1龄若虫初孵乳白色，肉眼很难看到，在卵壳周围取食危害，之后为淡黄色。第2龄若虫淡黄色至黄色，行动和取食十分活跃。

蛹：分为预蛹及拟蛹，预蛹行动迟缓，不取食，触角为鞘囊状，短而向前，复眼小，无单眼，翅芽外露，历期很短。拟蛹触角长且弯向头背后，出现单眼，翅芽增大，历期长。

在蓟马属中的烟蓟马雌成虫体长1.1毫米，雌体色暗黄至淡棕色，单眼间鬃在前、后单眼中心连线的外缘，单眼前后有横纹。而西花蓟马雌成虫体长1.5毫米，雌虫体色黄色至深灰褐色，单眼间鬃位置，在前后单眼间外缘连线内侧，复眼后最长鬃与单眼间鬃长度相近，较粗。

9. 家庭种植蔬菜如何防治蓟马?

答：防治蓟马应当采用以化学防治为主的综合措施。

①适时移栽:错开蓟马为害高峰;拉秧后及时清除上茬植物残株;定植前清除庭院内的苋菜、灰菜等杂草,以减少虫源,防止扩散。②色板诱杀:通过色板诱虫试验,发现蓝色、黄色和白色对西花蓟马、棕榈蓟马有诱杀作用,其中蓝板效果最佳。每亩挂20~25块,家庭菜园的用量可据此酌减。如果有其他害虫混合发生时,如有蚜虫、白粉虱、斑潜蝇等混发,可以用黄板诱杀,以便达到同时诱杀其他害虫的目的。③覆盖裸露地面:据报道,西花蓟马有98%的若虫入土化蛹。采用盖膜栽培可延缓西花蓟马若虫在黄瓜叶面上出现的时间,此外盖膜可以使部分落在地膜上的2龄末若虫干燥脱水,起到一定的防治作用。④使用高效、低毒、低残留药剂防治:药剂防治是控制蓟马的应急措施。在蓟马发生危害高峰期,可喷洒1.8%阿维菌素3 000倍液、或25%阿克泰1 500倍液、或20%康福多可溶剂2 000倍液等药剂,每隔5~7天喷洒一次,重点喷洒幼嫩组织如花、嫩叶和幼果,连续3次可获得良好防治效果。蓟马比较容易产生抗药性,在使用农药时应注意轮换不同机制的农药,以延长农药的有效期限。用药后,注意一定要在安全间隔期之后采摘食用,以确保食品安全。

10. 红蜘蛛的形态特征及危害症状是什么?

答:在蔬菜上常见的叶螨有朱砂叶螨和截形叶螨,这两种叶螨同属真螨目叶螨科。它们主要为害叶片,期初使叶片正面出现许多小白点,翻开叶片看叶背面即可看到一些可以移动的、微小的红点,即是叶螨的虫体。严重时在危害部出现许多蛛丝状物,叶片干枯。这两种叶螨的大小与形态差异不大,体色方面截形叶螨的颜色有时稍深,背缘平截状。

11. 家庭种植蔬菜如何防治红蜘蛛？

答：防治叶螨要采用栽培管理与化学防治相结合的方法进行控制。①栽培管理：清洁环境，可消灭潜伏在周围的螨虫。天气干旱时，注意浇水，增加环境湿度，形成不利于其发育繁殖的条件。②化学防治：可选用1.8%阿维菌素乳油4 000～4 500倍液，或灭扫利20%乳油2 000倍液、或螨克20%乳油2 000倍液，或灭杀毙2 000～4 000倍液、或73%克螨特乳油1 000～2 000倍液、或25%灭螨猛可湿性粉剂1 000～1 500倍液，或2.5%功夫乳油2 000倍液、或5%尼索朗乳油2 000倍液等喷雾，每5～7天一次，连防两三次。用药后，注意一定要在安全间隔期之后采摘食用，以确保食品安全。

（三）农药的介绍与使用

1. 什么是农药？

答：农药是指用于预防、消灭或者控制危害农业、林业的病、虫、草和其他有害生物以及有目的地调节植物、昆虫生长的化学合成或者来源于生物、其他天然物质的一种或者几种物质的混合物及其制剂。

2. 农药标签有什么作用？

答：农药标签是紧贴或印制在农药产品直接向用户传递该农药性能、使用方法、毒性、注意事项等内容的技术资料，是用户安全合理使用农药的重要依据。农药标签上的名称、产品性能、用途等各项内容都有严格的试验依据，是生产厂家对试验结果的高度概括和总结。农药标签也是向用户传递产品有关技术信息、指导安全合理用药的主要说明。农药标签具有一定的法律效力。农药生产企业进行产品登记时，产品标签上的内容都必须经过农药登记部门严格审查并获得批准后才允许使用。另外，使用者严格按照标签上的说明使用农药，不仅能达到安全有效的目的，而且能起到保护消费者自身利益的作用。

3. 农药标签应包括哪些内容？

答：标签应当注明农药名称、有效成分及含量、剂型、农药登记证号或农药临时登记证号、农药生产许可证号或者农药生产批准文件号、产品标准号、企业名称及联系方式、生产日期、产品批号、有效期、重量、产品性能、用途、使用技术和使用方法、毒性及标识、注意事项、中毒急救措施、贮存和运输方法、农药类别、象形图及其他经农业部核准要求标注的内容。杀鼠剂产品标签还应当印有或贴有规定的杀鼠剂图案和防伪标识。

4. 按照防治对象农药一般分为哪几种类型？

答：可分为杀虫剂、杀螨剂、杀菌剂、杀鼠剂、杀软体动物剂、杀线虫剂、除草剂、植物生长调节剂等。

5. 不同农药的类别标志带是什么？

答：各类农药标签下方均有一条与底边平行的、不退色的特征颜色标志带，表示不同种类农药，公共卫生用农药除外。杀菌剂——黑色、杀虫/螨/螺剂——红色、除草剂——绿色，杀鼠剂——蓝色、植物生长调节剂——深黄色。农药种类的描述文字应当镶嵌在标志带上，颜色与其形成明显反差。

6. 农药用量表示方法有哪些？

答：①农药有效成分用量：国际上采用单位面积有效成分用量，即有效成分为克/公顷（g/hm^2），有效成分为 667 米^2 的含量（克，g）。②农药商品用量：每公顷（hm^2）或每 667 米^2 含量克（g）、毫升（mL）。③稀释倍数：这是常量喷雾而沿用的习惯表示方法。④百万份浓度：ppm 表示百万份药液中含有农药有效成分的分数，通常表示农药加水后的药液浓度，用 mg/kg 或 mg/L 表示。

7. 农药制剂用量如何分类？

答：①按单位面积的农药制剂用量计量：农药制剂用量（g 或 mL）＝每 667 米^2 面积农药制剂用量（g 或 mL）×施药面积（667 米^2 或 hm^2）。②按单位面积上的有效成分用量计算：农药制剂用量（g 或 mL）＝[每 667 m^2 或每公顷有效成分用量（g 或 mL）×施药面积（667 米^2 或 hm^2）]/制剂的有效成分含量（%）。③按农药制剂稀释倍数计算：农药制剂用量＝[配制药液量（g 或 mL）×施药面积（667 米^2 或 hm^2）]/稀释药液倍数。

8. 如何计算农药有效成分量？

答：农药有效成分量＝农药商品量×农药制剂浓度（%）。

9. 液体农药应如何配置?

答:①注意水的质量:清洁的江、河、湖、溪和沟塘的水,尽量不用井水。不可使用污水、海水或咸水,会破坏乳油类农药,影响药效或产生药害。②严格稀释倍数:每种农药都有一定的使用浓度,水多,浓度稀,药效差。加水少药液浓度会高,浪费农药,还会造成药害。③注意加水方法:先加入少量水配成母液,用剩余的水分作 2~3 次冲洗量具,冲洗水全部倒入药液箱内,搅拌均匀。注意:有的药剂需要少量热水溶解后再用清水稀释。

10. 什么是农药的毒性,用什么来表示?

答:农药对人、畜及其他有益生物生产直接或间接的毒害作用,或是其生理机能受到严重破坏的性能称为农药毒性。毒性大小表示方法:致死中量(LD_{50})和致死中浓度(LC_{50})。

11. 农药毒性分几级?

答:农药标签上应在显著位置标明农药的毒性及其标志,按"农药毒性分级标准",我国农药毒性分为五级:剧毒、高毒、中等毒、低毒和微毒。不同毒性的农药产品要有不同级别的标志,同时要用红色字体注明标志所对应的毒性,如:剧毒、高毒、中等毒、低毒、微毒。

12. 为什么要正确选择和使用农药?

答:农药是重要的农业生产资料,在农业生产中发挥着十分重要的作用。然而,农药又是一把双刃剑,使用得当,可以起到有效防治作物病、虫、草、鼠等的危害,提高产量和品质,保障农业生产安全;如果使用不当,则可能造成作物病、虫、草、鼠害得不到有效控制,造成减产,甚至产生药害,造成农产品农药残留超标以及对环境造成影响,更严重还可能为害到人畜健康和生命安全。因此,在购买和使用农药时要多加注意。

13. 购买农药应注意什么?

答:①购买农药首先要到正规的农药经营部门,切忌从非法游商和不规范的小门店购买。②要针对自己所要防治的病、虫、草、鼠害对症购药,如不了解可以咨询当地植保部门,不能盲从。③市场上相同或类似的产品很多,在购买农药时首先要选择信誉较好的农药生产企业,同时要查看农药标签,标签内容应包括:产品名称、有效成分含量及剂型、三证号(农药登记证号、产品标准号、生产许可证号)、毒性标示、净含量(克、毫升)、使用说明、注意事项、产品生产日期或批号、有效期、保质期、生产厂家及通讯地址、农药类别特征颜色标志带。④查看外观:粉剂和可湿性粉剂应为疏松的粉末,无结块现象;悬浮剂应为可流动的悬浮液体,无凝结块;水剂应为均相液体,无沉淀或悬浮物,加水稀释后一般也不出现混浊、沉淀。⑤索要发票,购买农药时必须索要发票,以便在出现问题时,作为投诉、举报和索赔的证据。

14. 如何科学合理使用农药?

答:①选择适宜的施药器械:选择适宜的施药器械是保证施药效果的基础,不仅要选择施药器械的质量,防止出现跑、冒、滴、漏等现象发生，而且更重要的是要根据所防治的病、虫、草害以及所用药剂的特点进行选择。例如：喷施杀菌剂时要求雾滴更细一些。喷施土壤封闭的除草剂选用扇形喷头等。②确定防治适期：任何一种病、虫、草害，都有它的防治适期，要根据具体情况确定，不能盲目用药，用药过早或过晚都不能达到理想的效果，只有正确选择防治适期才能达到最理想的防治效果，不同的病、虫、草害有不同的防治适期，一般情况可根据当地农业部门的预测预报来确定。③掌握施药技术：ⓐ选择适宜的天气条件。施药前要掌握天气情况，刮大风、下雨不能喷药，下雨前不能喷药，有露水不能喷药，高温烈日下不能喷药。ⓑ根据防治对象特点施药。根据不同的防治对象采取相应的施药技术十分重要。例如，在防治病害时，由于病菌一般在作物叶片的背面，因此施药时一定要将叶片背面喷施均匀。ⓒ注意安全间隔期。农药安全间隔期为最后一次施药至作物收获时所要间隔的天数，农药残留量不超标，才能保证农产品的质量安全。不同的农药有不同的安全间隔期，使用时应按农药标签规定执行。ⓓ使用农药应当遵守农药防毒规程，正确配药、施药，做好废弃物处理和安全防护工作，防止农药污染环境和农药中毒事故。ⓔ使用农药应当遵守国家有关农药安全、合理使用的规定，按照规定的用药量、用药次数、用药方法施药，防止污染农副产品。剧毒、高毒农药不得用于防治卫生害虫，不得用于蔬菜、瓜果、茶叶和中草药材。ⓕ使用农药应当注意保护环境、有益生物和珍稀物种。严禁用农药毒鱼、虾、鸟、兽等。

15. 使用农药时应注意什么？

答：①在使用农药时首先要做好安全防护，以免造成中毒事故。②施药时禁止吸烟、喝水、进食。③施药时，人要站在上风向位置，实行作物隔行施药操作。④施药均匀，提高防效，尤其除草剂避免重喷造成药害。⑤如不慎吸入或沾在皮肤上药液，应立即停止作业，进行充分清理。如出现中毒症状应立即就医。⑥施药后，要及时更换工作服，清洗手、脸等暴露部分的皮肤，并清洗更换下来的衣物以及施药器械等。同时注意清洗废水的处理，不要污染环境。⑦高、剧毒农药不得用于果树、蔬菜、茶叶和中草药材。⑧严格执行《农药安全使用标准》和《农药合理使用准则》，确保农副产品中农药残留量不超标。⑨使用农药或清洗药械时，不要污染水源或池塘。⑩废弃农药及容器要妥善处理，不得再作它用或乱扔。

16．家庭种菜可以使用的低毒农药都有哪些？

答：防治蚜虫的有蚜虫吡虫啉，防治白粉虱的有噻嗪酮，防治小菜蛾、菜青虫的有苦参碱。

17．蔬菜农药使用过量如何急救？

答：蔬菜使用农药切忌过量，过量农药对人、蔬菜很不安全。过量农药后有时会造成药害，严重者影响生长。对遭受轻度药害的蔬菜，可使用促进生长的营养液进行解毒，可起到缓解药害的作用。

18．如何减少和避免农药残留？

答：下列方法对减少和避免农药残留有一定程度的作用。①买回蔬菜放一晚再吃：买回来的蔬菜最好先放一放、晾一晾。绿叶蔬菜最好放一夜，让残留的农药有一个缓释的时间。②清水浸泡:市民在食用蔬菜前,可以先将其浸泡 15~30 分钟,之后再冲洗两三次。蔬菜的根部重叠部位应掰开来冲洗,而且菜叶一定要逐片清洗。③去皮:蔬菜瓜果表面残留农药较多,削去外皮可以有效降低残留农药。④加热:氨基甲酸酯类杀虫剂随着温度升高分解加快,芹菜、菠菜、小白菜、豆角等蔬菜可以采用这种方法。将蔬菜在沸水中煮 2~5 分钟,然后用清水冲洗。

19. 家庭如何自制生物农药?

答:日常生活中我们完全可以利用蔬菜来自制农药杀虫、杀菌。自制农药的成本低,效果好,对人无害。①韭菜:取新鲜韭菜 250 克,捣烂成糊状,然后加 500 克水浸泡 30 分钟,将汁液滤出,用该汁液喷雾于植株,具有杀灭蚜虫和防治病害的较好效果,还可用来做土壤消毒。②大蒜:将大蒜瓣 4~6 个捣烂成泥,加水 150 克左右浸泡 4 小时,再经煮沸,冷却过滤后,用来喷雾可防治蚜虫、介壳虫和红蜘蛛。③大葱:取新鲜大葱 1 根,捣烂成泥后,然后加水 250 克,用其液体喷洒蔬菜,具有防治蚜虫和一些软体害虫的作用。④洋葱:取 10 克洋葱,捣烂后加水 400~500 克,浸泡一昼夜,然后将其过滤喷洒植株,可以防治蚜虫和红蜘蛛。⑤丝瓜:取 50 克鲜丝瓜和叶片捣烂,加水 10~20 倍,取液喷洒植株,可防治红蜘蛛和蚜虫。⑥苦瓜:将 1 份苦瓜叶捣烂,加水 30 份,混合均匀后过滤。用此汁液加等量石灰水,制成的溶液可防治土壤中的害虫。⑦辣椒:将鲜辣椒(必须是红辣椒,不能用青椒、甜椒)50 克,加水 1 000 克左右,放入锅煮半小时,凉后取液喷洒蔬菜,具有防治红蜘蛛和蚜虫的良好效果。⑧烟蒂:将抽剩下的烟蒂放在水杯中浸泡,将一定浓度的提浸液喷洒蔬菜,具有防治红蜘蛛和蚜虫的良好效果。

花　卉

1. 怎样选购苗木？

答：花市出售的苗木，多是没有上盆的。苗木多来自远方，出售花木者为减少长途运输的困难，多运苗，所以，苗木根部大多不带土球。常绿花木如米兰、九里香、柑橘类、松柏类等苗木，根部不带土球，很难成活，一般不能买。带土球的苗木，要选土球较大没有松散的；花苗若高 30 厘米，土球直径要在 10 厘米以上。土球过小或损坏的都不能买。轻轻掰开土球的小部分观察，如是白色的细嫩幼根才能买；如果根系发黑，说明根已霉烂，这样的苗木不能买。叶片萎蔫发皱的，或部分叶片橘黄的都不能买；落叶类花木，如须根少，或已开花、发芽较大者慎重购买。

2. 怎样选购盆花？

答：在选购盆花时，应注意花卉的质量。花卉要选择枝繁叶茂、无枯枝、无病虫害的购买。此外，挑选盆栽花卉时，还要看是不是“老土老盆”，应选上盆已久的老盆为好。如茶花，盆土表面有青苔或低矮的杂草，证明是上盆已久的花。如果选择的盆花生长不良，又上盆不久，成活率比前者差。至于落叶花木，如月季、石榴等,有的虽可不带盆,但最好选带有泥团的,其成活率较高。常绿盆花,可扒开部分盆土,盆土与原土球能明显分开的,则为刚上的盆。若选择落叶盆花,未发芽、枝条健壮的,都可以购买。

3. 购买花木怎样辨别真伪?

答:近年经常在花卉市场发现有以假乱真的花木出售,购买时须当心上当受骗,下面讲几种花木如何辨别真伪。①以九里香或小叶黄杨(也叫豆瓣黄杨或瓜子黄杨)冒充米兰:米兰与九里香,两者均系单数羽状复叶(一个叶柄有数片小叶),但米兰的总叶柄有箭叶(叶柄有小翅),小叶对生;九里香无箭叶,小叶互生。小叶黄杨的小叶对生,不是复叶。②以女贞苗冒充桂花苗:女贞是落叶灌木,桂花是常绿灌木。桂花叶质较厚,边缘有锯齿;腋生簇状花序,9 月份花开时香气浓郁。女贞叶质较脆较薄,全缘;6 月份开花,顶生圆锥花序,有刺鼻气味;秋天后落叶。③以石蒜冒充水仙球:石蒜鳞茎很小,直径 3～4 厘米,为广椭圆形,外被紫红色薄膜。水仙球为层状鳞茎,卵形至广卵状球形,外被棕褐色薄膜,是人工培养的鳞茎,个大,直径 10 厘米左右。

4. 适宜初学者养的花卉都有哪些?

答:初学者经验不足,适宜养些观叶植物,比观花易养,如富贵竹、金钻蔓绿绒、龟背竹、棕竹等。也可以养一些相对易养的观花植物,如红掌、白掌、矮牵牛等。

5. 按照形态特征,花卉如何分类?

答:①草本花卉:花卉的茎,木质部不发达,支持力较弱,称草质茎。具有草质茎的花卉，叫做草本花卉。草本花卉中，按其生育期长短不同，又可分为一年生、二年生和多年生几种。②木本花卉：花卉的茎，木质部发达，称木质茎。具有木质的花卉，叫做木本花卉。木本花卉主要包括乔本、灌木、藤本三种类型。ⓐ乔本花卉。主干和侧枝有明显的区别，植株高大，多数不适于盆栽。其中少数花卉如桂花、白兰等亦可作盆栽。ⓑ灌木花卉。主干和侧枝没有明显的区别，呈丛生状态，植株低矮，树冠较小，其中多数适于盆栽。如月季花、贴梗海棠、栀子花、茉莉花等。ⓒ藤本花卉。枝条一般生长细弱，不能直立，通常为蔓生，叫做藤本花卉。如迎春花、金银花等。在栽培管理过程中，通常设置一定形式的支架，让藤条附着生长。③仙人掌类及多肉质类花卉：肉质类花卉的茎或叶生长肥大，含水分较多，呈肉质，叫做肉质类花卉。ⓐ仙人掌类。这类花卉，由于原产荒漠干燥地区，长期适应干燥环境，茎和叶多有变态，茎变得肉质肥大，能贮存大量水分和养料，叶变成刺状，能减少体内水分的蒸腾。如仙人掌、仙人球等。ⓑ多肉类。有不少种类可以作为花卉，它们的茎或叶脆嫩肥大，含水分较多。如景天、石莲、燕子掌、落地生根等。

6. 朝东的阳台适合摆放什么花卉？

答：早上光照不强烈，适宜种植凌霄、茑蔓、矮牵牛、常春藤、君子兰、散尾葵等植物。

7. 朝南的阳台适合摆放什么花卉？

答：日照时间长，适宜种植喜光的植物，如米兰、茉莉、扶桑、月季等。也可以种植仙人掌多肉类植物。

8. 朝西的阳台适合摆放什么花卉?

答:下午光照略强于早上,适宜种植凌霄、茑蔓、矮牵牛、常春藤、君子兰、散尾葵等植物。

9. 朝北的阳台适合摆放什么花卉?

答:可以种些耐阴或半耐阴性植物,比如文竹、万年青、龟背竹等。

10. 什么花卉不宜放在室内?

答:①百合花:它的花粉多,会引起失眠、过敏、咳嗽。②夜来香:在晚上会散发出大量刺激嗅觉的微粒,闻得过久,会使高血压和心脏病患者感到头晕目眩、郁闷不适,甚至加重病情。③夹竹桃:分泌的一种乳白色液体,长久接触会使人昏昏欲睡、智力下降。④郁金香、洋绣球:散发出来的微粒,人体接触过多会皮肤过敏、发痒。⑤大戟科的植物:如虎刺梅、麒麟掌,枝叶的白浆有毒素,会使人过敏。

11. 装修过后的居室适合摆放什么花卉"吸毒"?

答:刚刚装修好的房子,由于装修材料中含有一些有毒的化工原料,散发出来的气体严重为害人们的健康,所以有必要在装修好以后隔上较长一段时间入住。入住之前,最好在新装修的房屋内放入一些能吸收有害气体的花卉,配合通风措施,这样可以更快、更有效地净化室内空气，减少有害化学物质对人体的伤害。可以摆放虎皮掌、龙舌兰、芦荟、吊兰等。

12. 客厅装饰适合摆放什么花卉？

答：客厅放花首先要着眼于装饰美，数量不宜多，注意中、小搭配。大客厅的沙发旁或闲置空间可放置大、中型棕竹，苏铁、橡皮树等观叶植物；小客厅可选用小型植物或蔓类植物，如常青藤、鸭跖草等。此外，应靠墙角放置，以不妨碍人们的走动。客厅一般以盆景为主。茶几上可放置一些小型鲜艳的盆花、梅花或植物盆景。厅内以大小、花叶的对比，来衬托出客厅活泼的生机。如果室内面积太小，不妨换换种类，种植一些低矮的植物，如仙人掌之类。在室内养花养草，可以“营造”良好的小气候。室内湿度较小，可以种植一盆旱伞草，既可观赏又可增加室内湿度。许多适于室内种植的花草具有杀菌功能。如果房间里摆放一些盆栽柑橘、迷迭香、香桃木、吊兰等，空气中的细菌和微生物就会大大减少。与盆栽花卉相比，水培花卉的观赏性较高，既可观花、观叶，又可观根、养鱼，有花鱼共生的情趣，放在茶几或餐桌上，特别能为节日家居添彩。大部分家庭现在还没有水培花卉，时尚、别致的水培花卉是现代家居的一个亮点。水培花卉株型较大的有滴水观音、百鸟朝凤等；中型的有龙血树、春羽等；小型的品种较多，有白掌、红掌、粉掌、合果芋、龟背竹等。水培花卉的养护较简单，只需定期换水，加一些营养液即可，干净方便。

13. 卧室适合摆放什么花卉？

答：卧室可以摆放小型观叶植物或是仙人掌类植物。仙人掌类植物与一般植物生理特性不同,白天进行光合作用,晚上释放氧气,不会与人争夺氧气。摆放植物的器皿造型不宜奇特,以保持卧室安宁、平和的气氛。

14．什么花卉不宜放在卧室?

答:①忌香:一些花卉香味过于浓烈,会让人难受,甚至产生不良反应。如夜来香、郁金香、五色梅等。②忌敏:一些花卉,会让人产生过敏反应。如月季、五色梅、洋绣球、天竺葵、一品红、夹竹桃等。③忌伤害:如仙人掌类的植物有尖刺,有儿童的家庭、或者儿童房尽量不要摆放。另外,为了安全,儿童房里的植物不要太高大,不要选择稳定性差的花盆架,以免对儿童造成伤害。

二、花卉养护必备材料

(一)养护工具

1. 花盆的种类有哪些?

答:①瓦盆:又称泥盆、素烧盆。此盆用黏土烧制成,有红色和灰色两种,排水透气性能好,价格低廉,规格齐全,最适于家庭养花之用。缺点是外观不够美观。②紫砂盆:又称陶盆。制作精巧,古朴大方,多为紫色,规格齐全,但其透水、透气性能不及瓦盆。它用于栽植喜湿润的花木,也可用作套盆。③瓷盆:瓷泥制成,外涂彩釉。工艺精致,洁净素雅,造型美观。多用作瓦盆的套盆,用来装点室内或展览花卉。缺点是排水透气不良。④水盆:盆底没有水孔,形式多样,用来培养水仙花等水培花卉。⑤塑料盆:目前市场上有售彩色的塑料盆,它轻巧美观、不易碎。缺点是不耐用,易坏。⑥大理石盆:天然石质,以灰白色为多,适宜用来栽培盆景或作山石景观用,但较重,不宜放在桌上。

2. 如何根据种植的花卉选择花盆?

答:养花人士可以根据花卉的特性和需要选用花盆。要注意大小、高矮要合适。花盆过大，而植株小，植株吸水能力相对较弱，易烂根。花盆过小，显得头重脚轻，而且水和肥易供应不足，影响根部发育。

另外，选择花盆的大小、高矮有以下三点可供参考：①花盆盆口直径要大体与植株冠径相衬；②带有土球的植株，放入花盆后，花盆四周应留有2～4厘米空隙，以便加入新土；③不带土球的植株，根系放入花盆后，要能够伸展开来，不宜弯曲。如果主根或须根太长，可作适当修剪，再种到盆里。

花盆规格的选择：①浅盆。高度不超过10厘米，适合播种、育苗和培植水仙花等。②普通盆。口径应大于高度1/2，适应面较广。③筒子盆。口径与高度大致相等，适宜种植根系发达的花卉。

3．养花的必备工具有哪些？

答：①喷雾器：喷药防病治虫。②喷壶：洒水。③枝剪：修剪花木。④嫁接刀：嫁接。⑤钳子和钢丝：整形。⑥筛子：筛培养土。⑦小铲子：松土除草。⑧容器：晒水。

(二)土壤和肥料

1．花卉生长需要哪些营养成分？

答：植物首先是对氮、磷、钾三种元素需要量最多，其次是钙、镁、硫以及铁、锰、锌、硼、铜、钼等微量元素。氮肥主要是促使植株茂盛，增加叶绿素，加强营养生长。氮肥太多会导致组织柔软、茎叶徒长，易受病虫侵害，耐寒能力降低。缺少氮肥则植株瘦小，叶片黄绿，生长缓慢，不能开花。磷肥能使植株茎秆坚韧，促使花芽形成，花大色艳，果实早熟，并能使植株生长发育良好，多发新根，提高抗寒、抗旱能力。磷肥不足植株生长缓慢，叶小、分枝或分蘖减少，花果小，成熟晚，下部叶片的叶脉间先黄化而后呈现紫红色。缺磷时通常老叶先出现病症。钾肥能使植株茎秆强健，提高抗病虫、抗寒、抗旱和抗倒伏的能力，促使根部发达，球根增大，并能促使果实膨大，色泽良好。缺钾会导致植株叶缘出现坏死斑点，最初下部老叶出现斑点，叶缘叶尖开始变黄，继之发生枯焦坏死。钾肥过量，会引起植株节间缩短，全株矮化，叶色变黄，甚至枯死。

2. 什么是基质？

答：栽培花卉所用的材料。如沙土、煤渣、蛭石、腐叶土、草炭土、黄土等这些材料统称为基质。

3. 用了几年的老盆和土能不能继续使用？

答：都可以用。但种过花的旧盆里头会含有许多病菌、虫卵和杂草种子，再次使用之前，要进行一次日照曝晒或里外清洗。土壤也要经过消毒再用。

4. 如何进行土壤消毒？

答：土壤消毒是控制土传病害和消灭病虫杂草的重要措施之一。土壤消毒的方法有日晒、高温消毒、熏蒸三种。①日晒：放在强烈的日光下曝晒 4～5 小时。②高温消毒：若土壤量少，可以采取高温消毒的方法。把土壤放入微波炉 2～3 分钟,或放入锅内翻炒 3～5 分钟进行消毒。③熏蒸:可以用甲醛按说明书上使用方法消毒,密封 24 小时,晾晒 3 天后方可使用。

5. 换盆的操作方法有哪些?

答:①小型盆:一手托花盆盆面,将花盆倒置,使植株朝下;另一只手叩击花盆盆壁,使盆内土壤和植株松动,再叩击盆沿,使植株和盆分离。②中型盆和大型盆:先用手叩击盆的四周,使土壤和植株松动,然后将植株和盆放倒,用手轻轻把植株拽出来,尽量使土球不散。

6. 换完盆后要注意什么?

答:如果需要修剪整形的,先进行修剪。然后浇透水,放在阴凉处,不可曝晒,时常向叶面喷水。在此期间,花卉不能施肥,1 周再进行正常养护管理。

7. 什么样的肥料适用于家庭养花?

答:养花要做到枝繁叶茂、花艳果硕,在有限的盆土中适当地施肥很重要。现在花木市场有很多现成的肥料出售,品种丰富,可供选用,基本上为有机肥和无机肥两类:有机肥是动植物等有机物经腐烂发酵而成,肥效长且对改善盆土结构有利。无机肥是化学肥料和矿物肥料,肥效快而不持久,使用简便,无臭味,但常用会使盆土板结。有机肥一般作为基肥用,无机肥一般作为追肥用,如叶面喷肥用。

8. 基肥的使用方法是什么？

答:在盆里放一部分基质或土壤,约盆体积的1/4。再放入基肥。再加适量基质或土壤,充分掺匀后再播种或定植,使植株根系不与基肥直接接触。也可将基质或土壤与肥料掺匀后直接装盆。

9. 如何利用家里现有的材料(动物粪便、麻酱渣等)自制肥料?

答:①氮肥:将豆类、麻酱渣捣碎,加入3～5倍水放在容器里密封,放置在高温处,夏季20天左右,冬季40天左右。待液体发酵后成黑色方可使用。在使用时,用原液再加8～10倍水作液体肥使用。②磷肥:鱼肚肠、鸡鸭肠、肉骨(无盐分的,要敲碎)、虾蟹壳、羽毛、蛋壳等加水2～3倍,腐熟后用上面的液体加12倍水稀释后作液肥使用。植物开花前适用。③钾肥:以上两种肥料亦含钾肥,如再要补充钾肥,可在盆土中加拌草木灰2成,能使植物更壮实,根系更发达。④长效全效肥:豆类、花生、菜籽饼、螺蛳、贝类、鸽、鸡、鸭粪等加水2～3倍,腐熟后用上面的液体加12倍水稀释后作液肥使用。将豆饼、菜籽饼等浇水淋湿后,用塑料布或密闭容器密封,经过夏季15～20天,冬季40～50天后,方可作为基肥或拌土使用。⑤矾肥水:历史比较悠久。用硫酸亚铁和豆饼一起浸泡,经过夏季20天左右,冬季40～50天后,方可使用。适用于浇灌南方花卉。施用肥水后,再浇一遍清水。

10. 怎样减少沤肥、施肥时发出的臭味?

答:关键是做好密封,使用时采取埋施,以减少臭味。现将下面两种方法介绍给大家:①有资料介绍,在沤肥容器内放几块柚子皮、橘子皮(干、鲜均可),即可减少臭味。橘子皮里含有大量的香精油,随着肥料的发酵,不断地挥发出香味来,可减轻臭味。若橘子皮的效果减少,可再继续投入新的橘子皮。橘子皮发酵后也是一种好肥料,可以增加肥效。②使用泡菜坛沤肥。把家庭副食品的废物,如臭鸡蛋、动物内脏、过期牛奶、豆浆、豆渣等物投入泡菜坛里,加入适量清水,注意将坛口水槽添满水,再放入一些杀虫药物,扣上盖子即可避免臭味散了出来。夏季经 2～3 个月即可腐熟。使用时取其上清液加水 10～20 倍,并在肥水中加少许敌百虫等农药以防生蛆。

11. 什么是叶面肥?

答:叶面肥是营养元素通过喷洒的方法施用于农作物叶片表面,通过叶片的吸收而发挥基本功能的一种肥料类型。植物的叶片有上、下两层表皮,由表皮细胞组成,上表皮细胞的外侧有角质层和蜡质,可以保护表皮组织下的叶肉细胞行使光合、呼吸等功能,不受外界不利条件变化的影响。叶片表现还有许多微小的气孔,行使气体更换的功能。叶片表面的气孔是叶面肥进入叶片的通道。化肥中尿素类物质对表皮细胞的角质层有软化作用,可以加速其他营养物质的渗入,所以尿素成为叶面肥重要的组成成分。叶背面的气孔数量比叶表面多,所以喷肥时要注意多喷背面。

12. 叶面肥的作用是什么？

答:①补充根部施肥的不足:当植物出现根部施肥不便时,如在植物生长后期,根系活力衰退,吸肥能力降低;或者当土壤环境对植物生长不利时,如水分过多、干旱、土壤过酸、过碱,造成植物根系吸收受阻,而植物又需要迅速恢复生长,如果以根施方法不能及时满足植物需要时,只有采取叶面喷施,才能迅速补充营养,满足植物生长发育的需要。②迅速补充营养:在植物生长过程中,植物已经表现出某些营养元素缺乏症,由于采用土壤施肥需要一定的时间养分才能被植物吸收,不能及时缓解植物的缺素症状。这时采用叶面施肥,则能使养分迅速通过叶片进入植物体,解决缺素的问题。③充分发挥肥效:某些肥料如磷、铁、锰、铜、锌肥等,如果作根施,易被土壤固定,影响施用效果,而采用叶面喷施就不会受土壤条件的限制。

13. 什么情况下需要补肥？

答:追肥量和追肥次数要根据植物的生长状况而定,一般在花芽分化期和开花结果期为最好。针对不同的品种周期长的和周期短的,要有不同的追肥次数和追肥量。

14. 补充叶面肥时的操作方法以及注意事项是什么？

答:常用的施肥品种有磷酸二氢钾、氨基酸类、腐殖酸类、海藻酸类肥料以及尿素等。喷时,要向叶片正、反两面均匀喷施。生长季节 4～6 天喷 1 次,半休眠时 2 周 1 次,一般在日出后或日落前喷施，植株开花前停施，必须注意的是，这种方法只有在发现植株缺肥的情况下才可使用。若植株营养充足，生长旺盛，则不宜采用。

15. 如何做到合理施肥?

答:合理施肥，是指要注意适时、适量。养花施肥，需要时施，至于什么时候施什么肥，则根据不同生长发育期而定，如苗期可适当多施氮肥，以促进幼苗迅速、健壮地生长;孕蕾期可多施磷肥，以促进花大籽壮;坐果初期适当控制施肥，以利于坐果。任何时期施肥都要注意适量，施氮肥过多，易形成徒长;施钾肥过多，阻碍生育，影响开花结果。

16. 为什么不能施未腐熟肥料?

答:有些人养花常把臭鸡蛋、动物内脏、肉皮等直接埋入盆土中，想增加土壤中的养分，使枝繁叶茂，结果反而伤害了花卉。植物的生长发育是通过吸收土壤中经发酵溶解于水中的氮、磷、钾等各种营养元素完成的。而上述腐败食物，未经发酵即直接埋入盆内，遇水分进行发酵产生高温，会烧伤花卉的根系，导致花卉死亡。同时，未腐熟的肥料在发酵时会产生臭味，污染环境;此外，还会招来蝇类。

17. 施用浓肥有什么害处?

答:在正常情况下，植物根尖细胞液的浓度比土壤溶液浓度大,因此两者的渗透压是不同的。这时根尖能从土壤中吸收水分和养分,供给花卉生长发育。如果施肥浓度过大,使土壤溶液浓度大于细胞液浓度,会出现相反的情况,即细胞液反而向土壤溶液渗透,使根尖细胞失水,造成根系受损,严重时造成花卉死亡。这种现象多发生在施化肥过多时,若施沤制液肥过浓也会发生类似现象。因此,施肥时,浓度不可过大,一般化肥浓度在0.1%~0.3%为宜。施用沤制的液肥时,可稀释5~10倍。

(三)浇水

1.什么水适宜浇花?

答:水可按照含盐类的状况分为硬水和软水。硬水含盐类较多,用它来浇花,常使花卉叶面产生褐斑,影响观赏效果。所以浇花用水以软水为宜。北京地区的水大多偏碱性,所以在施用时要晒水。

2.雨(雪)水浇花好吗?

答:在软水中以雨水(或雪水)最为理想,因为雨水是一种接近中性的水,不含矿物质,又有较多的空气,用来浇花十分适宜。如能在雨天接贮雨水用于浇花,有利促进花卉同化作用,延长栽培年限,提高观赏价值,特别是喜酸性土壤的花卉,更喜欢雨水。因此雨季应多贮存些雨水留用。也可用雪水浇花,效果也很好,但要注意需将冰雪融化后搁置到水温接近室温时方可使用。

3. 如何用淘米水浇花?

答:经常用淘米水浇花,可使其枝叶茂盛,花色鲜艳。但是用淘米水浇花必须经过发酵,方法:将淘米水放在一个容器里,密闭存放。经过 2 周左右时间(夏季可短些,其他季节稍长些),即可使用。浇灌时取清液,对 50%左右的清水稀释搅拌。其他注意事项:①因为淘米水肥性大,天气热,盆的温度也高,浇淘米水或施肥易烧根,“桑拿天”一般不能浇。②刚洗过米的水不能立即浇花,这样容易伤根,必须经过充分发酵。③给小苗、弱苗浇淘米水时,对清水的量要更大一点。④因为淘米水肥性大,翻盆、新植的不能浇。⑤气温在 30℃以上时,以及冬天不能浇。

4. 为什么说养鱼的水浇花好?

答:因为水中的余氯已经挥发,给花浇水不会产生危害。鱼类的排泄物可以转变成为花卉的有机肥料(因其含量较少,不必担心造成肥害)。用鱼缸里换出来的水浇花需要注意,水从鱼缸中换出后,直接浇花时,要注意水的温度同花盆中泥土温度不能偏差太大,最好放置一两天再用。

5. 剩茶水可以浇花吗?

答:可以。剩茶水用来浇花,既能保持土质水分,又能给植物增添氮等养料。长时间用剩茶水浇花时,每次应加一些清水,避免茶碱对植株根系的伤害,引起烂根。

6. 啤酒可以浇花吗?

答:偶尔浇一下没有问题。但长时间使用,啤酒里面的酒精会对植株根系造成伤害,引起烂根。

7. 大豆水、牛奶可以浇花吗?

答:可以。但是一定要经过充分发酵后对清水才可以浇花。用未发酵的大豆水、牛奶浇花,易滋生蝇虫,也易造成烂根。

8. 食醋可以浇花吗?

答:可以。但是一定要对清水后方可浇花。食醋是酸性,北京地区自来水偏碱性,两者中和后会产生盐和水。长期使用食醋浇花,会造成植物的盐慢性中毒,根系会受到伤害,植株生长不良。

9. 怎么用自来水浇花?

答:需要晒水。晒 2~3 天后方可使用,效果最好。

10. 什么水不能浇花?

答:含有化学试剂的水不能浇花,如肥皂水、洗衣粉水。含有油污的水也不能浇花,如洗碗水。

11. 什么样才是“浇透水”了?

答:花盆盆壁与盆土紧密结实情况下,浇到盆底排水孔有水渗出为止,才是“浇透水”。不能浇“半截水”(即上湿下干)。

12. 为什么浇水要“见干见湿”?

答:见干:是为让土壤里有很多空气在里面,供根系呼吸用。见湿:是让土壤含有充足的水分,供植株生长。

13. 如何做到浇水“见干见湿”?

答:指浇过一次水后等到土面发白,表层及内部土壤水分消失后,再浇第二次水,不能等盆土全部干了很久才浇水。一般的方法是把手指伸进土壤内部 1 厘米处,感受土壤干松,或者用手指弹击花盆发出清脆的声音(陶制或瓷制花盆)再浇。如果内部是湿的就不宜连续浇水,容易造成土壤下部积水,严重的导致烂根。

14. 浇水过多或者过少对花卉有什么影响?

答:长时间浇水过多,会使土壤里空气减少,有害物质不能流通出来,对植物根系造成伤害,严重时造成植株死亡。长时间浇水过少,植物生长所需水分不够,养分也不够,造型植株的萎蔫,严重时造成植株死亡。

15. 给什么样的花卉浇水要浇酸性的水？

答：pH 值在 6.5 以下的花卉要经常浇酸性的水。如茶花、杜鹃等。

16. 夏季中午为什么不能用冷水浇花？

答：夏季中午，气温很高，叶面温度可达到 40℃左右，水分蒸发很快，根系需要不断吸收水分，补充损失蒸发掉的水分。此时若浇冷水，虽然土壤中增加了水分，但是由于土壤温度突然降低，根尖受到低温的刺激，不能正常吸收水分。水分失去了供求的平衡，导致花卉萎蔫，使植株产生“生理性干旱”，严重时会引起全株死亡。这种现象在草本花卉中尤为明显，翠菊等最忌炎热天气的中午浇冷水。

17. 怎样根据天气浇水？

答：春天天气干燥，植株生长又处于旺盛期，这个时候水分要供给充足。夏天气温高，植株处于营养生长期，蒸腾作用快，消耗水分多，供水也要充足。秋季天气见凉，植物生理活动减弱，水分需要相对减少。冬季气温较低，大部分植物处于半休眠状态，水分需要相对较少。冬季开花的植物，水分供给要充足。另外，晴天水要充足，阴天水要减少。

18. 通风不良会产生什么影响？

答：①会造成植株的徒长或使叶片变黄、脱落。②会滋生病虫害。

19. 湿度过大或者过小会产生什么影响?

答:湿度过低,容易造成叶片焦边;湿度过高,容易感染病害。如果需要增加空气湿度可以使用加湿器,或在花盆周围摆放盛水的容器;也可以每天向叶面、地面喷水。

三、家庭常见观花类花卉养护

(一)矮牵牛

矮牵牛

1. 盆栽矮牵牛选择什么基质适宜?

答:要求微酸性、疏松、肥沃、排水良好的土壤,盆土一般可用沙壤土与腐叶土各半混匀配制。

2. 养护矮牵牛,什么样的光照适宜?

答:矮牵牛为长日照植物,要求有较强的光照条件,光合作用才能顺利进行,因此,应给予其充足的光照。阳光充足则生长茁壮,叶茂花繁。如能给予每天 12 小时以上光照,并且夜温在 10℃以上,则可四季开花。

3. 光照过强或者过弱会产生什么影响?

答:若光照不足,枝叶易徒长,开花少或开花质量差;光照过强易造成植株灼伤萎蔫。

4. 养护矮牵牛,什么样的温度适宜?

答:如果温度保持在 15～20℃,矮牵牛可四季开花。

5. 温度过高或者过低会产生什么影响?

答:矮牵牛喜温暖,在干热的夏季开花繁盛;温度低于 10℃,停止生长,观赏性下降。

6. 养护矮牵牛,什么样的湿度适宜?

答:矮牵牛忌积水,但在开花期要保持基质有较高的持水量,尤其是夏季要勤浇水。

7. 如何繁殖牵牛花？

答：主要是播种繁殖。春秋播种均可。播种苗必须经过一次移植才能上盆。另外，可用扦插繁殖，春季和秋季均可扦插，扦插温度 20℃，2 周左右即可生根成活。

(二)报春花

1. 盆栽报春花选择什么基质适宜？

答：宜在土质疏松、富含腐殖质的沙质壤土中生长。

2. 养护报春花，什么样的光照适宜？

答：怕强光直射，需要放在半阴处养护，或者给它遮阳 70%。放在室内的养护的，尽量放在光线明亮的地方，并每隔一两个月移到室外半阴处或遮阳养护 1 个月，以让其积累养分，恢复长势。

报春花

3. 光照过强或者过弱会产生什么影响?

答:夏季忌阳光直射,应适当遮阳,否则植株易衰弱;光照过弱影响生长。

4. 养护报春花,什么样的温度适宜?

答:适宜生长温度为15℃左右。冬季室温如保持10℃,翌年2月份起就能开花。要注意通风。能在0℃以上越冬;夏季温度不能超过30℃。

5. 温度过高或者过低会产生什么影响?

答:栽培过程中如遇冬季低温或夏季高温都会影响植株生长,导致长势衰弱,叶片黄化或萎蔫甚至死亡。

6. 养护报春花,什么样的湿度适宜?

答:要求生长环境的空气相对湿度在60%～75%。

7. 叶片边缘焦黄、叶片萎蔫是怎么回事?

答:可能是施肥过多、过浓,或施肥次数过多导致植株叶片边缘焦黄、叶片萎蔫,时间一长就会死亡。可通过如下方法解救:多浇清水,冲淡土壤中的肥分,使之随水流走,或立即翻盆,换上新土,这样可使植株逐渐恢复正常的生长状态。

8. 如何繁殖报春花？

答：报春花主要采用播种繁殖，播种期可按开花的需要而定，一般播后 6 个月左右便可开花。报春花种子寿命较短，以采种后立即播种为宜，或放在干燥低温条件下贮藏。报春花播种多用浅盆，盆土用细的腐叶土、园土混合培植，盆土整平以后，将种子拌上 4 倍细沙，均匀撒播于盆内，然后用光滑木板将土面轻轻压实，以利种子吸水和扎根，不必覆土。播后连盆放水池中浸水，以待表土浸湿后取出，放置半阴处，经 1～2 周发芽后移至有光线处。盆面加盖玻璃，以保持湿润。播种适宜温度为 15～21℃，超过 25℃发芽不良。

(三)茶花

茶花

1. 盆栽茶花选择什么基质适宜？

答：选择土层深厚、疏松，排水性好，pH 5～6 最为适宜，碱性土壤不适宜茶花生长。盆栽土用肥沃疏松、微酸性的壤土或腐叶土。

2. 养护茶花,什么样的光照适宜?

答:茶花属半阴性植物,宜于散射光下生长,怕直射光曝晒,幼苗需遮阳。

3. 光照过强或者过弱会产生什么影响?

答:长期过阴对茶花生长不利,叶片薄、开花少,影响观赏价值。光照过强容易造成叶片灼伤脱落。

4. 怎样做到合适的采光?

答:茶花喜半阴的散射光照环境。冬季应保证充足的光照条件,春、秋季节中午阳光强烈时,适当遮阳降温,夏季宜放在散射光的条件下,避免阳光直射。

5. 养护茶花,什么样的温度适宜?

答:茶花的生长适温为 18～25℃,3～9 月份为 13～18℃,9 月份至翌年 3 月份为 10～13℃。当温度在 12℃以上开始萌芽,30℃以上则停止生长,始花温度为 2℃,适宜花朵开放的温度在 10～20℃。茶花的耐寒品种能短时间耐－10℃,一般品种－3～4℃。

6. 温度过高或者过低会产生什么影响?

答:一般的茶花品种喜温暖湿润的环境,可以忍受短时间的低温环境，温度过低或低温时间过长时受冻害，影响植株生长。温度过高时，如超过 35℃，会出现日灼。温度过高或过低都会影响花蕾的发育，造成落蕾或“僵花”。

7. 养护茶花，什么样的湿度适宜？

答：空气相对湿度 50%以上为好。

8. 茶花四季的养护要点是什么？

答：春季茶花花后应及时摘去残花，进行修剪和换盆，并适当补充肥水，保证养分供应；夏季注意遮阳降温，避免日灼，花蕾萌发后进行 1、2 次疏蕾，注意不要伤及叶芽；秋季补充磷肥，促进花蕾发育，并及时修剪新萌发的枝条，确保养分集中供应花朵，晴天中午仍需遮阳，避免阳光直射；冬季注意保温，避免温度过低产生“僵花”。

9. 如何繁殖茶花？

答：扦插繁殖以 6 月中旬和 8 月底左右最为适宜。选树冠外部组织充实、叶片完整、叶芽饱满的当年生半熟枝为插条，长 8～10 厘米，先端留 2 片叶。剪取时，基部尽可能带一点老枝，插后易形成愈伤组织，发根快。插条清晨剪下，要随剪随插，插入基质 3 厘米左右，扦插时要求叶片互相交接，插后用手指按实。以浅插为好，这样透气，愈合生根快。插床需遮阳，每天喷雾叶面，保持湿润，温度维持在 20～25℃，插后约 3 周开始愈合，6 周后生根。当根长 3～4 厘米时移栽上盆。扦插时使用 0.4%～0.5%吲哚丁酸溶液浸蘸插条基部2～5秒，有明显促进生根的效果。嫁接繁殖常用于扦插生根困难或繁殖材料少的品种。以5～6月份、新梢已半质化时进行嫁接成活率最高，接活后萌芽抽梢快。砧木以油茶为主，10月份采种，冬季沙藏，翌年4月上旬播种，待苗长至4～5厘米，即可用于嫁接。采用嫩枝劈接法，用刀片将芽砧的胚芽部分割除，在胚轴横切面的中心，沿髓心向上纵劈一刀，然后取茶花接穗一节，也将节下基部削成正楔形，立即将削好的接穗插入砧木裂口的底部，对准两边的形成层，用棉线缚扎，套上清洁的塑料口袋。约40天后去除口袋，60天左右才能萌芽抽梢。压条繁殖：梅雨季选用健壮1年生枝条，离顶端20厘米处，行环状剥皮，宽1厘米，用腐叶土缚上后包以塑料薄膜，约60天后生根，剪下可直接盆栽，成活率高。

10. 茶花花骨朵发干要掉落，怎么办？

答：茶花喜欢酸性生长环境。首先，确保盆土的微酸性条件，可以在早晚浇灌硫酸亚铁调酸，浇水使用收集的雨水最好，如果使用自来水需要“晾晒”2～3天后使用。其次，由于北京气候干燥可以使用加湿器或在环境周围喷水保湿，但是要注意避免把水喷到植株上。

(四)杜鹃

1. 盆栽杜鹃选择什么基质适宜？

答：盆土用腐叶土、沙土、园土(7∶2∶1)，掺入饼肥、厩肥等，拌匀后进行栽植。一般春季3月上盆或换土。

杜鹃

2. 养护杜鹃,什么样的光照适宜?

答:喜光,但忌强光直射,春、秋适当增加遮光,在盛夏季节要达到遮光70%左右。

3. 光照过强或者过弱会产生什么影响?

答:光照过强,嫩叶易被灼伤,新叶老叶焦边,严重时会导致植株死亡。

4. 怎样做到合适的采光?

答:杜鹃喜阴,怕曝晒,春、夏、秋三季都需要适当遮阳,尤其夏季,应放在没有直射光的位置,避免阳光直晒,冬季视天气可以少遮阳或不遮阳。

5．养护杜鹃，什么样的温度适宜？

答：生长适宜温度 15～25℃，最高温度 32℃。

6．温度过高或者过低会产生什么影响？

答：最低温度不能低于 5℃，否则停止生长。气温超过 35℃，则新梢、新叶生长缓慢，处于半休眠状态。

7．养护杜鹃，什么样的湿度适宜？

答：生长期要保持 60%～70%的空气相对湿度，临开花时相对湿度可达 80%左右。进入夏季可以经常在杜鹃周围喷水，保持周围空气湿润，但应避免喷到植株上。

8．杜鹃四季的养护要点是什么？

答：春季可以进行换盆，添加新的土壤，开花前 1 个月增施磷肥。施肥应该薄肥勤施，忌大肥。夏季应避免阳光曝晒，适当遮阳防止灼伤，并在植株周围喷水，保持周围空气湿润。秋季 9～10 月份为翌年的开花准备，增施复合肥料 1～2 次，施肥间隔 15 天左右。冬季应注意通风保暖，适当浇水，并减少施肥。

9．如何繁殖杜鹃花？

答：杜鹃的繁殖，可以用扦插、嫁接、压条、分株、播种五种方法，其中以采用扦插法最为普遍，繁殖量最大；压条成苗最快，嫁接繁殖最复杂，只有扦插不易成活的品种才用嫁接。

采用扦插繁殖，扦插盆以20厘米口径的新浅瓦盆为好，因其透气性良好，易于生根。可用20%腐殖园土、40%马粪屑、40%河沙混合而成的培养土为基质。扦插的时间在春季(5月份)和秋季(10月份)最好，这时气温在20～25℃之间，最适宜扦插。扦插时，选用当年生半木质化发育健壮的枝梢作插穗；带节切取6～10厘米，切口要求平滑整齐，剪除下部叶片，只留顶端3～4片小叶。购买维生素B_{12}针剂1支，打开后，把扦插条在药液中蘸一下，取出晾一会儿即可进行扦插。插前，应在前一天用喷壶将盆内培养土喷潮，但不可喷得过多，到第二天正好潮润，最适合扦插。插的深度为3～4厘米。插时，先用筷子在土中钻个洞，再将插穗插入，用手将土压实，使盆土与插穗充分接触，然后浇一次透水。插好后，花盆最好用塑料袋罩上，袋口用带子扎好，需要浇水时再打开，浇实后重新扎好。扦插过的花盆应放置在无阳光的直晒处，扦插的盆土10天内每天都要喷水，除雨天外，阴天可喷1次，气候干燥时宜喷2次，但每天喷水量都不宜过多。10天后仍要经常注意保持土壤湿润。4～5周内要遮阳，直至萌芽以后才可逐渐让其接受一些阳光。一般约需2个月后生根。此后只需要在中午遮阳2～3小时，其余时间可任其接受光照，以利在其光合作用中自行制造养分。

压条繁殖也是常用的繁殖方法之一，一般采用高枝压条，常在4～5月份进行。具体操作：先在盆栽的杜鹃母株上取2～3年生的健壮枝条，离枝条顶端10～12厘米处用锋利的小刀割开约1厘米宽的一圈环形枝皮，将韧皮部的筛管轻轻剥离干净，切断叶子制造有机物向下输送的渠道，使之聚集，以加速细胞分裂而形成瘤状突起，萌发根芽。然后用一块长方形塑料薄膜松松地包卷两圈，在环形切口下端2～3厘米处用细绳扎紧，留塑料薄膜上端张开成喇叭袋子状，随即将潮湿的泥土和少许苔藓填入，再把袋形的上端口扎紧，将花盆移到阳光直射不到的地方做日常管理。浇水时，应向叶片喷水，让水沿着枝干下流，慢慢渗入袋中，保持袋内泥土经常湿润，以利枝条上伤口愈合，使之及早萌生新的根须。在3～4个月后根须长至2～3厘米长时，即可切断枝条，使其离开母株，栽入新的盆土中。

10. 如何控制杜鹃花期？

答：若想春节见花，可于1月份或春节前20天将盆花移至20℃的温室内向阳处，其他管理正常，春节期间可观花。若想“五一”见花，可于早春萌动前将盆移至5℃以下室内冷藏，4月10日移至20℃温室向阳处，4月20日移出室外，“五一”可见花。可见，温度可调节花期，随心所愿，四季开放。另外，花后即剪的植株，10月下旬可开花；若生长旺季修剪，花期可延迟40天左右；若结合扦插时修剪，花期可延迟至翌年2月份。因此，不同时期的修剪，也可影响花期。

11. 杜鹃花开时怎么管理？

答：光照不要太强，温度不要太高，适当通风。不要缺水，但水不要太大，保持盆土湿润。另外，温度低花期会长。

12. 杜鹃7月份开花了，如果想让它春节还能开花，是不是要把它齐一下头？

答：可以修剪一下，不然花期不整齐。修剪完了，立秋之后就可以施肥。10厘米长的就修下来，4～5厘米长的掐掉尖就可以。

1周以后可以施复合肥。一定注意薄肥多施。每次施的量少一点，10天左右施一次。11月份时要让杜鹃花处于10℃左右的温度下，进行低温锻炼，可以促进花蕾的形成。

13. 冬天把杜鹃花放在离窗户较近的地方，怎么反而花开始蔫了呢？

答：杜鹃花花瓣十分娇弱，害怕低温尤其不可风吹。在家养护杜鹃时要注意，将温度控制在20℃左右，尽量加大室内湿度。

14. 杜鹃买回来时开着花，后来叶子开始掉，根焦黄，是不是1周浇一次水少的原因？

答：一可能是室内空气湿度太小，温度过高，通风不够。最好放在阳台上。杜鹃喜欢低温、湿度大的环境。还有开花的时候不要浇肥。二可能是买来的花本身根部有问题，卖家临时上的盆，没有缓苗的过程，根已经受伤了。杜鹃不喜大水，浇水应该见干见湿，少量多次地浇水。补救的办法：可以把根剪一下，把坏根剪掉，用原来的土重栽，枝条也要修剪，把干的部分剪掉，太密的枝条也要剪掉。放在阴湿的地方，水不要太大，如果室内温度过高，过干，可以适量多浇一些。

15. 为什么每年养杜鹃都是花开过后，养到后期，掉叶子死了呢？

答：主要是由于家里环境不合适，水肥管理不当引起的。一般杜鹃在温室内种植时,环境的温室度都有严格的要求,水肥管理也有严格的规定,家庭种植时空气湿度、室内温度、水肥管理都不够专业,致使植株早衰、死亡。

16. 为什么每年养杜鹃,一到伏天就死了呢?

答:夏季阳光充足、温度高不利于杜鹃生长。杜鹃喜半阴的环境,尤其是盛夏应当注意遮阳降温或者地面、植株喷水降温,防止暴晒造成的灼伤。

17. 放在阳台护栏里养杜鹃,怎么下完雨叶子发蔫呢?

答:夏天杜鹃是半休眠状态,不应当淋雨。下过雨后,水大了,根部积水受伤了。可以把盆土稍微松一松,打蔫的部分叶片摘一半,枝条适当修剪。

(五)扶桑

1. 盆栽扶桑选择什么基质适宜?

答:盆栽用土宜选用疏松、肥沃的沙质壤土。一般用腐叶土、壤土、腐熟的有机肥等混合而成。

2. 养护扶桑,什么样的光照适宜?

答:喜充足的阳光,春、夏、秋季可放在阳光下栽培,在盛夏需遮阳,冬季放室内有直射光处。每日要有8小时以上的光照。

扶桑

3. 光照过强或者过弱会产生什么影响?

答:光照不足,花蕾容易脱落,花朵变小,花色暗淡。夏季避免烈日灼伤植株。

4. 养护扶桑,什么样的温度适宜?

答:扶桑性喜温暖湿润,生长适宜温度为18～25℃。

5. 温度过高或者过低会产生什么影响?

答:温度过高会导致生长停滞,温度过低会引起落叶,影响以后的发育与开花。

6. 如何繁殖扶桑?

答:用扦插和嫁接繁殖。扦插:除冬季以外均可进行,但以梅雨季节成活率高。插条以一年生半木质化的最好,长 10 厘米,留顶端叶片,切口要平,插开沙床,插后约 3 周生根。嫁接:多用于扦插困难的重瓣花品种,枝接或芽接均可,砧木用单瓣花扶桑。春插比秋插成活率高。一般选二年生健壮枝条为宜,用当年生半木质化强壮枝条也可,最好用侧枝中段截成 15 厘米左右长的插穗,有 5~7 节。插床土用排水好、通气性强的粗沙或硅石,经过消毒,再置入插床,厚 15~20 厘米。插穗下部叶片要用利刀削平,及时扦插,深 1/2。插后立即浇 1 次透水,用塑料薄膜遮盖,保持适当的温度和湿度,做到润而不湿,排水通气良好,以后逐渐接受阳光,维持气温 18~25℃,相对湿度 70%~80%的条件下,20 天后即可普遍生根,1 个月左右可以上盆。

7. 为什么扶桑的花苞还没打开就掉了呢?

答:夏天是扶桑盛花期,花量大,如果肥太旺,芽的生长会快,花的养分不够,花就弱;如果肥不够,花的养分不够,易落蕾。7~10 天施一次肥,不能大水大肥,少量多次。另外,光照不够,也会落蕾;基质水过大,易烂根,导致落蕾。

8. 冬天,扶桑买回来的时候开着花,后来全掉了,新长出来的花骨朵也掉,叶尖和边缘发黄,怎么回事?

答:扶桑属于南方植物,喜湿润温暖的环境,北方冬季室内温度较低、空气干燥,易导致落花、干叶,甚至落叶。

(六)桂花

桂花

1. 盆栽桂花选择什么基质适宜?

答:栽植土要求偏酸性,忌碱土。盆栽桂花盆土的配比是腐叶土 2 份、园土 3 份、沙土 3 份、腐熟的饼肥 2 份,将其混合均匀,然后上盆或换盆,可于春季萌芽前进行。

2. 养护桂花,什么样的光照适宜?

答:桂花喜光,但也有一定的耐阴能力。幼苗期要有一定的遮阴管理,成年后要求有相对充足的光照。

3. 光照过强或者过弱会产生什么影响?

答:在夏季,切忌遮阳,以免花芽分化。越冬期间,若气温低于 4℃,光照不足,则易导致早春落叶,而影响翌年的开花。

4．养护桂花，什么样的温度适宜？

答：平均气温 14～28℃，最适生长气温是 15～28℃。7 月份平均气温 24～28℃，1 月份平均气温 0℃以上，能耐最低气温－13℃。

5．温度过高或者过低会产生什么影响？

答：越冬期间，若气温低于 4℃，光照不足，则易导致早春落叶，而影响翌年的开花。

6．养护桂花，什么样的湿度适宜？

答：平均湿度 75%～85%，尤其在开花前要有较高的空气湿度。

7．桂花树不长叶子，新长的叶子也变皱，怎么办？

答：重点查看根系，可能由于浇水、施肥不当造成的根系受伤害，植株无法正常生长，新叶萎蔫。应调整水肥管理，浇水、施肥不要太勤。

8．将桂花摆放在采光好的阳台上，浇水见干见湿，半个月施一次肥，为什么叶子四周变黄变焦呢？

答：肥施的量太大，造成烧根，影响到叶子。现在不要再施肥了，也少浇水，让植株缓一缓。把病叶剪掉，以免影响其他正常叶子。光照如果太强，中午可以把植株挪到光线弱的地方，白天下午见光即可。

9. 冬季买的桂花放在阳台上，浇水见干见湿，只施一次肥，现在中下部的叶子变干枯发白，最后掉光了，怎么办？

答：现在不能施肥，处于休眠状态。注意温度不能太高，0℃以上就行。水也不要太多，保持一定湿度即可。今年是不会再长了。要放在冷室。因为阳台上温度高，光照强，湿度小，叶子才掉的。

10. 盆栽桂花为什么不开花？

答：一是光照不足。桂花喜光，营养生长期光照强度弱，其生长发育衰退，营养生长变差，开花数量减少。光照严重不足时，光合作用减弱，养分积累少，因而不能开花。所以，需给予充足的光照。二是缺肥。桂花的生长、开花量较大，需要消耗大量的养分。盆土瘠薄或肥力不足，也会影响植株的生长与开花。所以，在抽梢时应施 1～2 次以氮为主的肥料，在花芽分化期（5 月底开始）至开花前，则应施入 2～3 次以磷为主的肥料。三是盆土过湿。桂花忌过湿和积水，湿涝会引起烂根而导致生长不良和不开花，严重时还会造成盆株的死亡。浇水要遵循“不干不浇，浇则浇透”的原则。四是土壤偏碱。桂花喜微酸性土壤，pH 值以 5.5～6.5 为宜。在偏碱性的土壤中生长的桂花，常常长势不良而影响开花。五是烟尘污染。桂花不耐烟尘和污染。若烟尘过多或遇到污染，叶片会变小，容易脱落，并出现只长叶、不开花的现象。六是不到开花年龄。

11. 桂花树上有裂皮的地方，怎么补上？

答：裂的地方不需要补。

12. 为什么冬、春之交桂花树容易死？

答：这要从管理方法上找原因。除了供给适当的水分，充足的光线之外，冬季不给桂花施肥，放在冷凉的环境里特别重要。因为桂花之所以冬季易死，不是由于环境不够热，而是由于环境不够凉。在桂花的原产地冬季并不温暖。千万年来已经适应这种生长环境的桂花，到温暖的地方越冬，在开始的一段时间里看不出植株有什么异常。相反，长芽抽枝，长势喜人。但是，这种情况维持不了多久，室内采光及温度的变化等因素不能满足像夏季时那样的生长，开始出现老叶脱落，新梢萎蔫，植株死亡的现象。要使所养的桂花平安越冬，冬季要把它放在0～5℃的环境里，给予充足的日照；不要追施肥料，避免盆土过湿。

13. 受冻桂花如何解冻？

答：初冬，桂花受寒潮侵袭，极易发生冻害，受害植株体内细胞间隙溶液浓度提高，原生质严重脱水造成嫩叶萎缩。遇此情况，如果急于将受害盆株置于高温或阳光直射处，反而会加速桂花死亡。正确方法应该采取缓慢解冻的措施，使细胞逐渐吸水而恢复正常。可将盆花用吸水性较强的废报纸连盆包裹三层，包扎时注意不可损伤盆花枝叶，并避免阳光直接照射。静置1天，以使盆花温度逐渐回升。经此处理后，受冻盆花可以复苏。

14. 春节买的四季桂，叶尖和四周发褐，叶面上还有小黑点，怎么回事？

答：春节期间北方温度低，四季桂在运输过程中容易受到冻害，可表现出叶片边缘变褐发黄。如果养护环境湿度低、温度不合适也可造成叶片出现小黑点。另外，施肥、浇水不当也会出现这些症状。

15. 刚买的四季桂放在屋子里两三天浇一次水，现在叶子变脆往下掉，怎么办？

答：掉叶子的情况，是水浇得不合适，不要机械地多少天浇一次，要根据干、湿度浇水。把手指插到土里感觉一下，土壤如果有一定湿度，就不要浇水，比较干了再浇水。翻一翻土，让土壤通气性好一些。

16. 四季桂一开始的叶子带着花骨朵一起长，现在长出来的叶子，怎么就没有花骨朵了？

答：四季桂不是叶子长，花就跟着长，只是比桂花多开花。相对可以耐阴，但是要见光，花才能开好。四季桂开完花之后就应及时施复合肥。

17. 四季桂为什么不香？

答：四季桂常年开花但不香的原因是因品种本身香气较淡造

成的。在桂花常见品种中，香气最浓的首先是金桂，其次是银桂，然后是丹桂，而四季桂的香气是最淡的。作为经济作物很少有人栽培，就是因其开花稀疏，香气不浓；作为观赏盆栽，是因其树型美，四季开花，适宜盆栽观赏。四季桂多数呈丛状生长，花呈黄白色，较稀疏，香气淡而花期长，一般除严冬与酷暑季节外，大约 2 个月能开一次花，以秋季香气稍浓，其余较淡，其品种有大叶四季桂及小叶四季桂。月月桂在莳养过程中若缺乏光照和磷肥不足使花香清谈。如果植株置于阳光充足而通风的环境下，每隔 10 天追肥一次，并能适当增施磷肥，可在一定程度上增加花的香气，但仍不及其他品种。

(七)红掌(火鹤)

红掌(火鹤)

1. 盆栽红掌选择什么基质适宜?

答：盆栽红掌宜选用排水良好的基质，规模化生产用泥炭、珍珠岩、沙的复合基质，其比例为：1 米^3 泥炭 ∶(4～5)千克珍珠岩 ∶0.15 米^3 沙。

2. 养护红掌，什么样的光照适宜?

答：红掌不耐强光，全年宜在适当遮阳的环境下栽培。春、夏、秋季应适当遮阳，尤其是夏季需遮光 70%。

3. 光照过强或者过弱会产生什么影响?

答：阳光直射会使其叶片温度比气温高，叶温太高会出现灼伤、焦叶，使花苞退色，叶片生长变慢。

4．养护红掌，什么样的温度适宜？

答：红掌对温度较敏感，适宜生长温度 14～35℃，最适温度 19～25℃，昼夜温差 3～6℃，即最好白天 21～25℃，夜间 19℃左右，在这样的温度下，有利于红掌养分的吸收和积累，对生长开花极为有利。

5．温度过高或者过低会产生什么影响？

答：长时间低于 13℃左右，植株虽不会死亡，但很长时间难以恢复生长；当温度高于 35℃，且光照较足，叶面易出现灼伤，因受害叶片不会逆转，影响红掌整体品质，也为下步养护制造了困难。在冬季，即使室内气温较高时，也不宜过多降温保湿，因为夜间植株叶片过湿反而会降低抗寒能力，容易产生冻害。

6．养护红掌，什么样的湿度适宜？

答：空气相对湿度以 70％～80％为佳，不宜低于 50％。

7．如何分株、扦插繁殖红掌？

答：分株繁殖结合春季换盆，将有气生根的侧枝切下种植，形成单株，分出的子株至少保留 3～4 片叶；扦插繁殖是将老枝条剪下，去叶片，每 1～2 节为一插条，插于基质中，几周后可即可萌芽发根。

8. 为什么红掌养一段时间叶子就变黄变干呢?

答:造成这种情况的主要原因是空气湿度太小。首先看土壤湿度够不够,湿度不够要浇水,注意浇水见干见湿。也可以往叶子上喷水,保持湿度。阳光不要太强。红掌喜高温,室温要高些。另外要注意通风。还可以适当施些复合肥,促进枝叶生长。

9. 快入冬时,从室外挪到室内的红掌,叶子有烧焦状的黄色边,开的花也掉了,怎么回事?

答:①通风不好:冬天室内养花要注意通风。②浇水:红掌喜湿,浇水间隔要适当缩短,要见干见湿,掌握好度,表面土干了就可以浇,一次要浇透,水要能从盆底流出来。③施肥:可能由于未施过肥,造成叶子黄边,掉花。另外,注意温度要高,光照不要太强。

10. 养了一年的红掌,开过花后,就不好了,叶子一块块儿地变黄,怎么办?

答:可能栽培环境不是很好。原因可能有:通风、光照、肥料等。可以把土重新换一次,会有一些新的根发出来,吸收的养分会强一些。换土的时候发现烂根可以清除掉,换完以后放到有阴凉的地方不见光,要浇足水,之后要控制一下水。放1周以后,早、晚见一些光,保持通风。

(八)蝴蝶兰

蝴蝶兰

1. 盆栽蝴蝶兰,选用什么基质适宜?

答:蝴蝶兰常见的栽培基质主要以水草、苔藓为主。

2. 养护蝴蝶兰,什么样的光照适宜?

答:最好能放于朝北朝东的阳台或窗台旁,使之接受到散射光,则生长强健、病害少。

3. 光照过强或者过弱会产生什么影响?

答:忌烈日直射,否则会大面积灼伤叶片,但也不能室内过阴,否则会导致生长缓慢不利于养分存储和开花。

4. 养护蝴蝶兰,什么样的温度适宜?

答:由于蝴蝶兰出生于热带雨林地区,本性喜暖畏寒。生长适温为18~30℃,越冬温度不低于15℃,否则就会停止生长。

5. 温度过高或者过低会产生什么影响?

答:冬季15℃以下就会停止生长,低于10℃容易死亡。

6. 养护蝴蝶兰，什么样的湿度适宜？

答：蝴蝶兰喜欢空气高湿且通风的环境。要求空气湿度经常保持在60%～80%。并且保持空气流通，最好有微风吹拂。

7. 蝴蝶兰四季的养护要点是什么？

答：蝴蝶兰属于热带兰花，四季栽培需要保持生长期日温控制在28～30℃，夜温控制在18～23℃。高于35℃和低于15℃的环境生长停滞。生长适宜湿度为60%～80%，可使用加湿器保持空气湿度。栽培期间要适当通风，使用薄肥，忌施未腐熟的家禽粪等有机肥。

8. 如何繁殖蝴蝶兰？

答：蝴蝶兰繁殖方法主要有花梗催芽繁殖法、断心催芽繁殖法、切茎繁殖法等。一是花梗催芽繁殖法。许多品种的蝴蝶兰在花凋谢后，其花梗的节间上常能长出带根的小苗来，剪下另行种植就能长成一株新的蝴蝶兰。可采用人工催芽的方法确保蝴蝶兰的花梗长出花梗苗，用于繁殖。方法是先将花梗中已开完花的部分剪去，然后用刀片或利刃仔细地将花梗上部第一至第三节节间的苞片切除，露出节间中的芽点；用棉签将催芽剂或吲哚丁酸等激素均匀地涂抹在裸露的节间节点上；处理后将兰株置于半阴处，温度保持在25～28℃，2～3周后可见芽体长出叶片，3个月后长成具有3～4片叶并带有气生根的蝴蝶兰小苗；切下小苗上盆，便可成为一棵新的兰株。二是断心催芽繁殖法。兰株因冻害、虫害、病害以及人为等因素而致使其生长点遭到破坏后，经过一段时间，会从兰株近基部的茎节上长出1～2个新芽。可以利用这一特点来繁殖蝴蝶兰。具体的操作方法是：将茎顶最高的心叶抽掉，注意要将茎尖生长点破坏，使其无法向上生长；伤口晾干或用杀菌剂涂抹消毒灭菌，经过一段时间即能在近基部的茎节上长出2～3个新芽；待新芽长大并有根系从基部长出时，就可切下另行种植，成为一棵新的植株。三是切茎繁殖法。切茎繁殖法的原理是破坏茎尖生长点，以诱发潜伏芽生长。蝴蝶兰植株的叶腋处虽有潜伏芽1～3个，但多不能萌芽成株。可待植株不断向上生长、茎节较长后，再将植株带有根的上部用消毒过的利刃或剪刀切断，植入新盆使其继续生长，下部留有根茎的部分给予适当的水分管理，不久就可萌生新芽1～3个(依植株本身的性状及管理方法而定)。如植株的茎较长，亦可考虑分切多段，只要每段有2～3节节间或长2～3厘米以上并有根一条以上者，就有可能长成一棵新的植株，但如果植株的根茎均已干枯死亡，则此法无效。

9. 蝴蝶兰的叶子发黄、变干是什么原因?

答：蝴蝶兰需要基质栽培，而基质保水保肥能力弱，如果不能给予科学的水肥管理，极易出现由于缺水、缺肥导致的叶片发黄发干现象。另外，环境湿度、温度不适宜也会导致这种现象发生。

10. 蝴蝶兰花开过后，为什么叶尖开始发黄发蔫，后来面积逐渐扩大，叶子就不行了?

答：蝴蝶兰是热带植物，需要高温、高湿的环境，在北方自家养,很难养到第二年。一般开花过后,营养消耗了,叶子就开始出现问题了。

11. 蝴蝶兰第一次花开过后,再长出来的花骨朵很小,怎么回事?

答:市场采购的蝴蝶兰为专业种植,整个生育期需要严格的技术操作才能够实现开大花、长花期。消费者买回来经过自己养护,有时可以再开花,但是由于营养、环境条件无法满足蝴蝶兰需求,自然也就无法获得大花、长花期观赏了。

12. 蝴蝶兰花开过后一段时间,根烂了,是不是水大了?

答:水大导致的可能性很大。蝴蝶兰使用专用基质栽培,基质中的水含量要求严格,如果浇水过多,基质透气性下降,极易造成根系腐烂。

(九)君子兰

君子兰

1. 盆栽君子兰适宜用什么样的基质？

答：君子兰对基质的要求较为严格，需富含有机质、肥沃疏松的中壤土、轻壤土和沙壤土。基质透气性、渗水性要好，呈微酸性。一般成龄苗用马粪、腐殖土、河沙按照 5∶4∶1 的比例配制，并适量增加磷、钾肥，确保开花质量。

2. 养护君子兰，什么样的光照适宜？

答：君子兰属于喜阴花卉，性喜散射光，春、秋、冬季的光照对其开花结果影响不大。夏季应将其放置在阴凉处，冬季放置在室内向阳的地方。

3. 光照过强或者过弱会对君子兰产生什么影响？

答：光线过强对其生长不利，易造成日灼病。但是如果放置地点光线过于阴暗，长期光照不足，不会开花，并使叶片失去光泽，老叶呈暗绿色，新叶变薄，呈黄色或黄绿色。

4. 怎样做到合适的采光？

答：通常情况下，冬季要将花盆摆放在室内向阳处。由于君子兰的两列叶片是对生的，如光照长期处于一个位置，会使叶片生长错落不齐，影响观赏效果；因此要每隔 10～20 天，调换一次向阳面。夏季高温时，要适当遮阳，避免阳光直射。

5.养护君子兰,什么样的温度适宜?

答:喜凉爽,忌高温。生长适温为15～25℃。温度高于30℃或低于13℃,则导致君子兰进入半休眠状态,5℃以下生长受到抑制,0℃以下受冻害直至死亡。

6.温度过高或者过低会产生什么影响?

答:温度过高,叶片、花薹徒长细瘦,花小质差,花期短;温度过低,花茎矮,容易夹箭,影响品质,降低观赏价值。

7.养护君子兰,什么样的湿度适宜?

答:基质的湿度宜控制在20%～40%;空气湿度要控制在60%～90%。

8.君子兰四季的养护要点是什么?

答:君子兰的养护要根据其对环境的适应性进行。四季要保持温暖和半阴的环境条件,避免强烈日光直射和炎热的气候条件。夏季尤其注意要进行遮阳和降温处理;冬季要注意温度不可太低,同时要放置于向阳位置,定期调整植株向阳面;春秋季要注意光照的骤变,注意保持适宜的基质和空气湿度。

9.如何繁殖君子兰?

答:君子兰的繁殖有两种方法:一种是播种繁殖,另一种是分株繁殖法。

播种繁殖：首先要进行人工授粉，最好是异株授粉，结籽率高，健壮的植株经异株授粉后一般可结籽10粒左右；同株授粉结籽较少。授粉的方法是：当花被开裂后2～3天，花苞成熟、柱头有黏液分泌时，即为授粉的最好时机。授粉时，用新毛笔蘸取每朵花上的花粉，轻轻地振落到雌蕊的柱头上。为提高结籽率，可在上午9～10点、下午2～3点各授粉1次。当果皮由绿色逐渐变为黑紫色时，即可将果穗剪下，过10～20天后把种子剥出。播种前，将种子放入30～35℃的温水中浸泡20～30分钟后取出，晾1～2小时(此时如能用10%磷酸钠液浸泡20～30分钟，取出洗净后再在清水中浸10～15小时，则更好)，即可播入培养土。播种后的花盆置于室温20～25℃、湿度90%左右的环境中，1～2周即萌发出胚根。进行播种繁殖前首先要准备好培养土。制作培养土可用的材料很多，但比较容易取得的一种是用从树林表层取来的带有充分腐殖质的疏松土，掺入1/3的干净细沙土即可。君子兰喜微酸性的土质，以pH 6～6.5为宜。用播种方法繁殖君子兰的时间要求并不严格，春、秋、冬三季都可播种，但气温是一个重要因素，最好在20～25℃的条件下播种，就能适应萌发胚芽的温度要求。

分株繁殖：花卉的无性繁殖有扦插、分株、压条、嫁接等方法，但君子兰的无性繁殖一般都只采用分株法，垂笑君子兰采用此法更为普遍。用分株法繁殖，先要做几样准备工作：①家庭盆栽君子兰最好选用瓦盆，透气性好，利于植株发育成长。②准备好基质土，要进行消毒处理。如用腐殖土混合细沙的，腐殖土要用高锰酸钾1 000～2 000倍水溶液喷洒消毒；细河沙也要用开水烫洗消毒，避免幼苗受病菌感染腐烂。③准备少许木炭粉涂抹伤口作吸潮防止腐烂之用。④将切割用的刀磨锋利，并最后在磨石上快速干磨

(不加水)数十下,使刀身高度发热,以杀灭病菌。分株时,先将君子兰母株从盆中同来,去掉宿土,找出可以分株的腑芽。如果子株生在母株外沿,株体较小,可以一手握住鳞茎部分,另一手捏住子株基部,撕掰一下,就能把子株掰离母体;如果子株粗壮,不易掰下,就应该用准备好的锋利小刀把它割下来。千万不可强掰,以免损伤幼株。子株割下后,应立即用干木炭粉涂抹伤口,以吸干流液,防止腐烂。接着,将子株上盆种植。种植时,种植深度以埋住子株的基部假鳞茎为度,靠苗株的部位要使其略高一些,并盖上经过消毒的沙土。种好后随即浇一次透水,待到 2 周后伤口愈合时,再加盖一层培养土。一般须经 1～2 个月生出新根,1～2 年开花。用分株法繁殖的君子兰,遗传性比较稳定,可以保持原种的各种特征。

10. 君子兰的叶子不平整,怎么办?

答:关键是水分与光照的调控。浇水要掌握“见干见湿、不干不浇、浇则浇透、透而不漏”的原则。春秋是旺盛生长期,需水量大,土壤湿度 2～3 天浇一次,夏季高温生长缓慢,要增加浇水量,但是要注意不能过量导致烂根,冬季适当减少浇水。君子兰放置光照方向要与叶片的方向平行,每隔 7～10 天让花盆旋转 180°。

11. 君子兰的叶子发黄、掉落是什么原因?

答:一是浇水过多,发生沤根现象;二是温度、湿度不合适,导致代谢失调。

12. 君子兰的叶子从中间开始烂了，是什么原因？

答：可能是浇水时浇到叶子芯内，或者是根系部分有问题供养不足造成的新叶腐烂。还有就是病害，如果是病害烂的叶子会有腐臭的味道。

13. 养了一段时间的君子兰，为什么不开花？

答：不要施氮肥过多，氮肥多了不易开花，要施全效肥。夏天温度高不开花，冬天光照少不开花。

14. 为什么君子兰夹箭了，怎么解决？

答：一是温度过低或昼夜温差过小，君子兰抽莛适温为20℃左右，若温度长期低于15℃，易生夹箭。可通过调控温度解决，在满足适温的同时，尽量使昼夜温差保持在5～8℃。二是营养不足，君子兰孕蕾和开花时对磷、钾肥的需求量较大，若是缺乏就会使君子兰抽莛力量不足，从而出现夹箭现象。在进入秋、冬季时，适当增施磷、钾肥，可降低夹箭发生率。三是基质问题，如果基质过于细致紧密或浇水过多，降低基质通透性，易导致夹箭发生。可通过更换专用基质、合理浇水解决。四是伤根烂根，君子兰根系受损或者烂根，就会造成营养吸收渠道受阻，影响植株抽莛开花。应在日常管理中注意水肥管理，避免出现伤根现象。五是偶发现象，在上述原因以外还会偶发夹箭，可在花箭初成时人工辅助撑箭抽莛。

15. 夏天放在楼下的君子兰叶片发黄，叶梢尤其严重，拿进屋里来之后更严重了，怎么办?

答:在室外放着，不能阳光直射，需要遮阳。比如 5～10 月份需要遮阳，10 月份之后放进室内。出现这种情况可能与阳光照射有关。现在需要放到阳光晒不到的地方。浇水不能大但也不要缺水，现在浇水可以添加硫酸亚铁。围着盆的边，挖出一道沟，撒麻酱渣，然后填平。每隔 10 天就浇一次。

16. 如何延长君子兰花期?

答:君子兰的花期大多为 12 月份至翌年 3 月份。延长花期的方法是在花将要开放时将其放置于避光处，适当控制浇水，并使温度保持在 8～12℃。这样，花期可延长 10～20 天。

(十)马蹄莲

马蹄莲

1. 盆栽马蹄莲选择什么基质适宜?

答:喜疏松肥沃、腐殖质丰富的沙壤土或中壤土。

2. 养护马蹄莲,什么样的光照适宜?

答:马蹄莲喜半阴环境,切忌烈日曝晒。

3. 光照过强或者过弱会产生什么影响?

答:光照过强易造成植株日灼,花叶观赏性下降;光线不足着花少,生长缓慢细弱。

4. 养护马蹄莲,什么样的温度适宜?

答:生长适温为20℃左右。深秋气温偏低,需将盆栽马蹄莲移至温室内或阳台上养护管理,白天维持在15℃以上,夜间不得低于5～6℃。

5. 温度过高或者过低会产生什么影响?

答:温度过高,植株生长受抑制;0℃时根茎就会受冻死亡。

6. 养护马蹄莲,什么样的湿度适宜?

答:马蹄莲喜水,基质要常保持较高含水量,空气湿度在80%

左右较好。

7. 如何分株繁殖马蹄莲?

答:马蹄莲主要用分株繁殖。4 月末盆株移到室外阴凉环境养护,6 月中叶片日渐枯黄,行将进入休眠,此时应剪去枯叶把盆面清理干净。控制浇水,盆土以微潮为度,放阴凉通风避雨处,使其安静休眠。立秋以后,整坨磕出,抖去泥土将根茎周围滋生的小球剥下,另行培植一年,第 2 年即可开花。选 3、4 个健壮大球为一组,培养土下垫适量碎蹄片等干肥,用 27 厘米内径的筒盆定植,覆土 4 厘米,浇足透水,放阴凉湿润环境。约 20 天出苗,随气温下降加大光照,10 月初放入室内,在光照充足处养护,日间 20℃,夜间不低于 10℃,经常浇水、喷水,保持盆土及环境湿润,适度通风保持空气清新流通,每周追施一次稀薄有机液肥,或与复合化肥溶液交替施用,现蕾前后控制氮肥以防叶片过于肥大影响开花,应施以磷、钾肥为主的复合肥催花。元旦始花,春节即进入盛花期,直开到"五一"。

8. 为什么夏天马蹄莲的叶子越长越小,也不开花呢?

答:马蹄莲夏天要休眠。现在放在盆里不用管它,浇水要越来越少,叶子完全没有以后不要再浇水了,放在阴凉通风的地方,8 月份开始再浇水。

9. 马蹄莲腐烂是什么原因?

答:常见的原因是浇水时水滴流入叶柄和叶心内,叶片先变黄,而后腐烂。

(十一)茉莉

1.盆栽茉莉选择什么基质适宜?

答:土壤要求有良好的透水和透气性能,以含有大量腐殖质的微酸性沙质土壤为最适合。一般可用田园土4份、堆肥4份、河沙或谷糠灰2份,外加充分腐熟的干枯饼末、鸡鸭粪等适量,并筛出粉末和粗粒,以粗粒垫底盖面。

茉莉

2.养护茉莉,什么样的光照适宜?

答:需充足的光照,北方在秋冬季需做好保暖工作,移入室内放在朝南方向。光照强则枝干健壮,叶色浓绿,花多而香。

3.光照过强或者过弱会产生什么影响?

答:阳光过强易灼伤,阳光不足会造成植株徒长,叶色淡,花蕾少,花香淡。

4. 怎样做到合适的采光?

答:冬季尽量放到屋内朝南阳光直射的地方,保证充足的光照;夏季早晚可以阳光直射,保证光照,中午光线过强时为避免灼伤,应有适当的遮阳,或放置在没有直射阳光的位置。

5. 养护茉莉,什么样的温度适宜?

答:喜高温,一般温度在 19℃左右,茉莉花开始萌芽,25℃以上孕蕾,30～35℃花蕾形成,发育良好。茉莉花的生长适温为25～35℃,在这样的温度和 80%的空气湿度条件下,早开花且花开放均匀,香气浓烈。

6. 温度过高或者过低会产生什么影响?

答:冬季气温低于 3℃时,枝叶易遭受冻害,如持续时间长就会死亡。夏季温度过高会使花朵或者叶片灼伤,花朵过早凋谢,叶片萎蔫,导致植株缺水死亡。

7. 养护茉莉,什么样的湿度适宜?

答:茉莉的盆土水分含量在 60%为宜,一般用手攥盆土时,土壤不散即可。而空气湿度要在 80%左右。

8. 茉莉四季的养护要点是什么?

答:盆栽茉莉花一般每年应换盆、换土一次。换盆时,将茉莉根系周围部分旧土和残根去掉，换上新的培养土，重新改善土壤的团粒结构和养分，有利于茉莉的生长。换盆时间以每年 4～5 月份新梢未萌发前最为适宜。按苗株大小选用合适的花盆。上盆时一手扶苗，一手铲填培养土，待土盖满全部根系后，将植株稍向上轻提，并把盆振动几下，使土与根系紧密接触。然后用手把盆土压实，让土面距盆沿有2 厘米的距离，留作浇水。栽好后，浇定根水，然后放在稍加遮阳的地方 7～10 天，避免阳光直射，以后逐渐见光。换盆前应对茉莉进行一次修剪，对上年生的枝条只留 10 厘米左右，并剪掉病枯枝和过密、过细的枝条。生长期经常疏除生长过密的老叶，可以促进腋芽萌发和多发新枝、多长花蕾。

春季 4～5 月份茉莉正抽枝长叶，耗水量不大，可 2～3 天浇 1 次水，中午前后浇，要见干见湿，浇必浇透；5～6 月份为茉莉春花期，浇水可略多些；盛夏 6～8 月份为高温气候，正值茉莉生长快、叶面蒸发作用也加快的盛花期，日照强，需水多，可早、晚各浇 1 次水。天旱时还应用水喷洒叶片及盆周围的地面。因茉莉既不耐干旱，又怕渍涝，故应及时倒除盆内积水，秋天气温降低，可减为 1～2 天浇 1 次水；冬季则要严格控制浇水量，如盆土湿度过大，对越冬不利。

茉莉喜肥，特别是花期长，需肥较多。它还喜酸性土，平时可每周浇一次 1∶10 的矾肥水。第一次花后，宜用充分腐熟的豆饼等作追肥，施于表土中，开花时酌施充分腐熟的骨粉、磷肥，有条件的可浇腐熟的人粪尿，这样可使茉莉花香浓郁。在盛花的高温时，应每 4 天施肥 1 次，不妨大肥大水，一般上午浇水，傍晚浇肥，第二天解水，这样有利于茉莉根部吸收。浇肥不宜过浓，否则易引起烂根。浇前用小铲将盆土略松后再浇，不要在盆土过干或过湿时浇肥，于似干非干时施肥效果最好。9 月上旬停止施肥，以提高枝条成熟度，有利于越冬。

为使盆栽茉莉株形丰满美观，花谢后应随即剪去残败花枝，以促使基部萌发新枝，控制植株高度。茉莉花畏寒，在气温下降到6～7℃时，应搬入室内，同时注意开窗通风，以免造成叶子变黄脱落。茉莉搬入室内过冬，宜放置在阳光充足的房间里，室温应在5℃以上。每7天左右浇1次水，使盆土微湿。这样，冬季亦能保持枝叶鲜绿，不失其观赏效果。

9. 如何繁殖茉莉？

答：茉莉繁殖多用扦插繁殖，也可用压条繁殖。扦插繁殖：于4～10月份进行，选取成熟的一年生枝条，剪成带有两个节以上的插穗，去除下部叶片，插在泥沙各半的插床，覆盖塑料薄膜，保持较高空气湿度，经40～60天生根。压条繁殖：选用较长的枝条，在节下部轻轻刻伤，埋入盛沙泥的小盆，经常保湿，20～30天开始生根，2个月后可与母株割离成苗，另行栽植。

10. 怎样使茉莉多开花？

答：要使盆栽茉莉多开花，可采取如下措施：①修剪：茉莉以3～6年生苗开花最旺，以后逐年衰老，需及时重剪更新。在春节发芽前可将头年生枝条适当剪短，保留基部10～15厘米，使其发生多数粗壮新枝，如新枝生长很旺，应在生长达10厘米时摘心，促发二次梢，则开花较多，且株型紧凑，观赏价值高。注意：修剪应在晴天进行，可结合疏叶，将病枝去掉，并能对植株加以调整，有利生长和孕蕾开花。②施肥：茉莉是一年多次抽梢、多次孕蕾、周年开花的植物，因而需肥量很大，保持盆土有充足的肥力，这是茉莉开花多的重要保证。盆栽茉莉追肥以有机液肥为好，但最好采用腐熟的人粪尿，或人粪尿掺鸡鸭粪、猪粪、豆饼、菜饼等（均要腐熟）。施肥时间，以盆土刚白皮、盆壁周围土表刚出现小干裂缝时追施最适宜。当新梢开始萌发时，可用稀粪水（粪、水比为1∶9）每隔7天浇1次。快开花时，可增加粪水浓度。每3天浇1次。待第二三批花开放时，由于气温适宜，开花多，生长旺盛，可1～2天追施1次。以后逐渐控制肥水，以免植株旺长，组织柔嫩，难以过冬。

11. 夏天一天给茉莉花浇一次水，怎么叶子还是黄的呢？

答：茉莉花一天浇一次水太过频繁，水多容易造成沤根、黄叶，浇水应该见干见湿，避免水分过多。

12. 家里养的几盆茉莉，为什么有的长得很好，有的叶子很干呢？

答：每盆的状况不一样，个体有差异，有一种可能是买的时候就受伤了。

13. 怎么茉莉花不爱开花呢？

答：盆栽茉莉，有时会出现枝繁叶茂，生长得很好，但就是不开花或开花很少的现象。这主要是养护不得法所造成的。遇有这种情况，首先，必须适当停水停肥，待顶芽出现萎蔫时再浇水、施肥（要多施速效性磷、钾肥）以抑制枝叶旺长，促使花芽发育。造成上述情况，主要是生育期间施氮肥过多而又缺少磷、钾肥，致使植株徒长,影响花芽的形成,导致不开花或开花很少。其次,立即将茉莉移到阳光充足的地方,因茉莉喜阳光充足而不耐荫蔽。茉莉生长期由于阳光不足,过于荫蔽,也容易形成徒长。将其移到阳光充足的地方,是因为阳光中的紫外线有抑制枝叶生长的作用。另外,短剪时不能超过枝条的1/3,否则也会引起枝叶的旺长。发现以上问题,并及时采取措施(包括适当控制浇水),经过一段时间的精心护理,茉莉就可孕蕾开花。

(十二)水仙花

1.盆栽水仙花选择什么基质适宜?

答:以疏松肥沃、土层深厚的冲积沙壤土为最宜,pH 5～7.5均宜生长。

2.养护水仙花,什么样的光照适宜?

答:水仙花性喜阳光、温暖,白天水仙花盆要放置在阳光充足的向阳处给予充足的光照。可以使水仙花叶片宽厚、挺拔,叶色鲜绿,花香扑鼻。

水仙花

3.光照过强或者过弱会产生什么影响?

答:阳光不充足的情况下,水仙花叶片高瘦、疲软,叶色枯黄,甚至不开花。

4. 养护水仙花,什么样的温度适宜?

答:适温为10～20℃,可耐0℃低温。鳞茎球在春天膨大,干燥后,在高温中(26℃以上)进行花芽分化。经过休眠的球根,在温度高时可以长根,但不发叶,要随温度下降才发叶,至温度6～10℃时抽花薹。

5. 温度过高或者过低会产生什么影响?

答:在开花期间,如温度过高,开花不良或萎蔫不开花;温度过低会生长放缓,影响开花。

6. 养护水仙花,怎样的湿度适宜?

答:水仙喜水,盆栽水仙应小水勤浇,见干见湿即可。

7. 如何进行水仙花的根部雕刻?

答:把刻的一面朝水泡一夜,把刻伤的伤口里黏液泡出来,拿清水冲洗干净,把刻伤的一面朝上放到盆里面,根部用棉花或纸巾给盖住,并垂下来能接触到水。保持盆里总有水,放在阳光下,等开花再拿进屋,需要15～20天。

8. 如何水培水仙花?

答:水仙花水栽前也要将老茎片和老根剥离干净,然后放入养殖的水仙花盆中，加水至水仙头下球茎 1 厘米处左右，放到阴凉处，待鳞茎盘长出根后放到有阳光处到开花。水栽水仙花最好天天换水，一方面防止水变质污染引起烂根，另一方面天天换水，水干净长出的根也洁白漂亮。

9. 如何控制水仙花的开花时间？

答：在光照充足、给水洁净的条件下，当室内温度在 12～15℃时，水仙从浸泡到开花约需 40 天；室温在 18℃左右，约需 30 天；室温在 20℃时，只需 25 天就开花。因此，可根据需要确定水仙球的浸泡日期，适时欣赏到清香美丽的水仙花。当室温≥23℃时，花期只有 7 天左右；8～12℃时，花期可长达 15～20 天；15～20℃时花期有 10 天；若室温保持 4℃左右，花期可长达 1 个月之久。宜放在阳光充足、通风良好而又远离暖气的地方。花蕾欲放时，需移至室内凉处，避免阳光直射，保持室温均衡少变。①气温偏高，水仙生长速度快，有提前开花的迹象时，要适当遮阳，以减少阳光的照晒。②若气温偏低，估计不能如期开花，则需防寒保暖，增加光照，也可使用温度调节器，阴天还可用电灯补充光照。

10. 刚养一个多月的水仙花，叶尖开始发黄了，怎么回事？

答：把黄的部分剪掉。注意白天温度不要高，光照要强。经常换水，洗根。

11. 如何防止水仙花疯长？

答：欲想培育叶子短、花梗长的水仙花，关键在于促进花梗生长，避免叶子徒长。水养水仙花时，先将水仙球外表的褐色包膜去掉，在水仙球的上部各芽之间纵向切一刀，切透3～4层鳞片，再在两边各横切一刀，千万勿伤及花芽，洗去黏液，放置在浅盆中培养。白天放在阳光充足的地方，晚上倒去盆中的水，第2天早上再加水培育，这样就可以避免叶片的徒长。也可以通过先盆栽再水养的方法达到叶子短花梗长的效果。具体做法是先将水仙球入土盆栽放在阳光充足的地方，每天浇水，直到抽出花梗，再将水仙球挖出，洗去泥土，水养观赏。

(十三)四季海棠

1. 盆栽四季海棠选择什么基质适宜？

答：盆栽四季秋海棠宜用肥沃、疏松和排水良好的腐叶土或泥炭土，pH 5.5～6.5的微酸性土壤。

四季海棠

2. 养护四季海棠，什么样的光照适宜？

答：四季秋海棠对光照的适应性较强。它既能在半阴环境下生长，又能在全光照条件下生长，开花整齐，花色鲜艳。

3. 光照过强或者过弱会产生什么影响？

答：冬天喜欢充足的阳光，光照不足，则生长柔弱，植株细长，叶色和花色变淡;光线过强,叶片萎缩,出现焦斑。

4.怎样做到合适的采光?

答:四季海棠喜半阴的环境,怕曝晒,春、秋季中午阳光充足时需要适当遮阳,夏季应放在没有直射光的位置,避免阳光直晒,冬季视天气可以少遮阳或不遮阳。

5.养护四季海棠,什么样的温度适宜?

答:生长适温18～20℃,冬季不低于10℃。

6.温度过高或者过低会产生什么影响?

答:冬季温度低于10℃,生长缓慢,易受冻害。夏季温度超过32℃,茎叶生长较差。

7.养护四季海棠,什么样的湿度适宜?

答:四季海棠喜潮湿的环境,忌过湿和积水。盆土表层干时一次浇水浇透,春、秋生长旺季保证充足的水分,夏季保持湿润,可向空气周围喷水,冬季控水。

8.湿度过大或者过小会产生什么影响?

答:湿度过大易沤根、落叶,水分不足影响正常生长。

9. 四季海棠四季的养护要点是什么?

答:春季新芽萌发,可以在每年的3月份进行四季海棠的扦插,使盆花更丰满,并保证充足的水肥供应,薄肥勤施,忌大肥;夏初四季海棠开花后及时去除残花,遮阳降温,控制温度在30℃以下,适当控制水分,避免淋雨;秋季适当补充肥水,增施有机肥,促进枝叶生长,增施磷肥促进花蕾生长;冬季保持温度10℃以上,控水、控肥,安全越冬。

10. 如何繁殖四季海棠?

答:主要用扦插繁殖。扦插多在3～5月份或9～10月份进行,用素沙土作扦插基质,也可直接扦插在塑料花盆上,需将节部插入土内。蔽荫和保温的条件下,20多天发根。

(十四)月季

1. 盆栽月季选择什么基质适宜?

答:疏松、肥沃、排水及通气性好,又具一定保肥能力的黏质土壤,pH 6.8～7.2范围内的微酸或微碱性土壤最适。

2. 养护月季,什么样的光照适宜?

答:月季花在全日照条件下生长健壮。一般每天要求有6小时以上的光照,才能正常生长和开花。

月季

3. 光照过强或者过弱会产生什么影响?

答:在开花时,烈阳直射,会使花的寿命缩短。月季长期放在较为荫蔽的地方,则生长不良,表现在枝条瘦弱,纤细、无力,叶色淡绿,不会开花。

4. 怎样做到合适的采光?

答:月季花喜光,在全日照条件下生长旺盛,一般不需要遮阳。在盛夏中午阳光强烈、温度过高时可以适当遮阳降温,全生育期每天要保持 5 小时以上的光照,可以使月季生长健壮。

5. 养护月季,什么样的温度适宜?

答:多数月季品种生长最适温度白昼为 15～26℃,晚上为 10～15℃。当温度超过 30℃时,生长不良,夜温低于 5℃时停止生长,进入休眠期。

6. 温度过高或者过低会产生什么影响？

答：冬季气温低于5℃即进入休眠。如夏季超过30℃会出现花小，色浅，味淡，花不耐久，生长减缓，35℃以下干燥条件下会出现落叶和进入休眠。

7. 养护月季，什么样的湿度适宜？

答：月季喜湿润、不耐涝，也有一定的抗旱能力，浇水应遵循干透浇透的原则。空气相对湿度宜70%～80%。

8. 月季四季的养护要点是什么？

答：春季发芽前进行换盆和施肥处理，开始萌发后适量浇水，停止施肥，防止伤根。夏季要保证充足的水分供应，快速生长时适当施肥，肥量不能一次过大，遵循薄肥勤施的原则。盛夏中午阳光过强时适当遮阳降温。月季的自然花期一般为5月份和10月份，开花后应及时进行修剪，确保下一次的正常开花，秋后适当控制肥水。冬季寒冷时月季进入休眠期，停止水肥供应，适当保暖。

9. 如何扦插繁殖月季？

答：在6月底到7月份比较好。选择当年生比较健壮没有病虫害的枝条，每个枝条带3个芽，最下面的芽插在土里，芽的剪口剪成马蹄形，呈45°，上面的两个芽每个芽留2片小叶，其他的剪掉,剪完就插,要插在素土(没有肥料)里,比如沙土、珍珠岩或者是蛭石里,卫生比较干净,没有杂菌,不要施肥。光照不要太强,保持一定的湿度,适当地通风,要用塑料布或薄膜罩起来,保持湿度。

10. 怎样控制好月季的花期?

答:月季的自然花期一般为每年的 5 月份和 10 月份,不易人为改变,但在温室内可以通过控制温度并结合修剪时间和部位,适当调整月季花期。如在 1、2 月份进行修剪,3 月中下旬可有早春花,8 月份整枝,9、10 月份可以开秋花,10 月份花后修剪,结合施肥翌年 1 月份可以再开一次花。

(十五)栀子花

1. 盆栽栀子花选择什么基质适宜?

答:要用肥沃、疏松、排水良好的酸性土壤,如将松树锯末沤透拌入土壤中,使用效果也很好。

栀子花

2. 养护栀子花,什么样的光照适宜?

答:栀子花喜充足的光照,特别在春、秋两季,每日要给多于8小时的日照,不然对其生长发育和冬季越冬不利。

3. 光照过强或者过弱会产生什么影响?

答:夏季忌中午强光曝晒,否则会使叶片变黄,要放置散光处养护,透光率达40%~50%为宜。

4. 养护栀子花,什么样的温度适宜?

答:20~25℃是栀子花最佳生长发育温度,开花适温为26~28℃。冬季室内养护保持6~10℃度为宜,最低不得低于0℃。若室温高于15℃以上,即应打开朝南门窗,适当通风,降低温度,否则易引起萌发。

5. 温度过高或者过低会产生什么影响?

答:可以忍受短期的−3℃的低温,−5℃以下即遭受冻害,叶子发黑后脱落,幼嫩枝冻死。

6. 栀子花四季的养护要点是什么?

答:栀子花夏季宜放有散射光的地方养护,春、夏、初秋经常浇水和叶面喷水,以增加湿度。冬季宜放在阳光处,停止施肥,浇水不宜过多,可经常用与室温相近的水冲浇枝叶,保持叶面洁净,北方有暖气的房间更是如此。不要把花盆放在暖气片或空调的正面,以避免叶片脱水。

7.如何扦插、压条繁殖栀子花?

答:扦插法:可分为春插和秋插。春插于 2 月中下旬进行;秋插于 9 月下旬至 10 月下旬进行,北方和南方稍有区别,但多以夏、秋之间成活率最高。插穗选用生长健康的 2~3 年生枝条,截取 10~12 厘米,剪去下部叶片,顶上两片叶子可保留并各剪去一半,先在维生素 B_{12} 针剂中蘸一下,然后斜插于插床中,上面只留一节,注意遮阳和保持一定湿度。

一般 1 个月可生根,在 80% 相对湿度条件下,温度 20~24℃条件下约 15 天即可。若用 $(20\sim50)\times10^{-6}$ 吲哚丁酸浸泡 24 小时,效果更佳。待生根小苗开始生长时移栽或单株上盆,2 年后可开花。

压条法:一般在 4 月清明前后进行,4 月份从 3 年生母株上选取一年生健壮枝条,长 25~30 厘米进行压条,将其拉到地面,刻伤枝条上的入土部位,如能在刻伤部位蘸上 200 毫克/千克粉剂氨基乙酸,再盖上土压实,则更容易生根。如有三杈枝,则可在叉口处,一次可得三苗。一般经 20~30 天即可生根,在6 月份生根后可与母株分离,至翌春可带土分栽或单株上盆。

8.刚买回不久的栀子花,怎么叶子就黄了?

答:栀子花如果浇水过度(每天浇水等于长期下雨发大水的涝灾性烂根)、干旱(盆土已干透而不及时浇水)、培养土板结(根系不透气)、贫瘠(缺肥)、施浓肥(烧根)、缺阳光都会造成黄叶和掉叶。

9. 冬天过后栀子花的叶子掉光了,但是枝条还是绿的,这花还有救吗?

答:枝条还绿的话就没事,把枝条剪一剪,水不要浇大了。栀子花是南方花卉,要保持土壤酸度。每次浇花都浇含有硫酸亚铁成分的水,不要见光太多,尤其是中午不能见光,放在阴凉的地方。观察现在能不能发出新芽。如果发出新芽,早、晚拿到见光的地方见见光,水再稍多浇点。

四、家庭常见观叶类花卉养护

(一)巴西木

巴西木

1. 盆栽巴西木选择什么基质适宜?

答:盆栽用土宜用腐叶土或泥炭土,添加 1/4 左右的河沙或珍珠岩和少量腐熟的有机肥。土壤疏松、排水良好,富含有机质,对其生长有益。

2. 养护巴西木,什么样的光照适宜?

答:巴西木对光线适应性很强,喜光照充足、亦耐阴,稍遮阳或阳光下都能生长,在明亮的散射光的环境中,也能生长良好。但春、秋及冬季宜多受阳光,夏季则宜遮阳或放到室内通风良好处培养。

3. 光照过强或者过弱会产生什么影响?

答:光线太弱,叶片上的斑纹会变绿,基部叶片黄化,失去观赏价值。

4. 养护巴西木，什么样的温度适宜？

答：巴西木生长适温为20～28℃，休眠温度为13℃，越冬温度不得低于5℃。

5. 温度过高或者过低会产生什么影响？

答：温度太低，叶尖和叶缘会出现黄褐斑，严重的还会被冻坏嫩枝或全株。

6. 养护巴西木，什么样的湿度适宜？

答：空气湿度要达到60%。

7. 巴西木四季的养护要点是什么？

答：温度和光照：巴西木生长适温为20～28℃，休眠温度为13℃，越冬温度不低于5℃。温度太低，叶尖和叶缘会出现黄褐斑，严重的还会被冻坏嫩枝或全株。所以，在北方冬天要移入室内养护。在室内应摆放在光照充足处，室温保持6～8℃以上为好。夜间遇温度低时，可套上塑料袋保温，白天太阳出来，室温升高时，应及时拆去塑料袋，以便散热降温，防止闷坏。室内有取暖设备的，要远离取暖设备，防止吹干或烘坏枝叶。还要注意室内空气流动，但在开启门窗时，不能让冷风直接吹在枝叶上，也不要搬到室外晒太阳，以防止受冻。

水分和湿度:巴西木需要水分不多,对空气湿度要求却较高。上盆后,淋足定根水,放置光线较明亮的室内养护。盆土应保持湿润,要经常向叶面喷水,以提高周围环境空气湿度,但不宜盆土积水,以免通风透气不良引起烂根。北方巴西木生长期养护在春、夏、秋季,晴天每 2～3 天浇水 1 次,每天向叶面喷水 1～2 次为宜。秋、冬季后要控制浇水量,保持盆土半干半湿,如淋水过多会烂根、焦叶。

土壤和肥料:市场上的盆栽巴西木多为精沙土,是生产者为让植物充分发根采用的,长期使用会不利于植物生长。要使植物茁壮成长,必须分期换入泥炭土。另外,巴西木每年应换盆一次。换盆时,应将旧土换掉 1/3,再换入新培养土,修整叶茎及茎干下部老化枯焦的叶片。生长过程中,巴西木需消耗掉自身的一些养分,这时如果不及时施肥,会造成后劲不足,逐步退化。生长期先在基部或边缘埋施有机肥,然后每隔 15～20 天施 1 次液肥,或复合肥 1～2 次,以保证枝叶生长茂盛。施肥宜施稀薄肥,切忌浓肥,施肥期在每年的 5～10 月份。冬季停止施肥,并移入室内越冬。对斑纹品种,施肥要注意降低氮肥比例,以免引起叶片徒长,并导致斑纹暗淡甚至消失。

8. 如何繁殖巴西木?

答:繁殖可用扦插法或水培法,以 5～8 月份为最宜。栽种数年后的巴西木,植株过大或茎干下部叶片脱落,观赏价值降低。可在盆面以上 10 厘米左右将茎干剪断,再将茎干切 5～10 厘米一段作为插条。可用木桶或大花盆装上粗沙或蛭石做成简易插床。以直立方式将插条的 1/3～1/2 插入沙中;或以半卧的方式将插条全部卧在粗沙中,使其露出沙面 1～2 厘米。也可将插条下部 1/3 左右浸泡在水中。经常喷水，保持插床较高的湿度；温度 21～24℃ 有利于插条生根出芽。带叶片的顶尖生根较快，3～4 周可生根盆栽；茎段生根稍慢，有时需 2～3 个月。截去茎干的母株在剪口下可有数个隐芽萌发成新枝。当芽高出 15 厘米以上时切下扦插，2～3 周可生根盆栽。

9. 为什么冬天巴西木叶子容易变黄变干呢？

答：大多数情况是因为空气太干燥，有的是离取暖设备或空调太近造成的。

(二)常春藤

1. 盆栽常春藤选择什么基质适宜？

答：常春藤对土壤要求不严，一般多用肥沃的疏松土壤作盆栽基质，如园土和腐叶土等量混合，可用腐叶土、泥炭土和细沙土加少量基肥配制而成。

常春藤

2. 养护常春藤，什么样的光照适宜？

答：不能受强光直射，应放置于散射光照下。在半光照条件下节间较短，叶形一致，色彩鲜艳。宜摆放于室内光线明亮处，如果春、秋两季能将植株移出到室外遮阳处养护一段时间，早晚多见阳光，则生长更加茂盛。

3. 光照过强或者过弱会产生什么影响?

答:长期光照不足会使叶片失去美丽的色彩而变为全绿色。强光直射,易引起日灼病。

4. 养护常春藤,什么样的温度适宜?

答:最适生长温度为 20～30℃,冬季 0℃以上可安全越冬,能耐短暂的－3℃低温。

5. 温度过高或者过低会产生什么影响?

答:气温在 30℃以上生长停滞。

6. 养护常春藤,什么样的湿度适宜?

答:需保持较高的空气湿度,以 60%以上的湿度为宜。

7. 常青藤四季的养护要点是什么?

答:①温度要适宜:常春藤性喜温暖,生长适温为 20～30℃,怕炎热,不耐寒。因此,放置在室内养护时,夏季要注意通风降温,冬季室温最好能保持在 10℃以上,最低不能低于 5℃。②光照要适量:常春藤喜光,也较耐阴,放在半光照条件下培养则节间较短,叶形一致,叶色鲜明,因此宜放室内光线明亮处培养。若能于春、秋两季,各选一段时间放室外遮阳处,使其早、晚多见些阳光,则生机旺盛，叶绿色艳。但要注意防止强光直射，否则易引起日灼病。③浇水要适度：生长季节浇水要见干见湿，不能让盆土过分潮湿，否则易引起烂根落叶。冬季室温低，尤其要控制浇水，保持盆土微湿即可。北方冬季气候干燥，最好每周用与室温相近的清水喷洗1次，以保持空气湿度，则植株显得有生气，叶色嫩绿而有光泽。④施肥要合理：家庭栽培常春藤，盆土宜选用腐叶土或草炭土加1/4河沙和少量骨粉混合配成的培养土，生长季节2～3周施1次稀薄饼肥水。一般夏季和冬季不要施肥。施肥时切忌偏施氮肥，否则，花叶品种叶面上的花纹、斑块等就会退为绿色。氮、磷、钾三者的比例以1∶1∶1为宜。生长旺季也可向叶片上喷施1～2次0.2%磷酸二氢钾液，这样则会使叶色显得更加美丽。但需注意施液肥时要避免玷污叶片，以免引起叶片枯焦。⑤修剪要及时：小苗上盆长到一定高度时要注意及时摘心，促使其多分枝，则株型显得丰满。⑥盆栽要设支柱，使其攀附向上生长，为居室空间美化增添无限情趣，或作悬垂吊盆栽培，柔枝蔓茎自然下垂飘荡，以四季常青永在的怡神享受。一般每隔一两年换一次盆。

8. 如何扦插繁殖常春藤？

答：常春藤以扦插繁殖为主。一年四季，除了冬季严寒与夏季酷暑外，只要温度适宜随时可以扦插。扦插的枝条多选用年幼的，老枝虽然也可扦插，但发根较差。一般剪取长约10厘米的1～2年生枝条作插条，插在粗沙、蛭石为基质的苗床或直接插于具有疏松培养土的盆中。大叶的加拿大常春藤在扦插前，枝条必须先浸在水中，然后再取出扦插。扦插后置于90%空气湿度和稍阴的环境中，保持基质潮湿。在温度15～20℃时，经2周左右可生根。母株的走茎发根后也可剪下种植。有时将母株走茎埋压于沙土中，露出叶片,每节都可发生不定根,待节间生根后,可分段剪下种植。

(三)滴水观音(海芋)

滴水观音

1. 盆栽滴水观音选择什么基质适宜?

答:可用腐叶土、泥炭土、河沙加少量沤透的饼肥混合配制的营养土栽培,另外也可水培,但要注意防烂根和添加营养液。通常每年春季换盆 1 次,可每月松土 1 次,保持盆土处于通气良好的状态。

2. 养护滴水观音,什么样的光照适宜?

答:喜欢充足的光照,除炎热的夏季要适当遮阳外,其他季节最好是全天光照。滴水观音要放在光线明亮的室内,但不能曝晒,每天至少需要 3～5 小时的光线。

3. 光照过强或者过弱会产生什么影响?

答:光照不足或无光,植物节间特别长、叶子不发达且小、缺少叶绿素而呈现黄色。

4. 养护滴水观音,什么样的温度适宜?

答:生长温度为20～30℃。

5. 温度过高或者过低会产生什么影响?

答:如果气温低于18℃,滴水观音会处于休眠状态,停止生长。

6. 养护滴水观音,什么样的湿度适宜?

答:特别喜湿,要求空气湿度不低于70%。

7. 滴水观音四季的养护要点是什么?

答:滴水观音又叫海芋,喜高温、潮湿,耐阴,不宜强风吹,不宜强光照,适合大盆栽培,生长十分旺盛、壮观,有热带风光的气氛。海芋的四季栽培要点有:①适时定植:4～5月份将小苗移栽到花盆里,浇足定根水后将花盆放置在阴凉处约1周。2～3天后浇施1次淡液肥。滴水观音栽培比较粗放,用腐叶土、泥炭土或细沙土盆栽均可。土壤疏松、肥沃、基肥充足时,叶片肥大、叶色翠绿。

②肥水管理：4～10月份的生长季节，必须追施液体肥料，每周1次，尤其应加大氮肥的施用量。这样，叶片才能长得大。缺肥时，叶片小而黄。滴水观音喜温暖、潮湿和半阴的环境，4～11月份要多浇水，25℃以上生长迅速。干燥环境对其生长十分不利。在栽培中，应多向其周围喷水，增加空气湿度。在滴水观音的生长季节，宁湿勿干；而冬季休眠期，应尽量控制浇水，室温不低于10℃即可安全越冬。③阳光：6～10月份需要遮阳，遮去50%～70%的阳光。滴水观音虽然喜生长在半阴环境下，但是长期置于客厅、卧室等处，由于光照不足，对植物生命活动有着很大影响。植物许多器官的形成都与光照强度有着直接关系，光照不足或无光，植物节间特别长、叶子不发达且小、缺少叶绿素而呈现黄色。④换盆：第2年清明节过后，将滴水观音搬出室外，接受阳光，迅速恢复生长。2周以后换盆。将盆土洒湿后脱盆，除去根部泥土，将病根、烂根剪掉，然后上盆，用配好基肥的新土覆盖，浇透定根水后放置阴凉处约1周，2～3天后浇1次淡肥水。

8. 如何繁殖滴水观音？

答：①分株：每逢夏、秋季节，滴水观音块茎都会萌发出带叶的小滴水观音，可结合翻盆换土进行分株。②截干：是针对多年生的老株而言，可结合植株的更新，自株体基部离出土面约5厘米处截干，进行茎干扦插繁殖。截干有以下两个好处：一是由于植株失去顶端生长优势，使养分蓄积基部促使根部及茎基大量萌芽，有助于繁殖速度和繁殖量；二是截取的老茎干可切成长度约15厘米的枝条，置阴凉处晾半天即可插入沙壤土中培植。尤其是顶端正在生长的这一段，剪除所有成型叶片后直接独株上盆，扦插与培植同步进行，经 2 个月培养即成一盆叶硕、分枝紧密、矮壮矫健的成型株，置于室内颇有几分雅韵。滴水观音截干扦插于春、夏、秋三季皆宜。扦插期间应保持基质水分，同时要加大空气湿度，7～10 天即可长出许多粗壮的根。在老株培植期间，因环境阴湿或夏、秋季每天早、晚对叶面进行喷水养护，老茎干上偶尔会萌生少许新株（尤其是截干处理后留下的茎基上），并且附生许多气生根，可以自子株与母株交接处掰下上盆种植。

9．滴水观音有毒，能不能放在屋子里养？

答：滴水观音茎内的白色汁液有毒，滴下的水也有毒，误碰或误食其汁液，就会引起咽部和口部不适，严重的还会窒息，导致心脏麻痹死亡。皮肤接触它的汁液会发生瘙痒或强烈刺激，眼睛接触汁液可引起严重的结膜炎，甚至失明，故应尽量减少接触滴水观音，有小孩的家庭最好不要种植。

10．阳光晒了几天之后，水培的滴水观音叶子变黄了，怎么办？

答：首先将其放到没有阳光直晒的地方，其次更换营养液，看根系有没有烂，去除腐烂的根系。经过一段时间的养护，即可恢复。

11．室外栽培的滴水观音，冬天什么时候要挪到屋子里来？

答：外界温度降到 12℃ 前移到室内。一般在 9 月底 10 月初就应移到室内。

(四)吊兰

1. 盆栽吊兰选择什么基质适宜?

答:喜排水、透气性好的沙壤土。常用肥沃的腐质土或草炭土河沙等量混合并加少量基肥作为基质。

2. 养护吊兰,什么样的光照适宜?

答:宜半阴,怕强光。

3. 光照过强或者过弱会产生什么影响?

答:叶片对光线敏感,夏季放在室外时,一定要注意遮阳,不使光线过强,否则叶片极易发白、卷叶;冬季在室内越冬时,要注意采光,防止光线不足,叶色变淡。

吊兰

4. 养护吊兰，什么样的温度适宜？

答：吊兰生长适温为20～30℃，此时生长最快，也易抽生匍匐枝。冬季室温保持15℃以上，植株可正常生长，抽叶开花。

5. 温度过高或者过低会产生什么影响？

答：30℃以上停止生长，叶片常常发黄干尖。若温度过低，则生长迟缓或休眠；低于5℃，则易发生寒害。

6. 养护吊兰，什么样的湿度适宜？

答：空气湿度在60%～70%。

7. 吊兰四季的养护要点是什么？

答：春、夏季是吊兰生长的旺季，需肥量较大，每月应施一次肥，可以氮肥为主，能促进叶色美观；吊兰性喜高温多湿，生长旺季时适当地多浇水有助于生长；夏、秋季宜适当遮阳，忌强光直射；秋、冬季空气干燥，要保持空气湿度；冬季需温暖避风。空气干燥或长时间吹风会导致叶尖干枯，但若长期处于不通风的环境之中，极易产生介壳虫。栽培多年后，吊兰植株过大茎叶太拥挤，要进行分株。

8. 吊兰扦插、分株如何操作?

答:吊兰扦插和分株繁殖,从春季到秋季可随时进行。吊兰适应性强,成活率高,一般很容易繁殖。扦插时,只要取长有新芽的匍匐茎5～10厘米插入土中,约1周即可生根,20天左右可移栽上盆,浇透水放阴凉处养护。分株时,可将吊兰植株从盆内托出,除去陈土和朽根,将老根切开,使分割开的植株上均留有三个茎,然后分别移栽培养。也可剪取吊兰匍匐茎上的簇生茎叶(实际上就是一棵新植株幼体,上有叶,下有气生根),直接将其栽入花盆内培植即可。

9. 吊兰叶子尖发黄是什么原因?

答:水分不足、土壤或空气太干燥,阳光过于强烈,施肥过量都会造成叶尖发黄或干尖。

(五)发财树

发财树

1. 盆栽发财树选择什么基质适宜?

答:喜排水良好、含腐殖质的酸性沙壤土。

2. 养护发财树,什么样的光照适宜?

答:喜高温湿润和阳光照射,不能长时

间荫蔽。在养护管理时应置于室内阳光充足处。

3. 养护发财树，什么样的温度适宜？

答：适应的生长温度在18～30℃。

4. 温度过高或者过低会产生什么影响？

答：冬季最低温度16～18℃，低于这一温度叶片变黄脱落；10℃以下容易死亡

5. 养护发财树，什么样的湿度适宜？

答：生长时期喜较高的空气湿度，要达到60%；可以时常向叶面少量喷水。

6. 发财树四季的养护要点是什么？

答：发财树喜高温高湿气候，耐寒力差，北方地区冬季须移入温室内越冬，喜肥沃疏松、透气保水的沙壤土，喜酸性土，忌碱性土或黏重土壤，较耐水湿，也稍耐旱。作为家庭栽培，应根据其喜高温多湿、不耐霜寒及干燥的生活习性，着重注意把握以下四点：①发财树性喜高温湿润和阳光照射，不能长时间荫蔽。因此，在养护管理时应置于室内阳光充足处。摆放时，必须使叶面朝向阳光。否则，由于叶片趋光，将使整个枝叶扭曲。长期在弱光下生长导致枝条细，叶柄下垂，叶淡绿。②浇水是养护管理过程中的重要环

节。水量少，枝叶发育停滞；水量过大，可能招致烂根死亡；水量适度，则枝叶肥大。浇水的首要原则是宁湿勿干，其次是“两多两少”，即夏季高温季节浇水要多，冬季浇水要少；生长旺盛的大中型植株浇水要多，新分栽入盆的小型植株浇水要少。可每天对叶面喷水。浇水量过大时，易使植株烂根，导致叶片下垂，失去光泽，甚至脱落。此时，应立即将其移至阴凉处，浇水量减至最少，只要盆土不干即可，每天对叶面多次喷水，停止施肥水，15～20 天就可逐渐缓过来。③发财树为喜肥花木，对肥料的需求量大于常见的其他花木。每年换盆时，肥土的比例可占 1/3，甚至更多。肥土的来源广泛，可收集阔叶树落叶腐殖土，加少许田园土和杂骨末、豆饼渣混合配制。此肥土效力高，方便易得，但应注意充分腐熟，以免将叶片“烧”黄。另外，在发财树生长期(5～9 月份)，每间隔 15 天，可施用一次腐熟的液肥或混合型育花肥，以促进根深叶茂。④发财树对温度和湿度的要求较高，适应的生长温度在 18～30℃。冬季最低温度 16～18℃，低于这一温度叶片变黄脱落；严重时枝条光秃，不仅有碍观赏，且极易造成植株死亡。因此，莳养时应注意保持 15℃以上的温度，并经常给枝叶喷水，以增加必要的湿度。冬季 10℃以下容易死亡。

7. 冬季室内养的发财树，为什么容易叶子发黄变干呢？

答：冬天北方室内湿度低，太干燥了，容易造成这种情况，需要增加空气湿度，并且注意通风。如果白天晚上室内温差大，也易造成这种情况。若温度太低也会出现叶子发黄的现象。另外，观察虫害情况。冬天不要施肥，浇水不要太勤。若浇水太勤，易造成烂根，也会黄叶。

8. 水浇多了，发财树的叶子变黄了，怎么解救？

答：停止浇水并松土，将发财树移到荫蔽的地方，每天只给枝叶喷水，经过一段时间的缓苗，一般情况下就能有好转。

9. 养了一年的发财树，老叶枯萎了，顶芽发黑，怎么办？

答：换盆，整株带土弄出来，看看根系是不是正常，去掉发黑的、腐烂的根系，注意换盆时不要伤及幼嫩的根系。深度以原根基部为准，栽后浇透水，放于阴凉处缓苗，避免阳光直接曝晒，以后每天视盆土情况浇水。把顶芽剪去促进侧芽生发。

(六)富贵竹

富贵竹

1. 养护富贵竹，什么样的光照适宜？

答：适宜在散射光下生长。

2. 光照过强或者过弱会产生什么影响?

答:光照过强、曝晒会引起叶片变黄、退绿等现象。光照太弱会导致富贵竹叶色变淡、叶片变小、变薄、长势变弱。如果长时间地放在光照太弱的环境下富贵竹会因长势太弱而死亡。

3. 养护富贵竹,什么样的温度适宜?

答:适宜生长温度为 20～30℃,冬季要防冻。夏季高温多湿季节,对富贵竹生长十分有利,是其生长最佳时期。

4. 温度过高或者过低会产生什么影响?

答:温度在 10℃以下叶片会泛黄萎落。更低时会造成冻害。

5. 养护富贵竹,什么样的湿度适宜?

答:富贵竹性喜高温、高湿环境,要求生长环境的空气湿度达到 60%以上。

6. 富贵竹四季的养护要点是什么?

答:富贵竹性喜高温、高湿环境,对光照要求不严,喜光也能耐阴。适生于排水良好的沙质壤土中。生长适温为 20～30℃,越冬温度为 10℃。北方地区 4～10 月份为生长季节。应保持盆土湿润,每半个月施一次腐殖酸液肥。夏季养护要遮阳,光照过强会使叶片变黄，放在北向阳台或树荫下较好。气候干燥时每日叶片喷水2次。11月份至翌年4月份，放南窗前可见阳光处，保持温度在10℃以上可缓慢生长。最好在春季4月初清明后换盆换土，培养土可用泥炭土加50%园土配成，盆底先垫2～3厘米厚的陶粒或粗沙砾作排水层，再加入培养土。栽后保持盆土湿润，待新芽发出后可进行正常水肥管理。种植20天后，新根开始生长，可结合浇水少量地施一次复合液肥，1个月后，视生长情况再追施一次肥，一般以复合肥为主。

7. 如何用水培育富贵竹？

答：①入瓶前要将插条基部叶片除去，并用利刀将基部切成斜口，刀口要平滑，以增大对水分和养分的吸收面积。每3～5天换一次清水，可放入几块小木炭防腐，最好不要改变方向，25天左右即可长出新根。②生根后不宜勤换水，水分蒸发后及时加水。③为防止徒长，水养富贵竹可加少量营养液，加水时滴入几滴，即能使叶片保持翠绿。④不要将富贵竹摆放在电视机、暖气旁或空调机、电风扇常吹到的地方，以免叶尖及叶缘干枯。

绑扎造型的"开运竹"多用水培。平日应放室内明亮处。气温较低时7～10天换水一次。春、秋生长旺季每5～7天换水一次。放室内风吹不到的地方。养护中如有烂茎、烂根，应及时剔除，并用75%百菌清1 000倍水溶液浸泡根、茎30分钟，用清水冲洗后继续水养。

8. 如何繁殖富贵竹？

答：富贵竹生根力强，常采用扦插繁殖，只要气温适宜整年都可进行。一般剪取不带叶的茎段作插穗，长5～10厘米，最好有3

个节间，直接扦插于花盆的土壤中，但一定要保持湿度。一般30～35天可生根。最好在4月上旬扦插，因这段时期温度逐渐升高、插后15～20天可生根，成活率100%。

9. 水培的富贵竹叶子总黄，怎么办？

答：把底部的干斜口剪下2～3厘米重新泡在水里面（可以更好地吸收水分），经常换水保持干净，把黄叶子剪掉。富贵竹要放在能见到散射光的地方，长时间放在阳光曝晒或阴暗的地方，都会造成富贵竹叶子发黄。

(七)龟背竹

1. 养护龟背竹，什么样的光照适宜？

答：龟背竹是典型的耐阴植物，只要有散射光就能生长。

2. 光照过强或者过弱会产生什么影响？

答：尤其刚扦插成活的幼苗，切忌阳光直射，以免叶片灼伤。成型植株夏季也要注意遮阳，否则叶片老化，缺乏自然光泽，影响观赏价值。

龟背竹

3. 养护龟背竹，什么样的温度适宜？

答：生长适温20～25℃，冬季夜间温度

不低于10℃。

4. 温度过高或者过低会产生什么影响?

答:低于5℃易发生冻害。当温度升到32℃以上时,生长停止。冬季温度要求不能低于10℃,防止冷风吹袭,否则叶片易枯黄脱落。

5. 养护龟背竹,什么样的湿度适宜?

答:空气湿度达到60%以上。

6. 盆栽龟背竹选择什么基质适宜?

答:龟背竹盆栽通常用腐叶土、园土和河沙等量混合作为基质。种植时加少量骨粉、干牛粪作基肥。

7. 如何水培龟背竹?

答:①首先要选择大小、株型适宜的植株。生长正常,株型丰满、偏矮并带有气生根的植株比较适宜水培,带有气生根的龟背竹放入清水中能很快适应水培环境,注意放入水中的部分不能带有叶片,否则叶片泡在水中很容易影响水质。水培时洗净根系上的泥土,剪去多余的老根,放入清水中,很容易成活。②1周换一次与室温相同的纯净水(自来水需晾晒几天),保持水质干净。等到新的叶片长出后,可以每隔10天左右添加一次营养液,也可以向叶片上喷洒一些稀释后的营养液水，这样能使叶片翠绿有光泽。③水培龟背竹的根系要注意时常清洗修理，根系如果发生腐烂发黏的现象要及时清洗，剪去烂根，并用高锰酸钾溶液浸泡消毒后再恢复养护。恢复养护的前几天要两三天换一次水，等完全恢复长势后再10天换一次水。④水培龟背竹需要充足的散射光才能叶片舒展、叶色翠绿，平时最好能放置在有散射光的地方，如果环境过于阴暗，可以每10天左右移到有足够散射光的地方接受几个小时的光照，也能保持叶色的光泽度。⑤龟背竹本身喜欢温暖湿润的环境，干燥季节要经常往叶片上喷水，增加环境湿度的同时，也能起到清洁叶片的作用。注意放置的地方要远离暖气和空调，水培的龟背竹叶片娇嫩，对温度变化非常敏感，所以要注意尽量保持室温稳定，不可有大的温差变化。

8. 龟背竹四季的养护要点是什么？

答：养护上应注意以下几点：怕强光曝晒。龟背竹是典型的耐阴植物，要求遮去50%的阳光，尤其播种幼苗和刚扦插成活苗，切忌阳光直射，以免叶片灼伤。成型植株盛夏期间也要注意遮阳，否则叶片老化，缺乏自然光泽，影响观赏价值。畏空气干燥。龟背竹喜湿润，但盆土积水同样会烂根，使植株停止生长，叶子下垂，失去光泽，叶片凹凸不平。浇水应掌握“宁湿不干”的原则，经常保持盆土潮湿，但不积水，春秋季每2～3天浇水1次。盛夏季节除每天浇水外，需喷水多次，以保持叶面清新，悬挂栽培应喷水更勤。冬季叶片蒸发量减弱，浇水量要减少。薄肥勤施好。龟背竹是比较耐肥的观叶植物，为使多发新叶，叶色碧绿有自然光泽，生长期每半个月施1次肥，施肥时注意不要让肥液玷污叶面。同时，龟背竹的根为肉质，比较柔嫩，忌施生肥和浓肥，以免烧根，需绑扎整形。

龟背竹为大型观叶植物，茎粗叶大，特别成年植株的分株时，要设架绑扎，以免倒伏变形。待定型后支架拆除。同时，定型后茎节叶片生长过于稠密、枝蔓生长过长时，注意整株修剪，力求自然美观。

9. 如何繁殖龟背竹?

答：①扦插繁殖：春、秋两季都能采用茎节扦插，以春季4～5月份和秋季9～10月份扦插效果最好。此时，气温适宜茎节切口愈合生根，成活快。插条选取茎组织充实、生长健壮的当年生侧枝，插条长20～25厘米，剪去基部的叶片，保留上端的小叶，剪除长的气生根，保留短的气生根，以吸收水分，利于发根。插床用粗沙和泥炭或腐叶土的混合基质，插后保持25～27℃和较高的空气湿度，插后1个月左右才开始生根。插条生根后，茎节上的腋芽也开始萌动展叶。

②分株繁殖：在夏、秋季进行，将大型的龟背竹的侧枝整段切下，带部分气生根，直接栽植于木桶或钵内，不仅成活率高，而且成型效果快。7～8月份进行切蔓繁殖成活率最高。但是，这段时间切蔓繁殖的株，发育后仅能生长1～2枚叶子就会由于秋季的到来而停止生长，当年不能提供观赏。所以，在切蔓技术熟练的情况下，也可提前至5月下旬进行。切蔓前一两天停止浇水，盆土略干有利于操作。切蔓时，先将盆土磕出，然后用手轻轻地剥去根土，把缠绕在一起的根系逐条清理整齐。这时可根据主蔓的发育情况及根系的强弱来确定切蔓段数及切口的位置。一般说来，切蔓后的母本至少应保留3片叶，否则长势不易恢复。主蔓直径在4厘米左右，可单节切开，较弱的植株则要2～3节为一段。另外，应当注意的是，龟背竹的每节主蔓上只有一个芽眼，如果不慎将切口落在芽眼的位置，这一段蔓茎就再也不能发芽了。可将要切去的蔓

茎上的老叶先行剪去,以便更快地诱发新芽,再用利刀把主蔓横向切开。切口应避开根系、芽眼而靠近叶柄。切下的短茎,可放到预先准备好的盆中,盆的大小应根据根系多少而定,不可过大或过小。花盆底部应先放一层粗沙,以利排水,再加入腐叶土或者普通园土,不必加基肥。然后把切下的短茎横卧在盆中,填土以全部埋住根系,刚好露出短茎为宜。用手将土轻轻按实,浇透水,放在中等光照的位置。每隔数日适量浇水。约经 1 个月,芽眼的位置就会出现裂口,逐渐长出新芽。

10. 养了几年的龟背竹,叶片越来越少、越来越小,倒盆看有空根和烂根,细根少,是否盆土有问题?

答:从描述看,估计是盆土通透性不好、积水造成的。这样根系呼吸不畅,引起生理性干旱,致使根系腐烂。如改用通透性强、保肥好并经充分腐熟的培养土栽培,即可解决。

11. 龟背竹有毒吗?

答:龟背竹是有轻微的毒性,但同时它的主要优势就是吸收室内的有害物质,至于毒性只要不食用它的汁液或将汁液揉入眼中,它的毒性是不会对人造成危害的。

(八)金钻蔓绿绒

1. 盆栽金钻蔓绿绒选择什么基质适宜?

答:以富含腐殖质排水良好的沙质壤土中生长为佳,盆栽多用

金钻蔓绿绒

泥炭、珍珠岩混合配制营养土。

2. 养护金钻蔓绿绒，什么样的光照适宜？

答：喜光照又忌强烈的光照直射，生长环境最好以半阴或散射光条件为宜。

3. 光照过强或者过弱会产生什么影响？

答：强烈的光照照射后，叶片极易出现叶尖干枯、叶缘焦边、叶色白化并失去光泽。也不可长期摆放于荫蔽的环境下，否则叶片极易发黄。

4. 养护金钻蔓绿绒，什么样的温度适宜？

答：喜温暖，生长适温为 20～30℃，越冬温度不宜低于10℃。

5. 温度过高或者过低会产生什么影响?

答:温度过低会产生冻害,造成死亡。过高的温度不但容易使植株生长不良还会过早停止生长进入休眠期。

6. 养护金钻蔓绿绒,什么样的湿度适宜?

答:空气湿度要求保持在 50%~75%。

7. 金钻蔓绿绒四季的养护要点是什么?

答:喜温暖、湿润半阴环境,畏严寒,忌强光,生长适温为 20~30℃,10℃以上开始生长。宜放置在半阴处,夏季要避免阳光直射,防止灼伤叶片。生长期要经常保持土壤湿润,保持一个通风、温暖、半阴的环境。可经常向叶片喷水、地面洒水增加空气湿度。金钻蔓绿绒喜肥,生长旺季可每月施复合肥肥水 2~3 次,忌偏施氮肥,否则会造成叶柄长而软弱,影响观赏效果。其他季节要尽量少施肥。浇水要灵活掌握,春、夏生长旺季需保持土壤湿润,秋、冬季节则要见干见湿。

8. 如何繁殖金钻蔓绿绒?

答:家庭中通常采用扦插、分株法繁殖金钻蔓绿绒,操作相对简单。扦插繁殖时,以 5~9 月份为宜,剪取生长健壮且枝干较长的茎干,直接插入干净的河沙中置于半阴处,保持较高的空气湿度,温度以 25℃左右为宜,20~25 天即可生根。分株繁殖需要在老株基部生有小株时，可结合换土换盆进行。将小株从老株上小心分离，尽量不伤老株、不伤根。也可提前将侧株摘心，既能矮化植株，又能多生侧株，当新生的侧株有 15 厘米左右时，带气生根剪下另植即可。

9. 金钻蔓绿绒黄叶是怎么回事？

答：金钻蔓绿绒出现叶片黄化的原因主要有温度不适、湿度较低、光照不适、施肥过量、浇水太勤、病虫害危害所致。一般叶子发黄问题：①多数情况是因为水肥不当引起的水黄，就是水浇得太多导致土壤积水久湿，透气性差甚至部分须根腐烂。表现出嫩叶暗黄无光泽，新梢萎缩。②肥黄，就是肥多，表现为老叶枝尖变黄脱落，新叶虽肥厚有光泽但一般凹凸不舒展。③旱黄，由于长期没浇透水或脱水，新叶虽叶色正常，但下部叶片渐向上干黄脱落老化。④碱黄，尤其一些南方花卉喜酸性土壤，而北方水质偏碱则出现叶子渐退色变黄甚至脱落。最简单的办法是浇经过发酵的淘米水，也可在生长季每月结合施肥施一次硫酸亚铁进行酸碱度的调节。

（九）绿萝

1. 养护绿萝，什么样的光照适宜？

答：绿萝怕强光直射，适合在散射光较强的环境中生长。但要注意适当接收光照，以保持叶片的厚度。

2. 光照过强或者过弱会产生什么影响？

答：夏天忌阳光直射，在强光下容易叶片枯黄而脱落。过阴会使叶面上美丽的斑纹消失。若长期过于阴暗,会引起茎干徒长,节间细长无力,株型稀散,叶片变薄变淡,斑纹变小且失去光泽。

绿萝

3. 养护绿萝,什么样的温度适宜?

答:绿萝最适宜的生长温度为白天 20~28℃,晚上 15~18℃。冬季只要室内温度不低于 10℃,绿萝即能安全越冬。

4. 温度过高或者过低会产生什么影响?

答:温度低于5℃,易造成落叶,影响生长。

5. 养护绿萝,什么样的湿度适宜?

答:空气湿度不低于60%。

6. 盆栽绿萝选择什么基质适宜?

答:盆栽绿萝应选用肥沃、疏松、排水性好的腐叶土,以偏酸性为好。

7. 如何水培养护绿萝?

答:①首先要选好绿萝的枝茎,健康强壮并带有气生根的枝茎才是好的水培对象,这样带有气生根的枝茎剪下后放入清水中能很快适应水培环境,10天左右就能长出水生根来。注意放入水中的枝茎部分不能带有叶片,否则叶片泡在水中很容易影响水质。另外,还可以选取株型较好的盆栽植株,洗净根系上的泥土,剪去多余的老根,放入清水中,也很容易成活。②水培刚开始的前几天要注意换水,两三天换一次与室温相同的水,等生出水生根后再1周换一次水。等到新的叶片长出后,可以每隔10天左右添加一次营养液,也可以向叶片上喷洒一些稀释后的营养液水,这样能使叶片翠绿有光泽。③水培绿萝的根系要注意时常清洗修理,如果根系过长,要及时剪短,以免营养流失。根系如果发生腐烂发黏的现象也要及时清洗，剪去烂根，并用高锰酸钾溶液浸泡消毒后再恢复养护。恢复养护的前几天要跟水培初始时一样，两三天换一次水，等完全恢复长势后再 10 天换一次水。④水培绿萝需要充足的散射光才能叶片舒展、叶色翠绿，平时最好能放置在有足够散射光的地方，如果环境过于阴暗，可以每隔 10 天左右移到有足够散射光的地方接受几个小时的光照，也能保持叶色的光泽度。⑤绿萝本身喜欢温暖湿润的环境，干燥季节要经常往叶片上喷水，增加环境湿度的同时，也能起到清洁叶片的作用。冬季放置的地方要远离暖气。水培的绿萝叶片娇嫩，对温度变化非常敏感，所以，要注意尽量保持室温稳定，不可有大的温差变化。⑥和盆栽绿萝一样，水培绿萝也需要经常修剪，剪去过长、紊乱的枝茎，保持疏密有序的外观。

8. 绿萝四季的养护要点是什么？

答：①光照：绿萝的原始生长条件是参天大树遮蔽的树林中，向阳性并不强。但在秋冬季的北方，为补充温度及光合作用的不足，却应增大它的光照。方法是冬天把绿萝摆放到室内光照最好的地方。同时，温度低的时候不能开窗，因为极短的时间内，叶片就可能被冻伤。②温度：在北方，室温 10℃以上，绿萝可以安全过冬，室温在 20℃以上，绿萝可以正常生长。需要注意的是要避免温差过大，同时也要注意叶子不要靠近供暖空调。绿萝最适宜的生长温度为白天 20～28℃，晚上 15～18℃。冬季只要室内温度不低于 10℃，绿萝即能安全越冬。③湿度：在保证正常温度的条件下，加大空气湿度对植物的生长极为有利。增大湿度可以采用以下几种办法。使植物靠近加湿器，加湿器每天的开放时间在 5 小时以上，植物能够享受到加湿器喷出的水雾；用调到雾状刻度的喷雾器向植物的叶片、茎部和气根处喷水，每天若干次；在花盆托盘内保持适量水分，通过它的蒸发增加植物局部温度；把透明的塑料薄膜罩在植株上，制造小温室的效果，通过蒸发土壤中的水汽补充植物的水分，每天时间不能超过 2 小时，时间太长会影响植物的通气和光合作用。④水：秋、冬季的浇水量应根据室温严格控制。供暖之前，温度较低，植株的土壤蒸发较慢，要减少浇水，水量应控制在原来的 1/4～1/2。即使供暖之后，浇水也不可过勤，浇水要少向盆中浇，应由棕丝渗水。另外，还应向棕柱的气生根生长处喷水，以减少因蒸发过快引起根部吸水不足。冬季浇的水以晾晒过 2～3 天后的水比较好，水过凉容易损伤根部。⑤肥：生长季以浇液态肥为主，所用肥料可以是含氮较多的复合肥，每隔 15 天左右一次。也可采取叶面喷施无机肥的办法，通过叶面上的气孔吸收，肥效可直接作用于叶面。秋、冬季应减少施肥。

9. 如何扦插繁殖绿萝？

答：绿萝一般采用扦插繁殖。因其茎节上有气生根，扦插极易成活。用带有气生根的茎段直接插入素沙或蛭石中，深度为插穗的 1/3，淋足水，置荫蔽处，每天向叶面喷水或盖塑料薄膜保湿，环境温度不低于 20℃。

10. 冬季室内养的绿萝，叶子总变黄发蔫是怎么回事？

答：①很有可能是空气太干燥，加上土壤缺水，绿萝需要土壤的湿润，不要等土壤干透才浇水。还要经常往叶子上喷水，增加空气湿度。②摆放的位置离暖气太近也会导致叶子变黄发蔫。

11. 养了很多年的绿萝,现在长杈的地方,茎的部分一节一节地死,怎么办?

答:有可能是病害造成的,可以到花卉市场上买一种叫百菌清或者多菌灵的杀菌剂,按说明进行全株喷洒,1周以后再喷一遍看看有没有好转。

12. 剪断枝的绿萝根生发得很慢,什么原因?

答:温度低、所剪的枝条太老都会造成生根慢。

(十)米兰

米兰

1. 盆栽米兰选择什么基质适宜?

答:米兰喜酸性土,盆栽宜选用以腐叶土加适量磷肥或用掺磷肥沤制过的堆肥为主的培养土。

2. 养护米兰，什么样的光照适宜？

答：米兰四季都应放在阳光充足的地方。如把米兰置于光线充足、通风良好的庭园或阳台上，每天光照在8～12小时，会使植株叶色浓绿，枝条生长粗壮，开花的次数多，花色鲜黄，极其芳香。

3. 光照过强或者过弱会产生什么影响？

答：米兰处在阳光不足而又蔽荫的环境条件下，会使植株枝叶徒长、瘦弱，开花次数减少，香气变弱。盆栽米兰幼苗注意适当遮阳。夏季米兰切忌强光曝晒，长时间强光曝晒会导致米兰叶片发黄，失去光泽。

4. 养护米兰，什么样的温度适宜？

答：米兰性喜温暖，最适宜的温度在20～35℃，温度适宜且阳光充足的情况下，开出来的花就浓香；如果温度偏低又处在光照不足的荫蔽处，开出来的花就没有那么香。在适宜的温度范围内，温度越高，开出来的花就越香。

5. 温度过高或者过低会产生什么影响？

答：温度过高会停止生长，叶片常常发黄干尖。若温度过低，则生长迟缓或休眠；低于5℃，则易发生寒害。

6. 养护米兰,什么样的湿度适宜?

答:空气湿度大于 60%。

7. 米兰四季的养护要点是什么?

答:夏季气温高、蒸发量大,浇水量宜稍大;开花期浇水量要适当减少,以免引起落蕾。秋后天气转凉,生长缓慢,应控制浇水量。浇水的原则是:干则浇,不干不浇。夏季高温季节,可向叶面或花盆周围喷水,以增加环境湿度。米兰虽喜阳光,盛夏中午时要适当遮阳,以避免烈日灼伤叶片。米兰喜肥,夏季生长旺盛期,应勤施用碎骨末、鱼肠、蹄片加硫酸亚铁泡制成的矾肥水。适当多施一些含磷质较多的液肥,能使米兰开花多,花香浓郁。

米兰怕寒,越冬较难。气温在 12℃以下进入休眠期,应停止施肥,减少浇水。霜降前须移入室内向阳处,温度保持在 10～12℃。为保护叶片,适当用清水喷洒枝叶,水温要与室温一致。

翌年开春,立夏后等气温稳定时才能出房,以免春寒冻死植株。出房前,要让植株有一个适应气温变化的锻炼过程。例如中午搬出晒晒太阳,晚上再搬回;盆花放在室内时,逐渐打开窗户等。

盆栽米兰,可两年翻盆换土 1 次,原土不要打碎,在无根处去除部分陈土,剪去烂根。加新土时,适当加一些磷肥作基肥,不可太多。上盆后浇一次透水放阴凉处养护,约 1 周后移到向阳处。

8. 什么时候适宜给米兰换盆?

答:清明到立夏的这一段时间。

9. 如何繁殖米兰？

答：常用压条和扦插繁殖。①压条：以高空压条为主，在高温高湿的季节选择一年生木质化枝条，于基部 20 厘米处作环状剥皮 1 厘米宽，涂上生根粉，用湿润的苔藓或泥炭敷于环剥部位，再用薄膜上下扎紧，2～3 个月可以生根。②扦插：于 6～8 月份剪取顶端嫩枝 10 厘米左右，用生根粉处理后插入泥炭中，2 个月后开始生根。

10. 米兰叶子变黄是什么原因？

答：空气干燥、长期缺水、浇水过量、夏季阳光曝晒、缺少氮肥等都会造成叶子发黄。

11. 米兰不开花，怎么回事？

答：有以下几种情况都可能造成米兰不开花：一是光照不足造成米兰不开花；二是氮肥太多，磷、钾肥不足，尤其是磷肥不足造成米兰不开花；三是温度偏低米兰也不会开花。

（十一）榕树盆景

1. 盆栽榕树盆景选择什么基质适宜？

答：用疏松、通水性好的腐叶土，通常的比例。园土：腐质土：沙为 2：2：1。

榕树盆景

2. 养护榕树盆景,什么样的光照适宜?

答:平时要注意放置在通风透光的地方,在夏季时要注意适当地遮阳。

3. 光照过强或者过弱会产生什么影响?

答:光线太弱,叶片上的斑纹会变绿,基部叶片黄化,失去观赏价值。

4. 养护榕树盆景,什么样的温度适宜?

答:榕树的适宜生长温度昼夜不宜过大,相差 10℃极易落叶死亡。最适温度 20～28℃。

5. 温度过高或者过低会产生什么影响?

答:温度太低,叶尖和叶缘会出现黄褐斑,严重的还会被冻坏嫩枝或全株。

6. 养护榕树盆景，什么样的湿度适宜？

答：空气湿度大于60%。

7. 榕树盆景四季的养护要点是什么？

答：主要有以下几个方面：①放置场所：宜放置于温暖湿润、空气流通、阳光充足的场所。盛夏不能曝晒需适当遮阳，冬季在温度低于5℃时，及时移至室内越冬。可在室内散射光条件下长期摆放。②栽培土壤：榕树生性强健，栽培土质选择性不严。最好用疏松、通水性好的腐叶土，通常的比例是园土∶腐质土∶沙为2∶2∶1。③浇水：浇水要见干见湿。炎热季节要经常向叶面或周围环境喷水以降温和增加空气湿度。浇水次数冬、春季要少些，夏、秋季要多些。④施肥：榕树不喜肥，每月施10余粒复合肥即可，施肥时注意沿花盆边将肥埋入土中，施肥后立即浇水。⑤修剪：榕树的萌发力较强，修剪可常年进行，一般在初春疏剪，剪除不需要的交叉枝、重叠枝、对生枝以及枯枝、病枝等。平时可随时剪去徒长枝，以保持树形美观。⑥翻盆：榕树盆景不宜经常翻盆，以免块根受伤腐烂，一般每隔3～4年翻一次盆，时期以晚春4～5月份为好（秋冬季一般不宜进行翻盆），同时要去掉部分宿土并剪去老根、腐烂根，翻盆后要及时浇水。

8. 榕树盆景叶子发黄变干、掉落，怎么办？

答：可以换土，把植株弄出来，剪掉一部分不好的根（干瘪的、发黑的、软的)，换掉一部分旧土，增加一部分新土(最好用腐叶土和营养土)。换好后及时浇水，并修剪枝条，叶子干黄的去掉，然后往枝叶上喷水。一开始可以放在阴暗潮湿的环境里，重新发芽后再逐步移到半阴的地方。盆景不需要很多肥，保持土壤湿润即可。可以经常往叶子上喷水。

9. 养了1～2年的榕树盆景，一直放在南北通畅的屋里，浇水见干见湿的，半个月浇一次营养水，为什么叶子很干呢？

答：空气太干燥容易造成叶子发干，可经常往叶面上和周围的地上喷水增加空气湿度。

(十二)散尾葵

1. 盆栽散尾葵选择什么基质适宜？

答：微酸性透气良好的沙质土。可用腐叶土、泥炭土加1/3河沙及部分基肥配制成培养土。

2. 养护散尾葵，什么样的光照适宜？

答：喜光也较耐阴，是比较耐阴的类型。有散射光即能正常生长。

散尾葵

3. 光照过强或者过弱会产生什么影响?

答:夏季忌烈日直射,即便是短时间曝晒也会引起叶片焦黄。

4. 养护散尾葵,什么样的温度适宜?

答:喜温暖,最适生长温度为20～30℃。

5. 温度过高或者过低会产生什么影响?

答:冬季需做好保温防冻工作,一般10℃左右能比较安全地越冬。若温度太低,叶片会泛黄,叶尖干枯,并导致根部受损,影响来年的生长。低于5℃即受冻害,甚至死亡。超过35℃,脚叶变黄。

6. 养护散尾葵,什么样的湿度适宜?

答:喜欢湿润的气候环境,要求生长环境的空气湿度在70%～80%。

7. 散尾葵四季的养护要点是什么?

答:室内盆栽散尾葵应选择偏酸性土壤,北方应注意选用腐殖质含量高的沙质壤土。对光线要求不严,喜欢阳光充足,也耐半阴,但光照充足时生长得更好些。冬季室温至少需保证10℃以上,低于 10℃会受冻害,造成冬、春季死亡。浇水应根据季节遵循"见干见湿"的原则,干燥炎热的季节适当多浇,低温阴雨则适当少浇。北方地区特别是水碱较多的地方,应注意经常用硫酸亚铁调节土壤酸碱度。须保持盆土湿润和植株周围的空气湿度,经常擦洗叶面或向叶面和周围环境喷水。一年四季均可浇施液肥,夏季适当追施复合肥,冬季可施麻酱渣等有机肥。定期旋转花盆,注意修整冠形。

8. 如何繁殖散尾葵?

答:可用分株繁殖。于 4 月份左右,结合换盆进行,选基部分蘖多的植株,去掉部分旧盆土,以利刀从基部连接处将其分割成数丛。每丛不宜太小,须有 2～3 株,并保留好根系;否则分株后生长缓慢,且影响观赏。分栽后置于较高湿温度环境中,并经常喷水,以利恢复生长。盆栽可用腐叶土、泥炭土加 1/3 河沙及部分基肥配制成培养土。盆栽时,应较原来栽的稍深些,让新芽更好地扎根。

9. 刚养的散尾葵叶尖和叶缘就变干变焦了,怎么办?

答:①空气过于干燥:散尾葵喜较高的空气湿度,空气过于干燥时会引起叶片的焦尖与焦边。应在整个生长期间每天向叶面及周围环境喷水 3～4 次,以提高空气湿度。但休眠后应控制浇水。②日照过强:散尾葵在 5～9 月份喜半阴的环境,阳光直射时会出现叶片发黄和焦尖、焦边等现象。在此期间应置于阴凉环境下,避免阳光直射。③盆土过干:散尾葵在生长期间,需要供给充足的水分。盆土长期偏干时,由于植物的生长得不到所需要的充足水分,叶尖及叶缘便会干焦。④盆土过湿:并非是盆土中只要有水,植物便能吸收利用。盆土过湿时,由于影响了植物根部的呼吸作用,从而影响根系对水分的吸收,并导致植物体内缺水而出现叶片的焦尖与焦边。⑤施肥过浓:施肥过浓会引起植物根部细胞的反渗透现象而使植物失水,程度较轻时会导致叶片的焦尖与焦边,严重时则会造成烂根死亡。

(十三)苏铁

苏铁

1. 盆栽苏铁选择什么基质适宜?

答:家庭栽培铁树,一般不宜选购太大的植株,花盆通常选用口径 20～30 厘米的中等盆铁树。栽前盆底放 2 厘米厚的粗沙或碎石作渗水层,培养土宜用腐叶土 4 份、园土 3 份、骨粉 1 粉、河沙 2 份、锈铁屑 200 克混合配制,用腐熟的豆饼肥作基肥。苏铁为喜铁素植物,配制培养土时可渗入少量的铁屑,或早春将铁屑放在盆土上或埋于盆中，铁素逐渐渗入而被吸收，也可使用 0.5%硫酸亚铁。

2. 养护苏铁，什么样的光照适宜？

答：苏铁喜光，四季均需放在室外阳光充足处养护，也能耐半阴。

3. 光照过强或者过弱会产生什么影响？

答：若长期光照不足，则新枝生长柔弱细长，影响观赏效果。烈日曝晒，特别是新叶极易灼伤、枯黄。

4. 养护苏铁，什么样的温度适宜？

答：性喜温暖，冬季 10 月下旬搬入室内，室温保持在 10℃左右，春季 4 月中下旬出室。

5. 养护苏铁，什么样的湿度适宜？

答：空气湿度达到 50%即可。

6. 苏铁四季的养护要点是什么？

答：经常保持盆土湿润，但不要过湿，4～5 月份一般可 2 天浇一次水。6～8 月份生长较快，这时气温高，蒸发量大，浇水量可适当增加，除雨天外，每天应浇 1 次水。苏铁不耐水渍，雨后要注意及时排水。9月份后控制浇水，掌握“见干见湿”的原则。生长季节，每15～20天追施1次液肥。入秋后停止施肥。铁树喜阳光，在春、秋季，幼苗期最好放在阳光直射处（但不可曝晒）养护，待新叶长成后再移入室内观赏。10月中下旬移入室内越冬。室温保持在10℃以上。翌年4月下旬出室，每隔2～3年换盆1次。铁树生长过程中，当植株主干高达40～50厘米，新叶长成时，及时将下部枯弱黄叶去除。苏铁在正常发育的情况下，每年春季可生2轮新叶。如发现植株2～3年不发新叶或叶片发黄干枯，应及时检查根系是否腐烂。若有根系腐烂情况，要将腐烂部分除掉，控制浇水，过一段时间可以恢复继续生长。

7. 如何分蘖繁殖苏铁？

答：①分蘖时间：可于冬季停止生长时进行。亦可在早春1～2月份至初夏进行。②取蘖芽：苏铁常在茎基部和干部萌生蘖芽，应选择充实的3年以上的或有4～5片叶子的作繁殖材料。因为该类蘖芽木质化程度高、内含营养物质多、适应性强，易生根成活。切忌选过嫩的蘖芽，否则易腐烂。取芽方法是：用锋利的小刀将蘖芽与母株连接的根基处切割下来。切割时要尽量少伤茎皮。切口稍干后，栽于粗沙含量多的腐殖质土的盆钵内，放于半阴处养护，温度保持在27～30℃，易于成活，对已生根的，可直接栽入富含腐殖质、排水良好、透气性强的培养土中管理；对未生根的，应放在阴凉通风处晾2～3天，待其切口稍干后再进行催根处理。也可将茎部切成15～20厘米的块片埋于沙质壤土中，使其周围发生新芽，再行分栽培养。③催根：栽于素沙中，深度为蘖芽高度的1/2。为防止伤口腐烂，在栽植前应在伤口上涂草木灰、木炭粉或硫黄粉。栽好后，浇水一次，然后放在室内见光处养护。2个月左右萌发新根,3～4 个月抽生 1～2 片新叶。④移栽:待新叶全部展开时,移入培养土内进行管理。培养土由 45%的腐叶土、20%的菌根土、30%的河沙和 5%的钙镁磷肥配成。千万不要用黏重土作培养土,否则会因排水不良而导致根部腐烂。

8. 10 年龄的苏铁,现在长出一个花朵,一长一短花蕊,是不是花?

答:苏铁是雌雄异株,因此一棵苏铁只会开一种花,一般来说雌花序是扁球形的,雄花序是圆柱形的,从所描述的情况判断这是雄花序。

9. 苏铁冬天还放在院子里吗?

答:必须放屋里,冬天最低温度不能低于 10℃。

10. 苏铁有部分叶子开始发黄,不着光的地方更厉害些,是什么原因?

答:苏铁是喜光又可适当耐阴的。注意观察植株上有没有白色小点,那是介壳虫。出现这种情况有几个原因:①自然生长规律长到一定时候,下部叶子老化变黄。②苏铁喜欢湿润,但不能积水,水大了也会出现黄叶。浇水前把手伸到土里感受一下。冬、春、秋干燥的时候,注意往叶面上喷水。土壤碱性也会导致叶子发黄,用麻酱渣加硫酸亚铁泡水,腐熟发酵后浇。建议用养鱼的水浇。③苏铁喜光,如果可以适当转动盆使植株受光均匀。

(十四)万年青

万年青

1. 盆栽万年青选择什么基质适宜?

答:宜用含腐殖质丰富的沙壤土作培养土。土壤的 pH 值在 6~6.5,比较有利于充分发挥养分的有效性,适于植株开花结果。

2. 养护万年青,什么样的光照适宜?

答:耐半阴,忌日光过分强烈。

3. 光照过强或者过弱会产生什么影响?

答:夏季强光照射,易造成叶片干尖焦边,影响观赏效果。光线过暗,也会导致叶片退色,不易开花结果。

4. 养护万年青,什么样的温度适宜?

答:生长最适温度为 25～30℃,冬季室内温度也应维持在 15℃左右,最低 10℃。

5. 温度过高或者过低会产生什么影响?

答:冬季室温过高,易引起叶片徒长,消耗大量养分,以致翌年生长衰弱,影响正常的开花结果。一旦受冻则叶片黄萎、顶芽坏死。

6. 养护万年青,什么样的湿度适宜?

答:空气湿度达到 60%以上。

7. 万年青四季的养护要点是什么?

答:万年青喜温暖、湿润及半阴的生长环境,夏季生长旺盛,需放置在荫蔽处,以免强光照射,否则,易造成叶片干尖焦边,影响观赏效果。因此,早春出室后,宜放在有遮阳的棚架或屋檐下或阳台荫蔽处。

以富含腐殖质、疏松透水性好的微酸性沙质壤土最好。盆栽用 2 份腐叶土、1 份园土、1 份河沙加少量腐熟基肥作培养土。土壤的 pH 6～6.5。可 1～2 年换盆一次,换盆时,要剔除部分老根和宿存枯叶,用加肥的酸性培养土栽植。上盆后先放在遮阳处 3～5 天,待缓苗后再放到半阴的环境下养护。

万年青为肉质根,最怕积水受涝,否则易引起烂根,要做到盆土不干不浇，宁可稍偏干，也不宜过湿。除夏季须保持盆土湿润外，春、秋季节浇水不宜过勤。但必须保持空气湿润，如空气干燥，也易发生叶子干尖等不良现象。夏季每天早、晚应向花盆四周地面洒水，以造成湿润的小气候。

生长期间，每隔 20 天左右施一次腐熟的液肥；初夏生长较旺盛，可 10 天左右追施一次液肥，促其生长更好，叶色浓绿光亮。

为保持植株良好的株型，提高观赏价值，随着植株的生长，下部的黄叶、残叶、部分老叶要及时修剪。

8. 如何繁殖万年青？

答：扦插繁殖。春夏都可进行，取 10～15 厘米长的嫩枝，插入粗沙基质中，20～30 天生根，以后视植株大小换入新盆。

9. 怎样使万年青不落果？

答：①浇水不宜过勤，盆土不干不浇。宁可偏干，不可过湿。②开花时要放在阴凉通风不受雨淋的地方。③施肥不可过多，每年施一次冬肥即可。④要有可传送花粉的环境。如能做到以上四点，一般都可望结果。5～6 月份开花，9～10 月份果熟。正常情况下，果实经冬不凋落。

（十五）文竹

1. 盆栽文竹选择什么基质适宜？

答：文竹对盆土要求严格，要求疏松、肥沃、排水良好、透气性好，盆土最好呈中性。可用腐叶土、沙和腐熟肥料配置。

文竹

2. 养护文竹，什么样的光照适宜？

答：半阴的条件下比较适宜文竹的生长。

3. 光照过强或者过弱会产生什么影响？

答：阳光直射，除造成叶片发黄外，还会出现焦灼状。

4. 养护文竹，什么样的温度适宜？

答：生长适温为15～25℃。文竹不耐寒，越冬温度10℃。

5. 温度过高或者过低会产生什么影响？

答：8℃以下容易出现冻害，高温32℃使会停止生长，叶片发黄。

6. 养护文竹，什么样的湿度适宜？

答：空气湿度不低于60%。

7. 文竹四季的养护要点是什么？

答：文竹管理的关键是浇水。浇水过勤过多，枝叶容易发黄，生长不良，易引起烂根。浇水量应根据植株生长情况和季节来调节。冬、春、秋三季，浇水要适当控制，一般是盆土表面见干再浇，如果感到水量难于掌握，也可以采取大小水交替进行。即经3～5次小水后，浇1次透水，使盆土上下保持湿润而含水不多。夏季早晚都应浇水，水量稍大些也无妨碍。

文竹虽不十分喜肥，但盆栽时，尤其是准备留种的植株，应补充较多的养料。文竹的施肥，宜薄肥勤施，忌用浓肥。生长季节一般每15～20天施腐熟的有机液肥1次。文竹喜微酸性土。所以可结合施肥，适当施一些矾肥水，以改善土壤酸碱度。

文竹应于室内越冬，冬季室温应保持10℃左右为好，并给予充足的光照，来年4月以后即可移至室外养护。

8. 什么时候适宜给文竹换盆？

答：春天，最好是清明前后。

9. 如何繁殖文竹？

答：①播种繁殖文竹的浆果于冬季陆续成熟。当浆果变成紫黑色时，即可采收。浆果采收后，搓去外果皮取出种子。漂洗干净后即可播种。如室温低于 15℃，则应等到春暖后再行播种，其间应沙藏、播种。以室内盆播为主，一般点播于浅盆，粒距 2 厘米，覆土不宜过深，浸水后用玻璃或薄膜盖上，以减少水分蒸发，保持盆土湿润，放置于阳光充足处。播种后温度保持 20℃左右，25～30 天即可发芽，在 15～18℃时则需 30～40 天才能发芽，幼苗长到 3～4 厘米高时，便可分苗移栽。②分株繁殖。在春季换盆时进行，将根扒开，不要伤根太多。分栽后浇透水，放到半阴处或遮阳。以后浇水要适当控制，否则容易引起黄叶。分株繁殖的文竹一般株型都不太好，因此很少用这种方法。

10. 文竹叶子发黄，什么原因？

答：①光照过强：阳光直射，易导致叶片发黄。②浇水不当：文竹喜湿润但怕涝，应以透气透水的沙质土壤培植，水大或水少都会导致叶子发黄。③施肥不当：文竹不喜肥，肥多易抽条，但如长期不施肥，也会造成养分不足。应每半个月浇一次极稀的腐熟肥，并注意施肥后及时浇水、松土。如施用了生肥或施肥过浓，会使叶片发黄脱落。此时应及时用水冲洗盆土稀释，或立即换土挽救。④冬管不善：冬季应置于室内向阳处，室温保持在 10～15℃。长期背阴，室温低于 10℃以下，会导致叶片变黄。⑤烟尘污染：文竹最怕烟尘和有害气体，养护应放于空气流通处，以避免污染。还应多向叶面喷水，冲洗尘灰。

11．文竹的嫩叶为何长到一定高度尖端就会变得焦黑，而旁侧却仍可长出分枝和叶片？

答：嫩叶尖端枯焦的原因，主要是盆土过干、施肥不当所造成的。此外，文竹原本属攀援植物，长高时必须有支柱或绳索，使其攀附而上，否则由于顶梢弯曲下垂，影响水分和养分的供应，也会发生类似的状况。

五、家庭常见观果类花卉养护

(一)柠檬盆栽

1. 盆栽柠檬选择什么基质适宜?

答:疏松、含有机质丰富、保湿保肥力强、排水良好 pH 值在 5.5～6.5 的微酸性土壤为最好。

柠檬盆栽

2. 养护柠檬,什么样的光照适宜?

答:平时可给予全光照,但在开花后至挂果前,当中午气温超过 30℃时,应适当遮阳,否则会影响正常开花,也妨碍挂果。

3. 养护柠檬,什么样的温度适宜?

答:柠檬性喜温暖,不耐寒,怕热。因此,适宜在冬暖夏凉温差小的环境下生长,最适宜生长温度 23～29℃。

4. 温度过高或者过低会产生什么影响?

答:超过 35℃时停止生长。低于－2℃时易受冻害。

5. 柠檬四季的养护要点是什么?

答:①换盆换土:盆栽柠檬由于盆土少,营养供给十分有限,多年后土壤肥力缺乏,柠檬会逐年衰弱,开花少、结果不多。为保持柠檬年年开花、结果,必须要翻盆。翻盆最适时间在柠檬萌芽前的半个月(一般在春季 3～4 月份),换盆换土时应施底肥。翻盆前,先准备好比原盆大一号的盆,将柠檬从盆中脱出,勿弄碎土球,原土球削去 1.2 厘米厚的表层宿土,剪去枯根、烂根,并削去土球底部 1 厘米厚的土,取出陷入土中原盆底垫的瓦片。新盆排水孔用瓦片搁好,先用碎石屑铺一层 2～3 厘米厚的排水层,再铺一层 4～5 厘米厚富含营养的培养土,其中拌有少量过磷酸钙。然后把柠檬土球放入盆中,四周填入培养土至盆口处,略微压实盆土,浇足定根水,置于通风、半阴处,1 周后放回原处,进行日常管理。②浇水:柠檬在生长发育中需要较多的水分,但水分过多又容易烂根,浇水就要根据季节的变化来进行,春季是新叶生长期,要适量浇水;夏季光照强,温度高,需要的水分较多,要适时适量,见干见湿即可,这时水大会引起落果;果实迅速膨大期必须要保持充足的水分;秋、冬季是花芽分化期,盆土要偏干,待叶片开始内卷时再适度浇水以促进花芽分化。③合理施肥:柠檬喜肥,平时应多施薄肥。植株在萌芽前施一次腐熟液肥,以后每 7～10 天施一次以氮肥为主的液肥,促使多长枝叶、多发春梢。每次摘心后,要及时施肥,促使枝条提早老熟。柠檬生长期间,可在盆面撒一些饼肥,使每次浇水都有一些肥料渗入土中,增强肥力。入秋后,施肥减少,避免植株营养过剩、促发秋梢,与果实争夺养分而造成落果。开花前和挂果后,要多次追肥,每月施多元素花肥一次,每半个月喷花卉营养液一次,保证果实不易脱落,个大色亮。④合理修剪:盆栽柠檬修剪的原因有二,一是盆小土少,提供的养分有限,不能满足柠檬生长的需求,必须进行修剪;二是通过整形修剪,调节树体内营养的合理分配,使有限的养分集中供给芽、叶,形成更多的结果枝,从而达到花果满枝。盆栽柠檬在春梢萌发前,必须进行强度修剪,首先去除枯枝、病害枝、徒长枝、内向枝、交杈枝、萌生枝等。对强枝弱剪,留 4～5 个饱满芽;弱枝强剪,留 2～3 个芽,促使每个枝条多发健壮的春梢。春梢长齐后,为控制其徒长,可进行轻剪,剪去枝梢 3～4 节。以后长出的新梢有 6～8 节时就摘心,目的是诱发较多的夏梢。⑤保花保果:柠檬开花后,除每周施一次薄肥外,还需进行疏花、疏果。在花未开时先疏去一部分花蕾;花谢、坐果后,再疏去一些位置不当的幼果,目的是减少消耗养分,让有限的养分集中供给保留下来的花、果,使果实长得更大更好。在果实成长期间,如果肥水充分,植株营养状况好,部分枝条会萌发新梢,新梢的成长必然会分流部分营养,影响果实的长大。为保住果实,对长出的新梢要及时抹除。果实黄熟时,停止施肥,并减少浇水,让土壤保持湿润略微偏干。倘若继续给予过多的肥水,则果实会提前老熟和早落,缩短观赏时间。在开花少的情况下为保证坐果率,要进行人工授粉,这是多挂果的重要措施,授粉最好在花瓣长开后及时进行,每天上午 9 点左右进行这项工作,效果较好。

6.养了几年的柠檬树,以前都正常开花结果,今年枝叶长得很好,但为什么不开花呢?

答:营养生长过剩,可以把长的、壮的枝条修剪一下,营养生长弱了，生殖生长就强了。或适当减少氮肥的施用量，增加磷、钾肥的使用量。

7．如何促进柠檬开花结果？

答：必要的修剪、减少氮肥的施用量、增加磷钾肥的使用量，适当减少浇水都可促进柠檬开花结果。为防止夏梢生长过旺，同时树体要积累养分、促进花蕾的形成，在处暑前对盆栽柠檬进行“扣水”。具体做法是，在处暑前10余天对盆栽柠檬的供水逐渐减少；前5天停止供水，盆土经日晒，水分大量蒸发，盆土干燥；根系因水分缺乏，产生枝叶失水，叶片干瘪、卷曲。为防止叶片脱水，可早、晚向叶面喷水，同时也可向盆土喷少量水，使柠檬处于既干旱又不致于枯死的条件下，其腋芽反而日益膨大，芽色由绿转白，当大部分腋芽由绿转白时，“扣水”促花就成功了。此时要及时恢复给盆栽柠檬供水。

（二）盆栽石榴

盆栽石榴

1. 盆栽石榴选择什么基质适宜?

答:以疏松通气排水良好的沙壤土或壤土为宜。可按园田表土 3 份、腐叶土 3 份、厩肥 2 份、细沙 2 份混匀即可,或者按马粪、园土、细沙各 1/3 的比例混合配成培养土,堆成堆用塑料薄膜盖严,高温杀菌 15～20 天,过筛后装盆。

2. 养护石榴,什么样的光照适宜?

答:适宜全光照。

3. 光照过强或者过弱会产生什么影响?

答:光照过弱会导致石榴只长叶不开花,影响观赏效果。

4. 养护石榴,什么样的温度适宜?

答:适宜生长温度 15～20℃,冬季温度过低,会受到冻害。

5. 养护石榴,什么样的湿度适宜?

答:石榴耐旱,喜干燥的环境,因此空气湿度不能太大,最好不要超过 60%。

6. 石榴四季的养护要点是什么?

答:栽植:秋季落叶后至翌年春季萌芽前可栽植或换盆。

盆栽选用腐叶土、同土和河沙混合的培养土，并加入适量腐熟的有机肥。栽植时要带土球，地上部分适当短截修剪，栽后浇透水，放背阴处养护，待发芽成活后移至通风、阳光充足的地方。

光照与温度：光照和温度是影响花芽形成的重要条件。生长期要求全日照，并且光照越充足，花越多越鲜艳。背风、向阳、干燥的环境有利于花芽形成和开花。光照不足时，会只长叶不开花，影响观赏效果。适宜生长温度15～20℃。

浇水：石榴耐旱不耐涝，喜干燥的环境，浇水应掌握“干透浇透”的原则，水多易徒长，浇水则要浇透，盆土保持“见干见湿、宁干勿湿”。在开花结果期，不能浇水过多，否则枝条徒长，导致落花、落果、裂果现象的发生。施肥后一定要浇水。

施肥：石榴喜肥，定植时要施足底肥，生长期内的各个物候期，要多次追肥来补充植株生长所需养分。春季以氮肥为主，秋季以磷、钾肥为主，或用豆饼、鸡鸭粪等沤制充分腐熟液，进行浇灌，并在生长期内进行3～5次叶面喷肥，喷施浓度为0.3%～0.5%的磷酸二氢钾液，以补充土壤施肥。

枝叶管理：当新梢长到10～15厘米时进行摘心，控长促花；主干、主枝以及根茎处萌发的不定芽，影响造型和通风，应及时抹除。为使树体矮化，在新梢旺长期，可喷2～3次200倍15%的多效唑溶液，有利于控长促花。

7．如何促进石榴开花结果？

答：石榴喜欢阳光充足且温暖的环境，每天光照时数最小要在

4 小时以上才能开花，在整个生长发育期，花盆都要置于阳光充足通风处。花芽分化期，要使盆土保持适当干旱，有利花芽形成。花期要尽量避免喷药，为提高坐果率，可在花期喷 0.3%的硼砂溶液，或人工辅助授粉。方法是在花期每天上午 10 点前，摘下已完全开放的钟状花，对准筒状花的柱头轻敲一下，每朵钟状花可授 15～20 朵筒状花，坐果率可提高 50%以上。

六、家庭常见仙人掌及多肉类花卉养护

(一)虎皮掌

1. 盆栽虎皮掌选择什么基质适宜?

答:土壤以透水性、透气性好,具有一定肥力的基质为宜。可用腐叶土、炉渣、草皮土各 1 份混合配制。

虎皮掌

2. 养护虎皮掌,什么样的光照适宜?

答:全年应有充足的光照。也可稍耐阴。

3. 养护虎皮掌,什么样的温度适宜?

答:虎皮掌生长最适宜的温度是 20～30℃。温度过高,会进入休眠状态,叶色黯淡;温度过低,会造成寒害,在叶片形成病斑。

4. 养护虎皮掌,什么样的湿度适宜?

答:在空气湿度 30%～50%的情况下,长势良好。

5. 虎皮掌四季的养护要点是什么?

答:春、夏、秋三季,生长比较旺盛,适当施肥和浇水。冬季生长缓慢,停止施肥,减少浇水。但全年都要有一定的光照。可在春季结合分株繁殖换盆。

6. 如何繁殖虎皮掌?

答:可用分株法繁殖虎皮掌。将整个植株从盆中磕出,抖去泥土,将母株掰分成若干小株。每株有子株 2～3 个即可。然后分盆栽植。

7. 虎皮掌长得太高了,能不能剪?

答:可以剪。距地面 15 厘米以上的部分的叶片剪掉。

8. 虎皮掌烂了,拿出来用多菌灵泡上后,晾着,可怎么还继续烂啊?

答:一定要把腐烂的部分剪干净,切口要用杀菌剂涂抹,晾干后才可继续栽植。

9.天冷了，什么时候要把放在护栏里养的虎皮掌挪进屋子里来？

答：在北京地区，所有室外种植的盆栽花卉在“十·一”前后移进室内比较合适。入室后，要注意通风。

(二)麒麟掌

1.盆栽麒麟掌选择什么基质适宜？

答：喜排水、透气良好的土壤。盆栽以排水良好的沙质土为宜，不要太肥。可用园土4份、腐叶土4份、粗沙2份混合配制。

麒麟掌

2.养护麒麟掌，什么样的光照适宜？

答：喜阳光充足。夏季，如果一直在室外生长，可以不用遮光，能安全度夏。若从室内临时搬至室外，需遮阳，逐步适应强烈日照。如果突然曝晒，会形成日灼，引起部分干枯，或死亡。如果光照不足，长势弱，色泽不够艳丽，枝叶发黄。

3.养护麒麟掌，什么样的温度适宜？

答：麒麟掌生长最适宜的温度是22～28℃。冬季室温如能保持15℃以上，可保证叶片不落，温度在7℃以上就可以安全越冬。夏季温度35℃以上，进入休眠。

4. 养护麒麟掌，什么样的湿度适宜？

答：在空气湿度30%～50%的情况下，长势很好。

5. 麒麟掌四季的养护要点是什么？

答：夏、秋两季是麒麟掌的生长旺季，若从室内临时搬至室外，可用遮阳网，以透光率60%为好。耐干旱，浇水宜少不宜多；要防连阴雨，盆内积水和盆土长时间过湿，都会引起烂根或变态茎腐烂。不宜大肥，可每月施一次淡肥，也可于春季施用一些缓释颗粒肥。肥水过大加上过度荫蔽，往往造成植株徒长，形成“返祖”现象，严重降低观赏价值。麒麟掌不耐寒，秋末要放到向阳的房间里。一般在10月中旬霜降前移入室内越冬。室内温度保持在15℃以上，叶片不至变黄；室温在7℃以上就可以安全越冬，进入休眠状态。休眠期间应减少浇水。开春后气温逐渐升高，才可逐渐增加浇水量，5月份可放到室外养护。

6. 如何繁殖麒麟掌？

答：主要以扦插法繁殖麒麟掌。方法是：取麒麟掌枝条，15～20厘米长，用清水将枝条的白色乳汁洗去，晾晒2～3天，使剪口干燥。然后栽植于盆中，保持土壤湿润。

7. 刚买回来的麒麟掌，枝都烂掉了，叶子发黄，怎么办？

答：要是根烂了，只能剪下地上部分，重新扦插。如果根完好，把烂掉的部分剪掉，在切口涂以杀菌剂，保持干燥，待它重新生长。

(三)仙人掌(球)

1. 盆栽选择仙人掌(球)什么基质适宜？

答：仙人掌(球)喜欢既含有足够营养又松散通透的土壤。因此，必须配制专门的培养土才行。可以用蛭石 3 份、粗沙 4 份、腐叶土 3 份，掺匀拌和备用，配制成的培养土应手握勉强成团，松手即散为好。

仙人掌

2. 什么样的光照适宜？

答：仙人掌(球)是喜光型花卉，以摆放处光照充足为莳养成功之秘诀。全年在光照下，都可生长得很好。全日照养护的仙人掌(球)油亮碧绿，生长强健。由于品种不同，开花期也有所不同，一般集中在春、夏两季。

3. 光照过强或者过弱会产生什么影响？

答：光照过强，(有些品种)会造成日灼，形成干斑，不易恢复成原状，影响观赏效果；光照过弱，会造成徒长，使株型变态，抗性降低,影响观赏效果。

4.养护仙人掌(球),什么样的温度适宜?

答:仙人掌生长适温为20～35℃。冬季室温白天要保持在20℃以上,夜间温度不低于10℃。

5.温度过高或者过低会产生什么影响?

答:温度过高,会使植株进入休眠状态,或停止生长,也容易形成日灼,如果又处于通风不好的情况下,易发生介壳虫或红蜘蛛为害;温度过低,会停止生长,形成寒害,若盆内水分过多的话,还会造成烂根,影响植物生长。

6.养护仙人掌(球),什么样的湿度适宜?

答:白天湿度在30%左右,夜间湿度在50%～60%即可。

7.仙人掌(球)四季的养护要点是什么?

答:春季,气温逐渐升高,植物的生理活动逐步增强,所需水分和养分较多,要保证有充足的水分和养分。同时,也要保证光线充足。夏季,北方是雨季,浇水时间可适当延长,注意通风。秋季,空气湿度降低,可适当多浇一些水。晚秋时,浇水要适当减少,停止用肥。冬季,气温低,植株生长缓慢,或停止生长,要加强光照,减少浇水。换盆时间一般在春季,换盆时用报纸或泡沫板将植株从盆中取出,抖掉根部泥土,对根部进行修剪,把所有须根从基部

2～3 厘米处剪掉，进行晾晒。约 1 周后，可重新进行栽植。

8. 如何繁殖仙人掌(球)?

答：家庭繁殖仙人掌(球)，多采用扦插繁殖。方法是：将子球从母株上割取下，放在阴凉、通风处 2～3 天晾晒，待切口处干燥后，种植于准备好的盆中，方法与换盆的操作相同。栽后 5～7 天，再浇水。

9. 4～5 天给仙人掌浇一次水，为什么顶部发黄，植株慢慢发蔫呢?

答：仙人掌类植物较耐旱，储水功能较强。据实验，1 株仙人掌(球)植物，在不浇水的情况下，半年左右也不会死亡。若土壤本身保水性较好，四五天浇一次水则过于频繁。一般情况下，7～10 天浇一次水即可，冬季还可延长浇水时间。

10. 刚买回来的仙人掌，一开始出现小黑斑，浇完水之后黑斑大面积扩散，个体也萎缩了，怎么回事?

答：买的时候植株已染病，浇完水后，使病害蔓延速度加快，黑斑面积扩大，导致整个植株萎缩。

11. 种在盆里的仙人掌有一点儿烂，还有救吗?

答：若腐烂位置在植株表面，可以把腐烂的地方用刀切掉，使周围露出白色的组织,然后再撒上一些杀菌粉,放在通风干燥处。使伤口迅速干燥,植株不会死亡,只是会影响观赏效果。若根部出现问题,要从盆中取出来,剪掉烂根,沾上杀菌粉,使创伤部分尽快干燥。1 周后,可重新栽植。

(四)蟹爪

1. 盆栽蟹爪选择什么基质适宜?

答:喜欢微酸性的土壤,pH 7 以下即可。土壤配比可用肥沃的腐叶土 4 份、粗沙 3 份、蛭石 2 份、园土 1 份。

2. 养护蟹爪,什么样的光照适宜?

答:蟹爪属附生类植物,不需要强光,有斜射光即可。光照过强,植株颜色变浅,生长缓慢,引起灼伤;光照过弱,植株易徒长,也不易形成花芽。

蟹爪

3. 怎样做到合适的采光?

答:春季和夏季,光照不要强,在室外需要遮阳 50%~60%;秋季,遮阳 30%;冬季可见光。在室内,春、夏两季摆放在屋子东、西两边,早、晚见光。冬季可放在屋子南边或靠近阳台的位置。

4.养护蟹爪，什么样的温度适宜？

答：蟹爪的生长适温为18～25℃。花期在冬季，适当低温可延长花期，但温度不要低于10℃。

5.温度过高或者过低会产生什么影响？

答：夏季温度33℃以上，进入休眠状态。冬季温度降到7℃以下，也进入休眠状态，如果温度接近4℃时，植株会因冻伤而出现问题，如枝条腐烂。

6.养护蟹爪，什么样的湿度适宜？

答：因为蟹爪原产地在热带地区，喜欢比较湿润的气候环境，最适空气相对湿度为50%～70%。

7.蟹爪四季的养护要点是什么？

答：春季是蟹爪的生长旺季，需水分和营养较多，可每月施肥淡肥1～2次。夏、秋两季需要遮阳，施肥可多用磷、钾肥，以促使形成花芽，也要适时浇水。进入冬季后，水分要适当减少，有花芽形成后，可逐步停止施肥，增加光照。快要开花时，水不能过大，否则会引起落蕾。换盆时间一般在春季，方法是：把植株从盆中取出，去掉周围的旧土，除去老根和病根，保持土球不散，然后栽植于新盆中。

8. 如何扦插、嫁接繁殖蟹爪？

答：蟹爪一般在夏季进行繁殖。方法有扦插法和嫁接法。扦插法：将叶片从母株上割取下，放在阴凉、通风处 2～3 天晾晒，待切口处干燥后，种植于准备好的盆中，方法与换盆的操作相同，盆土要湿润。栽后 5～7 天，再浇水。嫁接法：砧木一般选择健壮无病的仙人掌，嫁接季节一般是在夏末。将选取的仙人掌顶部约 1 寸的部位横向平切，注意刀具要用酒精消毒，然后在切口中部向下切一个 2～3 厘米的深口。接穗下部 2 面用利刀将表皮薄薄切去一层，呈楔形插入砧木切口处深约3 厘米。用仙人掌的刺或大头针从侧面插入固定接穗，放在阴凉通风处，切口保持干燥。约 10 天后，没有萎蔫现象出现，说明植株已成活，可进行正常养护管理。如果养护管理做得好，当年即可形成花芽开花。

9. 冬季在室内养的蟹爪的花骨朵都掉了，怎么回事？

答：①通风不好。冬天室内养花要注意通风。②水分过大，引起落蕾。

10. 蟹爪长得很好，为什么不开花？

答：①氮肥施用过多，磷、钾肥偏少，使枝叶生长过剩，难以形成花芽。②春、夏两季光照过强，使得生长缓慢。③秋、冬两季要适当增强光照。因为它是短日照植物，晚上尽量减少照光时数。

七、家庭常见花卉病虫害防治

(一)病害防治

1. 家庭养花易感染哪些病害?

答:家庭养花最容易感染的病害有白粉病、煤污病(又叫煤烟病)、黑斑病、褐斑病、腐烂病。

2. 白粉病的症状有哪些?

答:白粉病是一种常见病害,被危害的花卉品种主要有月季、蔷薇、玫瑰、牡丹、芍药、菊花等数十种。最典型的特点是受害部位的表面出现一层白色的粉状物。在发病初期,染病部位出现近圆形或不规则形的白色粉斑,并略显退绿或呈畸形。在适宜的条件下,粉斑迅速扩大,并连接成片使得叶面布满白色粉状霉。该病的发生可引起病叶卷曲、枯焦,嫩梢可枯死,花不能正常开放或花姿畸形,影响植株的生长和观赏价值。

3. 如何防治白粉病?

答:①加强栽培管理,注意土壤湿度,及时浇水;合理施肥,氮肥不宜过多,适当增施磷、钾肥,以增强植株长势。生长健壮的植株,本身就具有抗御自然界病菌侵袭的能力。适时修剪整形,去掉病梢、病叶,以免传播蔓延。改善植株通风、透光条件。室内盆栽,应置于通风良好、光照充足之处。②药剂防治:要特别注意苗木病虫害的预防和管理,应根据土壤的实际情况做好杀菌、杀虫的消毒工作。早春发芽前喷3～4次石硫合剂,可消灭在芽鳞内的越冬病菌;春季生长期交替使用500～800倍液的代森锰锌、百菌清、多菌灵、甲基托布津各一次(波尔多液、石硫合剂也可以),发病期可喷70%甲基托布津1 000～1 500倍液,或15%粉锈宁可湿性粉剂1 000倍液,(粉锈宁的残效期可达20～25天,喷药后受害部位的白粉层变暗灰色,干缩并消失)。夏季湿热多雨或通风不良易发病,在此期间,施药间隔一般7～10天一次。喷药时注意:一般上午8～10点,下午4～6点。晴天无风喷洒为佳。注意打药时要彻底,叶面、叶背一起喷。

4. 煤污病(又叫煤烟病)的症状有哪些?

答:煤污病又叫煤烟病,在园林植物上发生较为普遍,主要危害是抑制园林植物的光合作用,削弱植物的生长势。主要为害月季、杜鹃、竹子等多种植物。花卉在遭受介壳虫、蚜虫、粉虱等害虫为害后,极易发生煤污病。煤污病的孢子通过风雨传播,落在介壳虫、蚜虫、粉虱等害虫的分泌物上,并以这些分泌物为营养进行繁殖,致使叶片的表面或背面沿着叶片的边缘,局部覆盖上一层灰黑色或炭黑色霉污菌菌落,受害植物的叶片布满黑色的煤粉层。虽然煤污病的病菌只在叶片表面繁殖,不侵入寄主组织,但发生严重时会影响开花,降低观赏价值,甚至引起死亡。高温高湿、通风不良及虫害严重的地方,煤污病病害严重。每年3～6月份、9～11

月份为发病盛期，湿度大发病重。盛夏高温病害停止蔓延，但夏季雨水多，病菌也会时有发生。

5. 如何防治煤污病？

答：防治煤污病的方法如下：改善花卉种植场所的通风透气条件，减少介壳虫、蚜虫、粉虱等害虫的发生，一旦发生，应及时消灭；刚发现煤污病时，可利用煤污病只在植株叶片表面繁殖、不侵入叶片组织的特点，用湿布将发病部位的煤污病菌丝轻轻抹去；发病时喷洒 40%灭菌丹可湿性粉剂 400 倍液或其他杀菌剂。在发病盛期，喷 70%甲基托布津 1 000 倍液，或 50%多菌灵 1 000 倍液等进行防治，每隔 15 天左右 1 次，视病情防治 1～2 次。

6. 黑斑病的症状有哪些？

答：黑斑病可由许多种真菌所引发，是除干旱地区外世界性危害严重的病害。该病多发生在高温高湿的夏季。叶、叶柄、嫩枝和花梗均可受害，但主要为害叶片。症状有两种类型：一种是发病初期叶表面出现红褐色至紫褐色小点，逐渐扩大成圆形或不定形的暗黑色病斑，病斑周围常有黄色晕圈，边缘呈放射状、病斑直径 3～15 毫米。另一种是后期病斑上散生黑色小粒点，即病菌的分生孢子盘。严重时植株下部叶片枯黄，早期落叶，直至个别枝条枯死，如月季黑斑病。

病菌以菌丝体或分生孢子盘在枯枝或土壤中越冬。翌年 5 月中下旬开始侵染发病，7～9 月份为发病盛期。分生孢子借风、雨或昆虫传播、扩大再侵染。雨水是病害流行的主要条件，降雨早而多的年份，发病早而重。积水，通风不良，光照不足，肥水不当等有利于发病。

7. 如何防治黑斑病?

答:①选用生长势强的优良抗病品种。②加强栽培管理,注意整形修剪,通风透光。及时清除枯枝、落叶。③新叶展开时,喷 50%多菌灵可湿性粉剂 500~1 000 倍液,或 75%百菌清 500 倍液,或 80%代森锌 500 倍液,7~10 天 1 次,连喷 3~4 次。④家庭养花可在花卉叶面上喷洒食用醋(醋和水的比例为 1∶3),能防治黑斑病、白粉病、叶斑病,还可以防治茶花、杜鹃的黄化病。⑤将韭菜叶子捣烂,放在清水中浸泡 24 小时,韭菜加水的比例为 1∶9,直接喷在患病花卉的叶面上,可治愈病症。用泡韭菜的水浇花,可以预防黑斑病和白粉病,对已染病的花卉可以减轻病害。

8. 褐斑病的症状有哪些?

答:褐斑病为真菌性病害,是花卉的一种常见叶部病害。初期在叶片与出现近圆形大小不一的紫褐色病斑,后变成黑色或黑褐色,直径为 5~10 毫米,界线分明。严重时病斑可连成片,使叶片枯黄脱落,影响开花。一般从下部叶片开始发病,逐渐向上部蔓延。病菌以菌丝体和分生孢子器在病株残体上越冬,翌年风雨传播。北方 7~8 月份高温多雨时发病严重。植株种植过密、通风不良时,易于发病。

9. 如何防治褐斑病?

答:① 彻底清除病残体,减少初侵染源。②做好室内温、湿度管理,注意放风排湿,改善通风透气性能。③发病初期喷洒 50%多菌灵可湿性粉剂 500 倍液,或 75%百菌清可湿性粉剂 700 倍液,或 50%苯菌灵可湿性粉剂 1 500～1 600 倍液。

(二)虫害防治

1. 家庭养护花卉易感染哪些虫害?

答:蚜虫、介壳虫、白粉虱、红蜘蛛。家庭养花可备花卉喷雾器,在水中加药。在 400 毫升水中,滴入 4 滴药液时一般相当于 2 000 倍的浓度,滴入 8 滴药液时相当于 1 000 倍。注意加药后一定要摇匀,随即喷洒,喷药要求均匀、周到,尤其要注意喷好叶背。喷药时,最好将盆花移到室外进行,若在室内喷药,切勿接近食物、用具。每次用毕,把多余的药液倒出,用清水把喷雾器洗净。

2. 蚜虫的形态特征及危害症状是什么?

答:蚜虫又称蜜虫、腻虫等,目前已经发现的蚜虫大约有 4 400 种,是地球上最具破坏性的害虫之一,也是家庭养花中最常见的害虫。蚜虫是刺吸式口器的害虫,大多数蚜虫具有柔软的绿色躯体,但黑色、棕色和粉红色蚜虫也是常见的害虫。蚜虫的大小不一,身长 1～10 毫米,有的蚜虫具有翅膀。常群集于叶片、嫩茎、花蕾、顶芽等部位,刺吸汁液,使叶片皱缩、卷曲、畸形,严重时引起枝叶枯萎甚至整株死亡。蚜虫分泌的蜜露还会诱发煤污病、病毒病并招来蚂蚁危害等。

3. 如何防治蚜虫?

答:防治方法有:①比较省事的方法是用黄色的捕虫板,插在花盆上或挂在花卉的上方,就可以粘住蚜虫。②用1∶15的比例配制烟叶水,泡制4小时后喷洒。③可采用橘皮辣椒水防治,也能得到很好的防治效果。柑橘皮、辣椒、水的配比为1.5∶0.5∶10。选用干柑橘皮1.5斤和辣味较浓的干辣椒0.5斤放进10斤水中,煮沸后浸泡24小时,滤出清液即可使用。间隔3～4天喷一次,连喷3次。④药物防治可使用4 000～6 000倍1.8%阿维菌素乳油喷雾,或0.3%的苦参碱水剂800～1 000倍液,能取得满意的效果

4. 白粉虱的形态特征及危害症状是什么?

答:白粉虱是花卉的重要害虫。成虫、若虫以刺吸口器为害叶片,叶被害处发生退绿斑,而且招致霉菌发生。卵长0.2毫米,长椭圆,基部有柄,初产淡绿,披有白色粉,近孵化时变褐。若虫体长0.8毫米,淡绿,体背有长短不齐的蜡丝。成虫体长1～1.5毫米,雌虫个体大于雄虫,雌、雄均有翅,全身披有白色蜡粉。停息时翅合拢成屋脊状。

5. 如何防治白粉虱?

答:①成虫对黄色有较强的趋性,可用黄色的捕虫板涂以黏虫胶诱杀成虫,但缺点是不能杀卵,易复发。②白粉虱危害初期,可用10%吡虫啉2 000倍液,或18%阿维菌素2 000倍液,或20%灭扫利2 000倍液,或25%扑虱灵2 000倍液喷雾,隔5～7天用

上述农药交替喷雾，发生初期及时用药，即每株平均有成虫2、3头时进行，喷药时间最好早晨露水未干时进行，中午、下午由于白粉虱翅膀干燥，便于飞翔，不易喷到身体上。

6. 红蜘蛛的形态特征及危害症状是什么？

答：在花卉栽培过程中，红蜘蛛是常见的“破坏者”，受其害的有月季、米兰、茉莉、金橘、海棠、桂花、佛手等花卉。卵圆球形，光滑，越冬卵红色，非越冬卵淡黄色，较少。幼螨近圆形，有足3对。越冬代幼螨红色，非越冬代幼螨黄色。越冬代若螨红色，非越冬代若螨黄色，体两侧有黑斑。若螨有足4对，体侧有明显的块状色素。红蜘蛛个体很小，不到1毫米，成螨长0.42～0.52毫米，体色变化大，一般为红色，梨形，体背两侧各有黑长斑一块。雌成螨深红色，体两侧有黑斑，椭圆形。红蜘蛛繁殖能力很强，最快约5天，就可繁殖一代，喜高温干燥环境，在高温干旱的气候条件下，繁殖迅速，为害严重。由于体小不易发现，一旦发现其为害时，往往花卉受害已经比较重了。为害方式是以口器刺入叶片内吮吸汁液，使叶绿素受到破坏，叶片呈现灰黄点或斑块，叶片橘黄、脱落，甚至落光，多群集于花卉叶片背面吐丝结网为害。

7. 如何防治红蜘蛛？

答：①防治红蜘蛛危害，平时应注意观察，发现叶片颜色异常时，应仔细检查叶背，个别叶片受害，可摘除虫叶。②可将20～30克大蒜瓣捣成泥。加10千克水搅拌，取其滤液喷雾，对红蜘蛛、蚜虫有很好的防治效果。③取20克洋葱头捣烂后加水1～1.5千克浸泡，24小时后过滤，用滤液喷洒植株，对红蜘蛛、蚜虫都有较好的防治效果。④用1∶15的比例配制烟叶水，泡制4小时后喷洒，也可防治红蜘蛛、蚜虫。⑤发生较多时，应及早喷药，常用的农药有克螨特、花虫净、速灭杀丁等。

8. 介壳虫的形态特征及危害症状是什么？

答：大多数介壳虫体上披有蜡纸分泌物，即介壳。雌虫无翅，足和独角均退化；雄虫有一对柔翅，足和触角发达，刺吸式口器。体外披有蜡质介壳。卵通常埋在蜡丝块中、雌体下或雌虫分泌的介壳下，一般除初孵幼蚧具活动能力外，一旦固定便不再移动，终生在一处取食；能分泌蜡质物覆盖虫体，形成各种介壳，随着虫龄增大，介壳增厚，药物一般难以直接接触到虫体。介壳虫是花卉最常见的害虫，常群集于枝、叶、果上，成虫、若虫以针状口器插入花卉叶、枝果组织中吸取汁液，严重时会造成枝条凋萎或全株死亡。介壳虫的分泌物还能诱发煤污病，危害极大。

9. 如何防治介壳虫？

答：它吸取植物的汁液，因而对花木造成极大的危害，被害植株不但生长不良，还会出现叶片泛黄、提早落叶等现象，严重的会使植株枯萎而死亡。受危害的花卉有米兰、茉莉、山茶、含笑等。介壳虫的虫体被一层角质的甲壳包裹着，如用药物对它直接喷洒不易奏效。防治的办法有：①用白酒对水，比例为1∶2。治虫时浇透盆土的表层。介壳虫在春季室温7℃时，便开始活动。可在4月中旬浇一次，此后每隔半个月左右浇一次，连续4次见效。②用食醋（米醋）50毫升，将小棉球放入醋中浸湿后，用湿棉球在受害的花木茎、叶上轻轻地揩擦，即可将介壳虫揩掉杀灭。此法方便、安全,既能达到除虫目的,又可使被害的叶片重新返绿发亮。③用酒精轻轻地反复擦拭病株,就能把介壳虫除掉,且能除得十分干净、彻底。如用酒精擦拭兰花病叶时,不但能把介壳虫除掉,就是肉眼看不清楚的幼虫,也都彻底杀灭掉,第二年很少发现有介壳虫的危害,此法简便、安全,效果良好。④用柴油、洗衣粉、水按10:0.6:6的比例调成母液,此时母液含60%,呈牛奶状,用水稀释含油30%药液后,对米兰、金橘、苏铁上介壳虫仔细喷洒。1周后,介壳虫大部分由原来新鲜橙色变成干瘪状态,说明此法对介壳虫有较好的防治效果。

观 赏 鱼

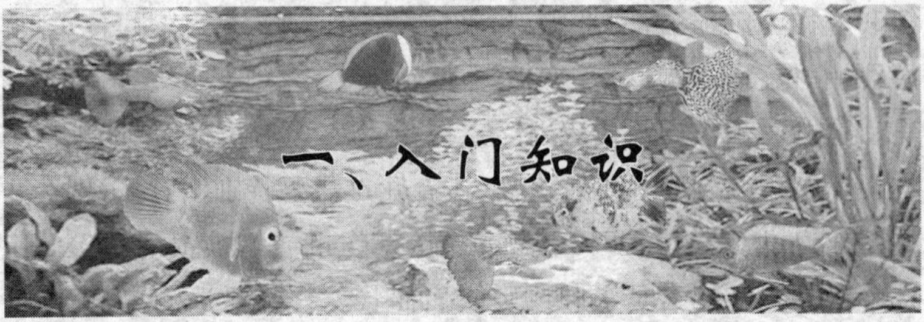

一、入门知识

(一)购买观赏鱼要点

1．如何选购观赏鱼？

答：选购身体健康的观赏鱼对于初学者来说尤为重要，在尚未有足够的饲养经验时，应以生命力强、易于饲养、对水质要求不高的中、小型品种为首选，如孔雀鱼、月光鱼、斑马鱼、虎皮鱼、曼龙鱼、鹦鹉鱼、地图鱼等，不要急于选购大型鱼和那些较贵又难于饲养的品种，等积累了一些经验后，再循序渐进，换养比较名贵珍稀的鱼类。

如果经常光顾水族店，会很容易注意到“新来者”，但最好 2～3 周后再行购买。绝对不能“操之过急，先买为快”，因为这些鱼可能因未进行检疫处理患病或由于长途运输体质下降而死亡。最理想的办法是，向有经验的饲养者请教，找一家负责可靠又信誉良好的水族专卖店去购买，这样的店往往会将刚购进的鱼先养上一段时间，鱼的状态稳定后再售出。

一般来说，健康的鱼外观色泽艳丽、花纹鲜明、体表光洁、无发白及白膜现象，体形清晰，线条流畅，鳃盖开启自如、鱼鳍舒展、各鳍和脊椎无破损，行动迅速、游泳方式轻松平稳、姿态健康优美，群游群栖，抢食积极，用捞网不易捕捉到。

选购时不仅要从体表、体形、鳍条、游动姿态、行为、排泄物等方面仔细观察判断鱼是否患病，还有几点需要特别注意：①别选购皮肤充血、脱鳞、有红斑、白点、浓血，有伤口或鳍破损的鱼。②腹部膨胀、鳞片突起，是水肿或竖鳞病症状。③不要选购离群、独处一角的鱼。④只要看到店里水族箱中有任何一条死鱼，不管其他的鱼看起来多么健康美丽，都不能购买。

选购鱼时还应考虑其大小是否适合家中的水族箱。市售鱼一般都是幼鱼，体形尚未定型，成年后，鱼体会增大很多，很可能养殖一段时间才发现空间不够了，为了避免此类情况的发生，应请教专家，了解鱼成年后的体形，或者是水族箱的最大放养密度。

2. 怎么给刚买回来的观赏鱼“过水”？

答：过水又称为对水或倒水，不仅重要，还比较烦琐。但想养好鱼，就一定要细心、耐心地去完成，保证鱼能够初步适应饲育环境，为以后正常养育打好基础。而很多新手，都是在这方面犯了错误到导致“损伤惨重”。过水的工作主要有以下几个步骤。①平衡水温：鱼放到缸中，不要急着打开包装袋，先要把包装袋用与缸中同水温的水冲洗干净。然后把包装袋放入缸中，20～30 分钟，使袋中的水与缸里的水温度达到一致。②开袋：打开袋后，先加入相当于袋中水量 1/10 的缸中水入袋，然后再慢慢地不断把缸中水加入袋中，使鱼逐步适应水质，整个过程持续 30～40 分钟。当加入缸中的水达到袋中水的量时，即可把鱼轻轻地捞出放入鱼缸中。此过程中,也可以用打吊瓶的输液设备进行,可以更好地让鱼适应水质的变化。过水结束后,要将袋中的原水倒掉,因为鱼在运输过程中排泄的废物、脱落的黏膜等物质,是细菌喜欢的食物和产床,也是鱼致病的重要病源。③鱼入缸后十分恐慌,这时的光线不要过强,更不要惊动它,例如观看时不能指指点点动作过大。④到鱼的当天和第二天最好不要喂食和换水,观察它的状态。一般来说在第二天鱼的状态会恢复一些,如找食、追逐配偶等。如状态不好的话,可以加入1%浓度的饱和盐水。⑤如果鱼状态不错,有四处寻找食物、追逐配偶等表现,就可以少喂一点点活饵,千万不要喂多。开口饵料以活食最好,如丰年虾等。人工饵料由于消化困难,不建议用。可换1/10的水,冬天换的水要比缸中水温高出1～2℃,夏天要低1～2℃,这也是一年中换水时温度掌握的方法。如果状态不好,仍然不可喂食,继续观察。⑥第四天是关键的一天。鱼有问题的话这天就会明显地看出来,观察症状后对症下药即可。如果没有问题,状态良好的话,同样喂一餐,比前一天喂量稍多一些,逐步在一周内过渡到正常的喂量。换水也是如此。⑦过水的规程一定要仔细完成,即使你对你的水质再有把握,也不要直接把鱼放入缸中,这一点切记。

(二)观赏鱼分类

1. 按照观赏鱼对生活水温的要求,如何分类?

答:可分为温带淡水观赏鱼类、热带淡水观赏鱼和海水观赏鱼。温带淡水观赏鱼的代表品种有中国金鱼、日本锦鲤等,它们主要来自中国和日本。热带淡水观赏鱼主要来自于热带和亚热带地区的河流、湖泊中,它们分布地域极广,品种繁多,大小不等,体形特性各异,颜色五彩斑斓。热带淡水观赏鱼较著名的有灯科系列如红绿灯、头尾灯、蓝三角、红莲灯、黑莲灯等;神仙鱼系列,如红七彩、蓝七彩、黑神仙、斑马神仙、玻璃神仙、红眼钻石神仙等;龙鱼系列,如银龙、红龙、金龙、黑龙鱼等。其他还有异形系列、虹鱼系列、短鲷系列、狗头系列、恐龙系列等。海水观赏鱼主要来自于印度洋、太平洋中的珊瑚礁水域和潜水区域,由 30 多科组成,养殖水温大多介于热带淡水鱼和温带淡水鱼之间。较常见的品种有雀鲷科、蝶鱼科、棘蝶鱼科、粗皮鲷科等,其著名品种有女王神仙、皇后神仙、皇帝神仙、月光蝶、月眉蝶、人字蝶、海马、红小丑、蓝魔鬼等。它们体表色彩艳丽,极富变化,善于藏匿,具有一种古朴神秘的自然美。

2. 按照观赏鱼对生活水体盐分要求,如何分类?

答:可以分为海水观赏鱼、淡水观赏鱼和咸淡水观赏鱼。海水观赏鱼包括热带观赏鱼和冷水观赏鱼的一部分,主要是生活在近海和深海中的观赏鱼类。由于海水鱼对环境条件要求极高,过去家庭很少饲养。但随着养殖设施的改进、养殖技术的提高以及水处理新技术的应用,海水鱼也逐渐进入了千家万户,成为家庭养殖的新宠。淡水观赏鱼主要包括金鱼、锦鲤、热带鱼等观赏鱼品种。它们生活在淡水水域里。其中,有些原本是海水鱼类,或生活于江河入海口水域的鱼类,但是经过人们长期的驯化后,已经适应了淡水生活,人们也将其视为淡水观赏鱼。咸淡水观赏鱼主要生活在江河入海口的咸淡水交汇处,目前大多书籍已不再将它们单独划分，因为许多品种经过驯养后可以在淡水中或在海水中饲养。

3. 按照人们对观赏鱼的认知程度，如何分类？

答：可分为野生观赏鱼和人工观赏鱼。野生观赏鱼中有相当一部分就是原产地的经济鱼类。人工观赏鱼是经过人工驯化养殖繁育出的子代个体。

4. 按照观赏鱼在市场上的经济价值，如何分类？

答：可分为普通观赏鱼、名贵观赏鱼和珍稀观赏鱼。

（三）器材与设备

1. 曲面水族箱是什么样子？

答：采用整体玻璃弯曲而成，箱正面是一个优美的曲面。两侧是由一块玻璃弯曲成型，增加了视角及观赏效果，是一种价格较高的水族箱。

2. 普及型玻璃水族箱是什么样子？

答：由五块玻璃通过玻璃胶贴合形成，一种十分普通的水族箱。造价低廉，是观赏鱼养殖中采用较多的一种水族箱。由于该箱玻璃贴面采用直角贴合，外形相对“呆板”，对鱼的观赏角度也受到一定程度的限制。

3. 过滤装置有什么作用?

答:过滤装置就是水处理的一种装置。观赏鱼生活在封闭的水环境中,每日排放出的排泄物、吃剩的残饵腐食及水中的杂质,无法像在自然环境下通过自净作用进行调节,净化水质。因此,要通过人为的方式对水进行处理。

4. 过滤器的过滤方式有哪些?

答:主要有沉水式过滤、底部式过滤、外置式过滤。

5. 沉水式过滤的作用机理及优缺点是什么?

答:将过滤装置沉入水中,利用水泵将水直接吸入到过滤器内,使水经由过滤器的滤材后再流入到水族箱。此方式安装简单,维护方便,产生的噪声小。

6. 底部式过滤的作用机理及优缺点是什么?

答:将过滤器安装于水族箱的底部,接上空气导管并在其上覆盖 4～5 厘米的沙石。利用气泵产生的气流从下至上产生对流循环,使水流在通过沙石形成的过滤层时达到净水的目的。本方式的水净化功能优于其他的过滤装置。同时,采用沙石作为滤材,与鱼、水草、水形成一个和谐的自然景观,从而增加了水族箱的观赏性。但清理时，费时费事。

7. 外置式过滤的作用机理及优缺点是什么？

答：将过滤装置安放在水族箱的侧边或上方，以水泵将水抽进过滤器的滤材中，进行过滤。本方式使用方便、维护简单。常将其与底部式过滤配合使用。

8. 过滤棉的作用及使用方法是什么？

答：能将水中较大的悬浮颗粒滤除，还可分解水中的有机物，改善水质。当过滤沉积物过多时，只要拿出来清洗干净即可再次使用。

9. 活性炭的作用及使用方法是什么？

答：具有脱色与除臭的功效。新购买的活性炭使用之前，要先用自来水清洗干净，以免残留的碳粉进入水箱。使用时，最好再覆盖一层过滤棉。使用一段时间后，活性炭功效会逐渐下降。将活性炭用盐水清洗，再放在阳光下曝晒处理，即可恢复其功效。

10. 沙石的作用是什么？

答：沙石不仅是装饰水族箱的材料，也是水处理的滤材之一。沙石种类繁多，每一种沙石都对水质的酸碱度、软硬度等有不同程度的影响，要根据鱼及水质的需要选择沙石。

11. 珊瑚砂的作用是什么?

答:珊瑚砂是海中珊瑚虫形成的骨骼碎片。可使水质碱性增强,影响水的硬度。对于那些生活在酸性软水的观赏鱼,就不太适合此滤材。

12. 充气装置有什么功能?

答:主要是向水中提供充足的氧气。另外,充气时形成的水流可使加热时水温均匀分布,是养殖观赏鱼必不可少的器材。

13. 沉水式加热器使用时应注意什么?

答:可整个放入水中使用。不同大小的水族箱所匹配加热器瓦数有所不同。下面列出水族箱大小与所需加热器瓦数适配关系表供选购时参考。

水族箱规格与加热器瓦数适配表

水族箱规格(厘米)	加热器瓦数(瓦)
60×30×35	100
75×30×45	150
90×45×45	200
120×45×45	300
150×60×60	500

14. 外挂式加热器使用时应注意什么?

答:使用时,将加热器上端悬挂或吸附在水族箱壁上,使其连有电线的一端1/3～1/4暴露在水面上。通过顶端的温控旋钮设定所需的温度。初次使用时,最好经常观察加温情况,调整温控。以免加温过度,或水温达不到需要的温度范围。

15. 为什么要在鱼缸中安装照明装置?

答:观赏鱼大多喜欢生活在阳光照射充足的水中。在观赏鱼养殖时,无论是从营造一个鱼儿生活的适宜环境还是增添观赏气氛,都少不了给水族箱安置照明装置。若在水族箱中还种植了水草,那么照明装置更是不可缺少的了。观赏鱼养殖常用的照明灯有水草灯、太阳灯及其他装饰灯类。

16. 磁力式刮苔器的有什么作用?

答:水族箱使用了一段时间后,会产生青苔,影响水族箱的景观。采用磁力式刮苔器可有效地对其进行清除。

17. 鱼捞的作用及其使用时需要注意什么?

答:用于转移鱼或捞取水中的死鱼及漂浮物,鱼捞质地要柔软,大小应与水族箱相适应,网眼要与养殖的鱼类相匹配,否则易对鱼造成损伤。

18. **吸水管有什么作用？**

答：换水是一项不可缺少的工作，采用吸水管可减少工作中的繁琐过程。

19. **夹子有什么作用？**

答：可以用来除去水草的残叶，还可以种植水草。

20. **饵杯有什么作用？**

答：饲喂观赏鱼时，若采用遍撒投喂，易造成残饵遗留在水中，污染水质。采用饵杯定位投喂，可减轻残饵对水质的影响。

(四)水

1. **养殖观赏鱼，对水质一般如何要求？**

答：养鱼所使用的水主要是经过处理的，自来水是不能直接用来养鱼的，需要人为地第二次处理之后才比较安全。先来介绍一下自来水中对鱼类有害的一些主要成分和去除方法。

①氯气：静置 2～3 天，或曝晒 1 天(如果急用可按每 100 千克水加入 0.63 克大苏打，即硫代硫酸钠即可立刻使用)。

②氯胺：有些地区的水质中有较高浓度的可溶有机物，如果这时水厂直接加入氯气与这些有机物结合，会形成一些致癌物质，对人体产生危害。因此，自来水公司在水中同时加入氯气和

氨气，这两种物质可以结合成一种新的物质叫氯胺，而氯胺不与水中的有机物结合。所以当除掉水中的氯后氨还是在水中，这就需要一个良好的氮循环环境，利用生物过滤有效去除水中的氨。为什么许多人在换新缸时很容易死许多鱼，就是因为新缸中的生物分解过滤没有形成，在这种情况下氨的浓度会越来越高，导致鱼的死亡。最好的方法是使用沸石片、活性炭等作为滤材去掉水中的氨。

③pH 值：pH 值为 7 的水为中性，大于 7 为碱性，反之为酸性。如果想增加 pH 值，可以使用碳酸氢钠（小苏打）。想降低 pH 值，可以使用磷酸二氢钠。使用 pH 试纸，每天调节 pH 值的度不要超过 0.5。因为 0.5 对于鱼来说相当于水里的酸或碱增加了 50 倍。可不断地为水中充氧，起到稳定 pH 值的作用。

④适当的养殖密度：同一水体中养殖鱼类越多，排出的废物越多，污染、疾病、死亡也会随之而来。一定要根据鱼的生长情况，及时调节养殖数量。

⑤氮循环的化学变化：只要鱼缸中放入鱼，它们就会排出氨和其他废物，水中的氨浓度会升高。水中的有益微生物会分解氨，氨的浓度就会降低，直到为零。有益生物的形成需要 1 周或更长的时间，所以在这段时间里，尽量不要放鱼。但这些有益生物只是把氨转化为亚硝酸盐，当氨浓度下降的同时亚硝酸盐的浓度却在升高。这时另一种类的有益生物会形成群落，将亚硝酸盐转化为相对无毒害作用的硝酸盐，这个过程又需要 1 周或更长的时间了。最终产物硝酸盐的浓度由换水控制，这才是换水最重要的原因。整个由氨到亚硝酸盐再到硝酸盐的变化过程就叫氮循环。要使一个新鱼缸达到良好的氮循环状态，需要 2～3 周的时间。

如果你的生物过滤没有形成，而你的鱼出现问题急需处理水质。可以用以下的办法：

氨的处理：ⓐ换一部分水(降低浓度)。ⓑ在过滤器内加入沸石(吸附氨)。ⓒ加入有益细菌(分解氨)。

亚硝酸盐的处理：ⓐ换水。ⓑ平均每 4.5 升水中加入 1 汤匙盐。虽然不能降低含量，但是在应急时可以中和毒物，而且盐不会对鱼造成伤害。

2. 对水温一般如何要求？

答：金鱼、国斗、锦鲤这些是常温鱼类，不需使用加热棒，养殖随四季温度变化即可。热带鱼对水温要求比较高，一般来说南美、东南亚及非洲鱼类，如地图、六间、龙鱼等需要使用加热棒，使水温保持在 25～28℃，繁殖温度略高。

3. 水族箱(鱼缸)里的水量多少适宜？

答：水量的计算公式：

总水量(升)＝鱼缸长度(厘米)×宽度(厘米)×高度(厘米)/1 000

总水量(加仑)＝鱼缸长度(厘米)×宽度(厘米)×高度(厘米)/4 000

注意：需扣除底砂及水中造景物所占体积水量，如有外置或底部过滤器，应将其水量加在一起算。

4. 多长时间为水族箱(鱼缸)里的观赏鱼换一次水合适？

答：一般情况鱼缸换水保持在每周一次就可以，而且不用全还，换 1/3 即可。换水要晾水、调好水温、慢进慢出。

5. 怎样为水族箱(鱼缸)里的观赏鱼换水?

答:最好是晾过的水,换水最好在中午换,水温要一致,不要在刚喂完食后马上换水,换水尽量不要超过1/2。换1/3就可以了,要养活水,最好加入一些硝化菌并及时充氧。

6. 鱼缸的水为何会变浑?

答:一是光照太强,使水中的藻类不断生长,所以水就会变得浓绿浑浊了。比较好的办法是定期给鱼缸换水,为鱼缸遮阳,避免太阳直射。二是鱼缸小,养鱼过多或者是鱼缸很大,但过滤器的功率不够,都不能完全过滤污物,导致水体变得浑浊。三是喂食过多,剩余饲料在水中腐烂,水质过度营养化,使水体变得浑浊。四是硝化系统衰退,如果硝化系统不正常运作,水体"不堪重负",就会变绿,变浑。此时水就开始坏了,应调整过滤系统并换一部分水。

7. 家里养金鱼的水怎么总变绿呢,对鱼有好处吗?

答:养鱼先养水。对于养鱼的人来说,水分四种:一是新水,也就是刚刚晾好的自来水或新打的井水。这种水尽管十分干净,但却与自然界中鱼生活的环境相差很大。由于水中没有硝化细菌群落,鱼儿的排泄物、散落的食物残渣腐败变质后转化为氨,鱼儿极易中毒。二是老水,呈浅绿色或是淡琥珀色,富含腐殖质和有益的微生物及藻类,建立起了良好的生态循环系统,经过氮循环,分解为对鱼无害的硝酸盐。这种水对鱼的生长极为有利。三是绿水,水中的有机质含量过多,蓝藻、绿藻及褐藻大量繁殖,细菌微生物的含量暴增,水体呈浓绿色,有时会发出臭味,极易造成整缸的鱼死去。四是回清水,又叫咬清水,是绿水中藻类和微生物含量太多,将水族箱里的氧气消耗殆尽,造成藻类和嗜氧性细菌的死亡,使水变成清澈无比、没有氧气而且有大量的厌氧性有害细菌的死水。

由此我们可知并不是所有的水都能满足金鱼的生活需要,最适合金鱼生长的水是老水,所谓养水就是让新水转变成老水的过程。

还应告诉大家的是,老水是我们所追求的,绿水对金鱼也有许多好处。比如绿水可以让金鱼的体色较深,但这种水中藻类太多,看不见鱼,不适合观赏。而且当藻类过多时鱼会缺氧,所以用绿水养金鱼要注意控制水中藻类的含量。

8. 如何给水保温?

答:用苯板把鱼缸包上(只露出前面),会起到一定的保温效果。

(五)鱼饵

1. 蛋黄作为饵料的优点及投喂方法是什么?

答:蛋黄的营养很丰富,是刚孵出的鱼苗不可缺少的饵料,适口性好,方便易得。把煮熟的蛋黄放在纱布内,置于水族箱的表层淘洗,蛋黄颗粒均匀地散在水中,鱼苗即可摄食。

2. 丰年虾是什么?其培育方法是什么?

答:丰年虾又称丰年虫、卤虫,是一种海水浮游动物。主要生活在高盐度水体中，其营养价值高。适宜作为幼鱼及小型热带鱼的活饵料。

虫卵的孵化方法：将虫卵放入海水或人造海水中(其盐度约为30%)孵化，在孵化过程中不间断地充氧，并保持水温为25～30℃，大约24小时其幼虫即可出膜，此时停气并给局部光照，利用幼体具有趋光性的特点用吸管吸取，过滤后投喂。

3. 红虫是什么？其作为饵料的优点有哪些？

答：红虫又名血虫，是摇蚊科幼虫的统称，营养丰富，蛋白质含量高，小型观赏鱼的优质天然饵料之一。

4. 孑孓是什么？其采集加工方法有哪些？

答：孑孓是蚊子的幼虫，营养丰富。通常生活在稻田、池塘、污水沟中。容易采集，一般在早晨或傍晚用捞网在上述水体的水面捕捞即可。投喂前要清洗干净。

5. 轮虫是什么？其采集加工方法有哪些？

答：轮虫是一种小型浮游动物，体色灰白。多数分布在池塘江河、湖泊和水库等水体中，是观赏鱼幼鱼的重要饵料。采集方法：与水蚤相同。

6. 面包虫作为饵料的优点有哪些？

答：面包虫因其喜食面包而得名，含有丰富的营养成分，蛋白质含量高,含有多种必需氨基酸。适于喂养大中型热带观赏鱼类。

7. 水蚯蚓作为饵料的优点及采集加工方法是什么?

答:水蚯蚓又称丝蚯蚓、红线虫等,是饲养观赏鱼最常用的活饵之一。通常群集生活在小水沟、稻田和池塘的污泥中,特别是在有机物丰富的污泥中较多。采集时,用捞网将水蚯蚓连淤泥一起捞出,然后用水将污泥洗掉。把成团的水蚯蚓放在玻璃缸中,用微小水柱冲滴饲养,可存活十几天。

8. 水蚤作为饵料的优点及采集加工方法是什么?

答:水蚤是一种小型甲壳动物,生命力强,营养丰富,容易消化,是稚鱼的最佳天然饵料之一。水蚤主要生活在小水坑、池塘、湖泊、水库等静水水体中,每年的春、秋季数量较多。采集水蚤最好每天天亮前进行,因为此时水中溶氧低,水蚤因缺氧而大量集中到水体表层。可用较密的纱布或尼龙布做成的袋形网在表层来回捕捞,然后将捞到的水蚤倒进装有清水的水桶中。水蚤在投喂时要新鲜,喂之前要反复清洗,避免鱼吃后生病。如水蚤数量较多,可将其晒干或冷冻保存。

9. 其他常见的动物性饵料有哪些?

答:贝肉、鱼虾肉等也可作为观赏鱼的饵料。对龙鱼、七星刀、地图鱼等肉食性的凶猛鱼类也可投喂活的小鱼、小虾。还有血块、血粉经加工而成的颗粒饵料也可投喂。

10．芜萍是什么？其作为饵料的优点有哪些？

答：芜萍是一种漂浮性植物，叶片椭圆形，主要生长在小水塘、稻田和沟渠等静水水体中。含丰富的维生素 B 和纤维素。是植食性热带鱼不可或缺的食物。对于杂食性鱼类，适量投喂，可促进生长和性腺发育。

11．小浮萍是什么？其作为饵料的优点有哪些？

答：小浮萍又名青萍，一种漂浮性植物，叶片卵圆形，比芜萍大，生有一条细丝状的根。主要生长在小水塘、稻田和沟渠等静水水体中。作用和芜萍相同。

12．紫背芜萍是什么？

答：紫背芜萍又称大浮萍，叶片卵圆形，表面光滑绿色，背面紫色，无光泽，生有 5～10 条小根。生长在稻田、藕塘和沟渠等静水水体中。

13．人工配合饵料的优点是什么？

答：人工配合饵料是以动物的不同生长阶段、不同生理要求、不同生产用途的营养需要，以及以饵料营养价值评定的实验和研究为基础，按科学配方把多种不同来源的饵料，依一定比例均匀混合，并按规定的工艺流程生产出来的饵料。是在大量的科学实验和实践生产的基础上，制定的科学的饵料配方，再按配方要求通过先进的生产设备加工而成的，它集中应用了动物营养学、工艺学、原料学的研究成果，可以最大限度地给观赏鱼提供所需营养。

14. 观赏鱼的生长需要饲料中的哪些营养元素？

答：饲料中的营养成分主要分为粗蛋白质、粗脂肪、碳水化合物、矿物质和维生素五大类。养殖观赏鱼在生长过程中离不开这五种营养元素。不同品种或同一品种的不同生长阶段以及不同饲养条件下，对同一种营养物质的需求量有所不同，要求在养殖中选择适合的人工饲料进行喂养。

15. 饵料的投放量与投放次数多少为宜？

答：如果养小型观赏鱼，选购市场上卖的干饲料、贴片都行，也可以喂红虫、水蚤等活饵(需要消毒，比较麻烦，新手不建议使用)。建议喂食方式以少量多次为宜，不要一次把饵料全倒进鱼缸，沉在缸底的饵料容易败坏水质。喂食量要自己把握，原则就是宁少勿多，新手建议使用贴片喂食，用量比较容易掌握。喂食次数一天1～2次。

(六)水草

水草

1. 什么是水草的盆栽法？

答：将水草栽在小盆中，再将小盆放在缸中。此方法优点是清洗方便，但种植品种、数量及整体布局均受限制。

2. 什么是水草的压根法？

答：将水草根部捆上小石或套入合适的玻璃管沉入缸底，用小石固定位置。此方法适用于浮生水草或缸底不宜铺砂的鱼缸。

3. 什么是水草的缸栽法？

答：把缸底砂子拨开一凹穴，将水草根部放入穴中，压上砂即可。此方法布局完美，但不易清洗。

4. 水草的日常管理应注意哪些问题？

答：水草的生长主要与下面几点密切相关：光、水温、鱼、水质及营养等，要使各方面条件均衡，相得益彰。具体种植时，还要考虑不同水草种类的生长习性。

5. 宝塔草的特征及养殖时应注意的问题有哪些？

答：宝塔草是一种装饰、观赏价值极高的水草。茎梗细长而不稠密，叶片生长对称，排列整齐，形如宝塔状。对水质、水温、pH和光线要求不高，易栽种。适宜温度为25～28℃。种植此草应适当添加铁肥，否则顶端叶会黄化、枯死。以侧枝和匍匐茎繁殖。在水族缸中宜作后景。

6. 大水兰的特征及养殖时应注意的问题有哪些?

答：这种草从根部长出细长的深绿色肉质叶，叶长可达 100 厘米。在 pH 6.0～7.2 的范围内均能生长。要求有丰富的铁质，否则其叶会变黄。以子株进行繁殖。在水族箱中宜作中、后景。

7. 红蝴蝶的特征及养殖时应注意的问题有哪些?

答：红蝴蝶是一种比较难栽的红色水草。叶对生，叶的颜色会随光线不同从绿变红。对光线要求较高，要强光且光照时间较长。适宜水温 22～28℃。喜弱酸性的软水，对 pH 值的变化非常敏感，不能用珊瑚砂作地质。铁质丰富时，叶色艳红，植株生长茂盛。以插枝或侧芽繁殖。在水族箱中宜作后景。

8. 红菊花草的特征及养殖时应注意的问题有哪些?

答：红菊花草又称红金鱼草。叶片成红茶色。喜软水，适宜水温为 24～28℃，pH 6.0～6.8。需要强光照射，当缺少强光使叶片很容易变黄。添加少量富含铁质的肥料，会使红色的叶子更为显眼。生长在水面的茎顶会转变成黄色，富光泽，异常漂亮。以插枝和侧芽进行繁殖。在水族箱中宜作后景。

9. 虎耳草的特征及养殖时应注意的问题有哪些?

答：叶片椭圆形，左右对称，叶较尖，叶面不平，稍呈弧形。叶面带红色，叶背绿色，颜色随光线强弱或水的深浅而变化，呈红至茶色的变化。喜较强光线及较低水温，适宜水温为16～24℃。种植此草的基质要粗砂，少肥会使叶片减少。生长很快，适宜成片种植。容易繁殖，折一枝插入砂中即可。在水族箱中宜作中、侧景。

10. 皇冠草的特征及养殖时应注意的问题有哪些?

答：大型水草，叶柄粗大，叶面宽大，由根部伸出叶片10～20片，排成莲花形，有“水草之王”的称号。叶质柔软，深绿色，外观显得华丽富贵。生命力很强，容易种植。皇冠草对光线要求不高，室内普通光线即可正常生长。适宜水温15～28℃，最适水温24～28℃，pH 6.5～7.2。对水质要求较高，若水质混浊，光线过强或过弱，其叶片易黏附青苔藻。易繁殖。雌雄异株，如要移盆栽种，一个月后便可生长成较大的植株。在水族缸中宜作中、后景。

11. 金鱼草的特征及养殖时应注意的问题有哪些?

答：金鱼草是最普通的水草，其枝叶似松针伸展，细长多分枝，质柔，喜攀附于石、砂、玻璃上，长有许多细叶，可供观赏鱼产卵附着用。生命力强，对水质、水温适应的幅度广，适宜水温为18～30℃，最适水温22～25℃，pH 5.8～7.5，喜强光，光线不足会落叶。生长迅速，会遮蔽光线。应经常修剪，保持美观。繁殖力强，折其枝的任何一段，插入砂中，即可生根成活。在水族缸中宜作中、侧景。

12. 菊花草的特征及养殖时应注意的问题有哪些?

答：植株茎梗粗壮，叶片细长，叶缘有较浅的缺刻，对生，分枝很多。要求水质清洁、透亮,强光照,适宜水温 24～30℃,pH 6.0～6.8。此水草较易种植,宜栽种于宽阔的大水体,插枝繁殖。

13. 苦草的特征及养殖时应注意的问题有哪些?

答:苦草又称扁担草、面条草、鞭子草。茎匍匐,叶子狭长呈带状,绿色透明,叶丛生,较长,叶边缘有小锯齿。以匍匐茎在水底砂中蔓延繁殖。

14. 辣椒草的特征及养殖时应注意的问题有哪些?

答:植株健壮且美观,叶呈长椭圆形,叶呈青绿色。对环境因子的适应性较强,但应避免光和水温的突然变化,以减少得病的机会。此草的繁殖是以母株萌出的新芽进行的。在水族箱中宜作中景。

15. 绿菊花草的特征及养殖时应注意的问题有哪些?

答:绿菊花草又称绿金鱼草。叶片对生,较粗,分枝较少,100～150 片,有清晰的中肋,浮水叶箭形,花白色,能适应硬水及各种水质变化,适宜水温为 22～28℃,pH 6.5～7.2。对光线要求不高。不宜用气泡打气,否则会导致 pH 值升高。以插枝或侧芽繁殖。在水族箱中宜作后景。

16. 扭兰草的特征及养殖时应注意的问题有哪些?

答:扭兰草叶呈扭丝带状并交错扭结,故称扭兰。种植此水草的水族箱如光线够强，应密植。在水族箱中宜作中、后景。

17. 苹果草的特征及养殖时应注意的问题有哪些？

答：苹果草又称香香草。叶呈圆形，绿色，茎细长。对水质适应范围广，水温不宜过高，控制在28℃左右生长良好。较易种植，以新芽插枝方式进行繁殖。在水族缸中宜作前、中景。

18. 水芹的特征及养殖时应注意的问题有哪些？

答：水芹又称水蕨。与皇冠草、水兰等，为水草的典型代表。其叶较细且没有叶茎，直接附着在茎上，丛生，具有光泽。生命力强，生长迅速，能耐低温，喜强光和弱酸性的水。适宜水温22～28℃，pH 6.5～7.2。繁殖力强，在基部及任何部分都可以发芽长出新株。在水族缸中宜作中、侧景。

19. 水蕴草的特征及养殖时应注意的问题有哪些？

答：水蕴草又称蜈蚣草。茎稍粗，叶紧连着茎。生命力极强，生长迅速，能耐受温度变化。适宜温度14～22℃。繁殖力很强，只要剪取一段茎，插入砂中，即能生根。在移植的初期，注意温度不宜太高，否则会枯死。与金鱼草同属于平价水草。

20. 铁皇冠的特征及养殖时应注意的问题有哪些？

答：外观似皇冠草，其叶脉龟甲形，叶背附生有孢子囊。生命力强，对环境适应性强，在低光下能生长。喜弱酸性水，适宜水温为20～28℃。易种植。以侧枝进行繁殖。在水族缸中宜作中景。

21．网草的特征及养殖时应注意的问题有哪些？

答：拥有珍稀独特的网状叶片，叶脉之间缺少细胞组织，叶形为长椭圆形，春天开“V”字形穗状集合花序，花色为粉红至淡黄，富有变化。喜欢低温，以18～23℃的水温为宜；要求微酸性的软水，pH 5.6～6.5。光线不宜太强。底床应是固体肥，对其生长更有利。以母株长出的新芽繁殖。在水族箱中宜作中景。

22．小对叶的特征及养殖时应注意的问题有哪些？

答：叶小，对生，生长较慢，以15～20株群植，观赏效果好。对水质、光线等的要求不高。种植这种水草应注意不要太密，否则光线不足时，下部叶片会脱落甚至全株死亡。以插枝或侧芽繁殖。在水族缸中宜作中、后景。

23．小水榕的特征及养殖时应注意的问题有哪些？

答：小型水草，植株最高只有10厘米，叶片呈卵圆形，呈深绿色，叶形会随栽培条件不同而有变化。对水质适应范围极广，适宜水温为5～20℃。肥料充足和有二氧化碳的情况下，植株生长良好。此水草不难种植，多用于偏碱性鱼类的水族箱造景，是一种极具装饰价值的水草。以根茎长出的侧枝进行繁殖。在水族缸中宜作前、中景。

24. 小圆叶的特征及养殖时应注意的问题有哪些？

答：叶质薄而软，叶形因环境条件不同而成卵圆形或长卵形。喜生长在强光照、低水温、中性至弱酸性的软水中，对 pH 值的变化较敏感。以插枝方式繁殖。在水族箱中宜作后、侧景。

25. 中柳的特征及养殖时应注意的问题有哪些？

答：植株体较坚硬，呈垂直状生长。叶形呈长披针形，翠绿色。叶形及生长速度与光照量有关，在低光照量的条件下，叶形小，生长速度缓慢；在高光照量下，生长快，但必须注意添加肥料。水适宜温度为 24～28℃，pH 6.5～7.2。以插枝或自体繁殖。在水族箱中宜作中、后景。

二、常见观赏鱼饲养

(一)金鱼

金鱼

1. 金鱼在历史上是如何经过发展变异而来的?

答:国粹——金鱼,深受世界各国人民所推崇和喜爱。其多变的体态,鲜艳的色彩和婀娜的泳姿,使其被誉为历史上经过人工雕琢痕迹最重,变异最大,品种众多,传承了中华几千年历史文化精髓的有鲜活生命的水中艺术品。根据有记载的历史文献资料显示,金鱼的出现可以追溯到距今 1 500 年以前的晋朝时代(公元 265—420 年),在江西庐山的湖泊中发现了“赤鳞鱼”。唐代大量修建放生池后,以带有一定神秘意味的金鲫鱼作为首要放生的对象。因此，放生行为为原生金鱼从自然界中被区分出来而独立发展提供了一个契机。公元 1127 年，宋高宗在杭州的德寿宫中兴建名为“泻碧”的金鱼池，这个皇家鱼池可以算是金鱼用于观赏的原因，正式被人为池养。同时，民间以养殖金鱼为业的“鱼活儿”也应运而生。明、清以后，有更多关于金鱼盆养的记载。清朝中晚期，人们已经知道用人工选择的手法培育新品种，不仅色彩变化更多，而且，体型上的变化也更加明显了。

2．金鱼的四类分法是怎样划分的？

答：①草种：草金鱼的品种。体侧扁，呈纺锤形，单尾鳍。②文种：体略短，头小吻尖，体侧为菱形，具背鳍，双尾鳍四叶尾，如狮头、高头等。③龙种：具背鳍，眼球突出眼眶似龙的眼睛，两眼对称，尾鳍宽大舒展，如龙睛、蝶尾等。④蛋种：无背鳍，体短似鸭蛋，背部圆滑，尾柄粗壮，如虎头、水泡眼等。

3．金鱼的两类分法是怎样划分的？

答：①龙种类：龙睛、高头、狮头、珍珠和文鱼等几个品种以及它们的一些变异品种。这些鱼的特点都有背鳍，而且尾鳍较长。②蛋种类：虎头、丹凤、水泡眼和望天眼等几个品种以及它们的变异品种。这些鱼的特点都没有背鳍，尾鳍有长有短。

4．草种鱼的种类都有什么？

答：身体侧扁，呈纺锤形，有背鳍，其体形和鳍形均和一般鲫鱼近似。其主要品种特征为：①金鲫。体金红色，体型与一般鲫鱼近似,是最古老的金鱼品种。②草金鱼。由金鲫鱼演变而来。身体侧扁,呈纺锤形,单叶尾,有长尾、短尾、燕尾等,体色有红、白、五花等色。

5. 文种鱼的种类都有什么?

答:体形短缩而圆,眼球正常,头小吻尖,尾鳍四叶,体色有红、红白、紫蓝、五花等色。高头、狮头、珍珠是其代表种。其变异品种有狮头绒球、龙睛高头、龙睛珍珠、文种水泡眼等。各品种特征为:①高头。鱼体粗壮,头顶上生长着肉瘤,似草莓状般紧凑,其肉瘤只生长在头顶至眼部以上。背鳍整体挺拔,尾鳍宽大舒展,腹部丰满圆润。依其体色分,又可分为红高头、紫高头、蓝高头、红白高头等。②珍珠。头尖而腹部膨大,体短而圆,体侧看呈圆形,鳞片中间向外凸起,呈颗粒状似珍珠般,故而得名。珍珠有球形、橄榄形两类,还有长尾和短尾之分。球形珍珠体型最为独特:头小而尖,各鳍均短小,鱼体近似圆球,是定向培育而来的珍贵品种。按其体色分有:红珍珠、紫珍珠、墨珍珠、蓝珍珠和五花珍珠等;其变异品种有:龙睛珍珠、无背鳍的蛋种珍珠等。③文鱼。金鱼中的古老品种,直接起源于草金鱼。鱼体略短,头尖吻小,体侧为菱形,生有正常鳞片,背鳍高耸,尾鳍长大。代表品种有红文鱼、蓝文鱼等,现已不常见。④狮头。鱼体粗壮,头顶肉瘤发达,凸起明显,延伸至眼部以下乃至鳃盖处。背鳍整齐挺拔,尾鳍宽大舒展。以草莓状、菊花状头瘤为佳品,且头瘤与身体比例适中。代表品种有红顶紫狮头、白顶红狮头等。

6. 龙种鱼的种类都有什么?

答:金鱼的代表品种之一。各主要特征是体短,头平而宽,尾鳍四叶，眼球膨大而突出于眼眶之外，似龙眼，故得名龙睛。龙睛和蝶尾是其代表品种。其品种特征为：①龙睛。两眼对称，背鳍整齐挺拔，尾柄粗壮，尾鳍宽大舒展。眼球形态可分算盘眼、葡萄眼、灯泡眼等。有长尾、短尾之分。依其体色又有红龙睛、墨龙睛、喜鹊花龙睛等。②蝶尾。尾鳍宽大舒展，尾鳍前缘向身体前部展开，俯视如蝴蝶展翅般美丽，故此得名。代表品种有十二红蝶尾、五花蝶尾等。

7. 蛋种鱼的种类都有什么？

答：体短而肥，呈卵圆形，形似鸭蛋。无背鳍，背部平滑无凹凸感。鳍的长、短和形状差异较大。一般丹凤、水泡眼的鳍较长；鹅头红和虎头等的鳍短小，但也有个别的品种例外，如凤尾鹅头红等，其尾鳍的长度可和体长相同。各品种特征为：①虎头。鱼体短而粗壮。头部略呈方形，肉瘤发达。背部光滑宽阔，有平背、弓背之分。尾柄短粗，有长尾、短尾之分。以头瘤紧凑，肉瘤处凹显出“王”字者为佳品。代表品种有红顶白虎头、红虎头等。②丹凤。鱼体呈椭圆形，平头。各鳍宽大舒展，尾鳍超过身长一倍以上。以长尾、游姿优美者为佳品。适宜从侧面观看。代表品种有蓝丹凤、五花丹凤等。③水泡。鱼体匀称，泡大而圆，左右对称。尾柄较粗，尾鳍宽大舒展。有文种水泡眼、蛋种水泡眼、蛙头之分。泡大而柔软，摆动富有弹性，游动灵活者为佳品。适宜俯视。代表品种有红水泡眼、红泡水泡眼等。④鹅头红。鱼体粗壮，腹部圆润，鱼体白色。头顶部肉瘤红色，似鹅头上的肉瘤，两鳃无肉瘤。背部平滑，无背鳍残痕。尾柄粗壮，尾鳍短小。以通体全为银白色，头顶肉瘤鲜红，方正发达，两鳃无红色，鳞片排列整齐者为佳品。

8. 选购金鱼时应注意哪些问题?

答:购买标准大致可从以下几个方面进行挑选。①是否合群:凡是离群独游的就是有病不健康的,色彩再好也不能要。只能从鱼群里面挑选。要从鱼群里挑选那些一边找饵料一边贴池底游动的鱼,那样的鱼是健康的。②瘦不瘦:瘦就是营养不好,要挑肥壮的腹部鼓起的。如果鱼在游动,只晃脑袋不动身子,表现疲倦,则可能患病,不能选购。③头尾是否匀称:有的鱼尾鳍不平,向一侧歪斜,不能选购。龙睛、水泡眼是以眼的特征命名。如果它的眼球一大一小,就是不合乎标准。仔细观察就会发现,很多鱼的眼球并不等大。因此,要挑选眼球等大、身体匀称的金鱼。④颜色:挑黑色的不能要灰的或黑灰的;绯红色的不能要红黄的或黄的,有的红色鱼的颜色像小胡萝卜色,这样的最不好。有的鱼是半黑半红或是身红而鳍叶边缘黑,好像很美,但是,不久就会变成全红的。选择时要有预见。⑤有无破鳍、掉鳞:由于金鱼孵出以后长成幼鱼,从生产的池(盆)到达商店的水族箱中展售,中间经过装卸搬运,有的鳍条、鳞片容易撕破掉落。金鱼的背鳍、尾鳍在捞出、捞进过程中,鳍条易折、鳍叶易裂,腹部两侧的鳞片也是易擦掉落。红色和黑色的鱼,掉鳞后,鱼体会露出表皮的灰白色,极易看出。⑥尾鳍:凡是四叶大尾的品种,鱼的尾鳍中间两叶间必须分开,形成两片下垂的四叶尾,游动时,极美观、悠悠然。所以,如发现尾鳍中间两叶间没有分开,而像三层箭头形,就是残品。⑦浮头:当看到个别鱼离群总喜欢头朝上尾朝下、浮到水面吸吐时,这种现象称为浮头。水中的氧稍微感到缺乏就受不了,很难熬过夏天。

总之,挑选出来的鱼要健康无病,色彩鲜艳,各种品种特征完善;不要捞到哪条是哪条,那会浪费财力,影响观赏。

9. 如何鉴别金鱼苗种的优劣?

答:①鳍形特征。金鱼各个品种的胸鳍、腹鳍、臀鳍及尾鳍都要求左右对称,依不同品种要求,各自的鳍形或长或短。多数品种的背鳍,以高而且长,完整无残缺者为佳,尾鳍多以四叶为佳。所有各鳍都要求充分伸展,刚柔适度。短鳍形要求浑厚有力而色浓;长鳍者多色浅,薄而透明似蝉翼者最佳。②体色特征。金鱼的艳丽体色,虽来自祖代也来自饲养环境,很多金鱼体色不佳,常因管理不当,而致体色脱落失去艳丽色彩。金鱼体色优劣,常为鉴别其观赏价值高低的重要标志。红色金鱼的品种,要求从头至尾全身朱红似火;黑色金鱼品种,需全身乌黑如墨,略现光泽,终生不退色;紫色金鱼要终生紫色稳定而略现金光;五花金鱼的体色以蓝色为底色,红斑明显,五色齐全;鹤顶红要全身银白、头顶肉瘤端正且朱红似血;红头金鱼,以齐鳃红为佳,红色斑块绝不超过鳃盖之后缘。③体形特征。品种特征完善,体形要求匀称。头、躯干与各鳍的比例要协调。无背鳍的品种背部曲线要舒畅圆润,且无背鳍残痕。游动时端庄大方、姿态优雅者为上品。

10. 金鱼的生长特点有哪些?

答:在南方4~5月份孵化出来的仔鱼,养到当年9~10月份,最大的可达9~10厘米,在北方小的也能长到4.5厘米以上。2龄以后体形基本稳定,体长可达20厘米左右。一般说来,在放养密度小、饵料充足和温度较高的水域里,金鱼生长较快;反之,则长得慢些。

11. 金鱼发育特点有哪些?

答:金鱼发育的速度很快。一般来说,满1龄时,即当年5~6月份孵化出来的金鱼,到翌年同期,性腺即能成熟,也能开始繁殖后代。此后,便可每年繁殖一次。有些金鱼的品种特征大约在2年以后才能发育完善,繁殖用的种鱼一般选择2~4龄的金鱼。

12. 水温对金鱼有哪些影响?

答:金鱼对水温的适应范围较大,金鱼在4~35℃水温范围内均能生存,属于广温性鱼类。最适生长水温为20~28℃。在水温15℃以上时,金鱼的活力会随温度升高而活泼;水温超过29℃时,金鱼摄食减缓;在水温4℃以下时,金鱼开始冬眠。但金鱼却有不能忍受水温突变的弱点,如水温骤然升高或降低的幅度超过4℃以上时,金鱼往往会出现不适,甚至导致死亡。

13. 水质对金鱼有哪些影响?

答:溶氧量的高低,除直接影响金鱼的呼吸以外,还影响金鱼的食欲、消化吸收能力,最终影响到它的生长发育。在水质清新、溶氧量丰富的水中,金鱼食欲旺盛,消化吸收好,生长发育快,色泽鲜亮,活泼可爱。反之,在水质恶化、溶氧量很低的水体中,金鱼必常常浮头吞咽空气,从中取得暂时维护生命的少量氧气,一般表现为食欲不振,体色黯淡,身体瘦弱,行动呆板,从而降低了观赏价值。在炎热夏季,需要特别警惕缺氧问题。

金鱼在pH值是6.0～9.0的水中都能正常生存，最适pH是7.5～8.5，在pH值过高、过低的水中生活都易致病甚至死亡。另外，金鱼也不能忍耐pH值的急剧变化。

14. 金鱼的用水是怎样的？

答：①江、河、湖泊等天然水：水中溶解的氧气较多，含氧量丰富，有丰富的浮游生物作为鱼的饵料，取之方便，成本低，适于养鱼，养出来的金鱼色彩比较鲜艳。但是这种水杂质较多，一定要采取净化措施，不要盲目使用，以免造成损失。②地下水：这种水一般污染较少，取之方便，成本也低，是饲养金鱼的理想用水之一。用井水、泉水养出的金鱼体色鲜艳。不过，地下水水温与地面气温相差较大，切忌直接冲（倒）入鱼缸（池）或将金鱼放入刚打上来的井水和泉水中。否则极易使金鱼感冒，严重的可导致死亡。③自来水：自来水经过净化处理，比较清洁，含杂质较少，细菌与寄生虫也少，是比较理想的养鱼用水。但是，由于使用漂白粉等消毒，水中含有游离的氯离子。使用之前，一定要经过1～2天曝晒，使氯消失。如果想立刻用水时，要用硫代硫酸钠除氯。

15. 饲养金鱼，对光线如何要求？

答：水族箱要放在容易看到的明亮处，以便观赏，也能满足金鱼对光线的要求，但又要注意与室内其他陈设布局的协调合理。通常将水族箱放置在近窗户通风又有阳光的地方为宜，夏季中午前后不可对鱼直晒，需注意遮阳。

16. 饲养金鱼,水族箱(鱼缸)容积多少适宜?

答:家养的长方形水族箱因体积较小,千万不可多养金鱼,宜少不宜多。如在长为 40 厘米、宽 25 厘米、高 30 厘米的容器内,可饲养 5～7 厘米长的小金鱼 6～8 尾。如在直径为 26 厘米、高为 13 厘米的圆形玻璃缸,可养 4～6 厘米的小金鱼 4～6 尾。鱼体身长超过 8 厘米的成鱼,不宜在小型的玻璃缸中饲养,而需在豪华型的大玻璃缸中或在陶瓷中饲养,并配以小型充氧机备用,以防缺氧。这些放养密度只是参考数字,还要看水温的高低、鱼体的强弱和水质的好坏来决定,不能机械行事。一般说来,鱼体大,养数少;冬季多养,夏季少养;水温低时可多养,水温高时要少养。

17. 金鱼的食性如何?

答:金鱼比较贪吃,对食物没有过高的要求。家庭饲养以活鱼虫为饵最为理想,水质也不容易坏。干鱼虫、人工合成颗粒饲料都可以。现在市场上有活鱼虫出售,但活鱼虫不易保存,密度太大容易死亡。市场上卖的干鱼虫,要选比较新鲜的颗粒松散的喂鱼,不要买陈旧发霉的干鱼虫来喂养。人工颗粒饲料以用营养成分齐全的全价饲料为好。

18. 金鱼的鱼饵投放量多少适宜?

答:每次投饵量以在半小时内吃完为宜,饵料一定不要喂得太多,喂多了,其害处有二:一是鱼吃饱了,代谢水平提高,耗氧量增加，容易引起缺氧窒息，因而死亡；二是饵料剩下，容易腐败发酵，使水质变坏，也会造成缺氧。很多人对此问题没有足够的认识，生怕金鱼吃得不够，往往喂得过多，结果适得其反，造成水变质缺氧而死亡，必须引以为戒。其实金鱼是比较耐饿的，家庭饲养中一两周不喂，也不会发生问题。

19．什么时间适宜给金鱼投放鱼饵？

答：为了保持水质清新，投饵量要严格定时定量，通常每日投饵1次为宜，上午投喂；如为2次，则早、晚各1次。投喂活鱼虫，多在上午1次投完，时间宜早不宜晚。春、夏季以太阳初升时为好，因为金鱼在适温范围内，水温升高、溶氧量多时，食欲旺盛，金鱼食后能有较长时间的活动和消化吸收机会；至深秋、初冬，可酌情推迟1～2小时；严冬季节应延至中午，并且要减少投饵量。

20．如何给金鱼换水？

答：使用水族箱养金鱼特别讲究水清澈鱼活泼。保持水族箱中水质清洁至关重要。配备有充氧设备的水族箱1周左右换一次水，用胶管吸除积渣，把水族箱底部的粪便、残饵连同混浊水清除干净。其方法是先将胶管放在水龙头上灌满水，两手各捏紧一端，勿使管内的水流失，然后将胶管的一头放进水族箱内，另一头置于箱外，其位置低于箱内水位，抽出1/3的水，将晾晒1～2天的自来水补充到旧水位即可。如没有充氧设备则2～3天要换一次水。

21. 春季怎样养殖管理金鱼?

答:春季 3 月中、下旬,气温升至 10℃左右时,金鱼经过越冬,体质较弱,若管理欠妥易发病死亡,管理重点应放在保温、适量投饵和防病上。①保温:主要措施是尽量用“老水”养鱼。“出盆”时换水 1 次,彻底清除越冬期鱼缸中积累的污物,使金鱼转入清洁舒畅的环境中生活。“出盆”时,要先将原缸内的上、中层“老水”吸出暂存,将鱼缸洗涮干净后,仍注入原缸上、中层的“老水”,并加新水至 30 厘米深,再将鱼放入缸内。②投饵:要适量。仔细观察鱼粪的颜色和残饵是多少,以确定第二天的投饵量,如此观察数日,金鱼若消化良好、食欲旺盛,则可逐渐增加饵量,加速体质的恢复和生长发育。③防病:重点放在操作上。“出盆”时换 1 次水,“出盆”后尽量少彻底换水,少搬动。体质较弱的金鱼容易在换水时受刺激而得病,最好是局部换水。避免因操作不慎碰伤鱼体,而为病菌的侵入提供机会。对个体较大的怀卵雌鱼,最好带水捞取,以保证安全。在雌鱼所怀的卵尚未完全成熟之前,切忌换入新水和投喂过多的饵料。饱食、新水和水温上升三个因素的影响,可起催产作用,往往造成欲产卵而卵未熟引起泄殖孔闭塞,发生难产死亡。

22. 夏季怎样养殖管理金鱼?

答:夏季是金鱼生长发育的旺季。金鱼活跃,很少得病。气温高达 37～38℃时,水温亦常高达 30℃以上,此时要特别警惕缺氧和“烫尾”两大威胁。要做好防暑降温工作,主要措施是加深水位至 35～40 厘米,尽量设法使水温控制在 30℃以内,金鱼可潜入温度较低之深层。清污、勤换水和遮盖遮光网，可减慢水温升高，保持水中较高的溶氧量和抑制浮游植物的大量繁殖。夏季也是鱼病流行季节，如发现懒游少食、离群独处、鱼鳍僵缩或者鱼体出白点、白膜、红斑和溃疡等情况，及时隔离防治。

23．秋季怎样养殖管理金鱼？

答：秋季大多时间的水温在金鱼的适温范围之内，是一年中金鱼生长发育最旺盛的季节。管理重点是喂足喂饱。适当增加饵料中脂肪和蛋白质等营养成分的比例，只要金鱼吃得下，消化吸收好，要尽量投喂饵料，让金鱼长得膘肥体壮，安全越冬。随着气温下降，水温也渐低，换水的间隔时间可适当延长，尽量采用“老水”养鱼，每天遮盖时间也可逐渐缩短。

24．冬季怎样养殖管理金鱼？

答：冬季室内温度以保持在 2～10℃为宜。这时金鱼很少活动和摄食，管理重点是防寒、保温。适当投饵，尽量保持金鱼不消瘦和不发病。整个冬季，换水、加水和清污等操作，在确保金鱼安全的前提下，都要减少到最低限度。

25．如何鉴别金鱼的雌、雄？

答：金鱼是雌、雄异体的，在繁殖的季节很容易将它们区分。雄鱼在繁殖季节，有十分明显的第二性征的标志——鳃盖及胸鳍的第一根鳍条上出现许多白色的小突起，称为追星。繁殖季节过后，追星逐渐消失，也就不好辨认了。雌鱼在繁殖季节腹部明显膨大,用手指抚摸,感觉比较松软,很容易准确地辨认出来。

(二)锦鲤

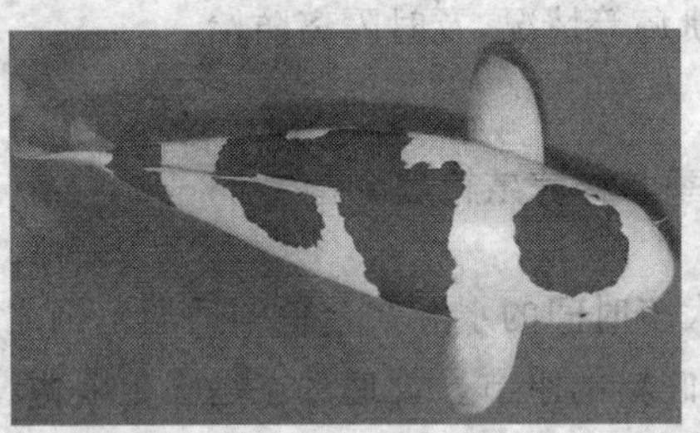

锦鲤

1. 红白锦鲤的种类都有什么?

答:红白锦鲤底色为白色,上衬红色斑纹,是日本锦鲤的正宗。它是以全身有红点斑纹的雄性“樱斑”鱼与头顶有红斑纹的雌鱼交配而成。根据红色斑纹的数量、生长的形状和部位又分为以下几种。①二段红白锦鲤:在洁白的鱼体上,生有两段绯红色的斑纹,宛如红色的晚霞,鲜艳夺目。②三段红白锦鲤:在洁白的鱼体背部生有三段红色的斑纹,非常醒目。③四段红白锦鲤:纯白色的鱼体上,散布着四段鲜艳的红斑。④一本绯红白锦鲤:从头部到尾柄有一条连续不断的绯斑。⑤闪电纹红白锦鲤:鱼体上从头至尾有一连续性绯斑,此斑纹形状恰似雷雨天的闪电,弯弯曲曲。⑥富士红白锦鲤:红白锦鲤的头上有银白色粒状斑点,就像是富士山顶的积雪,但是此斑点只出现在 1 龄或 2 龄鱼体上,长大后有时会消失。⑦拿破仑红白锦鲤:鱼体腹部两侧的斑纹酷似法国统治者拿破仑佩戴的帽子。⑧御殿樱锦鲤:小粒红斑聚集成葡萄状的花纹,均匀分布在鱼体背部两侧。⑨金樱锦鲤:御殿樱锦鲤红色鲜艳的鳞片边缘嵌有金色的线，称为金樱锦鲤。此品种名贵，非常美丽，但培育较难。

2. 大正三色锦鲤的种类都有什么?

答：大正三色锦鲤产生于日本大正年间，白色的鱼体上分布有红色和墨色斑纹。以头部只有红斑而无黑斑，并且胸鳍上有墨条纹为基本条件。这种鱼最好的是背侧有大的绯红色斑纹和墨色斑纹和谐排列，所有的颜色必须显现在背部上方才算正品。根据其鱼体上红、墨色斑的分布可分为以下几种。①口红三色锦鲤：大正三色嘴唇上有小红斑者，极为俊俏。②赤三色锦鲤：从头至尾有连续红色斑纹的大正三色锦鲤。③富士三色锦鲤：在鱼体白色的底色上除有红、黑色两种斑纹之外，头部出现银白色粒状斑纹。④德国三色锦鲤：以镜鲤为基本型，鱼体无鳞，在白色皮肤上，赫然呈现出红、黑斑纹。幼鱼时期鱼体尤为华丽。⑤德国赤三色锦鲤：鱼体为镜鲤型，其斑纹与赤三色锦鲤相同。

3. 昭和三色锦鲤的种类都有什么?

答：昭和三色锦鲤产生于日本昭和年代。其主要特点是鱼体的黑色底色上有红、白花纹点缀，胸鳍基部有圆形黑斑。华丽而矫健，具有较高的观赏价值，是锦鲤中的精华。①淡黑昭和锦鲤：其黑斑上，所有的鳞片呈浅黑色，淡雅优美，别具风采。②绯昭和锦鲤：从头部至尾部，有大面积的红色花纹，红黑相间，持重艳丽。③近代昭和锦鲤：鱼体仍由黑、红、白三色组成，以白色斑纹居多，黑纹好比墨点白宣，具有大正三色锦鲤的鲜明色彩。④德国昭和锦鲤：以镜鲤为基本型，德国鲤鱼体披上昭和三色锦鲤的彩衣，花纹鲜明。

4. 写鲤的种类都有什么?

答:写鲤的体色是以黑色为基底,上面有三角形的白斑纹、黄斑纹或红斑纹。①白写锦鲤:其三角形斑纹呈白色,此鱼黑白分明,清秀淡雅。②黄写锦鲤:三角形斑纹呈黄色的锦鲤。③绯写锦鲤:其三角形斑纹呈红色,胸鳍亦有红色斑纹。④德国写鲤:此鱼属德国鲤,鱼体为无鳞或散鳞型。

5. 别光锦鲤的种类都有什么?

答:在洁白、绯红、金黄的不同底色上呈现出黑斑的锦鲤,称为别光锦鲤。别光锦鲤要求头部无墨斑。①白别光锦鲤:在洁白的鱼体上,分布有纯黑斑,黑、白相间,色彩极为明快清秀。②赤别光锦鲤:鱼体红色,背部有黑斑纹。③黄别光锦鲤:鱼体黄色,其上点缀漆黑如墨的黑斑。④德国别光锦鲤:属德国鲤,以镜鲤为基本型,又具有别光锦鲤的特征。

6. 浅黄锦鲤的种类都有什么?

答:此类鱼是锦鲤的原种之一。背部呈深蓝色或浅蓝色,鳞片的外缘呈白色,左右颊颚、腹部和各鳍基部呈红色。①绀青浅黄锦鲤:鱼体呈鲜艳的深蓝色。②鸣海浅黄锦鲤:色彩较绀青浅黄锦鲤淡,是浅黄锦鲤中最具有代表性的品种。鳞片中央呈深蓝色而周围较浅。③水浅黄锦鲤:浅黄锦鲤中鱼体颜色最浅的一种。④秋翠锦鲤:属德国鲤,背部光润,鱼体好比秋季湛蓝色的天空;下腹部生有鲜艳的红色斑纹;在鱼背和侧线处各有一条排列紧密的鱼鳞,从头通向尾部。

7. 衣锦鲤的种类都有什么?

答:衣锦鲤是浅黄锦鲤与红白锦鲤或三色锦鲤杂交的后代。所谓衣,是指在原色彩上再套上一层好像外衣的色彩。①蓝衣锦鲤:红白锦鲤与浅黄锦鲤杂交的后代,特征是在红色斑纹上略带蓝色,而红斑上的鳞片后缘有半月形的蓝色网状花纹。②墨衣锦鲤:在红白锦鲤的红斑上再浮现出黑色的斑纹。③衣三色锦鲤:蓝衣锦鲤与大正三色锦鲤交配所产生的品种,特征是在大正三色锦鲤的红色斑纹上显露出蓝色斑纹。④衣昭和锦鲤:是蓝衣锦鲤与昭和三色锦鲤交配所产生的品种,在昭和三色锦鲤的红斑上出现蓝色斑纹。⑤葡萄三色锦鲤:紫色的鳞片聚集而成葡萄状斑纹。

8. 变种鲤的种类都有什么?

答:按锦鲤的 13 种分类法,除其中 12 种以外的其他品种都属变种鲤。变种鲤大多色彩古朴、品格高雅。①乌鲤:全身黑色、乌黑发亮、庄重大方,具有一定的观赏价值。乌鲤根据鱼体上出现的白色斑纹,又分为羽白锦鲤(胸鳍末端呈现出白色)、秃白锦鲤(胸鳍边缘、鼻尖、头顶呈白色)、四白锦鲤(头部、左右胸鳍、尾鳍呈现白色)和九纹龙锦鲤(属德国鲤,具有黑白图案,浓淡斑纹相互交错排列,仿佛一条乌龙摆尾)。②黄鲤:鱼体呈明亮的黄色,有红眼黄鲤和黑眼黄鲤之分。③茶鲤:鱼体呈茶色。④绿鲤:全身呈明亮的黄绿色。⑤松叶锦鲤:与浅黄锦鲤同属古老的锦鲤品种,每片鳞上浮现出黑色斑纹。若在赤色鳞片上出现黑色斑纹,称为赤松叶锦鲤;黄色鳞片的称为黄松叶锦鲤;白色鳞片的称为白松叶锦鲤。

9. 黄金锦鲤的种类都有什么？

答：黄金锦鲤指鱼体为金黄色的锦鲤。①山吹黄金锦鲤：鱼体呈纯黄金色，鱼鳞排列整齐、亮晶晶的，发出黄金般的光芒。②橘黄金锦鲤：鱼体为纯橘黄色。③灰黄金锦鲤：鱼体银灰色。④白金锦鲤：鱼体呈银白色。

10. 光写锦鲤的种类都有什么？

答：光写锦鲤是写鲤与黄金锦鲤杂交而成的后代。①金昭和锦鲤：昭和三色锦鲤与黄金锦鲤交配而成的品种。②金黄写锦鲤：黄写锦鲤或绯写锦鲤与黄金锦鲤交配而成的品种。

11. 花纹皮光鲤的种类都有什么？

答：此类锦鲤是杂交品种。凡是有金属光泽，形成两色以上花纹的，均称为花纹皮光鲤(写鲤系除外)。①菊水锦鲤：在全身白金色的底色上，浮现出黄色斑纹，尤其头部和背部的银白色特别醒目。②锦水锦鲤：淡蓝色的鱼体上，显露出较多红色斑纹。

12. 丹顶锦鲤的种类都有什么？

答：其特点是头部具有一块鲜艳的圆形红斑，酷似白鹤头顶上的红冠。①丹顶红白锦鲤：此鱼通身洁白，仅头顶有一块鲜艳圆形红斑。②丹顶三色锦鲤：此鱼通身洁白，略有乌斑，头顶有一块鲜艳的圆形红斑，集淡素、鲜艳于一身。③丹顶昭和锦鲤：昭和三色只在头部有一块红斑者。

13. 金、银鳞锦鲤特征如何？

答：通过不断的杂交，鱼体全身有金色或银色鳞片，闪闪发光。若发亮的鳞片在红色斑纹上，呈金色光泽，称金鳞锦鲤；若发亮的鳞片在白底或黑底上，呈银色光泽，称银鳞锦鲤。

14. 怎样选购锦鲤？

答：要求体形端正，雄健，无外伤和出血等病状，色泽要浓厚、纯正，花斑如果形成具有一定艺术性图案者更佳。此外，要观察鱼身上有无白点、白色绒毛、血丝和溃烂等病状，再看胸、腹、尾鳍是否齐全，游动时是否欢畅活泼，有无翻滚、侧卧、倒立或沉底现象。不健康的鱼不能选。

15. 锦鲤对水环境的要求有哪些？

答：锦鲤适应性强，对水质、水温要求不太严格，喜欢在微碱性、硬度低的水质环境中生活。2～30℃皆能生存，但在 10℃以下要停止喂食。因为锦鲤是大型观赏鱼类，水体尽量大一些为宜。

16. 锦鲤对光环境的要求有哪些？

答：如果是裸缸养鱼，对照明要求一般较低，尽管光照对一些鱼的体色、体质有一定影响，但往往以自然采光为主，或补充少量灯光照明。甚至可以说,大部分在裸缸上设置灯光的只是为了观赏效果好,而并未考虑鱼只生长的需要。

17. 锦鲤生长发育的特征有哪些?

答:①生长:通常6厘米大小的鱼苗饲养2年,可长到50厘米。锦鲤的寿命很长,一般可达70年。与多数鱼类相同,测定鳞片的年龄轮数,即可知锦鲤的年龄。②发育:锦鲤卵生,产黏性卵。性腺的成熟年龄雄鱼为2龄,雌鱼为3龄,性腺成熟后即开始产卵,繁殖后代。以后每年繁殖1次,产卵期一般集中在4～6月份。

18. 锦鲤的食性如何?

答:锦鲤属于杂食性鱼类,对饲料的适应性很广,无论动物或植物性饵料均可摄食。

19. 如何给锦鲤喂食?

答:锦鲤每天应喂食2～3次,喂食量以每次在10分钟内把饲料吃完为准。

20. 如何给锦鲤换水?

答:定期换水。和一般鱼缸的换水频率相同,1周换水一次即可,每次换水1/3,温差不超过1.5℃,新水注入前应保证充分的曝气和过滤。

21. 锦鲤的日常管理应主要注意哪些方面?

答:①冬、春季管理。水温常在20℃以下,锦鲤活动、摄食减少,新陈代谢缓慢,消化机能弱,减少喂食。初春水温骤升,锦鲤抵抗力差,易感染鱼病,应注意消毒池水和鱼体,保证水质清洁。②夏、秋季管理。水温高,锦鲤活动量大,摄食力强,生长快,色彩鲜艳。注意少量多餐,不投喂过期变质饵料。秋季时锦鲤为过冬储能,摄食非常旺盛,饵料应营养全面、新鲜。

22. 锦鲤的雌、雄如何鉴别?

答:发育成熟的锦鲤可以通过以下三种方式鉴别其性别。①看体型:腹部肥大者为雌,体型瘦长者为雄。②看肛门:肛门宽平为雌,肛门小且内陷者为雄。③看追星:雄性即将排出精子时,在头部和胸鳍上会长出生殖小瘤,即追星。繁殖时节,无追星者为雌,有追星者为雄。用手抚摸鳍条,如有粗糙的角质状突起者为雄鱼,光滑者为雌鱼。成熟的雄鱼轻压腹部便会有白色精液流出。

(三)热带鱼

热带鱼饲养基础知识

1. 热带鱼用水应注意哪些事项?

答:热带鱼大多数需要生活在弱酸性的水中,满足这个要求,鱼才能健康成长,色泽鲜亮,活泼可爱。水族箱准备好之后,最好再等 3～5 天,当发现水生植物开始生根发芽后,再用蒸馏水、煮过的草炭浸出液和没有鱼病的别的水族箱中的“老水”调到弱酸性后再养鱼。测定水的酸碱度可采用石蕊试纸测试。

2. 水温怎样控制?

答:一般来说,饲养热带鱼的水温不能低于 20℃,繁殖热带鱼的水温应保持在 25℃左右。热带鱼的生长繁殖温度受诸多因素影响,在某些情况下常常会发生变动,要根据具体情况来加以考虑。控制水温的方法主要分为自然控制和人工控制。自然控制就是将鱼缸放在朝阳的房间里,让鱼缸多接受阳光,以增加水温。随着热带鱼的普及和人们生活水平的提高,越来越多的人在使用电热器控制水温。另外,用白炽灯泡加温也是一种较好的办法,既可以提高水温,又可以使没有日光照射的鱼缸里的水草生长良好。

3. 光线对热带鱼有什么影响?

答:光照的强弱对水草的光合作用有影响。光照是影响鱼类体色的主要因素。另外,光照对热带鱼的繁殖周期也有影响,例如孔雀鱼在延长光线照射的情况下,就会从每隔 4 周产仔 1 次缩短到每隔 3 周产仔 1 次。给鱼缸照明,除保证热带鱼、热带水草的正常生长之外,更主要的是便于观赏。用来给鱼缸照明的光源主要有两个,即自然光源——主要指太阳和人造光源——白炽灯等。

4. 怎样进行热带鱼的选择?

答:①品种:初次饲养热带鱼,没有经验,最好先选择容易饲养的品种。具有能耐低温、对水质要求不严、适应性强和食性杂等特性的热带鱼,如孔雀鱼和金丝鱼等。②大小:购买热带鱼时,不要太小或太大,太大可能是老龄鱼,太小以及对温度、水质要求高的鱼不易成活,如红绿灯、虎皮鱼、神仙鱼等,对新的环境、水质可能不适应而夭折。同一窝鱼中,选择个体较大的幼鱼。而一窝中个体小的往往长不大。③体质:一定的大小代表了一定的体质。但这并不全面,还要选择体色鲜艳、清晰(有些种类幼鱼体色尚未达到成鱼标准),体态肥满健壮,游动活泼;有病、伤、残、畸形和色泽暗的鱼弃之。携鱼途中,应考虑路途远近,容器不要太小,盛水量要多,水面上要留有空间,防止窒息。

5. 热带鱼的食性如何?

答:热带鱼的食性可分为肉食、草食、杂食三种。

6. 热带鱼的喂食方法有哪些?

答:喂热带鱼的饲料有人工饵和活饵两种,无论哪一种都不可喂得太多,尤其是人工饵,更需特别注意。每次喂食量以4～5分钟之内能吃完为宜,每天早、晚各1次。

7. 不宜在有水草缸中饲养的热带鱼有哪些?

答:如玻璃鱼、皇冠九间鱼、接吻鱼、绿河豚、琵琶鼠鱼、蓝宝石鱼等草食性和杂食性品种。

8. 群养热带鱼要注意什么?

答:养小型群居的鱼类,以水草缸为主,缸内装饰不必太繁杂,因为装饰多了,鱼缸的垃圾不好清除,鱼容易生病,时间长了也不好清洗,只是刚刚开始好看而已。一般刚学养鱼的人都虎头蛇尾,到最后鱼没人管理就死了。鱼缸的过滤系统就是平常说的过滤水槽,水泵。这个很重要,鱼养得好不好全看过滤,如果缸小,过滤系统完善,可以不加充氧泵。另外,还需要灯光照射,良好的光照对鱼、对水槽都很重要,也可以提高水族箱的观赏效果。中大型的群养鱼类,更要注重水体循环过滤系统的建设与维护,同时养成定量、定时投饵的习惯,适时调整鱼缸的密度也是非常重要的。

9. 混养热带鱼要注意什么?

答:①体型不宜相差过大:大欺小、强凌弱是鱼类的生活法则,同箱饲养体型相差过大的热带鱼,小型鱼随时有被大鱼吞食的危险。②分层饲养:充分利用水中空间。由于不同品种的热带鱼具有不同的生活习性,因此对水的深度也有不同的要求和适应范围。在水中含氧充足时,不同品种热带鱼分层生活的现象是非常明显的。像金丝鱼、金银带鱼、斑马鱼、红尾玻璃鱼、蓝三角鱼、五彩金凤鱼等都喜欢在水上层活动,而虎皮鱼、拐棍鱼、金鼓鱼等则喜欢中层水域；红绿灯鱼、扯旗鱼、各种凤凰鱼、鼠类鱼、异形类鱼等则是些典型的底层鱼。当然也有一些品种是无固定水深要求的。了解各种鱼对水深的不同要求，对混养是十分有用的。只要是体形差不多大，性情温和没有强烈攻击性，对水质要求基本相同的都可以。尽量不要和比较名贵的鱼种混养，以免搭配不当造成比较大的损失。

10. 长时间无人在家情况下，热带鱼该怎么办？

答：成鱼只要维持过滤和加热系统正常运行就行，但长时间不喂对幼鱼有影响。走以前和刚回来的时候千万不要多喂鱼，以免破坏养殖系统。

大型观赏鱼

斑马鸭嘴鱼

斑马鸭嘴鱼

1. 如何选购斑马鸭嘴鱼？

答：斑马鸭嘴鱼身体上的底色为淡黄或乳白，上面醒目地点缀着黑色的斜纹，具有视觉冲击力。各鳍上也拥有和体表相同的花纹,上腭延长,其背鳍和胸鳍的第一鳍刺弯曲而尖利。幼鱼尾鳍并没有尾线,在选购时这并不是问题,当它的身体超过 15 厘米后会长出来。斑马鸭嘴鱼随着身体的成长会在脸颊的两侧出现金属感很强的蓝色,但随着成长体侧的条纹也会出现变化。我们在选择幼鱼时它的条纹无论多么完美,将来也有可能变得不规则,所以请准备饲养或者刚开始饲养的朋友们做好心理准备。

2. 怎样饲养斑马鸭嘴鱼?

答:适宜生活水温为 22~28℃,pH 6.5~7.5。喜欢微暗的环境,多居于岩洞,夜间外出觅食。肉食性,食量大,以小鱼、肉块为食。生长迅速,可与大型鱼混养。容易饲养,但在水族箱中极难繁殖。

帝王三间鱼

帝王三间鱼

1. 帝王三间鱼的外形特点是什么?

答:属鲈形目,长 30~60 厘米,最长可达 90 厘米。头大,口大,下颌突出,口裂向上。胸鳍较长,腹鳍前位在胸鳍下方。背鳍基很长,臀鳍基很短,尾鳍基部有一块黑色镶金边的大圆斑,明显似眼，故又名眼斑鲷。身上有规则的白点。

2. 怎样饲养帝王三间鱼？

答：适宜生活水温为23～27℃，pH 6.4～7.5，能适应弱酸弱碱性水质。值得注意的是在野生环境下帝王三间鱼栖息在水质清澈透明的地区，所以饲养者要特别注意保持水质。属肉食性凶猛鱼类，幼鱼就能吞食小鱼，对于活饵是永远不挑剔的，成鱼尤其对小鱼、小虾很感兴趣。

黑白魟鱼

黑白魟鱼

1. 如何选购黑白魟鱼？

答：黑色的盘体上点缀着白色圆点（通常成3、2、1排列），是其最大的特征。永远流行的黑白双色系，使其成为市场上超高人气的鱼种。黑白魟鱼身上白色圆点的大小、形状、排列、颜色，及表面的粗糙度会因采集地不同而有所差异。幼鱼挑选：黑白魟鱼在幼鱼阶段底色呈灰黑色的个体通常在点的变化上会更丰富一些,而通常在幼鱼阶段底色呈黑色明显的个体,未来点的变化潜力确实微乎其微。

2. 怎样饲养黑白魟鱼?

答:黑白魟鱼活泼好动,淘气乖巧,如果混养另类长尾鱼种,一定要注意黑白魟的淘气犯上来会咬伤长尾鱼而丢掉尾部部分。黑白魟在河魟鱼属里是属于超级顽强一族,肠胃功能相当发达。只要是新鲜的食物,健康的黑白魟鱼都会很容易接受,而且训饵也相对的容易一些。适宜水温 24～32℃,适宜水质 pH 5.5～7.2。不要让温度急剧地变化,如果温差过于激烈地变动,黑白魟鱼很容易死去。黑白魟鱼对氧气量的要求上也相对高一些,这些都是要注意的。

七星刀鱼

七星刀鱼

1. 七星刀鱼的外形特点是什么?

答:成鱼体长可以达到 80～90 厘米。身体的前半部宽厚,尾部尖小,背微弓隆起。体色灰黑,体侧由头到尾有 3～10 个镶白边的黑色斑点，数目不定。幼鱼期体表并无黑色斑点，只有10～15条淡淡的斜纹，长大后才变成黑色斑点。雌、雄鱼不易区分，性腺成熟的雌鱼腹部膨大肥满，雄鱼腹部窄瘦。

2. 怎样饲养七星刀鱼？

答：适应性很强，在一般水质中都能成长，适宜水温24℃以上，最适温度28℃。食肉为主，碎肉、鱼块均可投喂，最喜欢吃活的鱼虾。属夜行性鱼，所以白天不爱游动，夜间出来捕食。喜欢暗的地方，最好在鱼缸中提供隐蔽物，这样能使它更容易适应环境。

亚洲龙鱼

亚洲龙鱼

1. 亚洲龙鱼的种类都有什么？

答：亚洲龙鱼根据产地一般可分为三大类，即金龙、红龙和青龙。其中金龙可再分为两种：生长于印尼苏门答腊的红尾金龙和马来西亚的过背金龙。同样的，红龙也有超级红（辣椒红）、血红和橙红之分。不过，这三种红龙之间的差别会比两种金龙之间的差异来得小，而且所有的红龙都来自印尼的加里曼丹省。至于青龙，由于分布的范围广，每个地方的青龙都稍有不同，但分别不大。

2. 如何选购过背金龙鱼?

答:①仔细观察外表:过背金龙在从渔场运输到销售所在地的过程中很有可能会对幼龙造成不同程度的惊吓和损伤,例如掉鳞、断须、挤撞伤、浮潜失衡(幼龙因在机舱内外气压不等造成的头下尾上的游动状态)等症状。所以,在选购的时候切记要仔细观察幼龙的胡须、鳞片、骨骼、体形、游姿,各个鳍是否完全展开,尾鳍是否断裂,胸鳍是否有分叉骨折。要从不同的角度观察,上下左右要看得仔细周全。在这里需要特别注意的就是鳞片。具体观察办法是叫鱼商把白灯关掉,在自然光的情况下多角度观察幼龙鳞片的金色亮度和饱满度。一条血统纯正的过背金龙鱼即使是在幼龙阶段鳞片的光亮度也是很高的,珠鳞全亮,鳞片很有质感和厚重感,并闪闪发光。

②深入观察状态:有相当一部分幼龙在运输途中因为惊吓而产生缩鳍等萎靡不振的状况。缩鳍除了跟惊吓有关外和饲养的水质环境也密不可分。如果是因为惊吓而发生的短暂性缩鳍,在行家的调理下基本可以恢复,但如果是因为水质而引起的就不太容易处理了。

③密切关注进食:购买前一定要主动询问幼龙的进食情况以及具体进食的种类。有必要让店家当场投喂饵料以便于观察幼龙的进食情况。

④注意店家出示的渔场证书和芯片号是否一致:各大渔场都有自己的认证证书,中间就是芯片号,上面是中文或英文的龙鱼种类名称,对照无误即可。一般建议选购那些有知名度的大型渔场出产的幼龙。

⑤坚决不买过度压养过的龙鱼:很多店家为了使品相一般的

过背金龙鱼能卖个好价钱而把幼龙压养成一条老头龙，或者是由于店家经营不善，或多或少地会有一些龙鱼卖不掉。被过度压养的老头龙饲养起来很麻烦，体质虚弱，经常生病。最重要的是老头龙因为错过了最佳生长期，很有可能是一条养不大的袖珍型过背金龙鱼。总体来说老头龙还是比较好辨认的，有正规证书的需要仔细核对幼龙注射芯片和该龙鱼在渔场网站注册的日期。没有证书的要注意看幼龙的眼睛是否比较大，是否突出，眼睛和头顶的距离是否很接近，各个鳍的比例和身体是否协调。

3. 怎样饲养亚洲龙鱼？

答：养殖龙鱼所需的过滤系统主要有上部过滤器、外置式过滤器、上部＋抽水沙层式过滤器、溢流式过滤器几种。但要注意，在布置龙鱼箱的时候应该考虑布置一个扬水马达（冲浪泵），这样做的好处是：①可以形成强力的水流；②增加水中的溶氧量；③更加重要的是可以使龙鱼保持一定的运动量，以维持鱼体的优美体形；④可以避免龙鱼翻腮，发生翻腮时可以对翻腮进行修剪，在复原期使用扬水马达可以促使生长中的腮翼平顺。

龙鱼的食性为肉食性，大部分龙鱼的食谱为青蛙、泥鳅、蚂蚱、小虾等。龙鱼在吃食时用力过猛会撞到缸里的某一个角度以导致受伤，喂食时最好在鱼缸的中间来投食。幼鱼可以投喂刚脱壳的白色面包虫、小虾（一定要去掉头尾，最好是剥成虾球投喂以免硬壳伤其肠胃）、血虫等较适口的饵料。要少吃多餐，一天可以投喂4 次。15 厘米左右的幼龙可喂食正常的面包虫和小虾（小虾最好去掉虾剑），也可以投喂 1.5 厘米的小鱼。此时的龙鱼生长迅速，食量惊人。可适当增加投饵次数和投饵量。20 厘米以上的龙鱼可以投喂较大型的鱼、虾、泥鳅、肉块等饵料，还可以投喂各种昆虫等活饵,但要注意不要让这些饵料受到污染。另外,内脏,尤其是肝脏是不合适喂养龙鱼的,其较多的脂肪会造成龙鱼的疾病。活饵中金鱼并不是一种好的饵料,研究显示专吃金鱼的龙鱼所染上的传染病或寄生虫几乎全是金鱼传染的。人工饵料可以买成品的龙鱼专用饵料。不过刚开始投喂人工饲料的时候龙鱼会很不习惯,需要人工驯饵。

每周更换水族箱中 20%～30%的水量,水中氨含量不要超过 0.1 毫克/升。不要使温度、pH 值突然变化,否则会导致龙鱼的突然死亡。换水时一定要小心谨慎,避免龙鱼受惊。要注意避免大量换水。

印尼虎鱼

印尼虎鱼

1. 如何选购印尼虎鱼?

答:买印尼虎鱼大多从幼鱼买进。幼鱼的挑选非常麻烦。多数幼鱼都有保护色,受到惊吓和环境的变化会改变体色,变深或者变浅。由于幼鱼在受到惊吓的时候绝大多数是会变黑的,给挑选带来极大的麻烦。如果受到惊吓的时候还能保持鲜艳的体色,纹路清晰,这种幼鱼一般不建议选购,因为这样的鱼已经失去了应激反应，很可能快要死亡。受到惊吓的鱼多少都会改变体色，纹路会变深或者变浅的一般是健康的鱼。

2. 怎样饲养印尼虎鱼？

答：因为印尼虎鱼是肉食性鱼类，所以不能和小型鱼混养。需生活在弱酸性至中性软水中，有一定的低盐度的水体，水中需加盐。有岩石、石洞等隐蔽环境的地方为好。在印尼虎鱼的正常饲养过程中，发现其经常用身体摩擦缸壁、水泵等，属于自身生活习性。这种情况发现多发生在鱼新入缸或者水质动荡严重的时候，比如采取大量换水的措施以后，更为明显。适应水质以后，擦缸现象基本消失。遇到这种情况，大可不予理会。只需要做好平时的日常水质管理工作即可。

中型观赏鱼

阿里鱼

阿里鱼

1. 如何选购阿里鱼？

答：阿里鱼是马拉维湖慈鲷中最常见的品种之一，其华丽的蓝色为它赢得了"蓝色闪电"的称号,吸引了一大批慈鲷爱好者,风靡几十年而经久不衰。阿里分布在马拉维湖全域。马拉维湖南部出产的地域型基本上从头部到背部呈白色,这种鱼被称为"冰山",观赏价值更高。雄性阿里鱼十分好斗。雌性阿里鱼和幼鱼身体显现琥珀色并有若干垂直条纹,体形比雄性小很多,体色差异明显。可以根据强壮和色彩表现程度做出选择。

2. 怎样饲养阿里鱼?

答:适宜水温为 22～28℃,喜好弱碱性的硬水,对水中的亚硝酸非常敏感,所以需经常换水,以保持水质的清净。对食物几乎不挑剔,特别偏爱血虫。

菠萝鱼

菠萝鱼

1. 菠萝鱼的种类都有什么?

答:目前市场上常见的是金菠萝鱼和喷点菠萝鱼。

2．如何选购菠萝鱼？

答：选购菠萝鱼，眼睛要红，身体要黄，身材尽可能宽而短，上下鳍长度超过尾部。如果长到10多厘米了身上还没红点的鱼一定不是喷点菠萝鱼。如果是亚成鱼或成鱼，可以观察缸内哪条鱼最强势（通常强势鱼会驱赶其他鱼，各鳍张开，进食欲望好，游动性强）体型最好。

3．怎样饲养菠萝鱼？

答：菠萝鱼爱在水族箱底中下层游动，性情安静温和，有挖掘底沙的习惯。容易饲养，对水质无严格要求，喜欢中性洁净的老水，pH 7～7.2。适宜水温为23～28℃。水温最好控制到26℃。食量大，不挑剔饵料，喜吃面包虫、红虫、红线虫等活饵。一般情况下性情温和，但在饥饿或繁殖等需要大量营养时，也会袭击小鱼，宜和体型较大的鱼混养。注意气候变化时容易患病。

地图鱼

地图鱼

1. 地图鱼的种类都有什么?

答:地图鱼有红白花地图、红地图鱼、黑地图鱼、白地图鱼、金地图鱼。

2. 如何选购地图鱼?

答:体格健壮,颜色鲜艳,游动有力,身体无病无伤是首选。

3. 怎样饲养地图鱼?

答:地图鱼看起来笨拙,实际上游泳很灵活,捕食敏捷。属肉食性凶猛鱼类,比较贪食,喜食动物性饵料,能摄食水蚯蚓、蝌蚪、小虾、小鱼,所以不宜与其他鱼类混养。由于这种鱼食量很大,所以生长速度很快,大约每个月可以生长3厘米。而且排泄能力极强,其排泄的大量粪便造成对水质的污染很严重,所以家庭饲养时,应分段喂食,每次少喂,不可喂十分饱。对水质要求虽不十分严格,但水质新鲜,可以大大促进鱼的生长速度。每天晚上,水族箱换水量达1/2~3/4,1个月后,体长2厘米的地图鱼可达7厘米左右。换水的同时,把地图鱼浸洗在0.5%的小苏打水溶液中10分钟,以促进代谢,增强食欲,加快生长速度。水体的pH保持在6.5~7.5,溶氧在6毫克/升左右,及时清除粪便垃圾。

地图鱼虽然比较容易养殖,但要养好并非易事。日常观察要仔细,注意温度、水质是否正常,鱼活动、摄食是否正常,鱼体鳍条、表面是否有伤等,发现异常情况要及时解决。

反游猫鱼

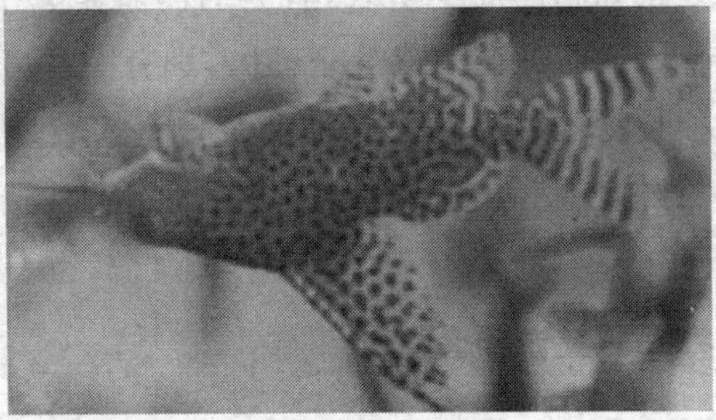

反游猫鱼

1. 反游猫鱼的种类都有什么?

答:反游猫属于热带鲶科鱼类,因产地不同,其品种、体色、体型、大小差别较大。目前按其生存环境大致划分为“河川型反游猫鱼”和“湖泊型反游猫鱼”两类。河川型反游猫鱼主要分布于西非奈及利亚湖、尼日湖和萨伊水系。常见的品种有“满天星反游猫鱼”和“黑翅反游猫鱼”等。这些品种适应能力极强,对水质要求较小,可在弱碱性至弱酸性水域中良好生存、生长和繁殖。湖泊型反游猫鱼主要分布于西非坦干伊克湖、马拉威湖、维多利亚湖。常见的品种有“花点反游猫鱼”和“维多利亚反游猫鱼”等。这些品种对水环境要求较高,适合生存在碱性和硬度较高的水体中。

2. 反游猫鱼的外形特点是什么?

答:反游猫鱼体形多为长椭圆形,身上布满不规则的、或浅或深的棕色的斑点,头部有三对触须,上唇一对较长,下唇一对较短,是一种反应灵敏的触角器官。反游猫鱼的外部色彩没有其他一些热带鱼华丽美观,可是它具有一种天然保护色的作用。反游猫鱼的最奇特之处正如它的名字所表达的一样,就是它平常总是背鳍朝下,腹部向上,或游泳向前或静止仰卧,别有一番情趣,也是热带鱼中的一个独具特色的品种。同种反游猫鱼的雌、雄区别比较容易,一般雄鱼身体较雌鱼瘦小,雌鱼体较肥壮。

3. 怎样饲养反游猫鱼?

答:反游猫鱼喜生活在稳定的水环境中,适宜水温为24~26℃。饲养箱要大一些,不能太小。反游猫鱼的食性杂,除食人工饲料和活饵以外,饲养箱内应种植一些菊花草、慈姑草、金鱼藻等水草供其啃食。反游猫鱼平时喜在较暗的环境活动,所以水族箱最好用间接的散射光照明为好。

飞凤鱼

1. 飞凤鱼的外形特点是什么?

答:飞凤鱼是国人及海外华侨较喜爱饲养的一种观赏鱼,一般和"龙"混养,寓意:龙飞凤舞、龙凤呈祥等。飞凤鱼体呈侧扁形,体色随光线变化忽深忽浅。雌、雄鱼容易区别,处在发情阶段的雄鱼,体上星条纹散乱不齐,体色艳丽;雌鱼体色较暗,腹部宽大肥满。

2. 怎样饲养飞凤鱼?

答:可耐18~20℃低温,最适水温为22~26℃,对水质要求不严。食性很杂,除摄食动物性活食外,也吃配合饲料,还吃嫩叶等

飞凤鱼

植物性饵料。喜阳光。性情活泼,可以和其他鱼混养。同种鱼群养宜雌雄鱼比例均衡。

红宝石鱼

1. 如何选购红宝石鱼?

答:①背部呈赤褐色。②鳞片金属光泽厚重。③第一鳞框明显。④金属鳞框已达第四排或以上。⑤头部平滑、口部吻合。⑥须长且挺直。⑦各鳍较宽大。⑧后三鳍黑影线平顺。⑨尾鳍下半部及臀鳍、胸鳍较红。⑩游姿好、活动力强。

红宝石鱼

2. 怎样饲养红宝石鱼?

答:红宝石鱼身体强壮,较喜欢在底层活动,容易饲养。喜欢中性水,弱酸性和弱碱性水质并不太合适。在 20℃以上的水温中,能很好地生长。摄食量大,不择食,喜欢吃红虫、水蚯蚓、面包虫等动物性饵料。红宝石鱼性情比较暴躁,经常攻击其他品种的热带鱼,还会吞食其他品种的幼鱼。所以,红宝石鱼最好是单独饲养。若要混养,则应该与体型相同的大型热带鱼混养,切不可与小型鱼,特别是灯类鱼混养,以免发生意外。红宝石鱼有挖掘的习惯,应该是来源于其在原产地会挖掘底砂获取食物的习性。所以,饲养这种鱼的时候要有专门的底砂,且种植水草的时候要非常注意,避免种植密度过低被它们钻空砂子挖掉那些"可怜的"草。

皇冠狗头鱼

皇冠狗头鱼

1. 如何选购皇冠狗头鱼?

答:皇冠狗头鱼是纯淡水狗头鱼中个体最大的,在鱼缸中可以成长到 60 厘米。因其温顺的性格,故是唯一一种可以和其他大型鱼混养的狗头鱼品种。黑色体色配上黄色的迷宫纹路，随着成长，花纹还会越来越密，挑选时注意观察眼睛是否明亮，不要附有白膜，身体无伤，各鳍完好。

2. 怎样饲养皇冠狗头鱼？

答：保持水质清澈良好，弱酸、弱碱性水质均可。水温保持在24～28℃。注意溶氧量。可投喂小鱼、小虾、泥鳅、鸡肉、螺蛳等天然饵料。

皇冠九间鱼

皇冠九间鱼

1. 如何选购皇冠九间鱼？

答：体椭圆形，头部较小，吻部稍尖。背部具一黑色小脂鳍。幼鱼体呈橘色，身上具六道明显黑色条纹延伸至腹部，成鱼的体色则呈深褐色，条纹不明显呈灰色。皇冠九间鱼产自非洲，是喜食好动的品种，挑选时要注意鱼游动灵敏、反应迅速、无病无伤、食欲旺盛。

2. 怎样饲养皇冠九间鱼?

答:皇冠九间鱼属于中底层鱼类,游泳能力佳,在河川或湖泊的浅水域中活动。属杂食性品种,喜好吃甲壳类、昆虫、蠕虫及植物碎屑。适宜生活水温为 22～26℃,以中性水质饲养为宜,虽然在过于酸性下的水质中也能生存,不过显现不出漂亮的颜色及光泽。皇冠九间身长可超过 30 厘米时,长期饲养可在滤材中放入些许的珊瑚砂来保持 pH 值稳定。

火口鱼

火口鱼

1. 火口鱼的种类都有什么?

答:①紫红火口鱼:体长 20～25 厘米,原产于中美洲危地马拉。喜好弱酸至中性水质,干净的软水。性情凶悍,色彩变化大,有些鱼色彩艳丽,但养得不好则毫无特色可言。比较容易繁殖。雄鱼发情时异常凶猛,配对时必须特别小心,否则其伴侣常被攻击致死。由于它是繁殖血鹦鹉的亲鱼之一,因此目前市面虽不多见,但在渔场中却是炙手可热的鱼种。②胭脂火口鱼:看到它在面颊下缘鲜红的色泽,就可以明白如此称呼是最恰当不过的了。属于大型的南美慈鲷。平时只是静静地停留在某一角落,守卫着属于自己的地盘,在繁殖季节到来时显得异常的暴躁凶猛,常攻击得别的鱼遍体鳞伤甚至致死,但由于它的遗传因子极强而固定,所以成为从事育种玩家收藏的鱼种。③珍珠火口鱼:产于南美河川的中型慈鲷,最大体长 20 厘米,线条较为浑厚常给人一种易于亲近的感觉。在成熟的雄鱼身上会散发着如黄金般的光泽,同时在其身上会出现如珍珠般绚丽的花纹。在争斗时往往会将下颚至喉部鳃后侧的薄膜鼓起,看似黄麒麟,所以常引起混淆。④红肚火口鱼:南美中小型慈鲷,体长只有 10 厘米,脾气非常暴躁。有强烈的领域性,常不时追赶进入其领域的鱼只。在繁殖期间经常会鼓胀其鳃膜恐吓敌人。会有吞食泥沙过滤其中饵料的习性。

2. 火口鱼的外形特点是什么?

答:火口鱼体长 12~18 厘米,侧扁,体呈纺锤形、尾鳍扇形,后边缘平直不开叉,背鳍、臀鳍均较宽大、延长,末端呈尖形。火口鱼的基色调为灰色或灰褐色,体侧有 6~7 条黑色粗条纹,鳃盖前部和口部为鲜红色,故有火口鱼之称。鳃盖后部下方有带绿色边缘的黑斑,其周围是蓝色和其他颜色组成的斑点、条纹,在阳光照耀下闪闪发光。眼睛黑色,眼眶绿色而发光。各鳍呈棕红色,边缘色深,并布满闪光的蓝色条纹。雌、雄鱼的外表相似。一般雄鱼背鳍比雌鱼的尖而长,鱼体比雌鱼大,色彩比较艳丽;雌鱼的背鳍较短,末端呈圆形,但性成熟时其腹部较膨大。

3. 怎样饲养火口鱼?

答:火口鱼属下层水域鱼,身体强壮。养殖水族箱要大。喜欢中性水,适宜温度为20～30℃。摄食量大,不挑食,容易饲养。但火口鱼性情比较暴躁,在水族缸中横冲直撞,袭击其他鱼,吞食小鱼,故不宜与其他鱼混养。

金鼓鱼

金鼓鱼

1. 金鼓鱼的外形特点是什么?

答:又名金钱鱼,体呈扁圆盘形,长可达20厘米。尾鳍为扇状,背鳍前部有10根毒刺。整个鱼体为浅黄色,腹部为浅蓝绿色,全身缀以黑色圆斑点。当体色呈夺目的金黄色时,游动灵活,其身体健康程度最佳。

2. 怎样饲养金鼓鱼?

答:金鼓鱼喜欢活动在水层的中下层。属杂食性鱼类,不挑食，人工、天然饵料均可。由于爱吃草，所以不宜在水草缸中饲养。适宜水温为22～26℃，喜弱碱性的硬水，可在水族缸内加入5‰食盐。由于个体大，生长快，所以水族箱不能小。较容易饲养，但在水族缸里很难繁殖成功。金鼓鱼貌似凶狠，实际是很温顺的品种，可以和同规格的温和鱼类混养。

罗汉鱼

罗汉鱼

1. 罗汉鱼的种类都有什么？

答：罗汉鱼通常分为以下四大品系，每个品系又能分出许多个商业品种。①花罗汉品系：是最早培育出来的。色彩比较单纯，多以青色，电光色，淡色为主。身体呈四方形，头分为水头、角头，背鳍和腹鳍都有细长的末端，能“包”住尾鳍，或直接接触到尾鳍，有连接在一起的感觉，以体形、尾形为欣赏重点。代表品种有笑佛、金刚罗汉、花财神、千僖罗汉、花和尚罗汉、红花寿星、花罗汉等。②金花品系：是继花罗汉品系后，培育出来的鱼种。其体形继承了花罗汉品系，有一副四四方方的福态身躯，给人一种稳重的感觉。有别于花罗汉品系的是它们有不同变化的色泽，属于比较鲜艳活泼的类型,欣赏重点是他们的体型和绚丽的色彩。代表品种有七彩凤凰罗汉、金凤凰罗汉、金花财神、金花罗汉、寿星罗汉等。③花角品系:花罗汉鱼中的后起之秀,比花罗汉品系的鱼性成熟早。体型多以长条形或三角为主,背、腹鳍向外张开,整体看上去像三角形,尾鳍展开比较平整。身上的颜色鲜艳,大部分品种近侧线处有黑色或深色黑斑点体纹且连成一条粗线,横列在身体中间。代表品种有七间虎头、火玫瑰、焕然一新、燎原之火、高吉花角、五色财神等。④珍珠品系:身体的色彩像金花品系一样,相当丰富。体型偏向三角形,大多数品种都有高隆的头,荔枝头、硬头、角头较少。尾鳍多下垂,舒展不完全。大多数珍珠品系头、胸部呈鲜红色,身上有珍珠般的金点,性成熟较早。代表品种有东姑罗汉、珍珠罗汉、金水银、七彩罗汉、汗血宝马、福星罗汉、黄金珍珠罗汉、金镂衣、珍珠麒麟等。

2. 如何选购罗汉鱼?

答:选购罗汉鱼,应以健康为首要条件。一条健康的罗汉鱼必须具备有神的眼睛、鳃盖无缺陷或外翻、完整无缺,并能完全展开的所有鱼鳍、体型对称均匀、体色亮丽等条件。除此之外,一条好的罗汉鱼还需具备:宽短的身形、钝平的口吻、结实厚紧的背部肌肉、分布均匀的斑纹、遍布全身包括鱼鳍的珠点等条件。此外,选购鱼的时候,还有一些细节需要注意:①挑选小的罗汉鱼苗最好要看它的父亲和母亲,如果亲鱼的质量好那么小鱼的品质也不会差。②幼鱼的身型最好要1∶1.5的比例,身上的墨斑要连贯,鳞片要亮度高。最好挑选背部没有黑斑的,有黑斑就可能是母鱼。③要看幼鱼的眼睛不要过大,失去比例那就可能是渔场压过的鱼,可能长不大。不要挑选幼鱼身上有黑色条纹的,那样的鱼很难长大。

④挑选不怕人的鱼,要颜色明亮、身体饱满的。⑤好斗是罗汉鱼的本性,所以挑选好斗的小罗汉鱼苗是首选。⑥有鱼鳞脱落和拖白便的不能要,可能已经患病。⑦品种的选择是很难的,主要是观察眼睛,白眼睛的是金花品系,红眼的是珍珠品系。新的杂交品种也很多,有的基因还不稳定,所以无法评定。

3. 怎样饲养罗汉鱼?

答:养殖罗汉鱼应采用“四定”投喂法,这种方法有利于培养罗汉鱼良好的生活习惯,也有利于它的健康。①定时:每次投喂的时间要固定,使罗汉鱼形成良好的进食习惯,减少消化道疾病的发生。一般每天喂食2~3次。喂食时间应根据季节、温度及气候做相应的调整,如在气压低的天气条件下,喂食次数和每次喂食时间就可以相对减少。②定点:每次投喂饵料的位置要固定,这样时间一长,罗汉鱼就会养成定点吃食的习惯。③定质:要保证饵料的质量既新鲜又有营养,不可投喂变质或过期的饵料,有条件的话可以用紫外线对饵料进行杀菌。④定量:投喂的饵料量要相对固定,不能忽多忽少,一般给饵量为罗汉鱼体重的1%~2%比较适宜。并根据罗汉鱼的大小、摄食情况、季节变化等来决定应该投喂的饵料量。每次不要喂得太多,以罗汉鱼在10分钟内吃完为宜。喂食时要注意罗汉鱼的反应,当罗汉鱼食欲减退的时候要停止喂食。

罗汉鱼是一种对水质要求比较高的观赏鱼。由于罗汉鱼摄食量大,排泄物多,容易造成水质的恶化。所以要天天坚持观察水体的情况,发现水温和水色异常、水体混浊等现象,要及时采取相应措施。如果有条件的话,最好每天检测一下水体的各项指标,按照养殖罗汉鱼的要求做到及时掌握、及时调整。罗汉鱼的品系和规格不同，对水质的要求也不一样，所以换水的频率因鱼而异。如珍珠品系的罗汉鱼喜欢新水，故换水的频率要高，每隔 3～4 天换水一次；金花品系的罗汉鱼比较喜欢在老水中生活，故每隔 10 天左右换水一次即可。加强对配套设备的检查和维护，配套设备是否运行正常。每天检查鱼缸有、无漏水现象，过滤器、水泵等是否正常运行外，更重要的是经常对这些设备进行维护保养，以保证其运行效率。如定期对过滤器进行除污清洗，避免因污物积累过多而降低过滤效率；及时清除水泵进水口，保证水流量等。

魔鬼刀鱼

魔鬼刀鱼

1. 如何选购魔鬼刀鱼？

答：魔鬼刀鱼也叫无背鳍鳗，俗称黑魔鬼。成鱼体长 45～50 厘米，鱼体呈刀形，极侧扁。通体黑色，背鳍、胸鳍、腹鳍、臀鳍合为一体，宽大而发达，成波浪形。尾鳍棒状，有两块白色斑块，会随成长而退化消失。眼睛退化，只能感觉到明暗。

魔鬼刀鱼观赏性较高，泳姿奇妙。长鳍摆动，波浪形曲折迂回，随意地向前向后游动，也可侧身平游或上、下直游。其灵巧、美妙的游姿就像一片黑色的羽毛在风中舞动，让人喜欢不已。选择时注意鱼体干净无伤，游动起来飘逸自然。

2. 怎样饲养魔鬼刀鱼？

答：魔鬼刀鱼是夜行性生活，大多数时候，它们躲藏在密植的水草丛中或岩石、沉木的缝隙等幽暗环境里。适宜水温为22～28℃，对水质较为敏感，喜好弱酸性的软水。喜欢摄食动物性的活饵，却也十分容易接受各种人工饵料。性情非常温和，可以和绝大多数热带鱼混养。但成鱼会吃小鱼，须注意分开。

喷点红剑尾坦克鱼

喷点红剑尾坦克鱼

1. 如何选购喷点红剑尾坦克鱼？

答：金黄色的底色，满身的黑色喷点，生气时和情绪好时全身会呈黑色，只有毛刺和眼睛呈金色。鱼的健康状况能从鱼鳍上分辨出来，各鳍边缘皆呈鲜红色，否则就要注意身体状况是否良好。

2.怎样饲养喷点红剑尾坦克鱼?

答:人工饲养红剑尾坦克鱼需要提供均衡的天然和人工饲料,像瓜菜类的天然食品,是供给鱼维生素 C、适量矿物质和纤维质的重要物质。在饲料的挑选上,也要注意尽量给鱼挑选比较易软化的饵料。切勿投入快速溶解和碎末状的饲料,因为这样的食物往往在鱼还没有出来吃饲料前就已把水体污染。可在水族箱中混养一些吃菜蔬类的鱼类,可以把残饵清理掉。一般而言,喷点红剑尾坦克鱼属于健康好养的鱼种,鱼缸水体 pH 6.8~7.5 都没有问题,硬度中性偏软即可。红剑尾坦克鱼喜欢原生环境开阔的水体,很难适应水族箱中局促的环境。水族箱中不变的光线跟原始环境中对比强烈的光线有很大的不同,所以红剑尾坦克鱼会躲起来,使饲主无法看到鱼只的游动和数量。因此最好能保持灯光照明时间 8~10 小时,并且使用二段式灯光(2 只灯分开),平时将全部灯打开。喂食时,可关掉一半的灯,睡眠时将灯全部关掉,给鱼充分的休息时间。喷点红剑尾坦克鱼会在以下的情况体色表现很好:ⓐ水质适合;ⓑ氧气充足;ⓒ稳定的强光;ⓓ快要死亡。不要以为喷点红剑尾坦克鱼经常躲藏不动是不要活动空间的鱼,其实在摄食和追逐戏打时非常需要急速回游的大空间,可间接减低因打斗受伤的机会。对水族箱大小的要求是越大越好,这样除了可以为鱼提供较宽松的环境外,也可看到鱼儿最好的状态。很多异形迷都会提出相同的问题,到底缸底是否应该铺上砂子?其实缸底不铺砂子是为了方便水质管理。另一种裸缸的原因是为了更清楚地观察鱼只,尤其是对体表染病的鱼只来说。而且,选购砂子也尽量选择对水体 pH 值没有影响的。尽量选用小颗粒的砂子，如果砂子颗粒太大，会残存饵料，污染水质，发挥不了过滤器的作用。切忌选购珊瑚砂，因为喷点红剑尾坦克鱼会在觅食时把它啃碎，使水体浑浊，也会伤到鱼鳃。大部分观赏鱼品种都可以和红剑尾坦克鱼一同混养。如活动于中上层的小型鲤科、拟鲤科，或神仙鱼都是不错的选择。

七彩神仙鱼

七彩神仙鱼

1.如何选购七彩神仙鱼?

答：七彩神仙鱼体长可达 20 厘米。体近圆盘形，扁平。体色丰富多变，有以红色为主基调的红七彩，以棕色为主基调的棕七彩，以蓝色为主基调的蓝七彩，并以红、黄、蓝、绿、黑、棕、白、紫色等为点缀，花色繁多，美不胜收，素有“热带鱼王”的美称。购买七彩神仙鱼最好选购 2～4 寸的小鱼，因为此阶段的鱼价格较便宜，也易于日后饲养。

2. 怎样饲养七彩神仙鱼?

答:饲养七彩神仙鱼要准备大展示面的鱼缸。中鱼或成鱼的养殖缸建议采用长×宽×高分别为120厘米×50厘米×45厘米的规格,种鱼繁殖缸建议采用长×宽×高分别为50厘米×50厘米×45厘米的规格,这几种规格的缸适合养殖,能合理利用空间,便于管理。

七彩神仙鱼对水质要求极严,饲养有一定难度。日常饲养用水的pH值为6.5~6.8,属弱酸性软水,饲养水温26~30℃,以水温28℃最为理想。北方地区养七彩神仙鱼要用加热棒。

不同阶段的饲养和管理如下。

幼鱼期(1~5厘米):幼鱼摄食饵料非常重要,需要2~3小时就喂一次。投喂量是以3分钟内吃完为原则。喂食时先别给得太多,不够吃可以再补充一些,不要喂得十分饱。饵料有冰冻丰年虾或线虫。这时期的幼鱼喂的次数多,水质一定要处理好,每天可以换2次水,换水量都在50%以上,水温控制在28~30℃。

中鱼期(4~12厘米):此时的主要食物是人工汉堡,以丰年虾、赤虫为辅,喂食的次数一天可降至3次。由于中鱼身上的色彩逐渐扩展,所以要给它一个较大的空间。在换水方面,每天更换1/2或1/3即可。

成鱼期(12~14厘米):七彩神仙鱼身上的色彩要到成鱼期12厘米以上才会正式表现出来,这时七彩神仙鱼开始出现配对的情形,体色会变得更艳丽,上下鳍的黑晕轮廓加深,有占地盘的现象。成鱼每天投喂2次,以人工汉堡为主。在换水方面,每天换1/3即可。

种鱼:既然被叫做“种鱼”,表示此鱼开始进行繁殖了,有一点必须切记的是亲鱼带仔是很消耗体力的，应喂少量赤虫或汉堡以补充体力和降低污染。

3. 如何繁殖七彩神仙鱼？

答：①繁殖缸的设置：

位置：七彩神仙鱼是种胆小怕吓的鱼，繁殖期的七彩神仙却刚好相反，亲鱼常作威猛状去保护选好的产卵区域、鱼卵或幼鱼，有时会主动攻击靠近的人、鱼或物体。因此繁殖缸的位置宜较隐蔽，避免惊动产鱼做出太过激的行为。正哺奶的亲产鱼受惊时，有时会把自己的仔鱼吃掉。

器材：ⓐ气泵：出气不可太大，给予亲鱼较宁静的环境。出气太大也会使水流湍急，影响产鱼射精于卵子时的成功率。ⓑ生化棉：产缸不设滤水器，因为滤水器会制造湍急的水流及误吸刚孵化出的幼鱼。生化棉则较适中，也是唯一吸滤的器材及创造水处理系统的媒介。ⓒ产卵器：母鱼的天性是将卵黏附于较圆滑的表面，产卵器的功能是在繁殖缸里吸引母鱼排卵。产卵器宜放在中间，母鱼习惯把卵产于较隐蔽的地方，如产卵器的背面，然后旁边守卫。ⓓ照明设备：母鱼产卵时忌照强光，强光会使亲鱼不安，降低孵化的成功率。

②繁殖期的鱼：ⓐ雌鱼：成熟期的雌鱼会开始寻求伴侣。未找到适合对象的雌鱼通常不会产卵。雌鱼一生会排 22～25 次卵。而每 7、8 次后会有一段很长的休息期来恢复体力。但排出的卵若一直未能孵出幼鱼的话，母鱼会不断地排卵，排卵次数可能会远远超出正常范围。产卵量则根据母鱼的身体状态而定，年轻的母鱼初期排卵比较多，但过了高峰期后，产量会减少。产量同样也视水质及饲养环境而定。ⓑ雄鱼：雄鱼的成熟期较雌鱼迟。成熟前便

会与雌鱼配对。成熟后的雄鱼能射精至雌鱼的卵上，使其孵化为幼鱼。雄鱼的排精期比雌鱼短，一般在 24 个月左右便开始衰退，不能再生产。但排精期的雄鱼较雌鱼精壮，往往一条雄鱼是可以与两条雌鱼一起繁殖。挑选精壮的雄鱼是繁殖的关键。如果雄鱼体弱，或对环境不适应，会大大降低繁殖的成功率。进入繁殖期的鱼，性情变得凶狠，往往会因争夺地盘、配偶而互相争斗。繁殖期间的鱼更加凶猛，会奋不顾身地保卫繁殖地、鱼卵或幼鱼。

③选择亲鱼的条件：ⓐ繁殖缸和水都已经准备妥当。ⓑ雌鱼已足够 9 个月，雄鱼足够 14 个月。ⓒ所挑选的雌、雄鱼均为优良品种。ⓓ雌、雄鱼都没传染病。ⓔ当看见一对鱼在大缸里霸占一角，或已开始排卵。

④繁殖的水质：ⓐ配对成功的亲鱼迁入产缸时，须水质相同。若雌雄鱼来自不同的缸，要留意 pH 值及水温不可相差太大。ⓑ水质：pH 4.5～5.5 的软水，水温 27℃。第一天不换水，以后每天只换一次水，抽换约 5 厘米水面高度的水。每天喂食一次，投喂结束后要立即把残饵吸走，保持水质不受污染。产前可喂血虫代替汉堡，因产后水将持续不换 60 小时。只有当产鱼生病，才动生化棉，否则会改变水质。ⓒ产后的水质：停止喂食，避免影响水质。保持水温在 25～26℃，pH 4.5～5.5。ⓓ孵出幼鱼的水质：把 pH 值提升至 6，水温提升至 28℃。恢复每天换水，新水较适合幼鱼的骨骼形成。继续停止喂食，避免产鱼误把幼鱼吃掉，同时避免幼鱼尝试吃饵导致窒息。

⑤亲鱼的繁殖过程：繁殖不成功的原因有：ⓐ配对不好，可能年纪相差太大，或是挑选错误，亲鱼性别相同。ⓑ未成熟，鱼未到达成熟年龄或没有生产经验。ⓒ亲鱼有缺陷。ⓓ疾病，进入产缸前已染病。ⓔ环境，如果干扰太多，亲鱼会把卵甚至幼鱼吃掉。此外，灯光太强、产卵器不合适、pH 太高、水温太高、水流过急、紫外

光等都会造成繁殖受挫。

产卵时亲鱼身体震动，不时清洁产卵器，两鱼互相拍打尾巴。两鱼的生殖器露出，雌鱼沿产卵器向上产卵，雄鱼随即向上移动并向鱼卵射精。产卵后，亲鱼轮流照顾鱼卵吹气，守卫鱼卵。遇有敌害，通常一鱼守卫，一鱼出击把敌人吓跑。

鱼孵出 60 小时内，亲鱼仍轮流守卫，照顾幼鱼，有时会把幼鱼吸进嘴里移到适当及安全的位置。鱼卵孵化，48～60 小时卵便孵化成幼鱼，50～60 小时后幼鱼开始游动并到亲鱼身上去吸食营养液。亲鱼身体上分泌营养液，称之为奶汁，是幼鱼最初期的食物来源。鱼孵出 60 小时后，小幼鱼开始吸食父母身体分泌出来的营养液并跟着父母四处游动。游开的小鱼被父母吸到口里，搬到安全的地方。若小幼鱼数量太多，父母的负担会很大，体色变黑。鱼孵出后 10～12 天，幼鱼身体已较强壮，游泳能力加强。可以断奶分缸了。刚戒奶的幼鱼可吃刚培养出来的丰年虾幼体。

⑥须注意的要点：亲鱼只能提供营养液 6～7 天，否则会因过劳影响身体状况。亲鱼在幼鱼搬离后会休息 3～4 天，跟着有可生产下一批小鱼。亲鱼会连续这样生产约 11 次，一般头 3 次生产多不成功。生产 11 次后要休息很长一段时间才开始第二期的排卵。

⑦后期处理：ⓐ捞取幼鱼。把幼鱼捞起来放到 14 厘米×8 厘米×8 厘米的小缸中饲养。具体步骤：把产卵器取起，亲鱼和小鱼会缩到一边。把水吸进小缸，使其半满。把亲鱼轻轻赶开。小心地把游离的小鱼捞起，连渔网一起放进小缸，让小鱼自行由网游出。ⓑ幼鱼管理。幼鱼进入培养缸后用刚孵出的丰年虾喂食。每日定时投喂 3 次，分别在 11 点、15 点、19 点。每天换一次水，每次换全缸水的 1/5，保持 pH 值稳定。ⓒ亲鱼管理。移回产卵缸，让亲鱼休息及吃食。每天投喂 3 次，以汉堡和血虫为主。每天换水 1、2 次，保持水质稳定。

鹦鹉鱼

鹦鹉鱼

1. 鹦鹉鱼的种类都有什么？

答：①血鹦鹉：体色血红，体幅宽厚尾柄短。头呈三角状，眼大嘴小，最大体长20厘米。②金刚鹦鹉：血鹦鹉的变种，头顶有肉瘤隆起，大红色、体长可达30厘米以上，寿命8年左右。③紫鹦鹉：选择强健的血鹦鹉个体，喂给特殊饲料进行人工增色而成。④一颗心鹦鹉：用手术的方法剪掉仔鱼尾巴的血鹦鹉，倒立时体形似心的形状。⑤独角仙鹦鹉：采用手术的方法，把仔鱼背鳍的前端修剪成犀牛角样子的血鹦鹉。⑥糖果鹦鹉：用注射的手法使血鹦鹉变紫、蓝、黄、橙等颜色，但颜色不耐久。此外还有激光染色的吉、福、财、寿等字样血鹦鹉鱼。

2. 如何选购鹦鹉鱼？

答：无外伤，鱼鳍没有白点。颜色自然，不要选购激光上色的。挑食欲旺盛、游动正常、活力充沛的。体型较大的更容易饲养。

3. 怎样饲养鹦鹉鱼？

答:要养活鹦鹉鱼很容易,要养出体质健壮、体色艳的鹦鹉鱼却不是容易的事。每天要定时、定量投喂饵料,合理搭配饵料的营养,定期投喂鲜活的小虾、小鱼,最好选用专门为鹦鹉鱼配制的人工饵料,这种添加了虾红素和类胡萝卜素的膨化饲料,直接投喂不但方便,而且可以使鹦鹉鱼的体色更加鲜艳好看。适宜水温 21～35℃,最适水温为 25～30℃。由于遗传基因的因素,鹦鹉鱼的呼吸系统是不够完备的,其功效也只有其他鱼类的一半,所以鹦鹉需要水族箱中的溶解氧要高。鹦鹉鱼比较喜欢新水,每天应该尽可能换 1/5 的新水。血鹦鹉是对温度相当“敏感”的鱼种,在低水温和水温变动剧烈的情况下,容易因为生理反应而失去鲜艳的体色,更甚者会出现黑色的条纹或是斑纹。使用加温器提升水温在 25～28℃,可使鱼只呈现亮丽的体色和充沛的活力。

小型观赏鱼

斑马鱼

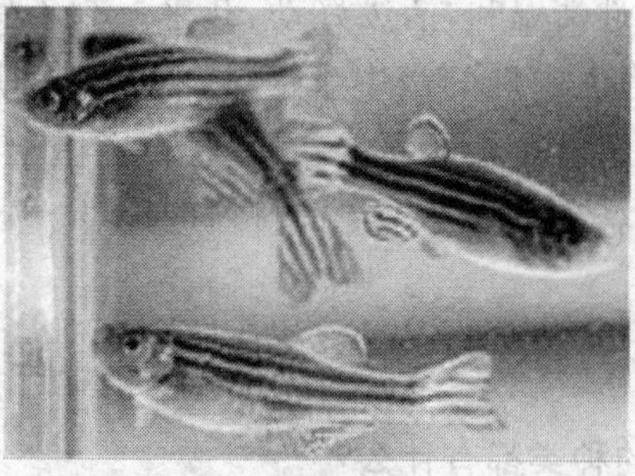

斑马鱼

1. 斑马鱼的种类都有什么?

答:斑马鱼的种类有 10 多种,主要区别在条纹和色彩上,也有鳍上的变化。有长鳍斑马鱼、金丝斑马鱼、闪电斑马鱼、大斑马鱼等种类。

2. 斑马鱼的外形特点是什么?

答:斑马鱼长 4～6 厘米,体呈纺锤形,稍侧扁。斑马鱼眼眶虹膜黄色,泛红光。与背鳍相对应,胸鳍较小。臀鳍宽大。身上有斑马样的条纹,背部为橄榄色,体侧从头至尾布满多条蓝色条纹,雄鱼为深蓝间柠檬色条纹,雌鱼为蓝色间银灰色条纹。雌雄不难区分:雄斑马鱼鱼体修长,鳍大,体色偏黄,臀鳍呈棕黄色,条纹显著;雌鱼鱼体较肥大,体色较淡,偏蓝,臀鳍呈淡黄色,怀卵期鱼腹部膨大明显。

3. 怎样饲养斑马鱼?

答:斑马鱼性情温和,活泼好动,几乎一刻不停地在水族箱中嬉戏。斑马鱼喜在中性的水中生活,既耐寒又耐热,水温在 15～40℃仍可生活,适宜水温为 21～26℃。喜在上层水域活动觅食,对饵料不挑剔,各种鱼虫及人工饲料均可投喂。

灯鱼

1. 灯鱼的种类都有什么?

答:常见品种有头尾灯鱼、宝莲灯鱼、红绿灯鱼、黑莲灯鱼、柠

灯鱼

檬翅灯鱼、玫瑰扯旗鱼、绿精灯鱼，金尾灯鱼、蓝线金灯鱼等，是热带观赏鱼中数量最多的一类。体型娇小，色彩丰富，性情温顺是它们的特点。大多数有脂鳍，口部有牙齿。喜欢生活在22～28℃的弱酸性软水中。光照以散射光为最好。部分品种需要在较暗的环境里生活。①宝莲灯鱼：宝莲灯鱼是热带鱼中的珍品。体长4～5厘米，体侧扁，呈纺锤形，头、尾柄较宽，吻端圆钝。最明显的特色是，身体上半部有一条明亮的蓝绿色带，下方腹部有一块红色斑块，全身带有金属光泽，闪闪发亮，游动时特别美丽。宝莲灯鱼性情温和，宜群养，泳姿欢快活泼，十分讨人喜爱。②红绿灯鱼：红绿灯鱼体型娇小，全长厘米3～4厘米。背鳍位于背中部，臀鳍较延长至尾柄后方，各鳍均透明。在侧线上方有一条霓虹纵带，从眼部直至尾柄前，在光线折射下反射出蓝绿色光芒。尾柄鲜红色，游动时红绿闪烁。养几十尾红绿灯鱼，如观焰火。③柠檬灯鱼：此鱼全身呈柠檬色。背鳍透明，前端为鲜亮的柠檬黄色，边缘有黑色的密条纹。臀鳍亦透明，边缘深黑色，其中前面的几根鳍条组成一小片明显的柠檬黄色线条，与背鳍前上方色彩遥遥相对，因而获得柠檬灯鱼或柠檬翅鱼的美称。④红灯管鱼：红灯管鱼最大体长约4厘米。身体中轴有一橙色条纹从吻部直伸到尾鳍。背部黄铜色，腹部浅白色。眼睛虹膜上半部为淡红色，在灯光的照射下比较显眼。

随着成长原本半透明的鳍会逐渐出现橙色斑纹,使鱼更加艳丽。⑤蓝三角鱼:蓝三角鱼鱼体长达 5 cm,呈纺锤形,稍侧扁。尾鳍呈叉形,其背鳍、臀鳍、尾鳍均为红色,并有白色的边缘,胸鳍和腹鳍无色透明。身体中部自腹鳍至尾鳍基部有一块黑色的三角形图案,因此又称黑三角鱼。

2. 怎样饲养灯鱼?

答:饲养灯鱼最重要的是水质。灯鱼原产地的土壤呈酸性,家庭自来水大多是中性的。饲养灯鱼时可把水的 pH 调到 6 左右,并种上水草,这种环境对灯鱼生长有利。换水采用少量多次的办法,每次不能超过原水体的 1/3。对饵料不苛求,鱼虫、水蚯蚓、干饲料都可摄食。

刚果扯旗鱼

刚果扯旗鱼

1. 如何选购刚果扯旗鱼?

答:刚果扯旗鱼又名刚果霓虹鱼、刚果鱼。原产地为非洲刚果河水系。鱼体长达8～10厘米,纺锤形。头小,眼大,口裂向上。背鳍高耸。腹鳍、臀鳍大而延长。尾鳍外缘平直,但外缘中央突出。体色基调青色中混合金黄色,鳞片大而具金属光泽。可以在光线的映照下,看到鱼体表绚丽多彩,非常美丽,集群游动,灵活飘逸。

2. 怎样饲养刚果扯旗鱼?

答:刚果扯旗鱼的饲养水温一般在22～26℃,水质为中性的软水,在这个情况下,刚果扯旗鱼的食欲旺盛,生长迅速。刚果扯旗鱼的饵料有鱼虫、水蚯蚓、线虫、黄粉虫、小活鱼、颗粒饲料等,投饵量应根据鱼体大小和数量多少来决定。大批量饲养刚果扯旗鱼时,每天需要投饵2～3次。繁殖时期的种鱼,一般每天投饵3～4次。

拐棍鱼

拐棍鱼

1. 拐棍鱼的外形特点是什么?

答:拐棍鱼体长 5 厘米左右,体形细长而侧扁,腹略圆。头小眼睛大。通体基调色为银灰色,体侧有一条鲜明的黑色粗条纹,从腮盖后缘起,到尾柄基部转弯向下直抵尾鳍下叶末端,形似一根弯头拐棍。在黑色粗条纹上端有白色边线,故拐棍鱼又名黑白线鱼。拐棍鱼的背鳍、胸鳍、腹鳍、臀鳍均稍呈淡黄色而透明,尾鳍深叉形。拐棍鱼最大的特点是,游动时头朝上,身体下垂于水平面成 45°,有时在水中停止时也呈此姿势,甚至能直立于水中。雌雄亲鱼较难区分,只能从成熟的亲鱼躯体宽度来区分,腹部较大的多是雌鱼。

2. 怎样饲养拐棍鱼?

答:拐棍鱼容易饲养,喜成群在水域中层活动,能与其他观赏鱼混养。它们喜欢在水温为 22～26℃的弱酸性或中性的软水中生活。喜食活饵,人工饵料也可喂食。饲养缸内要铺沙子或小块沙砾,宜多种些水草。

荷兰凤凰鱼

荷兰凤凰鱼

1. 荷兰凤凰鱼的外形特点是什么?

答:荷兰凤凰鱼,与玻利维亚凤凰鱼同属,但是颜色更为靓丽,成鱼的身上有着绚丽的花纹,并如同宝石般的闪光。雄鱼背上的黑斑加上红色的眼睛可谓靓丽非凡。雄鱼的鳍上有漂亮的红边,当雄鱼展开背鳍上四根黑色的棘条时,如孔雀开屏,非常美丽。雄鱼体狭长,活泼好动,体色较深;雌鱼腹部膨大,活动摇摇摆摆,体色较淡。

2. 怎样饲养荷兰凤凰鱼?

答:荷兰凤凰鱼属于短鲷类,寿命 2～3 年。喜好中性偏酸软水,适宜水温为 25～28℃。荷兰凤凰鱼食性比较杂,人工饲料和生饵都可以接受。人工饲料可以用薄片或是颗粒。活饵不挑食,但注意消毒彻底。投喂冰冻饵料质量要过关,且冰冻饵料最好解冻后再喂,因为这类鱼易患肠道寄生虫疾病。繁殖期间可加强营养,血虫和丰年虾都是很好的选择。荷兰凤凰鱼性情温和,小巧玲珑,几乎终日在水族箱中不停地游动。可以成对饲养,也可与其他鱼混养。因其习性上有地域性,同种之间有争斗的习性,故饲养时最好保证每对荷兰凤凰鱼有自己的领地,布置复杂些的生活环境,光线也不必太强。可以放置沉木,种植些阴性水草,供给它们躲藏和繁衍。

黑玛丽鱼

1. 如何选购黑玛丽鱼?

答:黑玛丽鱼体呈梭形,雌、雄均全身黑亮,别具一格,令人喜爱。成年雄鱼体长7～8厘米，雌鱼体长可达10～12厘米。其代表鱼有圆尾黑玛丽鱼、燕尾黑玛丽鱼、皮球黑玛丽鱼等。选购时注意挑通体黑色、眼睛明亮、尾鳍宽大、摆动有力的个体。

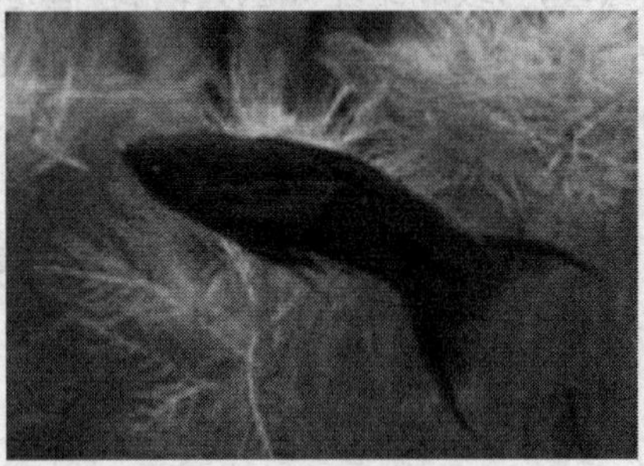

黑玛丽鱼

2. 怎样饲养黑玛丽鱼？

答：黑玛丽是卵胎生鱼类中较难饲养的一个品种。性情温和，可与其他性情温和的鱼类混养。喜弱碱性(pH 7.4)硬水，在水温为22～28℃的水中生活良好。对水温的变化很敏感，不喜欢大量换水。属杂食性鱼类，日常饲养中，以投喂活水蚤、摇蚊幼虫等动物性饵料为好，也可投喂一些新鲜的菠菜叶或莴苣叶，喜欢啃食水草和缸壁上的绿苔。更换新水后可放入少许食盐，预防疾病的发生。

3. 如何繁殖黑玛丽鱼？

答：黑玛丽鱼也是卵胎生鱼类，雄鱼臀鳍特化成交接器，雌鱼正常。雌、雄可通过臀鳍是否特化鉴别。性成熟年龄5～6个月，性成熟后可见雄鱼追逐雌鱼，完成体内受精。受精后20天左右开始繁殖。产前征兆不太明显,可见雌鱼躲在角落或水草丛中,腹部膨大,泄殖孔呈乳白色。仔鱼产量从数十尾到上百尾不等。在水族箱中繁殖应做好仔鱼的保护措施,防止被亲鱼吞食。缸底铺放卵石或水面漂浮水草,以便刚出生的仔鱼藏身。也可在特制的小笼中产仔。

黑裙鱼

黑裙鱼

1. 如何选购黑裙鱼?

答:黑裙鱼体长可达 7 厘米,体高而侧扁。头短,吻圆钝。尾鳍呈叉形。黑裙鱼体呈银白色,体侧各有三条黑色纵向条纹,一条通过眼睛,一条通过鳃盖后部,一条通过背鳍起点到胸鳍基部。鱼的颜色会随着年龄的增长而逐渐变成灰色。由于这种鱼臀鳍宽大,游动起来犹如一条摆动的裙子,又像一把摇动的扇子,所以又称为黑掌扇鱼。日常饲养中如受到惊吓或水质环境发生突然变化时,其裙尾的浓黑色会迅速变浅或完全消失。但当环境安静后,裙尾的黑色又会慢慢加深,逐渐恢复原色。因此,观察鱼体颜色与活泼程度是挑选鱼的好办法。雌雄区别:雌鱼较雄鱼大,腹部凸出。

雄鱼体瘦长,背、臀鳍末端尖长一般在 3～5 厘米。

2. 怎样饲养黑裙鱼?

答:单养可用一个小缸,群养的水族箱容积以 50 厘米×30 厘米×20 厘米为宜,长度最好不要短于 20 厘米。黑裙鱼性情温和,喜群聚,可与其他小型灯类鱼混合饲养。水族箱宜多种水草。饲养水温 22～28℃,耐低温,喜弱酸性的软水。黑裙鱼对饲料要求比较随和,各种动物性饵料、人工饲料均可投喂。摄食凶,食量大,因此生长发育迅速。喜在中水层游动觅食。

红鼻剪刀鱼

红鼻剪刀鱼

1. 如何选购红鼻剪刀鱼?

答:头部红色,吻部鲜红色,故又称红鼻鱼。全身银白,近似透明,尾鳍上有与剪刀鱼相似的黑白条纹。红鼻剪刀鱼普遍被认为是较佳的草缸闯缸鱼。对水质的变化较其他鱼敏感,其头吻部的色彩随其身体健康状态及水质的变化而变化。当水质、水温不适合或身体健康欠佳时,鲜艳的酒红色即变为粉红、不鲜明甚至无色。值得注意的是，草缸夜间无灯（少氧）状况下，其红鼻也会退色，有光后逐渐恢复。

2. 怎样饲养红鼻剪刀鱼？

答：红鼻剪刀鱼身体强壮，容易饲养。游动区域大，经常满缸群游。喜欢群居，单个水族箱里的红鼻剪刀数量最好不要少于3条，否则会蜷缩在角落里面独自承受寂寞和压力。养殖红鼻剪刀鱼的草缸能够有一定的可以躲藏的区域，可以让它们在受惊吓的时候缓解压力。性情温和，可与同体型同性格的小型鱼混养。饲养水质宜弱酸性软水，pH 5.4～6.8，适宜水温为22～26℃。养殖水体的pH值不能变动太大，会直接影响红鼻剪刀鱼的生命。杂食性，可投喂人工饲料。

红苹果鱼

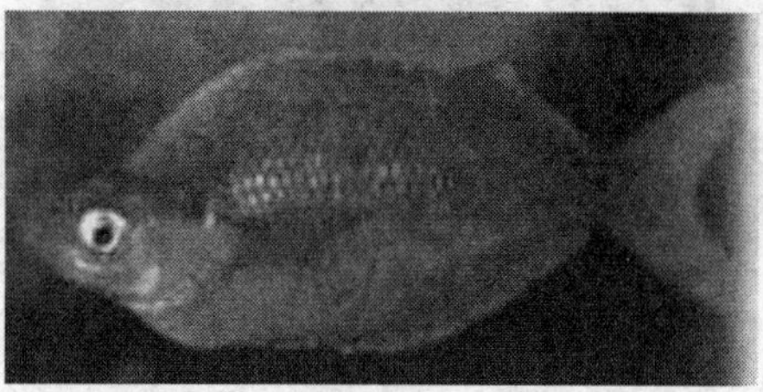

红苹果鱼

1. 如何选购红苹果鱼？

答：红苹果鱼又名新几内亚彩虹鱼、舌鳞鱼、红美人，原产地为新几内亚岛，属虹银汉鱼科。体长10～15厘米，卵圆形侧扁。头尖，鱼体腹部鲜红色，背部茶褐色。背鳍分为前、后两个，背鳍、臀鳍、尾鳍鲜红色，在水族箱中红艳无比，好似一团游动的火，非常漂亮。雄鱼体色是金属光泽的酒红色，雌鱼体色为茶褐色。购买时注意挑选鳞片细密，眼睛如扣状墨黑的个体，品质更为上乘。

2. 怎样饲养红苹果鱼？

答：红苹果鱼饲养简单，饲喂饵料可选用水蚯蚓、红虫、鱼虫等，对人工饲料的接受程度也很高。饲养水温在 22～26℃，中性或弱碱性水均可。

红尾黑鲨鱼

红尾黑鲨鱼

1. 如何选购红尾黑鲨鱼？

答：红尾黑鲨鱼又名黑鳌鱼、红尾鱼、火尾鱼。原产地为泰国，算是中型偏大的品种。体长可达 14 厘米，身体呈纺锤形，体延长而侧扁。腹部轮廓较为平坦。尾鳍叉形。全身为黑墨色，尾鳍呈金红色。红与黑置于一体，色彩分明，别具一格。红尾黑鲨鱼的另一标志是嘴上有 2 根胡须，背鳍特别宽大。背鳍高且呈三角形，位于鱼体之中后方，整体看来类似鲨鱼之体型。购买时尽量挑选活动力强，体表、唇口没有摩擦伤痕的个体。

2. 怎样饲养红尾黑鲨鱼？

答：由于红尾黑鲨鱼属于偏大型底层鱼类，所以养鱼缸须宽大略高，并植阔叶水草。红尾黑鲨鱼喜半明半暗的生活环境，胆子较小，喜欢躲在草丛中。红尾黑鲨鱼适宜水温 22～26℃，对水质要求不严格，喜欢含氧量高的老水，所以不宜多换新水。杂食性，是著名的“清扫工”，底栖生物、青苔、藻类、切碎烫过的菠菜叶、人工配合饲料等都可摄食，但偏爱鱼虫、水蚯蚓等活饵料。在养殖红尾黑鲨时，幼鱼可以同养一缸，但长成后一个鱼缸最好只放 1 尾，因为红尾黑鲨鱼领地观念独一无二，一个小小鱼缸中若有了 2 尾红尾黑鲨，常常会为领地而争斗得你死我活。所以，不宜同种群养；不与小鱼混养，可以和其他大小相当的鱼混养。如水环境不宜，营养不良，尾鳍的颜色会变浅或返黄。

虎皮鱼

虎皮鱼

1. 虎皮鱼的种类都有什么?

答:除了常见的虎皮鱼,其他变异种还有绿虎皮鱼、金虎皮鱼等。绿虎皮鱼的体形、鳍形均未变,但体色改变成不规则的绿色大斑块和条纹,非常美丽。金虎皮鱼体金红色,眼红色。

2. 虎皮鱼的外形特点是什么?

答:虎皮鱼长 4~6 厘米,体高侧扁略呈卵圆形。体呈浅黄色,背部为金黄色,背鳍、腹鳍、尾鳍和吻部均为鲜红。鱼体上有 4 条黑色粗带状竖纹,第一条竖纹通过眼部,第二条在腮盖与背鳍之间,第三条起于背鳍末端直达臀鳍起点,第四条在尾鳍基部。这些条纹,看起来似斑斓的虎皮,故得名虎皮鱼。由于它的背鳍下部也有一条黑色斜纹,所以有人又称其为五间鱼。雄虎皮鱼鳍上的红色比雌鱼的深。繁殖期间,雄鱼的鼻部及尾部会出现火一般的红色,非常醒目。雌虎皮鱼鱼体比雄鱼宽而大,尤其腹部膨大。

3. 怎样饲养虎皮鱼?

答:虎皮鱼是一种喜高温高氧的热带鱼,要求含氧量高的老水。饲养水温应在 24~28℃。每日可换 1/3 新水,这样可增加鱼的食欲。当水温低于 18℃时,虎皮鱼容易患病,水温低于 15℃时,虎皮鱼就会死亡。属杂食性,但爱吃鱼虫、水蚯蚓等活饵料,干饲料也摄食,爱吃贪食。虎皮鱼生性好动,喜欢在中层水域游动,游泳速度快,好群聚。故饲养时饲养缸要大,群养为宜。虎皮鱼之间经常发生互相斗殴和转圈追咬现象，成鱼会袭击其他鱼，尤爱咬丝状鳍条，不宜和有丝状体鳍条的鱼(如神仙鱼)混养。

4. 如何繁殖虎皮鱼？

答：虎皮鱼属于小型卵生鱼类，繁殖比较容易。在水温 25℃左右、水质硬度 5～7，酸碱度 pH 7.0 左右的小型繁殖缸中先铺设一层莫丝草或经过热水高温消毒过的棕丝，作为鱼卵的附着物。然后，选取有待产特征的雌鱼和健康的雄鱼，按雌雄比例 1∶1 或 1∶2 放入繁殖缸。在安静的环境下，雌、雄鱼很快会进入“发情”状态，显现出格外鲜艳的“婚姻色”。雄鱼会激烈地追逐雌鱼，直至雌、雄鱼相互尾随嬉戏。此后，雌鱼将鱼卵产在水草丛中，雄鱼会同时使之受精。鱼卵呈白色透明，带黏性，会黏附在水草上，数量为 200～500 粒。待产卵结束即可将种鱼捞出，以免它们吞食鱼卵。受精卵经过 36 小时左右开始孵化，仔鱼在孵化后的 36 小时内不太会游动，头朝上吸附在缸壁和水草上，完全靠吸收自身的卵黄囊生活，而后才会摄食极细小的浮游生物。此时可喂饲草履虫，也可用少许蛋黄调水后投饲。但必须注意一次不可太多，蛋黄极易污染水质，导致水质腐败。如此，再经过 7～10 天，仔鱼就可直接喂食小型的鱼虫了。

火焰铅笔鱼

1. 火焰铅笔鱼的外形特点是什么？

答：火焰铅笔鱼是一种稀有珍贵的鱼种，因其鲜红的体色和高贵的身价而被众多鱼友垂涎。火焰铅笔鱼背鳍黑色，末端红色，臀

火焰铅笔鱼

鳍没有黑色的前缘，但臀鳍的最后一个鳍条与臀鳍的后缘都是黑色。火焰铅笔鱼最大的特点是：雄鱼会有一条红色的宽带区位于第一条黑线与第二条黑线之间，这两条黑线从鱼嘴经过眼睛一直延伸到尾鳍基部，第三条黑线则从鱼嘴部延伸到臀鳍后半的基部。雄鱼与雌鱼相比，雄鱼颜色鲜艳，特别是发情期全身呈现出火红色，雌鱼则特色暗淡，一般并不呈现出红色。另外雄鱼背鳍的前缘可见明显的白色，雌鱼则没有此特征。这也是分辨雌、雄的最简单的办法。

2. 怎样饲养火焰铅笔鱼？

答：因同种间好斗，在水族箱内以养 6 尾或稍多点为宜。光照不要太强。适宜生活水温 24～28℃，pH 5.8～7.5。可以丰年虾、血虫等作主要饵料。性情温和，易与其他温性鱼相处，可与红莲灯鱼、霓虹燕子鱼等养在一起。

剑尾鱼

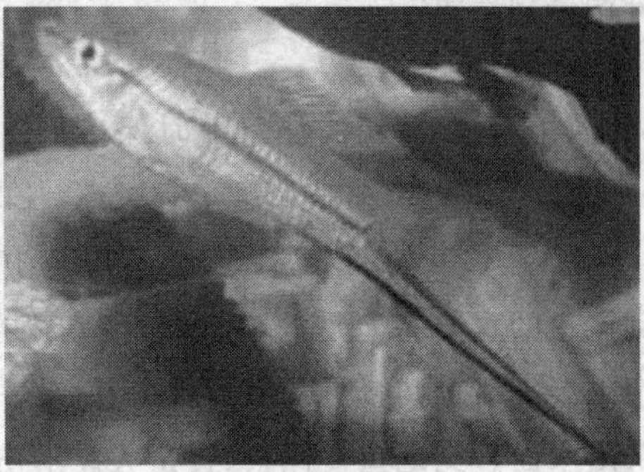

剑尾鱼

1. 剑尾鱼的种类都有什么？

答：剑尾鱼经过人工不断选优培育，可得到红剑鱼、黄剑鱼、鸳鸯剑鱼等不同花色品种，尾鳍有单剑，也有双剑（尾鳍上、下端都延长）。杂交后的品种，如红剑鱼，生长快，体格强壮，易饲养，又更具有观赏价值。

2. 剑尾鱼的外形特点是什么？

答：剑尾鱼别名剑鱼。成鱼体长可达10厘米，通体橄榄色，鳞片边缘褐色，两侧中部有一条深红色条纹，从鳃后直至尾部，条纹上下有浅蓝色镶边。雄鱼尾鳍下端延长似剑，其长度超过体长，剑尾绿色或橙色，边缘黑色，背鳍上有红斑。雌鱼色泽较雄鱼暗淡，无剑尾。

3. 怎样饲养剑尾鱼?

答:剑尾鱼属于易饲养品种,注意平时保持水质稳定,最适生长水温为18～24℃。剑尾鱼饲养水温不宜过高,长时间高温可使其寿命缩短。可忍受14℃的低水温。当水温降至10℃时,会停止摄食。饲养剑尾鱼的水要有充足的溶解氧,使其能在中下层水域活动。如果水中溶解氧少,它们便会浮在水面游动。严重缺氧时,有的雄鱼会跃出水面。剑尾鱼食性杂、食量大。不伤害其他鱼,可以混养。剑尾鱼的寿命3～5年,当发现鱼背鳍微微隆起时,即表明鱼体已进入衰老阶段。

4. 如何繁殖剑尾鱼?

答:剑尾鱼属卵胎生鱼类,繁殖能力很强。6～8月龄进入性成熟期,雄鱼开始追逐雌鱼,以交接器与雌鱼交配,完成体内受精。受精卵在雌鱼体内孵化成仔鱼后产出体外。

繁殖时要选5厘米以上的种鱼,雌雄比例以1∶1或2∶1为宜,缸底多铺一些叶柔软的水草,喂足活饵。雌鱼怀胎后腹部开始膨大并出现深色胎斑,此时应将雄鱼捞出。水体温度在20～28℃时,剑尾鱼每隔5～8周产仔一次。适宜繁殖的水质硬度为6～9度。pH 7～7.2。每胎初产仔鱼20～30尾,以后多达200余尾。仔鱼出生3个月内,水温不可有太大变动,最好保持在24℃左右。

接吻鱼

接吻鱼

1. 怎样饲养接吻鱼?

答:饲养接吻鱼,水族箱以40厘米×30厘米×20厘米为宜。适合水温为18~25℃,硬度为6~9度,pH 6.5~7.5。接吻鱼食性杂,不择食,面包虫、丝蚯蚓、人工饲料均可喂养,喂食少量多次为好。生长快,身体强壮,不易生病。它还有一个习惯,就是经常用嘴不停地啃食水草上和水族箱壁上的藻类和青苔,使水草鲜绿,箱壁保持清洁,是水族箱中名副其实的"卫生员"。在啃食箱底藻类和青苔时,常常头朝下,呈倒立状,十分有趣。

2. 如何繁殖接吻鱼?

答:接吻鱼属卵生鱼类,接吻鱼卵的体积质量小于水的体积质量,其卵是漂浮性的。亲鱼有吞食卵的习惯,故繁殖缸里应多种植一些浮性水草,便于卵附着。接吻鱼15个月生长期后进入性成熟期,一年可繁殖多次。接吻鱼繁殖并不困难。因其个体较大,繁殖缸不宜过小。繁殖用水要求硬度6~9度,pH 6.5~7.5为好。适宜水温为27℃。亲鱼可按1∶1的比例放入繁殖缸内,同时可向繁殖缸对进一些蒸馏水,以刺激亲鱼发情。经过一番追逐,亲鱼开始排卵受精。产卵过程要持续数小时。每尾雌鱼可产卵1 000余粒,有的可达2 000～3 000粒。接吻鱼没有护卵习惯,产完卵应将亲鱼及时捞出。经过36小时即可孵化出仔鱼,刚孵出的仔鱼蛰浮不动,经2天的时间开始游动觅食。开口应以"洄水"喂养,1周后可以喂鱼虫。2周后对仔鱼进行筛选,分缸饲养。如饲养得好,幼鱼生长很快,30多天即可"像模像样"了。

孔雀鱼

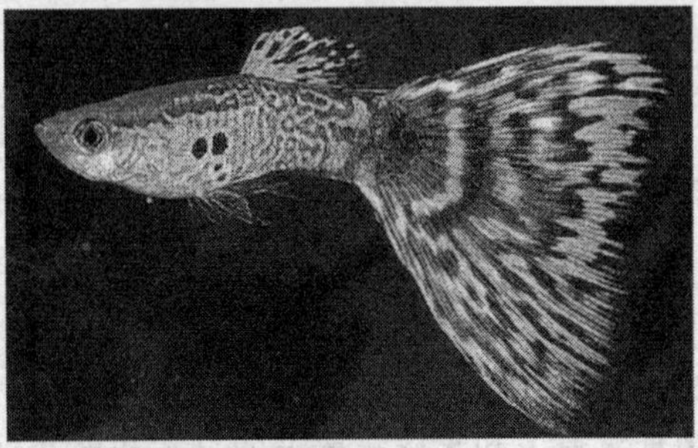

孔雀鱼

1.孔雀鱼的种类都有什么?

答:孔雀鱼的品种很多,介绍几个市场常见的品种。

①马赛克孔雀鱼:马赛克的原文是指"镶嵌细工做成的物品"。在此却是形容孔雀鱼尾部的众多色彩和花样。马赛克孔雀鱼的花纹分成两种:一种是镶嵌状的花纹,另一种是略呈环状排列的花纹。特点:尾鳍基部与身体交接处有一块"深蓝"色的色块,这点也可以用来与草尾孔雀鱼作区别。标准要求:尾鳍纹路鲜明,背鳍越宽大越好,并且纹路最好和尾鳍一致。

②草尾孔雀鱼:草尾孔雀鱼是由日本水族专家人工改良出来的品种。草尾孔雀鱼按尾鳍色泽不同,分成两种:一种是标准尾鳍的草尾,底色不拘;另一种是玻璃尾,尾鳍较为透明,因而上面的斑点就像喷点状的分布,朦胧之美犹如"纱丽"。特点:宽大的尾鳍上布满黑色圆形的细小斑点,花纹细致如草皮。标准要求:尾鳍一定要宽大,背鳍也一样,更要有厚实的感觉,花纹也应该和尾鳍一致。鱼身上呈现的色块呈自由均匀分布。

③礼服孔雀鱼:礼服是指孔雀鱼的后半身为黑色、深蓝色或其他的纯色调,而尾鳍上应该没有任何杂色斑点或花纹,整体感觉素雅大方,如穿着晚礼服的美人雍容华贵。特点:尾鳍要比品系的孔雀鱼更为宽大且长。标准要求:尾鳍部分的色泽要均匀,绝对不可掺杂任何斑点或花纹,整体的色泽需要单一化以及色彩的纯净。

④蛇王孔雀鱼:蛇王孔雀鱼身上布满复杂纹路构成的图案,看起来就如同蛇类的皮肤斑纹,总体纹路与马赛克孔雀鱼很相近,只是更为细致。特点:鱼身体表的色泽呈现蓝、绿等具有金属质感的色泽,配以细密的花纹,极为夺目。

⑤金属孔雀鱼:金属孔雀鱼是由俄国水族专家人工改良出来的迷人品种。特点:鱼身前半部分呈现出特殊的金属蓝。在水质状况不佳或者鱼体不适的时候,这块金属蓝的色块会转变成为黑色,提醒饲养者引起注意。

⑥豹纹孔雀鱼:豹纹孔雀鱼是从草尾孔雀鱼中划分出来的品系。特点:和草尾孔雀鱼的差别在于尾鳍底色一般呈黄色,鱼体与尾鳍交界部分的纹路为流水纹。豹纹孔雀鱼的起源为德系黄尾礼服孔雀鱼,因而它们的吻部呈黄色。

⑦剑尾孔雀鱼:是指尾鳍如剑般笔直伸出,根据延伸的部位不同分为双剑尾、上剑尾、下剑尾等不同形式。标准要求:剑尾末端尖锐,体色纹理呈自然表现状,具有大自然原始的风味。

⑧白金孔雀鱼:白金孔雀鱼具有另类的欣赏风格。特点:强调鱼体的特殊颜色,分为金色、银白色或者白金色等。标准要求:鱼体表覆盖的白金色应该均匀,并且最好是胸鳍、背鳍、腹鳍、尾鳍均能覆盖。

⑨单色孔雀鱼:单色孔雀鱼的标准要求:当然是鱼体色泽干干净净,不含任何杂色。

⑩古老系孔雀鱼:古老系孔雀鱼并不是指那些原始的古老孔雀鱼品种,它是一个新的孔雀鱼品系。特点:尾鳍上具有类似马赛克的斑纹,但纹路模糊不清,而鱼体表面有着类似蛇纹的纹路,却不似蛇纹那样具有凸突感,相反具有凹陷感。

2. 怎样饲养孔雀鱼?

答:孔雀鱼可以接受 18～34℃的养殖水温。最适合孔雀鱼生活的水质的 pH 6.5～7.5,硬度 10～15 度。如果低于 18℃比较容易生病,可视情况决定是否使用加温器。夏天室温常常高于 30℃以上,如果换水不勤,饲料残饵、排泄物、亚硝酸等浓度皆会快速提高,到达威胁孔雀鱼生存的地步。而且高温伴随而来的是孔雀鱼的代谢速率过快,造成体内钙质的大量流失。因此,大型的老母鱼很容易出现脊椎弯曲的情形,弯曲越大,越容易压迫内脏,威胁孔雀鱼的生存。

通常在分出孔雀鱼的性别之前,可以尽量喂食高蛋白食物,但是等到雌雄鱼可以分开饲养以后,最好不要让雄鱼吃太多高蛋白的食物,避免雄鱼的腰身变得太粗。雌鱼就不需担心,可以尽量喂食,让雌鱼的体型变得更圆润。通常成熟的孔雀鱼各种饲料都会吃得很高兴,不过要注意最好不要固定使用同一种饲料,可以偶尔变化一些口味,主要就是为了预防营养不均衡而造成问题。不过如果喂食数量增加，换水的频率也要相对有所调整，避免水质恶化速度过快，造成其中疾病滋生，为害孔雀鱼。没换水的水槽中的孔雀鱼食欲会开始降低，雄鱼的尾鳍会开始溶解或眼睛覆盖一层白膜，鱼鳍部分出血，此时要马上换水。

3. 如何繁殖孔雀鱼？

答：雌鱼体内受精的卵成熟后，腹部会鼓起，下腹部会膨胀变黑，这即是所谓的“妊娠状态”。当雌鱼在水族箱旁边上下游来游去，有异常行动出现时，是即将产仔的前兆。

在这种情况下，若有其他的水族箱，最好能和雄鱼分开饲养，以免受到雄鱼的追逐干扰而迫使雌鱼跳出水族箱外。产仔期接近时，可把雌鱼放入产卵专用的箱内。水族箱内部可以种满水草，营造出让雌鱼产仔的有利环境。繁盛的水草是稚鱼最佳的隐藏之所，不过要注意雌鱼可能会不小心将仔鱼吃掉，特别是白化系统的品种，因其视力较弱，而稚鱼的体色和鱼饵相似，所以很容易误食。产仔箱轻巧且使用容易，但不可太早放入，以预产期的前一天放入最为适当。将温度调高 2℃左右，刺激后一两天就会产仔。完成产仔后应立刻将母鱼捞出，以保持空间广阔。

产仔结束后，要让母鱼在别的水族箱中充分休养，并慎重地考虑是否让雌鱼再度产仔，以免水族箱鱼数过量，不方便管理。

健康的雌鱼每隔 21～25 天为一个繁殖循环期。不过会因水温不同或白化等品种不同而有所差异。产仔数依品种及母鱼状态而有差别，初产时约 10 只，第二次 20～30 只，第三次 30～50 只。

稚鱼在 3 周内的身体状况相当重要，有必要一天数次充分地喂食。除了注意营养均衡外，也要避免水质恶化。稚鱼停留在产仔箱 10 天左右，可以用吸管将剩余的饵食或杂质去除，以维持水质状况。可以滴入数滴的甲基蓝于产仔的水族箱中,以达到疾病预防的效果。

丽丽鱼

丽丽鱼

1. 丽丽鱼的种类都有什么?

答:有蓝丽丽鱼、五彩丽丽鱼、草莓丽丽鱼、电光丽丽鱼、血丽丽鱼等品种。

2. 如何选购丽丽鱼?

答:丽丽鱼又名桃核鱼,原产于印度。体长可达 5 厘米,体形呈长椭圆形、侧扁。头大、眼大、嘴翘。雄鱼体呈红、橙、蓝三色,头部橙色、黑眼珠红眼圈,鳃盖上有蓝色斑;躯干部有橙蓝色条纹;背鳍、臀鳍、尾鳍上饰有红、蓝色斑点,镶红色边。雌鱼体色较暗,呈银灰色,但也缀有彩色条纹,色彩炫耀夺目;腹鳍胸位,已演化成 2 根长丝体。丽丽鱼是胆小的品种,往往躲在水草、岩石后面,挑选时要仔细观察,最好要用食物引逗,根据摄食情况挑选身体健康的品种。

3. 怎样饲养丽丽鱼？

答：丽丽鱼适宜生活的水温为21～30℃，最适生活水温23～26℃，pH 6.5～7.5，比较喜欢清澈的老水。有副呼吸器官，可以依靠鳃上的辅助呼吸器官更换气体，以便直接从水面上的空气中呼吸氧。所以其可在含氧量少的水域中生活。

丽丽鱼的生长较慢，但大多数仔鱼只要给以足够的饲料，一个月体长可达1厘米。丽丽鱼性情温和，可以和其他相同大小的热带鱼混养。这种热带鱼生性善良，但却很胆怯，特别是将它们放入一个新的水族箱中的头几天，如果不是饥饿所迫，往往躲在角落里而不出来觅食。偶遇人们趋近，则会迅速游散到水族箱的各角落躲避。由于胆小，喜欢生活在水草和石块的间隙和后面，怕强光，经常躲在暗处。所以在养殖时，水族箱一定要多种些水草，可以为它们提供合适的隐蔽场所。

神仙鱼

神仙鱼

1. 神仙鱼的种类都有什么?

答:目前在国内比较常见的有:白神仙鱼、钻石神仙鱼、黑神仙(墨燕儿)鱼、灰神仙鱼、黑白神仙鱼、熊猫神仙鱼、斑马神仙鱼、云石神仙鱼、半黑神仙鱼、鸳鸯神仙鱼、三色神仙鱼、红头神仙鱼、金头神仙鱼、红眼神仙鱼、玻璃神仙鱼等。

2. 神仙鱼的外形特点是什么?

答:神仙鱼又名燕鱼、天使鱼、小鳍帆鱼,属丽鱼科,原产南美洲的圭亚那、巴西。神仙鱼体长可达12~15厘米,高可达15~20厘米。头小而尖,体侧扁,呈菱形。胸鳍无色透明。腹鳍已演化成须状,色白柔软,长如流苏。背鳍和臀鳍延长,挺拔如三角帆。尾柄短,尾鳍后缘平直,上下端略长。体表基调色为银白带黄,腹部银白,背部淡金黄色,体侧各有4条黑色粗纹,第一条穿过眼眶,第二条在背鳍和臀鳍基部前缘,第三条从背鳍末端至臀鳍末端,第四条在尾柄基部。眼部黑眼珠外圈虹膜呈红色。

神仙鱼性格文静,动作潇洒飘逸,在水中忽升忽降,忽进忽退,以其奇特的体形、优美的泳姿、高雅的色彩,被誉为"观赏鱼中的皇后"。从侧面看神仙鱼游动,如同燕子翱翔,故北京人称之为燕儿鱼。神仙鱼的雌雄鉴别在幼鱼期比较困难,但是在经过8~10个月进入性成熟期的成鱼,雌雄特性十分明显。雄鱼的额头较雌鱼发达,显得饱满而高昂,腹部则不似雌鱼那么膨胀,而且雄鱼的输精管细而尖,雌鱼的产卵管则是粗而圆。由于神仙鱼属于自然配对的热带鱼类,配对成功的神仙鱼往往会脱离群体而成双入对地一起游动和摄食。

3. 怎样饲养神仙鱼？

答：神仙鱼喜欢弱酸性水质，可以搭配投喂人工饲料和天然饵料。注意保持水温稳定和水质清洁。可以和绝大多数鱼类混合饲养，但要注意其他小型鱼类不要咬神仙鱼的臀鳍和尾鳍。

4. 如何繁殖神仙鱼？

答：神仙鱼是卵生鱼类，繁殖比较简单。

神仙鱼的繁殖用水 pH 6.5～7.4，硬度为 7～10 度，适宜温度27℃。人工繁育时，一定要给它们创造一个良好、安全的产卵环境，最好是在配对成功后就放入繁殖箱中单独饲养，同时用气泵辅助提供充足的溶氧，期间不需要过强的照明灯光，更要防止它们受到外界惊扰，过度受惊将会导致它们吞食所有已经产出的鱼卵。仔细观察配对成功的亲鱼，如果肛门附近开始突起，即输精管、产卵管开始下垂，这是产卵前的征兆。它们会在产卵前选择一片认为安全的区域，共同保卫领土，驱赶无意间闯入的其他鱼类。这片领土可以是一片宽大的水草叶面，也可以是水族箱玻璃的一角。

在确定了环境安全后，雌、雄鱼会将产卵区域啄食干净，而后雌鱼开始产卵，雄鱼在雌鱼产卵的同时进行授精。一般情况整个产卵过程将持续数小时，产卵数量与成鱼的大小和身体状况有关，一般为 400～1 000 粒不等。产卵结束后，雌、雄鱼会共同守护鱼卵，轮流用胸鳍扇动水流确保受精卵有充足的溶氧。当某些鱼卵因为未受精或被水霉菌感染而发白、霉变时，它们会立即啄食，确保其他受精卵不受感染。

经过如此不吃不喝管理后的 36 小时，仔鱼开始孵化，却依然不会游动,依附于原地靠吸收自身的卵黄囊维持生命。4～5 天后开始游离产卵点,摄食体形微小的浮游动物。此间,雌、雄鱼依然无微不至地呵护着仔鱼。雌雄亲鱼在护理鱼卵和仔鱼过程中有时会互相厮打,如发现这种情况出现,应将雄鱼捞出,让雌鱼单独护理。再经过 1 周时间,可将亲鱼捞出另养。仔鱼 7 天可喂食蚤类,满 1 月龄后,可与成鱼喂同样的饵料饲养。

石斧鱼

石斧鱼

1.石斧鱼的种类都有什么?

答:石斧鱼有很多种,常见于水族箱饲养的种类主要有咖啡燕子鱼、云石燕子鱼。咖啡燕子鱼也叫黑石斧鱼,体长 4 厘米,身体为半透明的暗褐色;云石燕子鱼也叫阴阳燕子鱼,体长 4 厘米,身体有黑、橙、褐色交错的斜行迷彩状纹。

2.石斧鱼的外形特点是什么?

答:石斧鱼身体极度侧扁,自上而下看呈窄直线形,背部平直,腹部极为突出,侧面观形似古代石斧,因此得名。眼大,口上位,特别适合在水面上摄食。胸鳍特别大。背鳍后位。尾鳍长，叉形，各鳍条长度相等。游动时宛如鸟儿飞翔，故俗称“燕子”。石斧鱼的大多数品种体色朴素单纯，鱼鳍透明。依据不同的品种，体长 2.5～9 厘米。两性差别不大，繁育期腹部鼓起的是怀卵的雌鱼，其他时期很难区分。

3. 怎样饲养石斧鱼？

答：石斧鱼喜欢弱酸性软水，适宜的水温为 22～28℃，需要流动性很大的高溶氧水体，不耐环境的急剧变化，常会在买回家的短时间内因“水土不服”而染病。换水不可太勤，照明光线不可太强。它们几乎只吃活动能力强的小型活饵，如果能设法使它们接受容易得到的饲料，养活的可能性就较大。

石斧鱼的最大特点是胆小敏感，受惊时神经质地快速游窜，常能跳出水面，因此饲养的水面越大越好。成群饲养能在一定程度上增强它们的安全感，在水族箱中饲养的最少数量不应少于 6 条。

它们是所有热带鱼中最能跳跃的种类，受惊、水情变化、求偶、觅食都能引起跳跃。借助如翅膀般的胸鳍，它们甚至能“飞”出数尺远。即使盖着顶盖，也会因为剧烈地撞击坚硬的顶盖而使它们严重受创。保险的做法是在水面上方拉一张布网，起缓冲作用，并且在水中安排些浮水性的水草作为阻挡物。

泰国斗鱼

1. 如何选购泰国斗鱼？

答：泰国斗鱼又名暹罗斗鱼、搏鱼。属攀鲈科，原产地为泰国。

泰国斗鱼体呈长纺锤形，稍侧扁，体长可达 8 厘米，背鳍、臀鳍、尾鳍都特别宽大，尤以雄鱼更为突出。原生颜色较暗，但经过人工改良，已有鲜红、紫红、绿、蓝、黑等各种颜色，还有杂色的。泰国斗鱼一个特点就是好斗。只要是两尾雄鱼在一起，立即会拼斗起来。相斗时张大鳃盖，抖动各鳍，伺机攻击撕咬对方，直杀到或死或伤方才罢休。泰国斗鱼英武飒爽的矫健身姿和骁勇善战的独特个性，吸引着众多爱好者。挑选时除了注意身姿完美，更要好斗健壮。

泰国斗鱼

2. 怎样饲养泰国斗鱼？

答：泰国斗鱼对温度的要求不苛刻，一般水温 20～30℃都能存活，最适水温为 24～27℃，pH 6.5～7.2 为宜。在人工饲养条件下，溶氧量最好保持在 5 毫克/升。泰国斗鱼是属于杂食偏肉食性的鱼种。因此，可搭配喂食多种饵料，尽量不要让斗鱼的食谱过于单调。通常，人工干燥饵料营养成分齐全且干净卫生，是饲喂泰国斗鱼的必备饵料。为适应泰国斗鱼在水体上层活动的习性，最好选用浮水性饵料。若能间隔投喂新鲜的活饵，如丰年虫、孑孓、丝蚯蚓、水蚤等，可使其体色更加鲜艳。投喂时一定要经过漂洗。饲养容器，大至混养型水族箱，小到玻璃鱼缸，并无特殊限制。但因其有好斗的特性，为了避免相互大打出手，一般采取单养。若想饲养两条雄鱼刺激它们各展雄姿，可在鱼缸中间隔一块玻璃，既可让您一饱眼福，又不伤害鱼。然而不论使用何种容器饲养，都得做一些必要的装饰和设备的安置，才能提供最佳生存环境。在鱼缸底部要铺入一层清洗干净的、薄薄的底砂或彩砂，一方面可以稳固水草，另一方面可为微生物提供附着条件，水与底砂的比例以5：1为宜。为了保持鱼缸中有充足的氧气和提供鱼躲藏的处所，应适当植入金鱼藻、黑藻等对二氧化碳需求量低的水草。此外，为了提供充足的光照，利于水草进行光合作用，小型玻璃鱼缸中，最好能配置一盏光线柔和的小灯。

3. 如何繁殖泰国斗鱼？

答：泰国斗鱼4～8月龄性腺成熟。雌鱼比雄鱼小，色泽较差。一般选择足龄6厘米以上的个体作亲鱼。繁殖中的水温应比平时提高2℃，要求达到26～27℃，水质弱酸性、中性，硬度8度左右。将选择好的亲鱼放入调配好水温、水质的水族箱中，使其自行配对。在生殖过程中，雄鱼先在水面吐出黏性小泡筑巢，无数的小泡黏附在一起，形成一个表面隆起或略扁平的浮巢。雄鱼筑好巢后，立即向雌鱼“求婚”。美丽的雄鱼在雌鱼的周围一刻不停地游来游去，尽量把鳍张开，口张大，鳃膜突出。在求爱过程中，雄鱼的颜色变得很鲜艳，身体和鳍出现虹光状色彩，身体由于极度兴奋而战栗。有时雌鱼对这种兴奋状态不起反应，雄鱼就会恼羞成怒，追逐它一直到被迫跳出水面脱逃为止。若发生雌雄相斗，应立即将雄鱼捞出，另换一尾雄鱼作父本。雌雄亲鱼经过求爱动作后，雌鱼表示接受雄鱼的求婚,会主动接近雄鱼,横卧身体,雄鱼上前紧贴雌鱼。接着雌鱼身体倒转,腹部朝上,而雄鱼在雌鱼下面,雌鱼开始排卵。卵排出后,雄鱼将精液散在水中,雌鱼依靠头部及口的活动,使卵在有精液的水中停留片刻,以保证受精。由于卵比水重,卵向下沉落时,等候在下面的雄鱼立即用口接住,涂上一层黏液,再把它黏附在浮巢下面。雌鱼每次产出的卵仅3～7粒,这样的动作反复进行,直至产出150～200粒为止。护卵工作由雄鱼担任。仔鱼孵化后,暂时附着在巢泡上。任何仔鱼,倘若下沉,雄鱼就会把它拖回浮巢中。这种保育工作一直到仔鱼能游泳并自行觅食,离开浮巢为止。

熊猫鼠鱼

熊猫鼠鱼

1.如何选购熊猫鼠鱼?

答:熊猫鼠鱼属于小型鼠鱼品种,知名度很高。在眼睛部位有黑带横过,尾柄及背鳍上都有黑色斑点,与身躯的白色形成强烈对比,还真与国宝熊猫有几分相似,十分有趣可爱。除上述介绍的正常体型外，还有一些变异或畸形体的熊猫鼠鱼。如：球形体、白化体等特殊体型都是难得少见的收藏品种。经常有人说买回来的熊猫鼠鱼，没几天就都死了。绝大多数是因为买来的鱼不够健康。野生的熊猫鼠鱼体质强健，身形较大，经过长期的人工繁殖，体质相对变得瘦弱，在购买时要注意挑选强壮的个体，刚领回家的初期也要注意喂养。

2. 怎样饲养熊猫鼠鱼？

答：熊猫鼠鱼对水族箱的适应力很强。一般的淡水水族箱，水质保持 pH 6.0～7.2，水温保持 21～27℃就可以。投喂人工鼠鱼饲料即可。前一两周是比较关键的时刻，只要稳定住了一般不会出现死亡的情况。熊猫鼠鱼喜欢群居，如果只养 1～2 只，会胆小孤僻，伏在角落里不动，若是买上数条群养，马上会变得活泼好动。配合在草缸饲养更能体现出熊猫鼠鱼的魅力所在。

一眉道人鱼

一眉道人鱼

1.如何选购一眉道人鱼?

答:一眉道人鱼由于其魅力实在难以抵抗,所以销路一直很火。一眉道人鱼性情温和、胆怯,群游性特别强,喜欢在日间活动,特别适合草缸饲养。一眉道人鱼体表的鳞片呈银白色,从头部开始穿过眼睛直到身体的中部有一条鲜红色的条纹,远远看去像一条红色的"眉毛",故又得名"红眉道人"。红色条纹的下面还有一条黑线,贯穿整个身体的头尾。而鱼的健康状况直接表现在这条"红眉"颜色的变化上。选购的要点有几个:一是颜色是否艳丽,二是游速是否正常,三是是否合群,四是抢食是否积极,五是体形是否合理,六看鱼体有没有外伤。

2.怎样饲养一眉道人鱼?

答:一眉道人鱼主要分布在亚洲印度南部的狭窄区域,溪流中生存的它们个体天生胆小,这也使其日常活动中群游性特别强。喜欢在日间活动。从原生地环境到观赏最佳状态,从食性到习性,草缸是一眉道人鱼的最佳归属地。特别是大型草缸的沉木造景,一眉道人鱼群游其中更是绝配之作,说之为天造地设也不过分。日常食谱相当广阔,几乎一点儿都不挑食。新鲜的红虫或干净的冻红虫作为一眉道人鱼食谱中的主料应该是再好不过了。当然配合一些品质不错的颗粒饲料也是不错的选择。这样可以使它的食谱更加多样化,有利于健康生长。水温一般控制在20～26℃,同时种植水草需要的弱酸性软水也会使一眉道人鱼欢快倍加。饲养时一定要保证水族箱内含有充足的溶氧。如果矽沙为底床，石景为主的缸要注意换水时使用部分纯净水，从而达到降低硬度和 pH 值的功效。

月光鱼

月光鱼

1. 月光鱼的种类都有什么？

答：月光鱼是热带鱼中的一个重要品种，它和孔雀鱼一样小巧玲珑，五光十色，惹人喜爱。月光鱼体长可达 6 厘米，它的适应性和繁殖能力都很强。能与剑尾鱼类杂交，繁殖出新的品种。常见的月光鱼品种有：红月光鱼、蓝月光鱼、红鳍金月光鱼、金头月光鱼、双鳍月光鱼、帆鳍月光鱼等。

2. 月光鱼的外形特点是什么？

答：成年雄鱼体长 5～6 厘米，雌鱼可达 8～9 厘米。体短小而侧扁，腹稍圆。在天然水域中，其原始品种的体色为褐色和黑色，体侧有零星的蓝色斑点，尾柄上有半月形的黑斑纹。

3. 怎样饲养月光鱼？

答：月光鱼对温度和环境的适应能力都比较强。可适应18～28℃的温度，最适生长温度为22～26℃。喜中性、弱碱性水，pH 7～7.4为佳。发现月光鱼游动无力迟缓时，可在水中加入少量粗盐（每10升水中加1～2小匙）。月光鱼不挑食，饵料以活水蚤为主，也可投喂一些切碎的菠菜或莴苣叶。

4. 如何繁殖月光鱼？

答：月光鱼5～6月龄即可达到性成熟。体内受精，卵胎生。雌雄鱼色彩无差别。雄鱼瘦小；雌鱼较大，腹部隆起明显。

繁殖时要选择一个较大的水族缸，水温保持在26℃，pH 6.8～7.4。同时要多种一些水草，然后按1雄配4雌的比例放入种鱼。待鱼发情后，雌鱼腹部逐渐膨大，出现黑色胎斑；雄鱼此时不断追逐雌鱼，雄鱼的交接器插入雌鱼的泄殖孔时排出精子，进行体内受精。当雌鱼胎斑变得大而黑、肛门突出时，可捞入另一水族箱内待产。雌鱼腹部肛门两侧成暗红色，躲于角落，活动减少，即为临产征兆。初胎每次产幼鱼10～20条，以后每胎可产80条左右。一般40天可繁殖1次。

刚产出的幼鱼呈灰黄色，在生长过程中颜色渐渐转红。注意在产幼鱼期间不要使亲鱼过分饥饿，否则会吞食仔鱼。

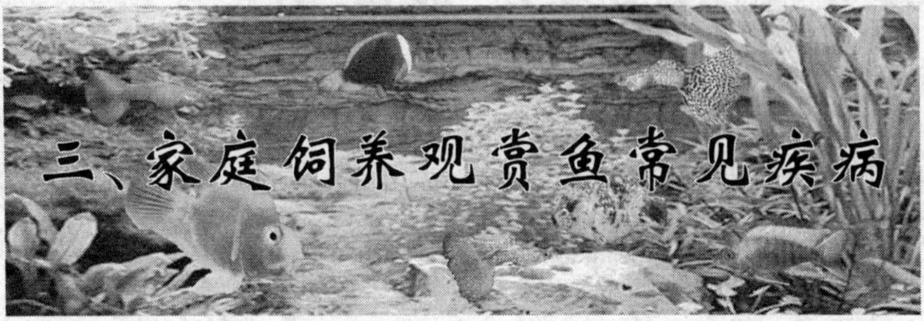

三、家庭饲养观赏鱼常见疾病

1．观赏鱼的发病原因有哪些？

答：养殖观赏鱼类的水体环境条件都是在人工控制下的，养殖环境的微小变化都不利于观赏鱼类的生活、生存。当机体适应机能衰退而不能适应生活环境时，观赏鱼类就会失去抵御疾病侵袭的能力，可能引起疾病发生。由此可见，疾病的发生主要由环境因素、人为因素、生物因素等决定。①环境因素：水温控制不当，水质较差等。②人为因素：苗种搭配与放养密度不合理；饵料质量差，投喂不当；操作不当，引起机械损伤；滥用药物等。③生物因素：各种病原体的侵袭；鱼体对疾病易感及抗病力低下等。

2．预防观赏鱼疾病的措施有哪些？

答：①水质管理：观赏鱼对水质的要求比较严格，用水要经过选择，自来水必须除氯，禁用雨水，盐度不超过0.5%，pH 7～8，个别种类尤其热带鱼类pH在7以下，溶氧控制在5毫克/升以上；放养密度要适宜，以保证水的质量；饲养过程中，要勤排污、除粪，认真观察水质变化，必要时彻底清箱；换水时，新、老水的温差不要超过5℃，还要采取措施防止昼夜温差骤升骤降。

②鱼缸、鱼池和工具的消毒:养鱼容器要经常刷洗、消毒。鱼缸、水族箱等可用3%～5%食盐水或10毫克/升高锰酸钾水浸泡1～2天,也可用20毫克/升漂白粉消毒。若鱼缸等发生过鱼病,必须彻底消毒;新购进的观赏鱼放养前,应进行鱼体消毒。用3%～5%的食盐水溶液,水温5～32℃,浸洗观赏鱼5～15分钟,可预防细菌性烂鳃病等,可杀灭车轮虫、鲤斜管虫、瓢游鱼波豆虫、秀丽三代虫等。但全长在1.5厘米以内的鱼苗,不能进行药物浸洗。

③苗种搭配与放养:注意以下几点。ⓐ同缸(池)鱼体型、大小不宜相差太大。金鱼体长一般不宜相差2厘米以上,热带鱼尤其要注意体型,如地图鱼、玛丽鱼不能混养在一起。ⓑ性情相近的鱼可混养。如凶猛的食人鲳鱼、地图鱼、满天星可混养,不能与性情温和的神仙鱼、接吻鱼混养,否则极易造成温和性鱼类伤残。ⓒ活动特点相近的鱼宜混养,好动的和爱静的不能混养,如虎皮鱼与神仙鱼不宜混养。

④科学投饵:饲料要新鲜、清洁、适口,若养殖规模较大或活饵料缺乏时,宜采用营养成分丰富的配合饵料、从野外水体中捞取的水藻等,有可能将某些病原体带到鱼缸中。因此,一般鲜活饵料在投喂前要进行消毒:用10毫克/升的高锰酸钾溶液浸洗10分钟或10毫克/升漂白粉浸泡5分钟,然后用净水冲去药液再投喂。在鱼苗阶段每天投喂2～3次,幼鱼和成鱼阶段每天1次。观赏鱼大多贪食,应防多投而胀死。因此,投饵量一般以10～30分钟内基本吃完为宜。

⑤加强操作管理:换水、换鱼时要细心操作,避免鱼体受伤。捕捞和倒缸等操作时,要做到细致、小心,避免离水时间过长;加水时,防止水流过快而击伤鱼体;挤卵、精时,动作要轻柔适度。

饲养期间,经常观察鱼的活动状况,若发现水体中有活动异常的鱼，应及时捞出检查，病情严重无法治愈或死亡的应予以处理，并对其他鱼采取积极的防治措施。操作要细心，避免鱼体受伤后感染疾病而影响观赏效果。

3．家庭饲养观赏鱼，常见疾病分为几大类？

答：观赏鱼长期生活于优越的环境中，养殖面积小，对水质管理要求严格、细致，特别是热带鱼，娇生惯养，生活于适温环境中，觅食量与活动量较小，受外界气候、饲养条件变化的干扰少，故抗病能力较差。目前观赏鱼常见疾病分为以下两大类。

①微生物鱼病：主要由病毒、真菌、细菌以及单细胞藻类等微生物的侵入而引起的疾病。此类疾病大多发病急、传播快、发病率与死亡率较高，有较强的传染性，且不易防治。由寄生虫引起的鱼病称寄生虫鱼病，其特点一般是发病和传播较慢，发病率和死亡率较低，防治较容易。

②非生物性鱼病：主要由水体环境的机械、物理、化学等非生物因素或鱼体生理机能失调所引起机体的代谢障碍或机能紊乱而导致的鱼病。此类鱼病种类多，危害大，涉及面也较广。只要加强管理，做好预防工作，此类鱼病可避免发生。

4．家庭养殖观赏鱼，如何对鱼体进行目检以发现并确定病原？

答：如果在鱼类发病之前，养殖者就能未雨绸缪及时检查、鉴定出鱼类所带何种病原，并适时选择最适当的防病措施，将大大减少人力、物力、财力的浪费，而且预防效果极佳。因此，常规检查、诊断就成为家庭观赏鱼养殖者必备的一项技能。对鱼体检查的部位一般是体表、鳃、内脏等各器官。很多病鱼在上述的三个部位中可看见寄生虫或其他病原感染后呈现的特征性的症状。

①体表检查:被检查的部位必须是新鲜的,最好是濒死或刚死亡的病鱼。可按头、嘴、眼、鳃盖、鳍条、鳞片等顺序进行检查。在体表上肉眼看到的病原体主要有水霉菌、小瓜虫、鱼虱等,若肉眼看不清楚的可用放大镜或高倍显微观看。但由于家庭养殖条件的限制,一般都是根据病鱼所表现出来的症状来判别。一般寄生虫性鱼病常表现为皮肤黏液增多、体表有出血点等症状,如斜管虫、车轮虫、口丝虫、三代虫、小瓜虫等寄生于体表,分泌出大量黏液,微带污物,伴有出血点或头、嘴、鳍条末端腐烂等症状。一般细菌性鱼病,体表常发现有块状出血、眼球发炎外凸、脓肿、腐烂、鳍条基部充血或鳍表皮腐烂、竖鳞等症状。

②鳃部检查:按顺序先查看鳃盖是否张开,有无充血、发炎、腐烂等症状,然后翻开鳃盖,观察鳃色是否正常,黏液是否增多,鳃末端是否肿大和腐烂,如鳃有黏孢子虫寄生,多表现为鳃盖张开,鳃肿大等,而鳃霉病则表现为鳃色暗淡,呈白色或有出血斑点。

③内脏器官检查:主要检查肠道是否有病变,如细菌性肠炎,肠黏膜表现为出血或充血,肛门红肿。若是球虫或孢子虫寄生,肠黏膜呈现分散或成片的小白点。

5. 家庭养殖观赏鱼,如何对鱼体进行镜检?

答:很多病原体对鱼体不表现出明显症状,因此单纯凭目检,显然是不够的,还需结合镜检确定病原。检查方法有两种。

①玻片压展法:用两片厚度3～4毫米,大小约6厘米×12厘米的玻片,先将体表黏液刮取物、肠管内含物、内脏器官等,放在其

中一片玻片上，滴加适量的清水或盐水（体外器官或黏液用清水；体内器官、组织或内含物用0.65%食盐水），用另一片玻片将它压成透明的薄层，即可放在解剖镜或低倍显微镜下检查，如发现病原体或某些可疑的病状，仔细用镊子或解剖针、微吸管，将其从薄层中取出来，放在盛有清水或食盐水的培养皿里，进一步加以观察和处理。

②载玻片压展法：用小剪刀或镊子取出一小滴内含物或一小块组织置于载玻片上，滴加一小滴水或生理盐水，盖上盖玻片，轻轻压平后，先在低倍显微镜下检查，发现寄生虫或可疑现象时，再用高倍显微镜仔细检查。

镜检时，除病毒病原体需通过电子显微镜才能观察到，一般的细菌病原体，在光镜下可以检查出来。但单凭观察形态，还不能确定它们的种类。必要时需要进行分离、纯培养以及感染实验来确定病原。

6．疾病检查时注意事项有哪些？

答：①供作检查用的鱼，要用有典型症状的、鲜活或濒死的鱼。鱼死过久，病原体离开鱼体或死亡，从而无法鉴别。同时，许多病状，在活的或刚死的鱼体上是很明显的，死了过久的鱼，其组织、器官腐烂变质，原来所表现的病状已无法辨别。②检查病鱼过程中要保持体表湿润。体表干燥，病原体会很快死去甚至崩解。有些病状，也会因干燥而变得不明显，难于辨认。③在解剖过程中，所分离的器官应保持其完整性，分开放置，并保持其湿润，防止干燥。同时避免各器官间病原体的相互污染。④对于不能肯定的病变标本或病原体，应留下标本，4%～5%甲醛溶液保存。以备日后进一步研究。⑤解剖前，应清洗解剖用具。

7. 怎样进行病原体计数?

答:病原体数量用"+"表示,"+"表示有;"++"表示多;"+++"表示很多。①细菌性病原体的计数。出血病、烂鳃病、白头白嘴病等传染性鱼病,按病状的严重程度用"+"表示。"+"表示轻微;"++"表示较重;"+++"表示严重。必要时还可以用文字描述。②原生动物纤毛虫、毛管虫以显微镜低倍视野为单位,其他种类如鞭毛虫、变形虫、孢子虫均以显微镜的高倍视野为单位,具体标准如下:在一个视野里,有1～20个虫体记"+";21～30个虫体记"++";51个虫体以上记"+++"。关于胞囊的计数,则用文字说明。③单殖吸虫、线虫、棘头虫、蛭类、甲壳动物、软体动物幼虫等50个以下均以数字说明;50个以上者,则说明估计数字或者部分器官里的虫体数,例如,一片鳃、一段肠子里的虫体数。

8. 当疾病发生严重,需要送到专业部门进行病原鉴定时,送样注意事项有哪些?

答:当家庭养殖观赏鱼大批量发病,常规治疗无效时,有必要将发病鱼送往相关专业部门诊断。要注意以下几点。

①送检前的准备工作:送检时,养殖者应提供病鱼发病时间、发病数、死亡数、前期药物治疗情况、饲料情况、水环境等,为防止遗漏,最好用书面材料连同采集的样品一同送到鱼病防治部门,以供技术人员参考。在鱼病防治部门中,由于研究的重点、方向不同,并不是每个人对养殖者送检的病鱼都能进行正确诊断,名贵观赏鱼病尤其如此,所以送检前最好提前电话预约,以免白跑了路,

延误了鱼病的治疗时机。

②病鱼样品的采集和运送:病鱼样品的采集是诊断工作中的重要环节,要做到正确采集病鱼样品,须做到以下几点。ⓐ要挑选活鱼或将要死的鱼。路途较近,可用湿布或塑料布将鱼包着,保持鱼体表的湿润;路途远,送检时应把病鱼放在装有水的敞口水桶里(最好用原池水)。必要时可在水桶中倒入少量增氧剂,如双氧水(这种方法不适合由于水质原因引起的鱼病),可延长病鱼的存活时间。ⓑ送检病鱼样品必须具有代表性。挑选能代表所患病症的典型病鱼对于正确诊治鱼病至关重要。同时保证一定的病鱼数量。ⓒ水样。很多鱼病的发生和水质的好坏有很大的关系,比如出血病、车轮虫病等,并且很多鱼病本身就是由水质因素直接引起的。所以,送检时除了病鱼样品外,最好用洗净的矿泉水瓶装上一些原水,以便技术人员对水质状况进行参考。

③送检时和送检后注意事项:ⓐ询问。尽量请有关专家、技术人员对所发病的病因、以前治疗不奏效的原因等进行剖析,以及所用治疗方法的机理、用药时间、用药时的注意事项等仔细咨询,以便得到最佳的治疗效果。ⓑ按照用药疗程用药。在鱼病诊断过程中,有的养殖者用1～2次药后,没有明显效果,就认为技术人员所采用的治疗方法不行,而换用其他治疗措施。在大多数病例中,往往都不是一次用药病情即得到明显好转,一般都要遵循一定的用药疗程。此外,病情有明显好转即停止用药的现象也常有发生。虽然药物杀灭了大部分的病菌、寄生虫等,但是鱼体中还残留着部分病原体。所以,要想对病原体彻底杀灭,必须用药用足疗程。

9. 家庭饲养观赏鱼,易发哪些病毒性疾病?如何防治?

答:痘疮病:发病初期,病鱼的皮肤表面出现许多白色小斑点,覆盖一层白色黏液。随着病情发展，白色斑点的数目逐渐增多，区域扩大，患病部位表皮逐渐增厚，形成石蜡状的“增生物”。这些“增生物”如果占了鱼体表面积的大部分，就会严重影响鱼的正常生长，使鱼体消瘦，游动迟缓，甚至死亡。一般在春季，水温 15℃左右时出现病例。

防治方法：将水温提高到 20℃以上，能获得较好疗效。

10．家庭饲养观赏鱼，易发哪些细菌性疾病？如何防治？

答：①烂鳃病：病原为柱状纤维黏细菌，病鱼鳃部充满黏液，鳃丝和鳃盖骨内表皮均有出血现象，鳃丝由红变白，逐渐腐烂并带有污泥，最后发展到全鳃，使之失去呼吸功能而死亡。

治疗方法：ⓐ利用黏细菌耐盐能力较差的弱点，在 5 千克水中投放食盐 50～100 克，浴洗病鱼 5～15 分钟。ⓑ$(2\sim4)\times10^{-6}$的五倍子遍洒消毒治疗。

②肠炎病：病原为点状产气单胞杆菌。主要是观赏鱼吃了不清洁的食物或摄食过饱、排泄受阻，最后由细菌感染肠道引发肠炎。病鱼常常腹部膨大，呈现红斑，肛门突出，鱼体呆滞，不进食，粪便白色。剖开鱼腹，可见腹腔积水，肠壁充血发炎。轻者仅部分肠道出现红色，严重时全肠呈紫红色，肠内无食物，充有淡黄色的黏液和血脓。

治疗方法：可用土霉素或氟哌酸等抗菌素药物拌在饲料中投喂，每千克鱼 20～30 毫克药量，一般连用 5～7 天。此病不易治愈，特别要以预防为主。只要饵料清新，一般发病率不高。

③出血性腐败病：又称赤皮病、赤皮瘟。病原为荧光假单胞菌。患病鱼体表局部或大部分出血发炎，鳞片脱落，背鳍或全部鳍基部充血，鳍条末端腐烂；有时病鱼的上下颚和鳃盖部分充血，现

块状红斑，在鳞片脱落处和鳍条腐烂处往往长有水霉。此病常与烂鳃、出血症并发。当鱼体受伤时，致病菌乘机侵入鱼体，容易发生此病。

治疗方法：ⓐ可用1%食盐水，或2×10^{-6}的高锰酸钾，或2×10^{-6}的漂白粉浸浴。ⓑ可用土霉素或氟哌酸等抗菌素药物拌在饲料中投喂，每千克鱼20～30毫克药量，一般连用5～7天。由于用量少，必须与饲料充分混合，让每条病鱼都吃到药饵，才有疗效。

④竖鳞病：又称鳞立病、松鳞病、松皮病等。病原为水型点状假单胞菌。病鱼体表粗糙，多数在尾部部分鳞片像松球似地向外张开，而鳞片基部的鳞囊水肿，它的内部积聚着半透明或含有血的渗出液，以致鳞片竖起。鳞片上稍加压力，含有液状物从鳞囊喷出，有时伴有鳍基和皮肤表面充血。当水质不清洁，水中缺氧，饲养水温过高，以及当鱼体鳞片被划破等情况下易患此病。金鱼、锦鲤常患此病，在热带观赏鱼中，攀鲈科、斗鱼科和鳉鱼科等泡沫卵生鱼类常患此病。此病难以治愈，即使治愈后，体态、色彩、光泽都不如以前好看。

治疗方法：ⓐ用2%的氯化钠溶液与3%碳酸氢钠溶液混合洗浴10分钟。ⓑ用上述外用药浸洗或遍洒的同时口服氟哌酸，每千克鱼体重每天用药20～30毫克，拌人工饲料投喂，每天1次，连续5～7天。

⑤打印病：又称腐皮病。病原为点状产气单胞菌的点状亚种。病鱼通常在肛门附近的两侧或尾柄部位（极少数在身体前部）皮肤、肌肉开始发炎，出现红斑，有时似脓疱状。随着病情发展，该部位的鳞片脱落，肌肉逐渐腐烂，形成边缘充血发红、呈圆形或椭圆形病灶，好像打上一个红色印记，故称之为打印病。病鱼身体瘦弱，游动迟钝。发病严重时，可陆续出现死亡。当水质不清洁或鱼体受损伤时，常会感染此病。

治疗方法：ⓐ加强饲养管理，防治鱼体受伤。夏季经常换水，可有效预防此病；ⓑ1%的利凡诺涂抹病灶；ⓒ遍洒含有效氯 85%的三氯异氰脲酸，使水体成 0.4～0.5 毫克/升浓度，用作预防和早期治疗。

11. 家庭饲养观赏鱼，易发哪些真菌性疾病？如何防治？

答：①肤霉病：又称水霉病、白毛病，为观赏鱼最常见疾病之一。病原为水霉属、绵霉属、异霉属、丝囊霉属、腐霉属等种类。当观赏鱼鱼体皮肤受伤，或寄生虫侵袭破坏皮肤，霉菌的孢子侵入伤口，吸取养料，迅速萌发。菌丝一端向内深入肌肉，一端向外生长，形成棉絮状菌丝。由于棉絮状的菌丝日渐增多，鱼体负担过重，使游泳失常，食欲减退，日渐瘦弱，导致死亡。观赏鱼感染霉菌时，还受其光照时间长短的影响。较长时间的阴雨连绵，或室内灯光、日光等光源不足，这些因素都能促使霉菌滋生。受霉菌感染的鱼体，通常皮肤布满一层白翳，尤其是黑色、红色鱼最为明显，从而失去鱼体应有的光泽。若不及时治疗，鱼体霉菌蔓延，患处肌肉腐烂，最终导致死亡。

治疗方法：ⓐ为了防止水霉病的发生，应注意操作时尽量防止损伤鱼体，并可在水中投入少量食盐，以抑制水霉病的发生。ⓑ当发现鱼体感染水霉病时，可用 3%食盐水浸洗，每天 1 次，每次 5～10 分钟，或用 2×10^{-6} 的高锰酸钾溶液加 1%食盐浸泡 20～30 分钟。ⓒ提高水温以抑制水霉的生长。在水族箱顶端安装一盏 15 瓦的紫外线灯，每日照射数小时，可有效抑制或消除水霉滋生。

②鳃霉病：病原为鳃霉属。鳃霉破坏鳃组织，随着病情的发展，鳃显示出严重的贫血状态。呼吸机能严重地受到阻碍，以至引起病鱼死亡。病程往往表现为急性型。当开始发病时，发现少数

鱼死亡，但到第2～3天，会突然出现大批死亡。当水质不清洁时，有机质过多而使水体变质时，最适宜鳃霉的大量繁殖。

治疗方法：鳃霉病尚无较好的治疗办法，主要靠平时注意做好预防工作，保持水质清新，经常进行水体消毒。治疗方法可以参照肤霉病的治疗方法。

12. 家庭饲养观赏鱼，易发哪些寄生虫病？如何防治？

答：①小瓜虫病：又称白点病。病原为多子小瓜虫。这是一类体型比较大的纤毛虫。观赏鱼因小瓜虫寄生而发病的病例较为普遍。鱼体感染初期，胸、背、尾鳍和体表皮肤均有白点状分布，几天后白点布满全身，鱼体失去活动能力，常呈呆滞状，游动迟钝，食欲不振，体质消瘦，皮肤伴有出血点，有时左右摆动，并在水族箱壁、水草、沙石旁侧身迅速游动蹭痒，游泳逐渐失去平衡。病程一般5～10天。传染速度极快，若不及时治疗，短时间可造成大批死亡。小瓜虫的适宜水温为15～25℃。此病多在初冬、春末和梅雨季节发生，尤其在缺乏光照、低温、缺乏活饵的情况下容易流行。当水温升至28℃时，小瓜虫就会开始死亡。

防治方法：ⓐ采用小瓜虫不耐高温的弱点，提高水温，再配备药物治疗，通常治愈率可达90%以上。若治疗及时，治愈率可达100%。ⓑ用1克的辣椒和0.75克的生姜捣烂制成挂袋浸于药浴缸中，病鱼药浴时提高水温至26～28℃。

②斜管虫病：病原为斜管虫属。主要寄生于皮肤和鳃上。鲤斜管虫病是金鱼的常见病，水族箱等小水体饲养的小鱼，很容易被侵害，甚至在长途运输过程中，也发生因此虫引起大批死亡的情况。斜管虫身体比小瓜虫小得多，肉眼看不见，也没有白点等症状表现。鱼体感染的部位分泌大量黏液，严重时鱼体病灶部分的皮

肤形成苍白色和蓝灰色黏膜层。由于皮肤和鳃的组织受到破坏，容易感染细菌。病鱼体质消瘦、食欲不振，最终导致死亡。斜管虫繁殖的适宜水温为 12～18℃，在冬春季节易于流行。

治疗方法：可用 8×10^{-6} 的硫酸铜溶液浸泡，也可用 0.7×10^{-6} 的硫酸铜和硫酸亚铁（5∶2）混合溶液在水族箱中遍洒，均可见效。

③车轮虫病：可寄生于海水及淡水鱼类的体表、鳃部和鼻孔等处。当大量车轮虫侵入鱼体时，病鱼分泌大量黏液，形成一片白斑。病鱼食欲减退，体质消瘦，严重影响鱼的生长发育。尤其是侵入鳃中的虫体，破坏鳃组织，引起细菌感染，使鳃丝腐烂，造成窒息死亡。车轮虫的繁殖温度为 20～28℃，和热带鱼的适宜水温相一致。在水体小而浅、食料不足、养殖过密的条件下，若有车轮虫病原体存在，饲养鱼很容易患病。

防治方法：参见斜管虫病防治。

④鳃隐鞭虫病：鳃隐鞭虫寄生于鱼体鳃丝前半部，以鞭毛黏附于鳃丝，大量虫体密集于鳃丝周围，刺激鳃部分泌大量黏液，覆盖于鳃组织表面，从而使鱼呼吸困难，窒息而死。得病的观赏鱼长时间浮头，并且离群独游于水面，严重时体色变黑，不久即死亡。

治疗方法：取 5 克干贯众、土荆芥、苏梗、苦楝树根，按 6∶5∶3∶5 的比例配置，煎汁后，将药汁混以葫芦金，捣烂后水煮成 5 克汁液，拌以静止性饵料连续投喂 4～5 天。或参见斜管虫病防治。

⑤口丝虫病，此病是因“漂浮口丝虫”大量寄生在金鱼的皮肤、鳍和鳃丝上，刺激鳃和皮肤产生一层淡蓝色的黏液，严重时可引起部分鳃丝坏死。病鱼消瘦，游动缓慢，食欲减退，漂浮水上。

防治方法：ⓐ金鱼缸池在放养金鱼之前要刷洗干净，用 0.7 毫克/升的硫酸铜和硫酸亚铁合剂（5∶2）泼洒消毒；ⓑ从外边尤其从南方新运来的金鱼要单独养一段时间，用 8 毫克/升的硫酸铜溶液洗浴，1 周后方可与原有金鱼混养。

⑥指环虫病，指环虫主要寄生在观赏鱼鳃上，严重感染的病鱼，鳃上会密密麻麻地见到指环虫。初期病状不明显，后期鳃部显著肿胀，鳃盖张开。翻鳃金鱼可看见鳃上有乳白色虫体。有时病鱼急剧侧游，在水草丛中或缸边撞擦，企图摆脱指环虫的侵扰，最后游动缓慢，衰竭而死。

治疗方法：ⓐ0.5 毫克/升的晶体敌百虫泼洒。ⓑ0.1～0.4 毫克/升的晶体敌百虫面碱合剂（比例为 1∶0.6）泼洒。ⓒ20 毫克/升的高锰酸钾溶液浸洗病鱼，水温 10～25℃，浸洗 5～30 分钟。

13．怎样预防缺氧浮头？

答：浮头，主要由于水中溶氧过低所致，鱼类将头露出水面，呼吸空气中的氧气。预防缺氧浮头的方法是减少养殖密度，防止水质过肥。一旦缺氧严重，用如下方法：①加注含氧量高的新水。②将鱼转移到含氧量高的水体中。③开动增氧设备。④加入增氧药物。

14．观赏鱼养殖的药物防治应注意哪些问题？

答：①对症下药：观赏鱼发病时，只有在对疾病正确诊断的基础上，再配以药物以及确定施药方法、剂量，才能发挥药物的作用，收到药到病除的效果。在观赏鱼养殖中，往往几种鱼病并发，尤其是部分寄生虫感染后，会继发性传染某些病毒性或细菌性疾病。此时，应采取“先急后缓、先主后次”的方针，即先确定危害严重的疾病，首先施用药物，当这种疾病好转后，再着手治疗次要疾病。如果治疗没有主次、先后之分，同时施用几种药物，有可能毒害观赏鱼类而造成死亡。另外,药物同时使用,相互之间可能发生理化作用,对治疗疾病失去效果。

②正确施药:ⓐ了解药物特性。治疗观赏鱼病的药物有外用消毒药、内服驱虫药、氧化性药物,还有部分农药及染料类药物。必须了解和掌握这些药物的基本情况,如果忽视药物的特性,也可能起不到预期的治疗效果。例如漂白粉放置时间过长或保存不当,其有效氯的含量会降低,甚至失效,因此要进行必要的测定后方能使用;高锰酸钾是强氧化性药物,在强光的照射下3分钟左右即失效,因此需避光保存,使用时要现配现用;硫酸亚铁若变成土黄色或红褐色则会失去效果;敌百虫和石灰同时使用时,就会产生敌敌畏,这是一种剧毒物质,对观赏鱼类有极强的毒害作用。ⓑ准确计算药量。用药时,首先根据水族箱面积和水深,计算出水体体积;估算观赏鱼的重量,从而计算出用药量,这样才能既安全又有效地发挥药物的作用;其次,可根据水环境情况,酌情减少或增加用药量;遍洒药物时,最好在喂食后下药,同时要将药物完全溶解后施用,以免因饥饿而吞食溶解不完全的药物颗粒,造成观赏鱼类误食后中毒死亡。

③观察疗效、总结经验:施用药物后,要认真观察、记录,注意观赏鱼类的活动情况及病鱼死亡情况。如果在用药后7天内鱼停止死亡,则表明药物疗效显著;如果死亡数比用药前减少,表明有疗效;如果死亡数不减或增加,表明无效。另外,口服药饵仅能治疗或预防病情较轻的观赏鱼,对已丧失食欲的观赏鱼则没有效果;全池泼洒药物治疗时,病情严重的观赏鱼,可能在用药后1～2天内死亡数量明显增加,这属正常现象,是药物刺激的必然结果。因此,不能仅在用药1～2天后见到观赏鱼还在死亡,就判断药物无效而改换其他药物,也不能一天施一种药,天天换药,或者急于求成,乱加1～5倍药量,致使观赏鱼病情更加严重,损失更大。

15. 家庭饲养观赏鱼，常用药物及作用都是什么？

答：家庭饲养观赏鱼时，也应该自备一些常用药物，这样在观赏鱼生病的时候可以对其进行治疗。

①福尔马林：是一种强力杀菌剂，而且对芽孢细菌、真菌和病毒等也有效，福尔马林还是一种杀虫剂。可治疗鱼体表黏液症、皮肤及鳃寄生吸虫(钟形虫、三代虫、车轮虫等)。ⓐ用法用量：发病初期用福尔马林，药浴浓度为20～30毫克/升，全缸泼洒。ⓑ注意事项：福尔马林勿久置，应使用新配溶液，避免三聚甲醛出现毒害。而且三聚甲醛在低温及光照下会加速形成，其溶液必须置于温暖及黑暗的地方；福尔马林不能使用在含有甲基蓝或其他染剂的水族箱中，避免两种药剂结合对鱼类产生毒害作用。施药时，水温不可低于18℃。

②高锰酸钾：为消毒剂、除臭剂、水质净化剂，用于皮肤和器具消毒。ⓐ用法用量：一般采用浸洗法治疗鱼病，治疗观赏鱼类斜管虫、指环虫、车轮虫、三代虫等，用20×10^{-6}高锰酸钾溶液，浸洗15～30分钟。ⓑ注意事项：药效受有机物含量、水温等影响。与有机物如甘油、酒精等会还原脱色失效，与氨及其制剂呈絮状沉淀失效。因此不宜与氨制剂、碘、酒精、鞣酸等混用。与甘油、药用蔽酸研磨可产生爆炸。

③红药水：一种外伤消毒液，色红，遇水后变成蓝色。本品以其解离出汞离子而起杀菌作用，防腐作用较弱，刺激性小。用于治疗轻度创伤，皮肤、黏膜、伤口的消毒，以及霉菌感染。a.用法用量：ⓐ白点病。选用0.05％～0.07％浓度的红汞溶液，水浴病鱼5～15分钟，或在100厘米×50厘米×45厘米的水族箱中滴

入红汞溶液 3～10 滴，持续 2～3 天，效果良好。ⓑ此药可直接涂拭于伤口长霉的地方，也可治疗霉菌感染。b. 注意事项：勿与酸、碱配伍。其溶液不可与碘酊同用，以免生成碘化汞而产生腐蚀作用。

④粗盐：a. 用法用量：ⓐ全缸泼洒法。0.5～1 克/升。全缸泼洒法主要用于防治各种鱼病的发生和作为其他药物的辅助治疗。ⓑ浸泡法。1%～3%浓度浸泡 10～20 分钟。浸泡法主要治疗轻微的鱼病，如：皮肤充血病，水霉病，细菌性烂鳍病，车轮虫、口丝虫、斜管虫、锚虫、鱼虱、水蛭、鳃吸虫等。ⓒ食盐加小苏打法。250∶250 克/10 千克。食盐加小苏打法主要用于治疗松鳞、竖鳞、炸鳞病，特别是水肿腹水引起的竖鳞。b. 注意事项：用硝酸亚汞和红药水治疗白点病不能与食盐同时治疗。不可与锌或白铁接触，避免产生严重锌毒，亦不适用于动植物俱全的水族箱中，因为高浓度的盐液对水生植物有不良影响。须注意有些鱼无法忍受高浓度的盐液。

⑤甲基蓝：疾病对象是霉菌、白点虫、丝绒病、皮肤黏液症等，持续药浴数天，用药浓度为$(1\sim2)\times10^{-6}$。

⑥利凡诺：适用于敏感革兰氏阳性菌及革兰氏阴性菌引起的浅表皮肤感染，如烂尾、烂鳍、烂洞创伤性创口感染、化脓性皮肤感染等。用法用量：0.5%～1%水溶液直接涂抹清洗，用 1%的利凡诺软膏治疗烂洞病。

⑦诺氟沙星(氟哌酸)：本品为氟喹诺酮类抗菌药，具广谱抗菌作用，主治腐皮病、肠炎、水肿、细菌感染。用法用量：内服诺氟沙星，按每千克鱼体重摄食 10～30 毫克，拌饲投喂连用 5～7 天。

此外，有条件的可在家中自备一些商品化的鱼药，如各种生物制剂、硝化细菌、白点剂、杀菌水、鱼乐宝、神奇快清等。

16. 常用给药方法有哪些?

答:①浸洗法:将鱼集中在较小容器、较高浓度药液中进行短期的强迫药浴,以杀灭鱼体外的病原体。

②涂抹法:在鱼体表患病处涂抹较浓的药液以杀灭病原体。

③遍洒法:全缸遍洒药液,使池水达到一定浓度,杀灭鱼体外及池水中的病原体。

④注射法:鱼病上常用的注射法有腹腔注射或肌肉注射。注射法较口服法进入鱼体的药量准确,且吸收快、疗效好,但较繁琐。

⑤口服法:将药物或疫苗与病鱼喜吃的饵料,拌以黏合剂制成适口的药饵投喂,杀灭鱼体内的病原体。

宠　物

(一)养猫前的准备工作

1. 养猫前需做好哪些心理准备?

答:您有没有信心,连续喂养 10 年以上?主人不能只在一时地迷恋猫的可爱,如果不准备担负起照顾猫一生责任的话,猫就无法得到幸福。一般来说,一只健康的猫能活到 10 年以上,所以养猫的主人要考虑能否一直到猫临终都能给它无微不至的关怀。如果有此信心的话,就应该能解决许多的问题。每天的照料是主人分内的事。虽然猫是比较不用费心的动物,但是每天主人要做的事有:照顾它排泄、饮食、梳理皮毛等。要是这样也感到麻烦的话,那喂养就很困难了。

2. 养猫前需做好哪些硬件准备?

答:①2 个猫碗(一个水碗,一个饲料碗)。②猫砂和猫厕所。猫需要有固定的地方来大小便,主人要为它准备好猫砂和猫厕所。现在可以选择的猫砂有很多种:松木砂、纸砂、水晶砂、硼土砂等,猫砂各有优缺点，主人可以选择自己最能接受的类型，然后购买相应的猫厕所就行。猫经过教育，都会有良好的如厕习惯。③日常护理品。梳子是必需品之一，梳毛可以增进猫与主人的感情，防止猫毛打结又可以促进血液循环。每天最少一次的梳毛，还可以减少环境中掉毛量。可用钢制排梳，容易清洗消毒。人和猫的皮肤的酸碱度不同，需选择猫专用的沐浴洗护产品，避免对猫皮肤的伤害。浴巾可用宠物吸水毛巾，可以轻松吸去宠物身上的水分，方便接下来的吹毛工作。④准备一些猫喜欢的小玩具，可以增加主人与猫之间的互动，对猫和主人都是一种很好的消遣及放松。磨爪是猫的习性，因此让它停止是不可能的。磨爪也是为了显示自己的势力，增加气味。主人可以准备专用的磨爪工具，也可以依据自家猫的喜好 DIY 属于适合它的猫爪板。宠物消毒水，主人可以周期性地对家里的环境进行消毒维护。日常的注意是最重要的，回家先洗手换家居服，再与猫亲热。⑤给猫准备属于它自己的窝窝。建议选择容易清洗的猫窝或是垫子。

3. 如何选择适合个人的品种？

答：当您决定养猫时，选择什么样的品种就成为第一件需要考虑的事。选养公猫还是母猫？选小猫还是大猫？到底怎样挑选猫？下面就选样猫的问题做些介绍。

①纯种猫还是家猫？

估测全球各地猫有 40～80 个品种，下面又可具体细分为 500 种，不同种类的猫其外形、毛皮差异很大。众所周知的暹罗猫、缅甸猫、波斯猫体态各异，而马恩岛猫没有尾巴，加拿大斯芬克思猫没有毛。不同品种的猫除了外形不一样外，脾性也不相同，例如暹罗猫极为外向，而波斯猫则较安静更适合于在室内生活。大多数人不会选择纯种猫，对他们来说家猫完全符合他们的要求。家猫的颜色、皮毛种类繁多，而且如果它们小的时候受过良好的照顾，脾性会很温和。它们也比纯种猫强壮，寿命长。

②长毛猫还是短毛猫？

长毛的猫很可爱但需要为它们定期梳理，以使它们的毛发柔顺。主人必须准备一把刷子每天为其梳理，并且最好从它小的时候开始，以使其适应。

③公猫还是母猫？

公猫通常比母猫体形大。未绝育的公猫喜欢到处游荡，还会经常在外面打架而受伤。它还喜欢喷射自己的尿液或不掩埋自己的粪便以标记自己的领地，这会产生很严重的气味。而未绝育的母猫会定期发情并有可能怀孕。这段时间它们极爱吵闹，还会吸引许多附近的公猫。如果主人不想让自己的猫繁殖，最好为其做绝育手术。主人也可以选择手术后的公猫或母猫，它们都会非常惹人喜欢。如果您家里已经有了一只成年的猫，则最好选择一只异性的小猫。

④一只猫还是多只猫？

如果主人一天中大部分时间不在家，最好选择两只猫，这样才不会使猫感到寂寞。从小一起长大的猫，尤其是手术后的猫，长大后也知道和睦相处。

如果您是温文尔雅的小姐，那么选波斯猫、巴厘岛猫或布娃娃猫是再适合不过了。这些猫的特点是，温文尔雅、反应灵敏，而且安静少动，还有一身蓬松柔软、光滑的长毛，给人以华丽、高贵的感觉，它那尖细的优美叫声和爱撒娇的顽皮特性，很自然地就会博得您的宠爱。

如果养猫是为了您的独生子女，那么泰国猫、缅甸猫可成为孩子的忠实伙伴。这类猫天性聪明，活泼好动，对主人情深义厚。孩子在与猫玩耍过程中学会如何友善待人，进而理解人在感情上对爱的需求。因小孩对猫宠爱有加，所以他也愿意为猫做任何事情，从而使他感到自豪，可从小培养小孩子的责任心。

如果您是离退休老人，需收养一只猫朝夕相处，相依为伴。那么就选一只活泼伶俐、顽皮好动的猫，它会给您带来乐趣，消除寂寞。如缅甸猫、泰国猫、日本短毛猫和喜马拉雅猫，这类猫具有强壮的体质，体形修长，聪明伶俐又好动，还善解人意，可使您感到满足。

(二)选购猫的基本知识

1. 阿比西尼亚猫的外形特征是什么样子？

答：从外表来看，阿比西尼亚猫有类似古埃及猫的颜色，强壮的体型。拱形的颈，大耳和杏形的眼睛。今天的阿比西尼亚猫仍然保持非洲野猫祖先的原始样貌。阿比西尼亚猫的毛色并不是纯

阿比西尼亚猫

色,其毛色以红褐和红色为主,又称红阿比。红褐色者,毛尖黑色或黑褐色,中间红褐色,毛根部红带黄褐色。口吻淡黄色,鼻镜砖红色,足趾间黑色或茶色,爪尖黑色。红色者,被毛呈柔和鲜明的红色,毛尖巧克力色,鼻镜玫瑰红色,足趾间粉红色,爪尖淡巧克力色。每根毛均由2～3条深色的条纹所组合而成,亦因此呈色彩缤纷的效果。毛质柔软、细致浓密,犹如丝质一般,有光泽,中等长度。

2. 安哥拉猫的外形特征是什么样子?

答:土耳其安哥拉猫身形修长,体态优美,脸如瓜子般,大大的眼睛呈杏形,微微地斜向上;眼睛有多种颜色,包括任何浓淡程度的绿色、金色、铜色、蓝色或鸳鸯。中等长度的被毛柔软如丝,由于没有底毛,只需简单梳理即可。有纯色、斑纹、烟色、双色等,但白色仍然是最受欢迎的颜色。

安哥拉猫

3. 巴密兹猫的外形特征是什么样子?

答:巴密兹猫拥有与其体型不成比例的体重,好像用丝绸布包裹着砖块一样。它的被毛极短,质地油滑,只需简单梳理即可。一般巴密兹猫都比较结实,头部呈圆形,眼睛大而表情丰富,充满了天真和诱惑的吸引力。

巴密兹猫

4. 波斯猫的外形特征是什么样子?

答:波斯猫体格健壮有力,躯体线条简洁流畅。圆脸、扁鼻、耳小、眼大、腿粗短、尾短圆。波斯猫是长毛猫的代表,被毛长而密,质地如棉,轻如丝;毛色艳丽,光彩华贵,变化多样。耳朵以耳小及耳端浑圆为佳,耳微前倾,耳根处敞开,两耳间距宽,耳基部位置低于头盖。眼睛大而圆,稍突出,两眼间距适中,匀称。眼色应毛色而定,一般波斯猫眼睛的颜色有蓝色、绿色、紫铜色、金色、琥珀色、怪色和鸳鸯色(即两只眼睛具有不同颜色)。鸳鸯眼波斯猫的毛色常为白色。绿色、琥珀色及金色眼睛的猫，一般属于银灰毛色系。各种眼睛的颜色越纯、越深越好，并且以两只眼睛的颜色均匀为佳。

波斯猫

5.伯曼猫的外形特征是什么样子？

答：伯曼猫具有类似喜马拉雅猫的体型以及暹罗猫的斑点。体型比典型的波斯猫的形长，肌肉结实，四肢中等长度，脚爪大而圆。头部宽圆适中，脸颊丰满，鼻子大小中等。眼睛近似圆形，眼角稍稍吊起，为蓝宝石色。耳朵为暗色，中等大小，呈圆弧形。尾

伯曼猫

巴中等长度。伯曼猫被毛长而厚密，毛质细密而富有光泽，不纠结，易梳理；颈部饰毛长，但肩胛部被毛短；胸部至下腹部被毛略呈波纹状；腹部被毛有少量卷曲。体毛是无条纹的单色，但在海豹色斑点、蓝色斑点中有少量深色。体毛与斑点反差越明显越好。脸、耳、四肢、尾的斑点以同一色为最佳，斑点毛尖不能混入白色。四爪应为白色。

6. 东方短毛猫的外形特征是什么样子?

答：东方短毛猫的体型与暹罗猫十分相似。楔形的脑袋，精悍的躯干，细长而柔软的尾巴，短短的被毛紧贴皮肤。体毛的颜色和形式丰富多彩，其中以薰衣草色和赭色为其特有的色彩。

东方短毛猫

7. 海曼岛猫的外形特征是什么样子?

答：海曼岛猫的无尾基因属显性，除了没有尾巴这个特征外，另一个便是其结实且浑圆的外形。海曼岛猫的被毛分短毛和长毛两类。短毛海曼岛猫的被毛是双层的，表层的毛比较硬，但带有光泽。由于不同颜色的基因组合，白色或淡颜色的毛会比较柔软。

海曼岛猫

长毛海曼岛猫的被毛如丝般柔软，中等长度，但臀部、腹部及颈外围的毛比身体的毛较长。双层的被毛丰满，飘逸且顺滑地从身体向下坠。

8. 金吉拉猫的外形特征是什么样子?

答:金吉拉猫四肢肥短，五官分明，体型较波斯猫轻巧。体质优良，虽看起来很娇贵，其实却很健壮，性情十分活跃，常常蹦蹦跳跳，喜欢与饲主一起玩耍。

9. 卡尔特猫的外形特征是什么样子?

答:卡尔特猫体型稍胖，毛色为蓝灰色，这是卡尔特猫最大的特色。一身蓝灰色的弹性被毛，厚而柔软，闪耀着美丽光泽，极具魅力，属于被毛略长的短毛种猫。头稍大呈圆形，配上一对鼓鼓的双颊，金黄色的眼睛圆大明亮，表情丰富，看起来颇为聪明可爱。卡尔特猫身体健壮，忍耐力很强，能适应各种不同的环境。

金吉拉猫

卡尔特猫

10. 狸花猫的外形特征是什么样子?

答:狸花猫产于中国,是经过千百年的自然淘汰而形成的自然猫种。狸花猫的被毛优美,身体健康易饲养,善于捕鼠,因而很受大众的喜爱。狸花猫两耳间距较近,大小适中,耳根宽阔,耳廓深,

狸花猫

顶端较圆润。脸颊宽阔，使得头看起来相当圆润。眼睛大而明亮，呈圆杏核状。颜色有黄色、金色、绿色，通常有眼线。鼻子砖红色，有鼻线。狸花猫的体型适中，胸腔宽而深厚。四肢及尾部长短适中，健壮有力，肌肉感强。整体感觉强健、平衡感极佳。被毛可以分为长毛和短毛，斑纹美丽，由于酷似野生狸的斑纹，通常被称为狸花斑纹。额头有M状斑纹，眼角有连贯的延伸线，颈部、四肢及尾部有环状斑纹。身体为连接完整的鱼骨刺斑纹或豹点斑纹。被毛颜色通常是棕色或深棕色，有些猫身体被毛有白色，其颜色称为狸花白色。通常脚垫和掌毛为黑色。

11. 美国短毛猫的外形特征是什么样子？

答：美国短毛猫外貌美丽，身体强壮健康，性格文静。一般来说，它的寿命可达15～20年之久。小猫完全成长为成猫需3～4年的时间，雄性的体型明显比雌性大，雄性的体重为5.5～7.5千克，而雌性则为4～6千克。美国短毛猫有超过80种的颜色及斑纹，由咖啡虎斑到纯白色加蓝眼睛，由玛瑙色到三色，其中银虎

美国短毛猫

斑更是最为人熟悉的美国短毛猫颜色。一只理想的美国短毛猫应拥有强壮而均匀的体型,身形中至大,虽然雌性不及雄性结实,但整体配合应与雄性一样。身长略长于其高度。从侧面看,身体均分为三等份,尾巴长度与肩膊至尾巴底部的长度相等。头大,面颊饱满,耳朵大小中等,耳尖略圆,两耳距离为眼睛距离的两倍。前额平滑,在头顶适当地突出,从正面看,两耳之间并没有明显的隆起。眼睛大而圆,上眼睑犹如一粒由中间破开的杏仁,下眼睑则是圆形,外眼角位置较内眼角高,眼睛明亮、清澈、机灵。鼻子长度中等,从侧面看,向内弯的鼻梁从前额延伸至鼻尖,颚骨强壮,下巴结实并充分地展开,与上唇成平行线。颈中等长度,强壮有肌肉。腿结实,爪呈圆形,有厚厚的肉垫。被毛短、厚、均匀,质地较硬。

12. 美国反耳猫的外形特征是什么样子?

答:美国反耳猫的耳朵是经遗传基因突变而形成的。刚出生

美国反耳猫

的反耳猫，耳朵都是直的，但在出生后的2～10天，耳朵便会渐渐向后反起，直至4个月大的时候便会定型。身型匀称，肌肉恰到好处，雄性一般体重为3.5～5千克，雌性为2.5～4千克。头部稍呈椭圆形，适当长度而挺直的鼻子，没有鼻节，由眼睛的底部上延至额头。结实的下巴，与鼻及上唇成一直线。耳朵反起的角度最少有90°，但不能超过180°。适当大的耳朵，底部宽阔，流畅地向后反起。眼睛呈胡桃形，略大而稍带倾斜。椭圆形的顶部及圆形的底部，有斑纹、银影、烟色、纯色、双色及重点色等。有长毛及短毛品种，有多种颜色和图案。

13. 缅因库恩猫的外形特征是什么样子？

答：缅因库恩猫的美丽外表经常为人称赞。头形中等阔度，嘴部呈方形，颧骨高。下巴强壮结实，与上唇及鼻子成一直线，侧面看去，下巴的轮廓几近正角，鼻子挺直，没有鼻节。耳朵大而且长满毛，底部渐渐向耳尖收细。大大的眼睛，两眼距离很宽。中至大的身型，强壮，胸部宽阔。雌猫一般比雄猫细小。长长的尾巴配以飘逸如皮草的长毛。最特别的是拥有一身顺滑而浓密的被毛，膊头的毛较短，而腹部及大腿的毛则较长，质地如丝一般，顺滑地向

缅因库恩猫

下垂。

14. 挪威森林猫的外形特征是什么样子?

答:挪威森林猫有着绿宝石般的眼睛镶以金色的眼线,长而随风飘动的毛,柔软如丝。耳朵内的毛可长达 10~13 厘米,一直沿耳边伸出。高鼻梁,杏形而大的眼睛。尾巴壮丽,若梳理得宜的话,毛发可展开达 40 厘米或更长。挪威森林猫最吸引人的地方就是那围颈的鬃毛,长而浓密,毛的颜色及图案多元化,由纯白色到深炭黑色,可以是任何的图案及颜色配搭,但却没有重点色。淡色的猫有着较厚的底毛,而深色的猫却有着较薄的底毛,因为它们可以吸收阳光来保暖,有些颜色更是会随季节的转变而由淡变深。

挪威森林猫

15. 日本短尾猫的外形特征是什么样子?

答:日本短尾猫又称花猫或短尾花猫。身体中等大小,肌肉发

日本短尾猫

达。尾巴短而弯曲,类似兔子的尾巴。头呈三角形,脸部发圆,耳朵宽而直立,眼睛呈椭圆形。它们的毛犹如丝般柔软,按毛的颜色可分为黑白斑猫、白底与茶色斑猫、黑白红三色斑猫等,各种颜色均呈明显的对比色。

16. 山东狮子猫的外形特征是什么样子?

答:纯种山东狮子猫为白色长毛,颈、背部毛长达 4～5 厘米。也有黑白相间毛色的品种,但以纯白的较为珍贵。其中以山东省临清市的长毛狮子猫最为名贵。临清狮子猫除了全身被着厚厚的雪白长毛外,有的还长着一黄一蓝的鸳鸯眼。

山东狮子猫

17.苏格兰折耳猫的外形特征是什么样子?

答:苏格兰折耳猫体型浑圆可爱,属于半短身型,最重要的特征为向下折的耳朵,略大的圆脸,粗大的尾巴和浑圆的身躯。小猫耳朵下折的原因是单独显性的遗传基因所造成的,几率大约是

苏格兰折耳猫

30%,大约从出生后第三周开始慢慢往下折。不过,下折后的耳朵并非一直都是保持这个形状,有时会因气候、性成熟、内分泌失调、疾病或压力紧迫等原因,恢复原状而直立起来,但只要这只小猫在3个月大后确定为折耳外观,那立耳的情况是属于短暂性的。

18. 索马里猫的外形特征是什么样子?

答:索马里猫又名长毛阿比西尼亚猫,是由阿比西尼亚猫突变种经计划繁殖培育出来的长毛猫。保持了阿比西尼亚猫的许多特征,体态稍圆,属于东方型苗条体型。五官和双颊稍圆呈楔形,一对大耳宽广呈“V”字形,耳内长有长长的饰毛,眼睛大而呈杏形,颜色由强烈的绿色到鲜艳的古铜色,十分美丽。身型属中至大,比例均匀,肌肉结实,线条优美。索马里猫拥有长而柔软的双层浓密绒毛,毛发通常是3~10厘米长,毛色多样、艳丽。两肋间长有如皮草般短而密的毛。尾巴丰满而且蓬松,犹如狐狸尾巴一般。趾间长有脚底毛。索马里猫在遗传上是有斑纹的,有别于其他的斑纹,每根毛都由4~20条条纹所组合而成,看起来像一只颜色和谐的纯色猫。

索马里猫

19. 土耳其梵猫的外形特征是什么样子?

答:土耳其梵猫体长而健壮。肩部肌肉发达。头呈楔形,耳大多毛,鼻子细长,末端带色。眼睛呈圆形,为琥珀色。爪掌呈粉红色。尾较长。土耳其梵猫有一身致密、柔软的丝状被毛,但没有像羊毛般的内层绒毛。被毛基调为白色,在耳朵前部有一些金棕色斑纹,尾部亦带有暗色斑纹。

土耳其梵猫

20. 韦尔斯猫的外形特征是什么样子?

答:韦尔斯猫在体型特征上与海曼岛猫一样,前腿短后腿长,分为无尾及短尾两种,在数量上比海曼岛猫更稀少。韦尔斯猫有着美丽且毛质极为优秀的被毛,非常柔软细致,摸起来像是高级丝缎一般。被毛分为两层,内层是生长细密的底毛,外层被着蓬松的长软毛。虽是长毛猫,但浓密的被毛却不易缠结,易梳理。韦尔斯猫有着灵巧的脚掌,前腿短、后腿长,臀部发达,侧腹深陷,耳大而宽,耳末端呈尖形,侧看身体从肩部至臀部呈拱形。除巧克力色、淡紫色猫和喜马拉雅型猫外，所有颜色的韦尔斯猫，只要眼睛颜色和被毛颜色相称都会得到承认。

韦尔斯猫

21. 喜马拉雅猫的外形特征是什么样子？

答：喜马拉雅猫继承和结合了波斯猫和暹罗猫的优点，既有暹罗猫的蓝眼睛、毛色、斑点和聪明伶俐的性格，又有波斯猫的长毛、体型，以及温顺、天真、反应灵敏等特性。头盖宽大而圆，前额和下颚圆，整个头部与短而粗的颈部配合协调。两颊及腭丰腴，浑圆。鼻短扁而下塌。耳朵较小，耳端浑圆，耳基部不宽，两耳间距宽，低于头盖。眼睛大而圆，稍突出，两眼间距略宽，眼睛蓝色。喜马拉雅猫具有典型的短胖体型，胸深宽，肩同腰宽，肋扩张为浑圆，腹部上收，背短而背线平。四肢粗短而直，骨骼强壮、有力。被毛长而密生，但不紧贴于体表而立起。由上、下毛构成，下毛绒细、较长，覆盖全身。颈、背饰毛丰富，形成褶边。耳、趾间饰毛长，尾毛丰富。毛质柔软如丝、富有光泽。毛色有海豹毛色、蓝色、巧克力色、紫丁香色、白色、红色等。斑点为海豹色斑点、蓝色斑点、巧克力色斑点、紫丁香色斑点、奶油色斑点、混合色斑点、山猫色斑点等。体毛毛色与斑点有明显的对比反差。脸部、耳、四肢、趾、尾都有深色斑点,并以同一色者为佳。

喜马拉雅猫

22. 暹罗猫的外形特征是什么样子?

答:暹罗猫是目前最为流行的纯种短毛猫的代表。流线形修长身材,四肢、躯干、颈部、尾巴均细长而且比例均衡。头部细长呈楔形,头盖平坦,从侧面看,头顶部至鼻尖成一直线。脸形尖而呈

暹罗猫

"V"字形,口吻尖突呈锐角,从吻端至耳尖形成"V"字形。鼻梁高而直,从鼻端到耳尖恰为等边三角形。两颊瘦削,齿为剪式咬合。眼睛呈杏仁形,眼色为深蓝或强绿色。耳大直立,鼻梁高直。

23. 新加坡猫的外形特征是什么样子?

答:新加坡猫体型细小,拥有刺鼠般的毛色,毛短而服帖,有光泽,前腿内侧及后膝均有条纹。头呈圆形,额上有"M"形斑纹标记。眼睛及耳朵非常大,眼睛可以是榛子色、绿色及黄色。所有新加坡猫均拥有同一颜色的毛,亦是唯一CFA认可的颜色——古象牙底色及毛尖上的深咖啡色,这便形成了深棕色的刺鼠斑纹。它的体型及毛色往往给人柔弱的感觉,但却是肌肉结实的猫。

新加坡猫

24. 异国短毛猫的外形特征是什么样子?

答:异国短毛猫外貌与波斯猫极为相似,唯一与波斯猫不同之处就是其毛是短而厚,呈毛绒状。骨骼强壮,身材匀称,线条柔软及圆润。头部大而圆。眼睛浑圆,两眼距离较阔。短短的鼻子,鼻节高且处于两眼中间。耳朵细圆,微微向前倾,两耳距离较阔。面颊饱满,宽阔及有力的颚骨,下巴结实。脖子短而粗。拥有大、圆而结实的爪,尾巴短但跟身体成比例。具备多种颜色及图案,包括纯色、烟色、斑纹、双色及重点色等。

异国短毛猫

25. 云猫的外形特征是什么样子?

答:云猫仅分布在我国南方,因身上的毛色似天上的云彩而得名,因喜食椰子树汁和棕榈树汁而又被称为椰子猫或棕榈猫。云猫的毛色呈棕黄或黑灰色,头部为黑色,眼睛的下方及侧面有白斑,身体两侧为黑色花斑,背部有数条黑色纵纹,四肢及尾为黑褐色。外观很漂亮,是一种珍贵的观赏猫。

云猫

26. 在哪里能买到健康的猫？

答：要到正规的、有经营资质的猫舍去挑选购买，尽量不要在市场或者路边购买。

27. 如何选择放心的猫舍？

答：有经营许可证，管理规范，环境整洁干净，口碑良好。每只猫最好处在单独的笼舍中，而且可提供相关免疫证明的猫舍。

28. 如何挑选健康的猫？

答：一是要到有经营资质的、正规的猫舍去选购。还可以到猫主人家去挑选。看一下小猫的生长状况，是否体质强壮、食欲良好，被毛是否有光泽，是否活泼、可爱、机灵等。不选一窝中体型最小的猫（即弱猫），因为它体质弱，生长慢，易生病，难以养活。

二是要检查猫是否健康。健康猫的标志是：①眼睛明亮，没有异常分泌物，眼睛及周边附属结构没有发红、感染情况。②耳朵清洁，无异味，没有异常分泌物，无其他异物。③嘴的周围应清洁干燥，无流涎，牙龈坚固，呈粉红色，没有创伤。④被毛光滑，皮肤柔软，没有脱毛和皮屑。⑤肛门和外生殖器应清洁，无异常分泌物，附近的被毛上无稀便、软便黏附。⑥身体肌肉坚实。

健康猫在安静状态下，对主人的呼唤或其他声响反应灵敏，闻声后两耳前后来回摆动。病猫或耳聋猫则对声音无任何反应。当选中了一只小猫时，就应当试着唤它，看看它有无反应。如果小猫容易受惊或龇牙咧嘴,就要仔细观察其是否身体不适,是否害怕新主人或不适应新的环境。

三是要鉴定猫的年龄。一般情况下,猫生后 2～3 周开始长乳牙,2～3 个月长齐乳牙并开始换牙,6 个月时,永久切齿全部长齐。1 年后下切齿开始磨损,5 年后犬齿开始磨损,7 年后下颌切齿磨呈圆形,10 年以上时,上颌切齿磨损呈圆形。也可根据毛的生长情况和毛的颜色变化情况大致鉴别猫的年龄。

29. 购买前需向卖家询问哪些相关问题?

答:幼猫的年龄,是否做过免疫及驱虫,以及具体免疫和驱虫的时间;平时的饮食习惯;是否患过某些疾病,用过哪些药物,是否有过敏史等。

30. 购买前应与卖家签订哪些保障性条款?

答:已免疫的动物,需要出示免疫证明,然后签订协议。如果该动物出现与免疫不完全有关的疾病,应由卖家负责。

31. 购买后如出现疾病等问题应如何处理?

答:购买后,如出现疾病,应及时到正规的宠物医院检查,确诊疾病,并确定疾病的原因是自己饲养不当造成的,还是购买之前即有可能已经存在的问题,确定原因后,如果与卖家有协议可以带着诊断结果去与卖家协商解决。

(三)猫饲养初期的注意事项

1. 如何帮助新购猫降低饲养初期的应激反应?

答:新买回一只猫,需要把它当成家庭的一员。在最初的一段时间里,最好能多抽出一点时间陪它,带着猫认识它的床、便盆、饮食地点,让它熟悉新的生活环境。在前几周,养成猫良好的作息时间和生活习惯是非常必要的。

猫最需要一个属于它自己的温暖安全的"睡床"。床一定要便于清扫。猫的餐盆不要太深,应不易踢翻,便于清洗。应把它的餐盆放在离猫窝较近的地方,并不要打扰猫进食。为猫准备一个便盆,并把它放在远离猫食宿的地方。便盆需每天清洗,因为生性爱干净的猫会拒绝使用不洁的便盆。

孤儿猫的体温往往很低,用手摸上去有点冷,可能还会一直不停地哭叫,或者脱水。如果是这样,应注意以下几点:①尝试刺激帮助它进行排便,小猫可能会因为憋大小便产生痛苦,而且憋久了会对身体有害。最起码要试图刺激帮它排尿。②用自己的体温,慢慢地将小猫的体温暖和过来,不要用热水瓶或者电吹风等。③每隔 1 小时给它喂一些 5%~10%的葡萄糖水。④不要给体温过低的小猫吃奶。因为它的肠胃已经停止工作了,如果喂它吃奶会使它胀气死亡。

接下来就要考虑长期喂养它的问题,最好的办法是帮它找个母猫喂养。但在将孤儿猫与另一窝小猫放在一起之前,首先要确定它们都没有传染病。除此之外,母猫也不能喂养太多的小猫,过多的小猫会让母猫的营养不足。自己的小猫在两周以下的母猫比较愿意喂养孤儿猫。如果过了 2 周,母猫可能就不情愿喂养了,而且因为小猫大小相差得太大,小的猫容易被其他猫推挤或者压在身子底下。母猫有时是很难找到的,如果找不到,这就需要人工喂养了。因为孤儿猫很脆弱,所以在喂养它们时需要投入更多精力,对它们精心地护理。

靠近猫时要小心,不要突然伸手抓它。最好让猫主动靠近你。先轻轻抚摸,让它习惯轻抚后再抱起。抱猫时一只手放在它胸前,另一只手托住它身体后部,让其胸腔靠在手掌上。将猫轻轻抱起,慢慢靠近你胸口。注意托稳身体后部。大多数猫都乐意让人抱在怀里,不过得让它们躺得舒服。但通常猫不喜欢被抱得太久。如果抱着猫的同时抚摸它,它会消除戒心。一旦猫开始反抗,马上将它放下。如果违反其意愿强行抱猫,会被它抓伤或咬伤。

2. 针对不同年龄的猫如何选择食物?

答:猫是肉食动物,具有发达的嗅觉,但味觉较弱。一般来说,猫喜欢带有腥气的浓烈肉味,因此,一定要选用牛肉、鱼肉、鸡肉等新鲜肉类做主要原料的猫粮。①初生小猫在满 1 月龄前主要靠吸食母猫的奶来获取营养。②1 月龄后即可开始给予少量的高乳食品,让小猫改食高营养的幼猫干粮和罐头。③1～6 个月的小猫 1 天至少吃 3 餐。④6 个月以后可减少至 1 天 2 餐。⑤猫在12 个月以上就进入成猫阶段,成猫的身体和消化系统已基本发育成熟,能较好地消化和吸收营养。成猫在营养上需要全面均衡的营养,以维持猫的最佳健康状态,同时防止衰老。⑥当猫达到 7 岁以上时,开始出现许多健康问题,特别是新陈代谢方面,比如肾脏和眼睛。要解决这类问题,重要的是喂给它们低脂肪、低能量的食物,帮它们维持正常体重。此外,还应满足食物中纤维素的含量以保证其肠胃的健康,减少蛋白质、镁和磷的含量维持泌尿系统和肾脏的健康。另外,应尽量喂它们易于消化的食物。⑦定时称一下猫的体重,以保证猫的体重在正常的范围之内,并根据兽医和营养师的建议进行喂养。定时评估一下猫的身体状况,并根据身体状况来调整食物的喂食量。

3. 新养猫应遵循何种免疫程序?

答:猫疫苗的注射方法是皮下注射,给猫注射疫苗时千万注意,一定要先做身体检查,因为现在的疫苗大多是弱毒疫苗,只有健康的猫才能接种疫苗。

如更换饲养地点、食物和主人时,由于应激反应的出现,最好不要接种疫苗。注射疫苗后一般 10 天左右才能产生抗体,在此期间应避免洗澡,尽量做到不与其他猫接触,因为此时猫的免疫能力最差。个别猫注射疫苗后,可能会有疫苗反应,如发热、精神不佳、食欲不佳等现象,一般在 24 小时内会自行消失。有时注射后局部出现肿胀,热敷即可。极少数猫会出现过敏反应,如面部肿胀,如出现应立即就医。

猫三联疫苗是进口的猫疫苗,为国际上通用的产品,注射此苗可以预防猫瘟热、猫杯状病毒感染和猫疱疹病毒感染(即传染性鼻气管炎)。免疫接种方法是 2 个月以上的猫需免疫 2 次,间隔 3～4 周。以后每年免疫注射 1 次。

狂犬疫苗有国产和进口的两种产品,用于预防狂犬病的发生。3 个月以上的猫即可免疫注射,保护期为 1 年,每年应接种 1 次。

4. 新养猫是否应该驱虫?遵循何种驱虫程序?

答:①驱除跳蚤:翻开猫的被毛,一般是在后躯背部和四肢最有可能出现，可能会看到像黑煤渣一样的深色颗粒。如果把这些颗粒收集起来放到湿润的手纸上，轻揉后即溶解变为红色，那就说明感染了跳蚤。

寄生在猫身上的跳蚤成虫占跳蚤总数的5%左右，剩下的95%则是隐藏在地毯中的幼虫及虫蛹。当人或猫靠近它们时，蛹的外壳由于震动裂开，跳蚤就会从中蹦出来。若想彻底清除跳蚤，要经常保持地板的清洁。

治疗：ⓐ可用磷酸酯类或有机磷类的除虫项圈除蚤，但要防止舔咬中毒。ⓑ在猫脖子后面抹上液体药液来杀虫。但在使用时不要让家里同时饲养的几只猫互相舔到对方身上的药液。喷射药剂也有用于地板的。对同时饲养几只猫的家庭来说，这是一种比较好的产品。ⓒ猫舍内有蚤可用0.5%马拉硫磷液，0.5%～1%敌百虫及除虫菊酯粉撒于墙角、地板缝及猫窝内。有机磷类及毒性较大的杀虫剂，禁止向猫身上喷洒及药浴，防止中毒。

同时，跳蚤是绦虫的中间宿主，一般感染了跳蚤，肠道内出现绦虫的几率也大大增加，所以也要做好肠道驱虫。

②驱除钩虫：猫作为中间宿主感染的，其症状分为急性型和慢性型。急性型：患猫发热，体温常在40℃以上。精神差，食欲大减，嗜睡，呼吸困难。有时出现呕吐和腹泻。孕猫可发生死胎和流产。慢性型：食欲不振，消瘦和贫血，有时出现神经症状。孕猫也可发生流产和死胎。猫若作为终末宿主感染时症状较轻，表现为轻度腹泻。

治疗：可用磺胺嘧啶10毫克/千克体重，每天分4次内服，或用乙胺嘧啶按1毫克/千克体重，每天1次，连用7天。

预防：保持猫舍的清洁卫生，及时处理猫的粪便，要定期消毒，对猫流产出的胎儿及排泄物和流产的现场进行严格消毒处理，以防污染环境。

③驱除肝吸虫：虫体寄生于胆管及胆囊中，机械性地刺激胆囊及胆管黏膜，引起胆管壁变厚、发炎，影响胆汁排泄，导致消化功能紊乱。临床上出现呕吐、腹泻。大量虫体寄生时，可使胆管阻塞，使胆汁排泄受阻。胆汁在体内集聚形成全身性黄疸，先以可视黏膜出现，如眼结膜、口腔黏膜，几天后可见全身皮肤变黄。由于虫体寄生时间较长，长期刺激肝脏胆管，可使肝细胞变性、结缔组织增生、肝硬化。腹外触诊时可以感觉到质地较硬且增大的肝脏。临床上还可见到精神沉郁，病初食欲逐渐减少到不食，继之呕吐、腹泻、脱水，可视黏膜及皮肤发黄，尿液呈橘黄色。

治疗：ⓐ首选药吡喹酮，0.05 克/千克体重，首次口服后隔 5～7 天再服第 2 次。ⓑ丙硫苯咪唑，10 毫克/千克体重，口服，1 次/天，连服 2～3 天。ⓒ全身性疗法。消炎、补充能量、补液。庆大霉素 1 万单位/千克体重，2 次/天。三磷酸腺苷 10 毫克、辅酶 A 50 单位、5%葡萄糖 30～50 毫升，混合静脉注射。有呕吐的猫可应用止吐药、胃复安 1.5 毫克/千克体重肌肉注射。禁止猫食用未煮熟的鱼类和虾。

④驱除绦虫：当猫体内有绦虫寄生时，绦虫头节的小钩和吸盘吸附在小肠黏膜上，造成黏膜损伤，引起肠道炎症反应，重者造成肠黏膜出血，引起出血性肠炎症状。虫体刺激肠道，使肠功能紊乱，出现腹泻、粪便稀软。虫体在肠道中不断吸取掠夺营养，使机体造成营养缺乏，发育缓慢，消瘦、贫血、异嗜、被毛粗乱无光泽。另外，虫体在生长发育过程中，不断分泌毒素，可引起机体中毒，出现神经症状。虫体很长，在肠腔内可集成团状，造成寄生虫阻塞，出现呕吐、腹痛、脱水及全身症状。

治疗和预防：ⓐ首选药吡喹酮，0.05 克/千克体重，首次服完后，隔 5～7 天再服 1 次。ⓑ丙硫苯咪唑，5～10 毫克/千克体重，

1 次口服。ⓒ灭绦灵,100～150 毫克/千克体重,1 次口服。

此外,要灭鼠灭蚤,不要喂给生鱼、生虾、生肉。定期驱虫,一年 1～2 次,小猫 3 个月第 1 次,7 个月第 2 次,以后每年春季 1 次。

⑤驱除蛔虫:病猫出现胃肠功能紊乱,生长发育缓慢,被毛粗乱,营养不良,肌体逐渐消瘦,呕吐、腹泻,有时呕吐物和粪便中可见有蛔虫体。造成蛔虫性阻塞、肠套叠或肠扭转时可出现频繁呕吐、腹痛、脱水、排粪停止。手触诊腹部时,可感到腹腔内有硬块及肠壁由粗变细。造成肺炎时,可见有体温升高、呼吸困难,肺部听诊有啰音,有的猫还可出现神经症状。

治疗:ⓐ左旋咪唑,10 毫克/千克体重,1 次/天,连服 3 天。ⓑ哌啶(驱蛔灵),50 毫克/千克体重,1 次口服。ⓒ噻吩嘧啶(抗虫灵),5 毫克/千克体重,1 次口服。ⓓ丙硫苯咪唑,5～10 毫克/千克体重,1 次口服或隔日再服 1 次。

⑥驱心丝虫:猫的心丝虫同样是由蚊子叮咬所传播,心丝虫可在猫身上活 2～3 年。有些猫,在感染心丝虫后会自动地复原,而没有任何的症状。但比较敏感的猫可不是这样了,当心丝虫进入猫身体后的 3 个月中,猫的肺部可能会造成急性炎症反应,出现咳嗽、呼吸困难的现象。随着心丝虫的成长,症状也会慢慢地加剧。一般来说,猫感染心丝虫后的症状主要分为急性与慢性两种。急性的心丝虫症会有痉挛、呕吐下痢、厌食、呼吸急促、失明、昏倒、晕厥的现象,最严重的,可能会立即死亡。在慢性的心丝虫感染中,猫可能会有长时间间歇呕吐、久咳不愈,偶尔会有像气喘的症状,有时候会厌食,体重会慢慢地减轻,更严重的会有呼吸困难的现象。心丝虫症在猫身上最主要的问题都集中在肺部。

为了避免家中的猫感染心丝虫,每个月都需要给予猫心丝虫预防药及定期做心丝虫检查,以预防猫得上这个疾病。

⑦驱除耳痒螨：耳痒螨一般只生活在耳道内，会造成耳道严重瘙痒，产生大量干酪样棕黑色分泌物。

治疗：应先向耳内滴入宠物专用洗耳液，轻轻按摩，以溶解并消除耳内的痂皮，再滴加具有杀虫作用的耳药。在治疗的同时，应以杀螨药物彻底消毒猫舍和用具，将治疗后的病猫安置到已消毒过的猫舍内饲养。由于大多数治螨药物对螨卵的杀灭作用差，因此，需治疗 2～3 次，每次间隔 5 天，以杀死新孵出的幼虫。

预防：ⓐ猫舍要宽敞、干燥、透光、通风良好。应经常打扫，定期消毒(至少每 2 周 1 次)，饲养管理用具也应定期消毒。ⓑ病猫和健康猫应隔离饲养和管理。对于隔离治疗完毕的病猫，需再隔离看管 3～4 周，确实痊愈后方可同健康猫接触。

5．如何帮助新养猫建立良好的行为习惯？

答：训练应在猫 2～3 月龄时开始，这时猫较容易接受训练，并为今后的提高打下基础。

猫天生是爱清洁的动物，对猫进行大小便训练相对比较简单。便盆可做如下选择：①一个简单的盘子，铺上垫料，就是猫的最通常的便盆。如果养不止一只猫，务必要用一个够所有的猫使用的大便盆。②容易紧张的猫或喜欢清净的猫，用带盖的便盆比较理想。如果猫不愿用便盆，应检查一下：ⓐ便盆是否放在猫不会受干扰的僻静处，以及垫料是否清洁。ⓑ是否猫不喜欢所使用垫料的气味。

猫在固定地点便溺的习惯是要经常调教才能养成的。调教时在猫窝旁边放便器，其中 3～4 厘米厚的沙子，最上层放少许带有尿味的沙子。当猫焦急不安、转圈活动时，就把猫引到便盆处，让其先闻到盆内沙子的气味，这样它就会在便盆里排便，调教数次后即可养成习惯。在城市中养猫，调教猫在抽水马桶上大小便最为理想。调教前，在抽水马桶坐圈下面放一塑料板或木板，并在板上铺上适量的沙土、炉灰、锯末等垫料。当发现猫焦急不安、转圈活动时，将它带到抽水马桶上，不久它就会排便。待猫养成习惯，能够自己在塑料板上大小便后，逐渐减少垫料的量，猫就会逐渐养成站在马桶圈上大小便的习惯，这时就可以将塑料板或木板拿走。放的垫料要经常更换，一般每天更换一次。

磨爪是猫的本能，尤其喜欢在以皮革、绒布和橡胶制作的家具上磨爪。但猫对锡纸和双面胶的表面尤其反感和厌恶，将这些纸贴到猫喜欢破坏的家具表面，能起到一定的防范作用。猫磨爪很难制止，但主人可以提供特定的磨爪地方给它，改变它磨爪的地方。可以为猫准备一块杉木制的猫抓板，并在猫抓板上撒上猫草。平时，当主人发现猫想磨爪时就立刻抱它到猫抓板处。如果它做错了就对它说“不行”，或向它喷洒少许水，尽量让它养成良好的习惯。

家养猫不能任其夜游。猫喜欢昼伏夜出，如果任其夜间到处游荡，在捕鼠、交配和厮打过程中，可能会受到伤害或弄脏身体，不利于猫的健康，也影响室内卫生。同时，猫往往野性很强，不易管理。如果带回传染病，还可能殃及主人健康。纠正猫夜游必须从幼猫开始。开始调教时要用笼子驯养，白天放出，在室内活动，但绝不能放到户外，晚间再捉回笼内。时间一久，猫就会养成习惯，即使去掉笼子，夜间也不会出去活动。也要尽量避免长时间放猫出户外，或任其自由出入，否则会导致其劣性复发。

为了防止猫袭击更小的宠物，应在鱼缸外罩上金属网，将鸟笼挂在天花板上。

如果同时养猫、养犬，主人就该抱着猫，让猫和犬一点点地相互适应，当它们相互知道脾性后，犬和猫就能欢快地、和平地生活在一起。

6. 猫的行为语言表现何种意图？

答：猫的意思表达常常会随着它情绪的迅速变换而有成串的表现，其行为语言复杂多样，下面是常见的一些。

当它发出低沉而温柔的“喵”声，表示心情好、打招呼、欢迎、答话。而喵声大一些的话，可能是抱怨，有所乞求。

当它瞳孔圆圆，耳朵竖直，口微开，表示惊喜。这一般是猫在闻到厨房里有香喷喷的鱼、肉时的反应。

当它吃饱了，擦过嘴，舔过脚掌，表示它完全信赖你，觉得安全、高兴。

当主人回家时，它会跑到门口坐着，缓慢而幅度很大地摇晃着尾巴表示：“您回来了，欢迎欢迎。”

当它好奇时，用后脚站起来，耳朵朝前倾，尾巴垂下，末端轻轻地摇。

当它无事耳朵自然向上伸，胡须自然垂下，瞳孔细直，表示平静。

当它打招呼、撒娇时，它会绕着你的脚，不断地用头来磨蹭。你把它摆在桌上，它会用头、下巴不断地磨你的脸。

主人在抱着它抚摸它的下巴，它会发出“呼噜呼噜”的声音。半夜它爬上床，或是在伸展四肢、很懒散的时候也会发出“呼噜呼噜”声。而在它生病或痛苦时，也会呼噜。此外呼噜也表示友好。

当它有心事时，会将耳朵朝前，瞳孔稍大，胡须下垂。

当它发出“咪—噢,咪—哇”声音时,是在发出困惑、有所求的信号。

当它迷惑、烦恼、愤怒时,身体会低低地站着,尾巴下垂,慢慢地摇动。

当它警觉时,眼睛圆睁,耳朵完全朝前,胡须上扬。

当它表现出警告、威胁时,双耳压低,眼睛变细,但尚未出声。

当它进一步发出警告时,表现为双耳压平,胡须上扬,脸压扁,眼睛更细。

当它发出高亢的嘶叫声,同时嘴巴张开,舌头卷成圆筒状,有热气呼出,表示恐惧、发怒,甚至威胁对方止步。

当它生气时,全身压低,尾巴卷起来,双耳后压,张嘴,露出牙,并且出声。准备攻击时,前身低后身高,尾巴平伸,双耳朝前倾,爪子全露出来。

当它耳朵垂下,尾巴卷进身子里,胡须也下垂,身体缩成一团,表示服输、投降。

7. 猫的基础生理指标有哪些?

答:猫的寿命平均为 12 年,文献记录最长寿的猫活到 30 岁。猫平均 7～8 个月到达性成熟年龄,性周期为 15～28 天。猫比较适合的繁殖年龄在 10～18 月龄,妊娠期 62～75 天,哺乳期 60 天左右。猫的正常体温 39℃,一般范围 38～39.5℃(直肠温度)。心跳频率为幼龄猫 130～140 次/分、成年猫 100～120 次/分。呼吸频率 20～30 次/分。总血量占体重的 6.2%,红细胞 800 万个/毫米^3(正常范围为 650 万～950 万个/毫米^3),白细胞 1.6 万个/毫米^3。

(四)养猫家庭应注意的自身安全问题

1. 猫传播的人畜共患病有哪些?

答:①猫抓病:猫抓病是一种世界性流行病。猫是本病病原体唯一的自然宿主与传染源,这种病是由于人被猫抓伤或由猫的排泄物感染所致。每当人被感染后,表现为面部淋巴结发炎、肿大、疼痛、化脓。体温升高,四肢出现斑疹,有时甚至出现脑膜炎。出现这种症状后,应对病猫进行捕杀,尸体焚烧或深埋。并立即到医院就医,听从医生进行有效治疗。要防止这种病的传染,避免被抓伤是有效的方法,可以帮助降低这种感染。在抚摸完猫后及时洗手等也是很有必要的。另外,除去猫身上的跳蚤也有利于防止家人感染上猫抓病。如果幼猫身上有跳蚤则这种传染性是无跳蚤29～30倍。

②破伤风病:猫是该病的带菌者,当人们被猫咬伤或抓伤,可引起破伤风病,这种病主要表现为牙关紧闭、四肢僵直或全身性的痉挛,其至危及生命。一旦出现这种症状后,最有效的方法是立即注射疫苗,及时到医院就医。

③弓形虫病:猫感染此病后,通常无明显症状,个别有体温升高、下痢、呼吸困难和肺炎等症状。这种病对孕妇的危害性更大,怀孕妇女感染可传染给胎儿,如果妇女在怀孕早期感染此病,可致流产、早产和严重的脑、眼疾患。

想知道自己的猫是不是有弓形虫病,可以到兽医院去做检查。建议孕妇最好在准备怀孕之前到医院做检查,这样,她就能在怀孕之前知道自己是否被传染了。一般来说,养猫的家庭注意日常卫生管理的话,应该是安全的。摸过猫之后要洗手,只吃熟的肉食,彻底清洗蔬菜水果;不吃未经消毒的奶制品,每天至少清理一次猫的粪便和食盆。这样,受感染的危险程度就会降低很多。

④狂犬病:又名恐水症,疯狗病。是狂犬病毒引起的一种急性传染病。此病最初由疯狗引起,但感染病毒的猫也是重要的传染源。之所以要在这里特别地将猫的狂犬病提出来,是因为带毒猫易突然攻击咬伤、抓伤人的头、颈、面部等重要上部部位,易造成危及生命的严重伤害。被猫及其他动物(如犬、鼠等)咬伤后如不及时处理或处理不当,得狂犬病的机会就会增大。所以,凡被上述动物咬伤后都必须尽快到医院就医。

最好尽早将你的猫注射狂犬病疫苗;注意观察猫的行为表现,若有异常行为表现如精神反常、烦躁不安、恐水、流涎、好攻击等。为安全起见,一定要将猫隔离起来,严禁其突然袭击人的头、颈部等。

⑤旋毛虫病:这是一种多种动物共患的寄生虫病。在疫区,以猫的带虫率为最高,其次是犬。人类大多通过消化道而感染此病。以肠胃症状、全身水肿、高热、肌肉剧烈疼痛为特征。出现这种症状后,目前大多采取服用或注射磺胺类药物等,有一定疗效。

2. 如何预防猫所传播的疾病?

答:避免猫咪进食生食;避免与来源不明猫咪接触;定期驱除体表和消化道寄生虫;饲养者避免直接接触消化道排泄物;饲养者避免被猫咪抓伤或咬伤。

3. 什么是弓形虫?弓形虫对人类有何影响?

答:弓形虫是广泛存在于动物身上、土里及自然界各处的一种原生动物。以生肉、其他猫的粪便、老鼠、蟑螂等为传播媒介。世界各地的弓形虫感染非常普遍，欧洲大陆和拉丁美洲的成年人，50%～80%发生过感染，法国人高达90%。1985—1990年我国的23个自治区的调查，大多在10%以下，明显比外国低。正常人感染弓形虫绝大多数没有症状，或者症状很轻，只有少数人初次感染（或称原发性感染）时有发热、淋巴结肿大、头痛、肌肉关节痛和腹痛，几天或数周后随着人体产生免疫力，一般都能自愈。但是，有严重免疫缺陷的病人，如艾滋病人等，假如发生感染，后果就很严重。怀孕妇女感染可传染给胎儿，如果妇女在怀孕早期感染此病，可致流产、早产和严重的脑、眼疾患。

4. 如被猫抓伤或咬伤应如何处理？

答：无论是否出血都应立刻用20%的肥皂水进行创口清洗，用碘酒消毒，并且尽快去医院注射狂犬疫苗。狂犬疫苗要连打5支，1个月内注射完毕，分别在第0天（就是第一针当天）、第3天、第7天、第14天和第28天注射。狂犬病的潜伏期为30～90天，短于10天内者极少见。一般来说，被动物咬伤或抓伤后，未能及时注射狂犬病疫苗者，只要抓紧补种，仍可以防止发病，因为很难预先断定某一伤者是否会发病，也很难准确地推算伤者的潜伏期，所以注射疫苗应本着“宁早勿晚”、“宁补勿缺”的原则进行。

5. 如何做好环境清洁和消毒？

答：每天要及时清理猫咪的粪便，勤更换猫砂。定期对室内环境进行打扫、吸尘，用宠物专用的消毒液擦洗地面等；定期清洗、晾晒猫咪的窝垫。

(五)猫的日常饲养与护理

1. 保持幼猫的卫生应该注意哪些问题?

答:①不要让幼猫接触其他的宠物,幼猫至少要隔离 14 天并且经检查没有得足以致命的传染病后方可接触其他宠物。②不要将几窝幼猫放在一起养。③经常用开水清洗、消毒喂食的用具及猫窝垫子与猫用毛巾等。④每次摸猫前后,都要注意洗手。⑤冲好的猫奶粉不能保存超过一天。冲好后暂时不用的猫奶粉要放冰箱保存。⑥放在常温下的猫奶不能够超过一小时,超过后就不能再喂给幼猫。⑦最好在热水里加热,不要用微波炉加热,因为微波炉加热的奶局部会很热。

2. 在春季如何饲养管理猫?

答:春季是猫发情、换毛季节,管理上应注意这一特点。猫一年四季都可发情,但以早春 1、3 月份发情者居多。发情母猫的活动增加,精神兴奋,食欲减少,表现不安,在夜间发出比平时粗大的鸣叫声,以此来招引公猫。公猫外出游荡,并常为争夺配偶而打架,易造成外伤。因此,春季应特别注意发情与交配的管理。6 月龄的猫虽可达到性成熟和发情,但应防止过早交配,影响生长发育。要对 6 月龄的公、母猫严加看管。另外,对外出回家的猫,要仔细进行检查,发现外伤及时进行治疗。

春季也是换毛的季节。冬季过后,覆盖全身的被毛将脱落,若不能经常梳理被毛,不洁的皮肤会引起瘙痒。因此,春季应注意给猫勤梳理被毛和保持皮肤的清洁,预防皮肤病。

3. 在夏季如何饲养管理猫？

答：夏季天气炎热，空气潮湿，要注意预防中暑。猫的体表覆着被毛，缺乏汗腺，对热的调节功能差。当外界温度过高时，特别是高温、高湿的夏季易发生中暑。因此，夏季的猫窝应放在背阴、通风、凉爽的地方。

夏季炎热的天气常影响猫的食欲，大多数猫消瘦，喜卧懒动。另外，高温高湿的环境最适合细菌、真菌等微生物繁殖。因此，应防止猫食物中毒。夏季的猫食应经过加热处理，以新鲜的熟食为宜，每次喂食量不宜过多，以免剩余变质。凡腐败变质的各类食物，严禁喂食。

4. 在秋季如何饲养管理猫？

答：秋季猫为了迎接寒冬的来临和适应早晚气温的变化，食欲旺盛，被毛也开始逐渐增厚，此时应提高饲料的质量和增加食量，以增强猫的体质。此外，深秋昼夜温差变化大，要注意猫的保温和加强锻炼，在管理上要预防感冒及呼吸道疾病。猫在秋季又进入一个繁殖季节，此时要注意求偶外出的猫有无外伤和产科方面的疾病。

5. 在冬季如何饲养管理猫？

答：冬季天气寒冷，光照时间短。在天晴日暖的天气，应让猫多晒太阳，特别是正在生长发育中的仔猫尤为需要。阳光中的紫外线不仅有消毒杀菌之功效，而且还能促进钙的吸收，促进骨骼生长发育,防止仔猫发生佝偻病。寒冬时节,室内外温差大,如果猫突然受到冷空气的刺激,易发生感冒,严重的可继发呼吸道疾病。因此,应注意预防感冒。

猫在冬季室外活动减少,如果饲养管理不当易造成肥胖症,患糖尿病。妊娠猫过肥,易造成难产等。应增加室内逗玩运动,猫喜欢做追扑动作,玩小的玩具,特别是对有颜色的更感兴趣,可给它一些球类、小纸团、线团等玩具,让它追捕玩耍,增加猫的活动量,有利于健康。

6. 如何给猫洗脸?

答:猫平时没事就会用爪子把脸清洗得干干净净。但有的品种,如波斯猫和喜马拉雅猫,由于鼻子内陷,泪腺较短,眼睛附近经常有分泌物出现,猫本身无法清理干净,时间长了会结痂,这就要主人帮它洗脸。

给猫洗脸,最好在洗脸水里加点盐,冬天要用温水。用左手按住猫头后颈,右手拿湿毛巾轻轻擦拭猫眼内和鼻梁深陷处。猫如果反抗,可以呵斥它,擦洗时动作要快,时间长了,猫会因不舒服而挣脱。每天早、晚喂完猫后,最好都洗 1 次。在洗脸过程中,也可顺便清洗一下猫的耳朵,检查耳内有无发炎或黑色、油脂状分泌物。这些症状可能是慢性耳疾的征兆。若发现异样,要尽快就医。

7. 如何给猫洗澡?

答:洗澡水以不淹没猫为宜,水温在 30~35℃最好。

要准备一些用具,包括:洗澡盆、浴巾、浴液(要求对猫皮肤无刺激性的)、梳子(密齿、稀齿的各一把)、刷子、脱脂棉棒、小镊子、眼药膏、吹风机等。

做好准备工作后，把猫缓缓地放入浴盆，按照头部、后颈、背尾、腹部、四肢的顺序进行搓洗。动作要迅速，尽可能在短时间内完成。换水冲洗干净后，立即用干浴巾把小猫身体上的水擦干。如果是长毛猫，不适宜用浴巾擦，最好边梳理，边用吹风机吹干。

洗澡时要注意的问题是：当猫身体不适或有病时，不要给猫洗澡。一般每月洗澡 2～3 次，不宜过勤。猫皮肤上的油脂对皮肤和毛具有一定的保护作用，如果洗澡次数过勤，油脂会大量丧失，易使猫的毛变脆，皮肤弹性降低，可能成为皮肤炎症的诱发因素。洗澡前，还应该让猫进行轻微的活动，使猫排掉屎尿。

8. 猫的毛皮怎样护理？

答：猫会经常用舌头舔自己身体，去除污垢，梳理毛发。但是也有舌头舔不到的地方，特别是长毛的品种，单靠猫本身很难保持毛的洁净，因此主人的帮助是必不可少的。

毛皮护理用品中，猫专用的有洗发水、护理液、香粉、指甲剪、梳子等，这些在宠物商店都能买到。梳子齿疏的用来梳理全身，齿密的用于捉跳蚤，还要准备用于梳理脸部的小梳子。指甲剪、毛刷须是猫专用的。但吹风机、剪毛球用的剪刀、清理耳朵的棉棒、橄榄油等不必是猫专用的。毛刷要用不易起静电的兽毛刷。柔软的毛刷适用于长毛的品种，硬一点的适用于短毛品种。剪毛球的剪刀，要用钝头的剪刀，以免剪伤皮肤。可用化妆剪或鼻毛剪代替。

每天为猫做毛皮护理，不仅能除去污垢、虱子，防止毛球，梳理和刷毛还有利于血液循环，促进皮肤的新陈代谢。主人定期抚摸猫还可以检查其身体状况。同时，这也是主人和猫进行交流的时间。猫在主人的轻抚和喃喃细语下，精神也会随之安定下来：一开始猫可能会讨厌这种抚摸,但只要每天循序渐进,形成习惯,猫也就会乐于此道了。

9. 如何帮猫"换夏装"?

答:夏天温度高,猫开始大面积退掉内层的绒毛。除了可能造成毛皮结团外,还会因为舔毛时吞下大量的绒毛而在胃里形成毛球,影响消化和吸收。同时,空气中飘浮的毛会钻进猫的鼻孔,也会侵害它们的呼吸系统。所以,如果发现猫最近惊颤打喷嚏、流鼻涕、咳嗽,或者很久没有给它梳理皮毛了,应该要马上动手梳理。最好用略带弯钩的铁齿梳子,这样能把在深层的绒毛梳理下来,直到梳不到大量的绒毛为止。这样坚持1周左右,猫就可度过这个脱毛期。

10. 如何给猫剪指甲?

答:大多数的猫自己会照顾自己的指甲,但指甲可能会长得太长和劈裂,给它们造成疼痛和感染。定期修剪指甲会降低发生这种问题的可能性,并缓解猫抓家具的冲动。兽医院、宠物用品店都有猫用指甲刀。猫用指甲刀设计得像剪刀或环状铡刀,考虑到从适当的角度剪掉猫的指甲而不会有指甲劈裂或碎裂的危险。好的猫用指甲刀有非常锋利的刀刃和舒适的手柄。要让猫从小就习惯于被人握着爪子。当猫放松的时候是最好的剪指甲的时机。主人两只手都参与剪指甲的过程中,一只手用来抓住猫并让它安静,另一只手给猫剪。握住爪子,手指轻轻地压住猫并用拇指将指甲从猫的爪子中按出来。用另一只手去修剪指甲。不要忘记剪"拇指",在前腿的内侧。也不要忘记猫会有"多脚趾",都需要修剪。

只需剪尖端的、白色的指甲,避免剪到粉红色的活肉。如果剪到肉流血了,可用它的爪子去抓肥皂来止血。给猫剪指甲要快,如果猫已经开始烦躁就放它走,即使只剪了一只爪子,以后再继续。

要陪它玩耍或给予特殊照顾来奖励它,这样它就会对剪指甲产生好的联想。在洗澡前给猫剪指甲最合适。

11. 家中常备护理用品有哪些?

答:①棉签、脱脂棉:给猫咪清洁眼垢或耳垢(幼猫最好选用婴儿棉签)。②双氧水、酒精:当猫咪之间因追逐打闹弄伤时,用它来消毒伤口。③洗耳液:2周左右就要为猫咪清理一下耳垢,可以用棉签蘸上洗耳液,慢慢地擦拭。④洗眼液:眼垢会使猫咪眼睛周围的毛变硬,久了还会印染变色,尤其眼鼻一线的扁脸猫,主人每天都要为猫清理眼垢。用脱脂棉蘸上洗眼液在眼睛上闷一小会儿,不但很容易擦干净,还不会让猫有疼痛感。⑤氧氟沙星眼药水:用于治疗结膜炎一类的眼病。⑥氯霉素眼药水:猫在做结扎手术后到清醒之前都要每隔一段时间就滴几滴氯霉素眼药水,防止眼角膜变干。⑦吐毛球膏:就是每天为它们梳理,也不可能不让它们舔毛,久了胃里自然还是会积攒毛球,需每隔2个月喂猫咪1周吐毛球膏。⑧营养膏:在秋、冬季交换时,容易患感冒一类的疾病,这时候给猫补些营养膏,可以增强它们的免疫力。还有母猫怀孕、生产,猫初打疫苗前后,生病康复阶段,都可以喂食营养膏。⑨剪刀:要医用剪刀,最好是那种剪刀头有外弯弧度的,这样给猫剪毛一类的安全系数就高很多。⑩宠物专用消毒湿巾:在天气寒冷的冬天,或3个月内的幼猫,都不宜经常洗澡,需用宠物专用的消毒湿巾来给它们擦被毛。猫和犬的是不一样的,购买时要看清楚。⑪体温计:准备一只猫用的,不要人、猫混用。

(六)猫的发情和怀孕生产

1. 猫发情了怎么办?

答:发情,是一种性成熟的表现,说明猫开始具有生殖能力。

母猫属于季节性多发情的动物,在发情的季节中约每隔 2 周就发一次情,每次发情持续 3～7 天,并大多集中在 3～4 月份、6～7 月份。由于现在的家猫普遍生活在暖气房里,即使是冬天,也常有猫发情的情况出现。公猫基本上没有动情周期,只会受到母猫发情的刺激影响。主人若有长久育种打算,建议等母猫 1 岁之后再配种,这样育种会比较容易且稳定。

若不打算让母猫生育,最好在母猫 6 个月大时,就带往兽医院进行绝育,以切除所有的卵巢及子宫。由于这种手术必须在全身麻醉下来进行,因此猫越年轻,恢复的情况越好。动完手术,可选择住院看护或回家自行护理。由于猫在陌生的环境中会情绪紧张而不吃不尿,所以留院护理不一定好。因为手术后只需每天喂药、检查猫的伤口,等手术 10 天后再回院拆线即可,如果不是太忙碌的主人可以考虑带回家护理。如果不想让猫动手术,也有避孕药及避孕针的选择,但可能会产生乳房肿瘤及子宫蓄脓等副作用。6 个月的公猫,也应该进行摘除睾丸的绝育手术。与母猫结扎相比,公猫的手术时间约 5 分钟,免拆线,伤害性相当小,是一种简单、快速、安全的手术。

需要注意的是,绝育之后的猫可能会发福,但这可以通过调整食物来改善。

2. 猫发情的时候有什么表现?

答:母猫的发情时间在6～8个月大,一般是每2周1次,每次持续1周左右。发情时表现为打滚、号叫。用手轻拍母猫的尾巴根,它就会本能地将屁股翘起来。有的母猫发情时,满地尿尿,这种情况比较少见。公猫的发情时间在8个月大左右,一般隔1周发情1次,每次持续7～10天。发情时,先是满地打滚或扭动身体,有的会粗声低嚎,或者把尿液留在屋子的角落里,吸引母猫。发情的公猫要滋尿的时候,会将尾巴高高竖起,快速抖动,同时一股尿液就冲到墙上了。

3. 什么样的公猫和母猫交配比较合适?

答:母猫配种前,必须身体健康,体重在3千克左右。从小体弱多病的公、母猫不适合配种。体弱的母猫强行配种,怀孕和生产的劳累有可能造成生命危险或导致日后的疾病。有遗传缺陷的公、母猫不能用于配种。遗传缺陷包括牙齿在内。公、母猫的体型和体重不能相差太大。如果公猫过大母猫过小,有可能胎儿过大,造成难产。

4. 猫什么时候生育最合适?

答:母猫在1岁左右成熟。小于1岁的母猫,由于骨盆发育不完全,有可能造成难产。而公猫一般在1岁半左右完全达到成熟。

5. 猫怀孕的时候有哪些表现?

答:猫怀孕一般是53～58天。母猫在交配后3天左右,发情特征会慢慢消失。在怀孕20天左右,乳头颜色会逐渐变成粉红色,乳房增大,食量增加。母猫怀孕后不喜欢运动,行动谨慎,睡觉时间增多,并且喜欢伸直身体睡。母猫外阴部会变肥大,颜色变红,而且由于子宫压迫膀胱,使排尿变得频繁。母猫在怀孕1个月左右,腹部开始增大,这时用手摸猫的腹部,应该可以感觉到胎儿的活动。母猫在怀孕50天时,胎儿已发育成形,触摸时可明显摸到胎儿,尤其是胎儿的骨骼部分较硬,更容易摸清楚。

6. 如何照顾好怀孕的猫?

答:怀孕的母猫需要较多的蛋白质与热量,高品质的蛋白质,比如牛奶制品、鸡蛋及肉类,可以加入干饲料中,大约占10%的量,以增加食物的蛋白质含量及味道,也不致破坏营养的均衡。如果食物营养均衡的话,在刚怀孕的2～3周内并不需要特别去改变食物的质量。小猫用的奶粉配方也可以给怀孕的母猫及授乳中的母猫。喂食的量应随着孕期的加长而渐渐增加,到了怀孕末期,母猫应该比怀孕前多吃1倍的量。由于胎儿的成长而压迫周边的器官,母猫不可能在两餐中将所需的量吃下,所以必须增加喂食的次数,或将食物留在外面供母猫自由进食。母猫怀孕期间,要注意不可过度喂食,可能因运动不够而造成肥胖与肌肉松弛,这样反而会造成生产困难。

产房最好选用纸箱,在离底部10～15厘米地方开个口,以方便母猫进出。最好在生产前1周就开始让母猫适应这个箱子,可以试着放干净的软毛巾鼓励它睡在里面。通常在生产前1～2天的时候，母猫会没有胃口吃东西，比平常不安，也“喵”叫得比较多，或将铺在生产用的箱子里的东西撕碎，甚至会呕吐。越接近生产的时间，越会去舔腹部及生殖器官。如果没有将母猫事先安置在产房，它也许会在主人的床上、橱柜里或其他的地方生产。

猫的怀孕期是53～58天。如果母猫早产，则多数是死胎或产下后仔猫不久即死亡。

小猫一旦出生，应该立即将胎囊弄破，让小猫自由呼吸，通常母猫会立即这么做，但有些没有经验或紧张的母猫会忘了做，如果是这种情形，应该立刻弄破胎囊，否则小猫会窒息而亡。如果脐带在出生时还没有掉下，母猫在生下小猫后会清理小猫，并且自然地将脐带咬断，若小猫生下15分钟后，母猫还没有开始清理它，可以用干净的线或没有上蜡的牙线，在脐带离身体1～25厘米之间绑好，剪掉太长的脐带，但太短的脐带容易感染，所以留下的脐带也不可太短，并在断口浸一下碘液或消毒水。

7. 猫临产前可能出现的征兆有哪些？

答：①母猫腹部明显膨大下垂，平时不易看到的两排乳头变得明显可见。②有些母猫的乳头能挤出清亮或乳白色的乳汁，有些甚至是自动流出。③母猫常有找窝做产房的行为，并常常进入产箱后不愿出来。④分娩当日，母猫一般不进食。如果没有疾病的干扰，母猫突然停止进食，是分娩的重要预兆。⑤产前12～24小时，母猫的体温会明显下降1℃左右。⑥临产前几小时，子宫开始阵缩，母猫会感到阵痛而显得不舒服，精神变得焦躁不安，在产窝中侧身躺下，呼吸急促。⑦在阵痛间歇，母猫可能会大量饮水。如果发现母猫阴门内有黏液流出，则说明马上就要分娩了，此时要将母猫放回产窝内。

8. 猫临产前主人应做好哪些准备?

答:猫临近分娩,主人不但在照顾上要更格外小心,还要为仔猫的平安出世做其他的准备工作。分娩的时间一般是在夜里,分娩时需要安静。①在猫预产期的前1周或10天,主人应将产窝布置好,以免产期提前而措手不及。②产窝可用纸箱、木板等材质制作。如果用木板制作产窝,就不能在窝内刷油漆,以免异味对猫产生刺激,或仔猫舔、咬引起中毒。产窝大小以母猫伸开四肢躺下后仍留有余地即可。门要有7～9厘米高的门槛,以防仔猫跑出。内壁要光滑,不能有尖锐的凸起物,以免划伤母猫和仔猫。底部要用棉絮、旧衣服等布质材质的东西做铺垫。若母猫在冬季分娩,就更要多铺垫,以利于保暖。不能用于草一类的铺垫物,因为仔猫出生后会在产窝内乱跑,如钻入干草中则不易被母猫发现,可能被压死或发生其他意外。产窝应安置在干燥、安静、较暗且利于通风的地方。③产前要用温热的淡盐水给母猫清洗乳头,以保证产后仔猫吸乳的卫生。④临产当天,主人还要准备灭菌纱布、剪刀、消毒药水、温开水等,以备助产时使用。⑤如果是长毛猫,需要事先把肚子上和后腿上的毛剪掉一部分,以免影响生产和哺乳。

9. 如何为猫接生?

答:很多猫会自己料理好一切,可以撕破小猫的胞衣,咬断脐带,吃掉胎盘,舔干净血迹。但也有一些猫,特别是一些长毛的纯种猫,需要人的照料才能顺利完成生产过程。

接生要准备以下材料:剪子、热毛巾、丝线或棉线、酒精。

接生前要先洗净双手。仔猫娩出之前，母猫会用力蹬直后腿。生下来的是个灰色的泡泡，这就是胞衣了，如果母猫没有撕破胞衣，主人得马上用手撕开胞衣，然后迅速用热毛巾给仔猫擦拭口鼻，以免被羊水呛到。听到仔猫“叽叽”叫，就说明小猫活了。胎盘大概过 5 分钟才能娩出，等胎盘出来之后，用棉线在脐带距肚子 2 厘米左右的地方打个死结，然后在结的后面剪掉连着胎盘的那部分脐带。把仔猫放到母猫的嘴边，让母猫舔干净仔猫的毛。

猫生产是一件很耗费体力的事，应该适当给它喂水喂食。需要把食物和水给它喂到嘴边才行。

如果母猫自己完成了所有的生产过程，主人需要检查一下每只小猫的脐带是不是咬得很好。接触仔猫之前要先抚摸母猫，让自己的手上带点母猫的气味。如果产仔很多，最后出生的小猫有可能脐带咬得不是那么完美，因为母猫没力气了。正常情况下，应该是每隔 20 分钟会产下一只小猫。

全部小猫都生下来之后，母猫开始喂奶。喂奶的正确姿势是母猫侧卧。仔猫的肚子吃得越鼓越好。喂过之后，母猫会舔仔猫的屁股，刺激小猫排便。

10. 猫难产怎么办？

答：猫难产是指在分娩过程中不能将胎儿顺利娩出体外的一种疾病。本病的发生既有母体的因素，也有胎儿的因素。母体因素有产道狭窄（主要是软产道扩张不开及骨盆未充分扩张）和产力不足（包括腹压不够和子宫阵缩有问题，如子宫乏力、子宫破裂、子宫扭转）等方面。常见的胎儿因素有胎儿过大（包括绝对过大和畸形发育）和胎儿位置不当（包括胎位、胎向、胎势异常）。过于肥胖或过早怀孕的母猫均易发生难产。较小品种的母猫与较大品种的公猫交配,也易发生难产。

难产的主要症状:①预产期已到或已过,出现分娩预兆,但阵缩次数少、时间短、力量弱、胎儿久不娩出,检查母猫,胎儿仍留在宫内。②已娩出 1 个或数个胎儿,母猫仍有分娩动作,检查发现,子宫内仍有胎儿,但迟迟不能将所剩胎儿娩出体外。③少数猫生出数只胎儿后,分娩动作即告停止,但仔细检查,腹内仍有胎儿。宠物主人和医护人员都应注意这一点。在条件允许和必要时,可利用 B 超进行监护。④产道触诊及腹部触诊是诊断猫难产最方便、最常用的方法。触诊内容包括有无胎儿、软产道的开张情况、胎儿的发育情况以及胎位、胎向及胎势是否正常等。

防治难产的处理方式有以下 2 种:如果仔猫已经露出两条腿,可以在仔猫身上和产道附近抹一些润滑脂,同时轻轻拉动小猫,帮助母猫用力。另一种方法就是去宠物医院注射催产素。如果难产已经持续几个小时,一般小猫就憋死在母体内了。

11. 猫产后如何照料?

答:猫分娩后 12 小时内,给其注射一针催产素,一方面可以确保母猫产下所有的仔猫,另一方面也可以促进乳汁的分泌。

猫分娩后,产道还会有血样分泌物流出,这种情况会持续 2~3 天,但母猫会自己清理干净。应给母猫服用一点儿抗生素,如口服 1/4 粒诺氟沙星胶囊 1 次,以避免发炎。

要给猫提供清洁的产房垫料。房间的理想温度是 21℃。如果房间太冷,可以采用人工照明的方法提高产房温度,或者使用暖水袋、宠物专用的加热垫。如果房间温度太高,母猫就不愿意待在产房里,它会让仔猫们独自躺在产房中,便于散热。要把猫的食盆、水盆和沙盆放在离产房较近的地方,这样猫就能在做完自己的事情之后很快回到小猫身边。

12. 猫产后出现哪些情况需要诊治?

答:①阴道大量出血(8毫升以上)。②阴道排出有色、白色、有异味或恶臭的液体。③精神低迷、感觉迟钝或处于昏睡状态。④分娩12小时后,仍未恢复进食。⑤出现发烧症状。⑥产后对小猫漠不关心。⑦产后焦躁不安,坐立不定。

13. 为什么母猫吞食亲生仔猫?

答:母猫吞食亲生仔猫属于一种病态,也就是通常所说的食仔癖。母猫食仔的原因主要有以下四种:①食仔癖可能是某些动物野性习惯的一种残迹。母猫具有强烈的护仔特性,故当分娩期或产后受到惊吓,产生不安全感,或当新生仔猫沾染上其他异味,致使母猫怀疑它们不是亲生仔猫时,会发生食仔现象。②同母猫神经类型有关。有的母猫可能过于神经质,对仔猫过分溺爱,舔仔猫过度,致使仔猫皮开肉绽,最终被吞食。③母猫妊娠期间的喂养管理不当。④可能产出的仔猫中有死胎,或仔猫出生后不久即死亡,母猫吞食了这些死亡的仔猫后,渐渐形成了一种食仔的不良习性。这种情况在老年母猫中较多发生。

14. 怎样预防母猫食仔行为?

答:①母猫分娩时,主人应为母猫创造一个温暖、干净、光线较暗、安静的环境,让母猫在整个过程中有安全感。②母猫分娩前后,主人要给母猫喂食含有足够蛋白质、维生素和矿物质的食物及充足的饮用水。③刚出生的仔猫,主人不要随意用手抓摸,以免其沾上任何异味。④对母猫产出的死胎或产后不久死亡的仔猫,主人应在不惊扰母猫的前提下,及时谨慎地将仔猫从母猫身边拿出,不要被母猫吞食。

(七)正确面对绝育手术

1.绝育有何益处?

答:①可减少疾病发生。猫的生理构造会因为发情和生育可能引起很多疾病。对母猫来说,发情频率过高会造成卵巢囊肿,生育过的猫更会有子宫积脓、子宫肌瘤、卵巢肿瘤、乳房肿瘤等问题。为母猫实施绝育手术可以从根本上减少母猫的健康隐患。对公猫来说,实施绝育手术可以免因发情造成睾丸肿瘤、摄护腺肥大等问题。另外,频繁发情的公猫最容易患泌尿系统闭塞,绝育手术可以从根本上解决这个问题。②绝育后的猫不会感染通过性行为传播的疾病,如猫艾滋(一种猫的免疫系统疾病)等。③让猫从因发情而引起的紧张、烦躁、食欲下降的情绪中摆脱出来,恢复原来的活泼天性。而对于公猫,也会改掉用喷尿发泄的习惯。④避免盲目繁殖,控制流浪猫的数量。⑤提升环境品质。

2.猫何时适合绝育?

答:一般满 6 个月、体重 3 千克以上的猫即可做绝育手术。老年猫也可以做,但风险会增加。

3.绝育手术前需要做哪些准备？

答:术前需免疫完全。术前要禁食 6～8 小时,禁水 4～6 小时。以防麻醉时引发胃肠反应引起呕吐,造成误吸,增加不必要的风险。去医院手术时,要用结实、牢固的包把猫装好。包要足够大,术后可以让猫平躺,脖子要能放平。术后猫要 2 小时才会醒来,在这个过程中会小便失禁,可以在装猫的包里铺上一块尿垫,让术后的猫躺在上面。猫麻醉后眼睛是睁着的,为防止眼睛干涩,需要滴眼药水,或抹少许眼药膏。如果用眼药水,需要每隔 5 分钟滴 1 次;如果上眼药膏,只要上 1 次即可。

4.绝育手术后应注意哪些问题？

答:术后要把猫的头平躺着放,脖子要放直,以免抑制呼吸。回家后,把猫放在地上温暖的地方,身子下面垫上尿垫。一般 2 小时后猫会完全醒来,公猫术后当天即能吃东西,第二天即恢复正常。母猫一般会有 2 天的疼痛感,第 3 天即恢复正常。主人要注意控制母猫术后 1 周内不要跳上跳下。猫,特别是母猫,在绝育后的半年内会食量大增,有的猫会急剧发胖。这期间主人一定要注意控制猫的饮食。这样可以有效地控制猫的体型和体态,使猫恢复到术前的状态。

5.绝育手术后饮食需要做哪些改变？

答:术后的 3～5 天,由于猫咪处于术后的恢复期,需要高品质、高营养的食物,且有良好的适口性,以刺激猫咪恢复食欲,例如罐头等。而当猫咪恢复体况后,绝育术后的猫咪是建议服用专用的处方食品的,或者饲喂低脂肪含量的食物,因为绝育后的猫咪无论从生理方面还是从生活习性方面都有一定的改变,会比以前懒惰、食欲旺盛,很易造成肥胖,所以要从饮食上有所控制。

(八)猫的疾病的治疗与预防

1. 家中常备的日常药品有哪些?

答:家庭常备宠物用药主要有碘酒和酒精、吐毛球膏、氯霉素眼药水、福莱恩喷剂、滴剂、肠道驱虫药和洗耳液等。

猫常上蹿下跳,容易受伤。如果是简单的皮外伤,用碘酒和酒精消毒就可以了。

由于猫经常外出,体外容易感染寄生虫,如虱子、跳蚤等。使用福莱恩喷剂、滴剂、防治体外寄生虫洗液,猫就可以安全出门了。

猫整理自己皮毛时,会将大量的毛舔食到胃里,长期下去会结成毛团阻碍消化功能,吐毛球膏会让猫吐出毛团,效果明显。狗尾草也会令猫吐出毛团。

有些猫鼻腔和泪腺比较短,眼睛每天都会流出一些分泌物,长期下去容易造成角膜发炎,严重的还会使猫失明。因此,必要时需使用氯霉素眼药水。

如果猫经常抓耳朵,高度怀疑耳道内存在致病因素,如耳螨、细菌或酵母菌感染。所以要注意定期清洗耳道。

用肠道驱虫药清除猫体内的寄生虫,每年至少要 2 次。服药时应严格遵照医嘱或说明书上的剂量喂食。

2. 如何预防猫日常疾病?

答:定期为猫咪进行免疫,并每年加强免疫,可以预防猫常见的传染病;经常外出的猫,每月使用驱杀体外寄生虫的药物,避免患寄生虫性的皮肤病或耳病;定期地做体内驱虫,预防寄生虫性的肠道疾病。饲喂猫专用食品,且最好定时、定量饲喂,可以预防猫因缺乏牛磺酸而引发一系列的疾病,并避免肥胖。

3. 怎样判断猫是否生病?

答:①精神沉郁,嗜睡,自主活动少,食欲减退。②多饮多尿,异常嗷叫。③短时间内多次呕吐。④粪便稀软或带血。⑤触摸猫体表时猫出现抵触,小心谨慎等疼痛反应,或对主人的抚摸发怒。⑥行走异常,步态不稳或跛行。⑦频繁摇头或不停地抓挠身体固定部位。⑧流鼻涕或眼泪,打喷嚏,鼻镜干燥、鼻端色泽异常。⑨间歇性抽搐痉挛,伴有泡沫性呕吐、倒卧等症状。⑩异食癖。

4. 主人可做哪些简单检查来确定猫是否生病?

答:①异常分泌物:如果猫的眼睛和鼻子部分,出现了异常分泌物,像是黄色的眼屎、流黄色脓状鼻涕等,应立即将猫带动物医院做检查。②被毛:猫的毛发若是变得没有光泽,或是有脱毛、秃毛现象的话,甚至严重者失去整理自己身体的欲望时,一定要赶紧到动物医院检查,因为这可能是猫咪的身心受到了压力,或是因为其他因素引起的情绪不稳。③精神差:猫如果整天都无精打采的,甚至躲在角落里不理人,这都是猫生病的征兆。此时,你主要特别关心猫,了解猫发生了什么事情,如此才能对症下药使猫的身体健康变好。④胃口:健康的猫都应该要有不错的食欲,如果发现猫最近总是将食物留在猫碗当中没吃完,或是连罐头都吸引不了它时,便要注意猫是不是生病了。⑤呕吐:如果猫有持续性呕吐,并且不是吐毛球,便要立刻就医。⑥大小便:如果猫的小便次数与尿量产生了改变,或大便太软太稀,甚至带血,是表明猫的身体状况亮起了红灯。

5. 主人可做哪些处理以解决猫的简单疾病?

答:①跳蚤、虱子:猫身上一旦有跳蚤,就会疯狂抓挠、抽动或者舔自己的身体。还可以在猫的被毛里找到像煤灰一样的东西。如果发现了跳蚤,首先该做的事是给猫洗个澡。但洗澡只是可以把跳蚤冲昏,需要趁这时,人为地把跳蚤抓除。然后清洗猫床的垫料,并仔细以吸尘器清洁环境,应能逐渐除去部分跳蚤。

②猫耳螨病:耳螨是猫非常容易得的一种病。患病的猫不时地用爪子搔抓耳部。耳道中可见有棕黑色的分泌物。发展下去会造成化脓性外耳炎及中耳炎,深部侵害时可引起脑炎,出现脑神经症状。可以使用耳康,顺着猫耳洞滴 1 滴进去,然后轻轻地揉耳跟 1～2 分钟。松开后猫会自己甩头,耳朵中的脏东西便会甩出来。这时,用脱脂棉轻轻地给它清理外耳道。但是一次不能擦干净,比如上午擦完后,待到下午再给它擦 1 遍,才会清理得比较彻底。当耳螨特别严重时,则需到动物医院就医。

③猫癣:猫癣 98%是由犬小孢子菌感染所致。如果猫的抵抗力好,则可能不会感染。但是猫一旦得上会全身痒,经常用爪子挠,脱毛,比较难以根治。如果养了不止一只猫,一旦一只猫得上,还非常容易互相传染。可用以下方式治疗:外用药为紫药水、克霉

唑或癣净，口服营养膏或复合维生素。如果小猫得了猫癣，在涂抹外用药时，一定要多揉一会儿，让皮肤完全吸收药剂，以免小猫舔舐中毒。如果是母猫在怀孕期间得了猫癣，最好不要涂外用药膏，以免影响腹中的小猫崽。

④体内寄生虫：一般猫体内都会有寄生虫，最常见的是蛔虫、绦虫。驱虫很简单，一般是每 4 个月驱除一次绦虫，每 6 个月驱除一次蛔虫。在服药后的几天里，要经常换猫砂，避免猫便里的虫卵再感染猫。

⑤眼疾：眼病分为多种症状，比如眼睑肿胀、发炎、大量流泪、分泌物过多，尤其是饲养波斯猫，因为它们的眼睛突出，十分容易引起角膜溃疡。主人可以自己动手为猫咪清除黏结的分泌物，清洗眼屎封住的眼睑。用生理盐水或是温茶水轻轻擦洗眼睛周围，每天坚持，可以缓解病情。一旦眼疾严重，不能耽搁，立即找兽医治疗。

⑥口炎：发现猫淌口水、口中有异味或者是嘴周围红肿，表明犯了口炎，很可能是口腔溃疡、口腔感染等。这样导致猫进食、进水困难，如果不及时治疗，病情会加重。治疗时可用一些弱酸溶液清洗口腔，如硼酸溶液、高锰酸钾溶液、碳酸氢钠溶液。因为猫的嘴比较疼，给它擦药时它会很抗拒。可以把脱脂棉缠到镊子上（圆头镊子），蘸上弱酸溶液，按住猫的后脑，把镊子探入猫嘴中，让它自己咬，这样药就会涂在口腔患病处了。如果是口腔外部有红肿发炎现象，可以涂双氧水，早、晚各一次，逐步见效。

⑦感冒：为了防止猫咪感冒，首先就是要做好免疫工作。在小猫 9 个月时，要接种疫苗。（因为在 9 个月之前，小猫的血液中仍然保留母体里的流行性感冒抗体，这时接种会妨碍产生免疫力。）隔 3～4 周后再进行第 2 次注射。目前国内比较常见的疫苗种类

有两大类:进口的三联疫苗和国产的猫瘟疫苗。注射疫苗之后,每年还要增补一针加强针。如果接种疫苗后的猫当抵抗力下降时,接触正患感冒的猫,也有可能患上疾病。可以把阿奇霉素的1/4片剂,塞入猫的舌根部,让它吞下,能够治理此病。

⑧肠道疾病:最常见的肠道疾病是腹泻和便秘。如果猫腹泻,首先要看它平时的饮食是否有不妥之处。有的猫会对奶制品过敏造成腹泻,这时候停止喂奶,改变饮食即可。如果是因为肠炎引起的腹泻,就要采取相关的措施。首先禁食12小时,然后按照说明喂庆大霉素。在此期间,要给予猫流食,如鱼汤、肉汤,逐步过渡到正常饮食。老龄猫、尤其是波斯猫有可能发生便秘。这时可以口服石蜡油、多库酯钠药片,有经验的也可以给猫灌肠以软化粪便。

6. 猫哪些疾病问题可暂时观察?

答:偶尔出现的呕吐。猫时常爱用舔舐的方式梳理自己的毛发,长此以往,可能会在胃内形成毛团,影响消化,猫咪有时会通过呕吐的方式将毛团吐出,这种呕吐也不影响精神和食欲。因此,当您的猫咪偶尔出现一次呕吐,但精神食欲都尚好的情况下,您可以先不带它去宠物医院,暂时观察一下之后的反应,如果24～48小时仍一切正常,可以安心。

7. 猫哪些疾病问题需要及时就诊?

答:高热;排尿不畅、尿闭;多饮多尿;喘息过度;食欲废绝;经常性的呕吐,频繁的腹泻;虚弱;抽搐等。

8.怎样选择可信的宠物医院和宠物医生?

答:作为主人,您知道如何选择一家值得信任的宠物医院吗?

一家宠物医院进行营业,必须具备经营和诊疗资质以及两名以上具有兽医资格的宠物医生,具备接诊室、手术室、化验室等专业部门,宠物医院的位置还需与居民区、水源等地保持一定的距离。

适合您的猫的宠物医院应该位于您家附近,在10分钟以内的路程比较理想。猫去宠物医院免不了打针吃药,因此许多猫对宠物医院有恐惧的心理。如果动物医院离您家不远,猫熟悉医院附近的环境,可避免在生病时到医院过于紧张。猫得的很多疾病不是去一次宠物医院就能解决问题的,需要连着去几天甚至更长时间,距离较远的宠物医院会让主人疲于奔命,大量的时间、精力和钱浪费在路上,同时路途颠簸对猫也是消耗。

养猫的人往往会因为猫而成为朋友,大家一起聊天,可以互相交换信息。如果您对一家宠物医院不了解,可以先咨询一下医院附近养猫的人,看看它在患者主人中的口碑如何。

百闻不如一见。您可以亲自去动物医院走一趟,观察一下医院的卫生情况、医疗水平等。

爱心是动物医生和护士的必备素质。照顾病猫有时会很累人,必须做到不怕脏不怕累,如果没有对小动物的满腔爱心,是不可能善待病中小猫。有时候会看到这样的场面:面对脾气不好的小猫,有的大夫束手无策,有的大夫吓唬威胁它,有的大夫心不在焉,真正的好大夫应该用爱心和技巧化解诊疗中出现的问题。找一位信得过的医生长期为自己的猫做保健治疗，这样猫会对大夫慢慢熟悉，治疗起来比陌生大夫容易配合。

找到理想的宠物医院不等于自己的猫咪进入了保险箱，主人必须在医生的指导下，注意猫的日常健康护理，定期到指定医院做免疫，悉心观察，一旦发现不对劲要立即送医院治疗。

9. 幼猫常见疾病有哪些？

答：①肠胃炎：幼猫较易得肠胃炎。幼猫的胃很浅，也不太会控制食量，如果主人喂食不当，很容易造成肠胃炎。主要症状有腹泻、呕吐、发热等。治疗方法：皮下注射安苄西林钠 0.5 毫升，第 2 次注射的剂量应该比第 1 次稍小；口服乳酶生，1 天 2 次，1 次 3～4 片，如果有呕吐的话再口服胃复安 1 片，1 天 2 次；或者皮下注射胃复安，第 1 次半支，第 2 天再注射 1 支，分上、下午 2 次打完。

②感冒：幼猫的免疫力比较低，所以较易感冒，表现为咳嗽、打喷嚏、流鼻涕、发热等。病猫精神不佳。治疗方法：口服板蓝根冲剂，1 天 2 次，1 次 0.5 袋，将板蓝根颗粒用水溶化后装入注射器，拔掉针头，从猫嘴的侧面注入口内。或者用抗病毒胶囊，将胶囊中的药粉溶化后用注射器喂灌，效果也不错。用量为人用剂量的 1/4。

③耳螨：在幼猫的耳朵里面能看到棕黑色的污垢，有的呈油状，还有的干干的呈片状。幼猫常常用后腿抓耳朵解痒。幼猫抵抗力弱，生活在群体当中的幼猫患耳螨的可能性比成年猫要大。治疗：最简单有效的方法就是使用人用的消炎耳药水。用棉花棒蘸着耳药水小心地为猫擦拭外耳道，清理里面的污垢，如果耳螨严

重，两三天就要清理1次。坚持1个月左右一般就会见效。还可用专用的滴耳油，不过一定要购买纯度高的耳油。

10. 青壮年猫常见疾病有哪些？

答：①下泌尿道综合征。②脂肪肝。③口炎。④跳蚤感染性皮肤病。

11. 老年猫常见疾病有哪些？

答：随着年龄的增长，老年猫的身体器官也在逐渐地发生变化或者说"老化"。慢性肾衰竭、牙结石和齿龈疾病、肥胖、便秘、甲状腺机能亢进是老年猫的常见疾病。肾衰竭是老年猫普遍发生的疾病，不分性别和品种，症状从多饮少食、倦怠到消瘦、不吃、呕吐甚至抽搐、死亡。猫是肉食动物，肾衰竭的发生率远高于犬，应该在兽医的指导下给予专业配方猫粮。牙结石和牙龈炎发生时，首先以流涎最常见，吃食量逐渐减少，想吃但是不张嘴，逐渐消瘦，口臭明显。预防也有办法，长期吃猫饼干有助于牙龈的健康和延缓牙结石的发生。肥胖是老年猫最普遍的营养性疾病，维持适当的体重是避免肥胖的关键，由于猫的饮食习惯在老年时已经相当固定，因此定时给予少量适口性极强的食物比较好。食欲减退和体重减轻是甲状腺机能减退的一般症状，可以用高能量、适口性好的食物饲喂，同时要避免猫长期食欲不振（尤其是胖猫）以防脂肪肝的发生。作为猫的主人，要注意老年猫的一些变化，当猫超过6岁以后尤其应该注意。

(九)猫的生、老、病、死

1. 如何理智面对猫的生、老、病、死?

答:我们所养的宠物中,猫的寿命相对来说较长,但动物主人也会面临猫的生、老、病、死,这就需要主人平和地接受这个事实。回顾饲养过程,只要宠物主人们用心地照顾自己所饲养的猫咪,积极与猫咪互动玩耍,合理地饲喂养护,正确对待猫咪的疾病,使得猫咪的一生充满快乐,没有经历主人带来的任何伤害,我们就可以坦然面对它们的离去。

2. 怎样正确看待"安乐死"?

答:"安乐死"顾名思义就是让动物安详地死去。有些疾病,可能在现有的医疗水平下无法治愈,只能够支持或者维持治疗。但这些疾病可能会使动物不得不忍受难以承受的痛苦,或者生活质量受到很大程度的影响,在这种时候,为了使动物不那么痛苦地煎熬,可以选择进行"安乐死",为的是减少它们的痛苦。

3. 猫咪去世后如何处理?

答:在很多人家里,猫咪已经成为了自己的家庭成员之一。因而当它们离开的时候,为了寄托思念,都希望自己的爱宠有个好的归宿。现在,有专门的动物墓地,可以选择火葬或者是土葬的方式去送别我们的朋友。

4. 主人应以怎样的心理迎接新的宠物？

答:每一只宠物的离去都是主人不愿接受的,因为在长期的饲养过程中主人倾注了大量的感情,每一只宠物反馈给主人的感觉也是独一无二的。所以,宠物主人在迎接新的宠物时,心里自然而然地想要重温过去的感觉,想把新饲养宠物的生活都改造成曾经饲养的模式,这无形中就对新饲养的宠物加上了很多条条框框。但是每一只宠物的个性都是不一样的,如果把每一只宠物的自然天性束缚成某一种固定的模式,宠物是不会真正快乐的。其实每一只新饲养的宠物能健康地长大,才是每一名宠物主人希望看到的。所以,宠物主人们,让我们把对离去宠物的感情深埋心底,平和地去接受每一只新到来的宠物。

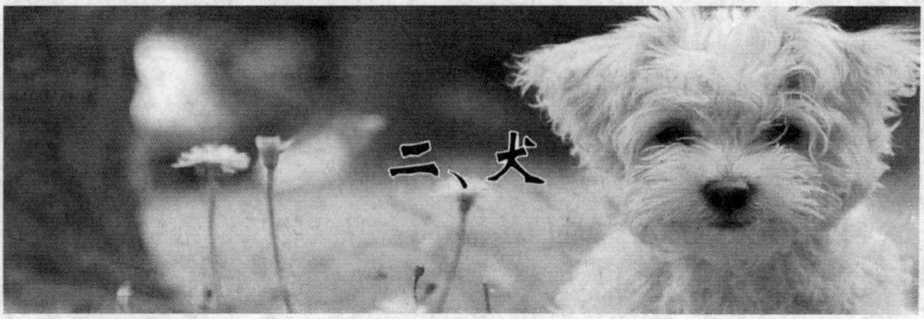

(一)犬的挑选与购买

1. 应去哪里选购幼犬?

答:购犬者应该直接到饲养者家中或犬舍进行挑选,对犬的基本情况进行了解,若想挑选一只纯种健康的幼犬,到宠物店选购应该是不错的选择。犬血统相对纯正,健康也有保证。购犬者可得到幼犬的血统证书。

2. 如何挑选健康的幼犬?

答:①食欲良好:饮食、玩耍、睡眠、排泄是幼犬正常成长的四大需要。变换环境、食物或晕车的幼犬可能暂时食欲减低。严重缺水、潜伏疾病、肠胃炎及身体有痛楚之幼犬也会提不起胃口。遇有此种情况,准狗主人应保持观望态度。②无鼻涕:着凉、鼻敏感或上呼吸道感染均会流鼻水。被细菌感染后,分泌物会转为奶白、黄色或绿色脓液。另外,有食物从鼻孔喷出,则表示进食过急及吞咽机制有问题或有先天性结构上的缺陷。③无咳嗽:着凉、喉咙敏感、空气环境混浊、气管炎及支气管炎均可令幼犬咳嗽。严重咳嗽加上多痰可导致食欲降低，身体发育迟缓。④身材适中：身体肥瘦向来都是用来衡量营养状况之传统指标。身体消瘦、体力不足，免疫力低自然会影响健康，容易患病。正常肥瘦之幼犬的胸肋骨应平均被肌肉、脂肪覆盖，不容易逐条清楚摸到。如果用手轻拨，胸部已有明显凹凸，即使有更长的被毛，这只幼犬也过瘦。另外，犬只的肥瘦亦可凭腹部肌肉的厚度来衡量。⑤眼睛明亮：眼睛角膜(眼睛最前部分)透明，让人能清楚地看见眼色素层的颜色。肝炎病毒可令角膜变蓝；异物入眼或创伤可引致眼肿而紧合起来或黏膜(眼白部分)变红或角膜变白。感染犬瘟病毒及其他眼炎病原体可导致眼分泌异常多及化脓。⑥卫生：卫生情况可反映环境及照顾质素的优劣。不少传染病及寄生虫是经大小便或体液传播。幼犬如舐到秽物或身体沾上其他犬的粪便，会增加接触病原体的机会，肠胃不适的机会亦增加。⑦无痛楚：如果幼犬不进食、只顾在旁弓背呻吟，就要特别检查是否肚痛。肚痛是肠炎和肝炎的病征之一。如果幼犬走动时叫痛，甚至不愿走动，便要特别检查骨架四肢是否有肌肉骨骼的创伤。⑧大便正常：正常的幼犬大便呈泥胶般条状。变换环境、食物或过量喂饲、寄生虫感染和肠炎均可令幼犬腹泻。如粪便比牙膏还要软或含透明黏液，便要注意。⑨口色正常：翻开犬只的口唇便可见到牙肉的血色。严重营养不良、寄生虫感染、造血机能障碍或先天性心脏疾患都会令口色变得苍白。⑩皮肤清洁柔润：皮肤干燥、皮肤敏感或生外寄生虫都会令犬只抓痒或大量掉皮屑。如果环境不洁或疏于打理，皮肤容易起红点及脓疱。若欠缺适当护理，可严重影响幼犬外观及气味。

所有在宠物店饲养售卖的犬只均须由注册兽医进行犬瘟、病毒性肠炎及病毒性肝炎的防疫注射，以减低常见犬只传染病的传播。要谨记，即使已接受防疫注射之幼犬亦非百毒不侵或对已预防的病完全免疫。遇有怀疑，应在决定购买前清楚向店员表明及查询,尽量安排于喂食时间再造访观察。如果经过观察基本状态仍不放心,可考虑带往宠物医院作进一步专业检查。

3. 按照体型区分,犬的种类都有哪些?

答:①大型/巨型犬(体高 61 厘米以上,体重 40 千克以上):杜宾犬、德国牧羊犬、罗威娜犬、圣伯纳犬、阿富汗猎犬、大丹犬、獒犬、金毛猎犬、拳师犬等。②中型犬(40.7～61 厘米,体重 11～30 千克):可卡犬、巴吉度、沙皮、大麦町犬、法国斗牛犬、比格犬、松狮犬等。③小型犬(体高 25.5～40.7 厘米):喜乐第牧羊犬、腊肠犬、雪纳瑞、北京犬、西高地白梗犬、查理王小猎犬、迷你贵宾犬等。④迷你型犬(体高 25 厘米以下,体重 4 千克以下):吉娃娃犬、博美犬、约克夏犬等。

4. 我国有哪些世界名犬?

答:我国培育了 10 多种名犬,包括北京犬、八哥犬、松狮犬、拉萨犬、西施犬、冠毛犬、西藏猎犬、沙皮狗、藏獒等。

5. 怎样挑选性格温顺的犬?

答:首先,可轻拉犬的尾巴或耳朵,如果它“呜”的一声,鼻子向上挤出皱纹,背毛直竖,眼睛露出凶光,说明这是一只非常神经质的犬,将来很可能会成为一只凶狠的、会咬人的犬。如你把手伸进犬窝里,它会高高兴兴地扑过来,舔舔你的指头,若你把它抱起来,它会摇头晃脑并摇摆尾巴,这一定是一只性格温顺的犬。

6.怎样通过牙齿判定犬的年龄?

答:幼犬20天左右:开始长牙。4～6周龄:乳门齿长齐。将近2月龄时:乳齿全部长齐,呈白色,细而尖。2～4月龄:更换第1乳门齿。5～6月龄:换第2、3乳门龄及乳犬齿。8月龄以后:全部换上恒齿。1岁:恒齿长齐,洁白光亮,门齿上部有尖突。1.5岁:下颌第1门齿大尖峰磨损至与小尖峰平齐,此现象称尖峰磨灭。2.5岁:下颌第2门齿尖峰磨灭。3.5岁:上颌第1门齿尖峰磨灭。4.5岁:上颌第2门齿尖峰磨灭。5岁:下颌第3门齿尖峰稍磨损,下颌第1、2门齿磨损面为矩形。6岁:下颌第3门齿尖峰磨灭,犬齿钝圆。7岁:下颌第1门齿磨损至齿根部,磨损面呈纵椭圆形。8岁:下颌第1门齿磨损面向前方倾斜。10岁:下颌第2及上颌第1门齿磨损面呈纵椭圆形。16岁:门齿脱落,犬齿不全。

7.应选择购买什么年龄的犬?

答:如果选定了幼犬,应长时间有人在家,需要花时间陪伴它。既是为了与它建立良好的关系,也为了使它具有良好训练素质的机会。把幼犬带离母犬身边,对它而言是一种严重的失落,而长时间与主人——它的新"父母"分开,则会产生问题。如果挑选年龄较大的犬,得肯定它受过家居训练,长期待在狗窝里的狗可能并非如此。它可能会在房子的四周表现出神经质、敌对或是肮脏的行为,饲主得有心理准备耐心地与它相处。

8. 什么样的犬适宜家庭饲养?

答:“宠物狗”是人们对小型玩赏类犬的一个总称,不是一个单独的品种,一般把成年后身高不超过35厘米的犬种称为“宠物狗”或“小型观赏犬”,常见的“宠物狗”有博美犬、吉娃娃、八哥犬、蝴蝶犬、迷你杜宾犬、腊肠犬、贵宾犬等。它们的被毛颜色、机灵的举止及聪慧的表情,善解人意和对主人的绝对忠诚,是其区别于其他犬而获此称号的独门秘籍。逗主人玩,让主人开心,是宠物狗与生俱来的天赋本领。这些犬都适于家庭饲养。

9. 什么样的犬适合年轻人饲养?

答:身强力壮的年轻人适合养好动的犬,雪纳瑞犬、美卡、英卡、斗牛犬、杜宾犬、黑背犬都是不错的选择。它们是活力四射,性格外向,喜欢奔跑,年轻人正好和它们一起跑、一起游戏,能够起到强身健体的作用。

10. 什么样的犬适合女性饲养?

答:博美犬也叫松鼠狗。该犬性格外向、聪明听话。马尔济斯犬有犬中贵族的雅号,活泼灵敏,喜欢黏人,特别适合时尚女性。雪纳瑞犬、贵妇犬个头小,心情开朗,活泼好动,无体臭,少掉毛,再适合女性不过了。可卡犬、拉布拉多犬、金毛寻回犬聪明、漂亮,最能衬托女主人的高雅气质。

11. 什么样的犬适合老年人饲养?

答:有些老年人体质较弱,选择对主人亲近的犬种比较适合,因为这样的犬对主人依恋性强,活动范围总是围绕在主人身边,比较听话,让主人时刻感到被关注。如果喜欢安静,最好选择秉性温顺的小型犬,如北京犬、西施犬、马尔济斯犬、博美犬,这几类犬很会“察言观色”。在选择犬种时,老年人还要注意犬毛长度。短毛的犬易于清洁和梳理,适合体弱的老年人。而长毛犬需要经常洗澡和精心梳理,喜欢给犬梳洗打扮的老年人也能从中获得乐趣。小型犬体重较轻,食量较小,容易携带和管理,并且饲养成本低,比较适合老年人。不过,如果老人孤身一人住在农村或郊区,就要养条真正看家护院的大型犬了,如黑背犬、杜宾犬等。

12. 如何认识“星期狗”?

答:“星期狗”指的是从小贩那里买来的不健康小狗。这些狗买的时候活泼可爱,可回家后没几天就呕吐、咳嗽、便血,严重的甚至死亡。很多小贩通过给狗打血清或兴奋剂让狗表现得很健康,掩盖了它们可能患有的疾病。识别“星期狗”并不是件简单的事,因为病毒都有潜伏期,买狗的人必须掌握一些简单的方法来判断狗是否健康。身体过瘦,犬只过瘦的原因包括摄食量不足,患有寄生虫病以及内科疾病等。大便异常,一般下痢的原因是吃得太多,造成消化不良。若大便中常有血,可能有寄生虫。正常尿液呈淡黄色,若颜色过深或呈乳白色可能患有肾病。健康犬只的鼻头是湿润、黑色和有光泽的。若狗有过多鼻水,有鼻血、鼻塞或鼻头肿胀、干裂等现象,可能患有感冒、鼻炎。

13. 如何识别狗贩的骗人招数?

答:隐瞒狗的品种以求卖高价是狗贩子多用的骗人招数,染色这一招是最多用到的。很多人喜欢白色的狗,狗贩子就把有杂色的犬全部染成纯白的颜色。冒名犬种是另一招,一般是把小土狗说成是松狮(有些小狗真的有点相似),把大白熊犬、日本银狐犬说成是西摩犬,把拉布拉多犬说成金毛犬(有时候连行家都分不出这些小狗的区别)。

(二)常见犬种的来历及外形特征

1. 阿富汗猎犬的外形特征是什么样子?

答:身高:雄 73 厘米以上,雌 68 厘米左右。体重:雄 27 千克,雌 23 千克。头部:有冠毛,长长的鼻梁,眼睛杏仁状呈暗色。接近于面颊的垂耳、长项、方形体型。从腰移向臀部的部分骨骼稍高而突出,后肢的膝部弯曲,尾尖翘曲。毛质与毛色:绢丝状,耳与四肢

阿富汗猎犬

的毛特别长，毛色有棕色、米色、黄色混合色。

2. 爱尔兰猎狼犬的外形特征是什么样子？

答：身高（最矮）：雄 79 厘米，雌 71 厘米。头部：长，不宽，额头骨略高。眼：暗色，椭圆形，眼睑是黑色。口：尖端稍细。鼻：黑色鼻子及两唇。被毛：粗毛如金针状，毛色有灰色、铁灰色、斑状、红色、黑色、纯白色、小麦色等。

爱尔兰猎狼犬

3. 獒犬的外形特征是什么样子？

答：身高：雄 64～69 厘米，雌 61～66 厘米。头部：头盖大且

獒犬

方,眉头分明,鼻口部短而宽。耳:小,呈"V"字形,耳根高且两耳距离大,下折,颜色比身体暗。眼:大小适中,颜色有暗色或淡茶色,两眼之间皱纹深。眼眶为暗色,鼻口部宛如戴上黑色口罩。被毛:短且粗,但平滑。

4. 澳洲牧羊犬的外形特征是什么样子?

答:肩高:雄犬肩高46～51厘米,雌犬肩高43～48厘米。头部:头部结实,必须与整体身躯保持平衡,并且与整体结构保持匀称。宽阔的脑袋在两耳间略曲,到轻微但清晰的止部的位置,变得略微平坦。面颊肌肉发达,既不粗糙也不突出,下颚结实、深且非常清晰。前脸丰满,位于眼睛下方,尖端略细,中等长度,口吻深而有力,口吻轮廓与脑袋平行。嘴唇紧而整洁,鼻镜为黑色。眼睛:眼睛为卵形,中等大小。眼睛的颜色为深褐色。耳朵:中等大小,耳根处宽,肌肉发达,竖起且略尖。牙齿:健全、结实、且分布均匀。剪状咬和,下门牙位于上门牙后并紧贴上门牙。被毛:被毛平滑,双层毛。底毛短而浓密,外层被毛紧密、所有的毛发都笔直、硬、平躺在身体上。颜色为蓝色、斑驳的蓝色、蓝色斑点,带斑纹或不带斑纹都可以。

澳洲牧羊犬

5. 八哥犬的外形特征是什么样子?

答:头部:头部大、粗重,不上拱,苹果头,前额不后缩。眼睛:颜色非常深,大突出而醒目,球状,眼神充满安详和渴望。眼睛非常亮,兴奋时,充满热情。耳朵:薄、小、软、像黑色天鹅绒。有两种耳形:玫瑰耳或纽扣耳,后者比较理想。皱纹大而深。口:口吻短、钝、宽,但不上翘。咬合应该是轻微的下颚突出式咬合。被毛:被毛美观,平滑、柔软、短而有光泽,既不坚硬,也不像羊毛。颜色:银色、杏黄色或黑色。银色或杏黄色应该清晰,与其他颜色斑纹及脸面颜色对比强烈。斑纹:斑纹轮廓清楚。口吻或脸部颜色、耳朵、耳朵边、拇指斑、前肢的菱形斑及背部斑纹可能是黑色的。脸部颜色应该是黑色的。

八哥犬

6. 巴仙吉犬的外形特征是什么样子?

答:理想身高:雄 43 厘米,雌 40 厘米。头部:从眼部朝鼻端变细,长度适中,鼻镜黑色。两颊整洁。耳:短呈尖形,直立耳,头有深深的皱纹。眼:不大,呈暗色,杏核形状。被毛:皮肤松弛,细致短毛。颜色:黑、褐、白、栗色与白色混色。脚、颈、胸及尾端呈白色为优良。

巴仙吉犬

7. 北京犬的外形特征是什么样子?

答:身高:20~25 厘米,最大的也不超过 27 厘米。标准体重 5 千克,也有超过 6 千克的。头部:头部宽大,天庭内陷,两眼大且突出。鼻部:宽扁,鼻孔宽大,眼鼻都呈黑色。口:吻部扁而上翘,嘴上部有皱纹。耳:两耳心形下垂。体型:其整个体型和外貌显得矮墩墩,胸部宽大,后腰细窄,前足短而后曲,后足稳实修长,形成前部低矮、后身较高的外形。毛:全身长着长直而茂密的毛,不粗不细,光润柔软,直至腿臂、脚趾都垂着丰厚的饰毛。尤其是颈部一圈绒毛更密,蓬松飘逸,是这种犬独具的特征。其毛色多种多样,有紫红色、深黄色、黑色、浅黄色、白色、黄白花斑、黑白花斑等。但纯色的较为少见。浅黄与褐白相间的较多。

北京犬

8. 贝林登梗犬的外形特征是什么样子?

答:身高:约 41 厘米。头部:无眉毛,头盖窄似粒状。冠毛一般是白色。耳:尺寸适中,似杏核,耳根低,紧靠着双颊下垂。耳朵上有丝状白穗毛。眼:小,有光,凹陷,最好的为三角眼。眼睛的颜色与被毛色相配合,例如蓝毛配暗色眼。被毛:与其他梗犬类区别之处是有卷曲的被毛。下毛如绵羊羊毛状,毛色有蓝色、褐色、赤

贝林登梗犬

褐色、深灰色等多种颜色。

9. 比格犬的外形特征是什么样子?

答:身高:33~41 厘米。体重:7~12 千克。头部:呈大圆顶的形状,大而榛色的眼睛,广阔的长垂耳,肌肉结实的躯体,尾更粗像鳅鱼状。毛质和毛色:浓密生长的短硬毛,毛色有白、黑及肝色的猎犬色,也有白茶色、白柠檬色。

比格犬

10. 比利时牧羊犬的外形特征是什么样子?

答:身高:雄 61~66 厘米。雌 56~61 厘米。头部:长且轮廓分明,两颊是平的,头盖的长度和鼻口相等。眼:杏核眼,大小中等,古铜色较好。耳:三角形,耳根高且直立。被毛:外层被毛必须长、适合、直且丰厚。毛发质地为中等粗硬，底毛非常浓厚，能适应各种气候条件。头部、耳朵外侧、腿下半部的毛发略短，张开的耳朵有丛毛保护。身躯：身躯的颜色为各种驼色到红褐色或桃木色。被毛的颜色为非常独特的双色素：每根驼色毛发的尖端都会变黑。通常为黑色，但允许为黑色和灰色的混合。允许胸前有一块的白色斑纹，但不能延伸到颈部和胸下。足爪：脚趾尖可能是白色，趾甲纯黑色、纯肝色。

比利时牧羊犬

11. 比熊犬的外形特征是什么样子？

答：肩高：24～30 厘米。头部：脑袋略微圆拱。眼：黑色或深褐色的眼睛，眼睛周围有黑色或非常深的褐色皮肤环绕，眼圈本身是黑色的。耳：耳朵下垂，隐在长而飘动的发中。耳朵的位置略高于眼睛，并且在比较靠前的位置。被毛：底毛柔软而浓厚，外层被毛粗，微硬且卷曲。两种毛发结合，触摸时，产生一种柔软而坚固的感觉，拍上去的感觉像长毛绒或天鹅绒一样有弹性。毛色为白色，在耳朵周围或身躯上有浅黄色、奶酪色或杏色阴影。

比熊犬

12. 波美拉尼亚犬的外形特征是什么样子?

答：又称博美犬。被毛：美丽的被毛很迷人，里层被毛丰富并支撑起外层毛。给人特别的印象是强壮、脖子周围的饰毛(颈毛)像鬃一样，尾巴被毛丰富，明显举过背。眼：眼黑色如豆，眼睑为各种色度的黑色。鼻：圆小且为黑色。口：口吻不太长，与头骨比例

波美拉尼亚犬

协调，唇紧贴双颌，在嘴角不形成任何折叠，耳小而位高，呈三角形竖立。毛色：黑色、褐色、白色、橙色、暗灰色、其他颜色。博美犬性格专注、活泼、非常忠实于主人。极易驯养。

13. 波音达猎犬的外形特征是什么样子？

答：身高：雄 58～64 厘米，雌 53～58 厘米。头部：少圆形头盖，优美，宽窄适度，长口吻。耳：宽大，耳根位置高，紧靠头垂下。鼻：配合背毛色，黑色或茶色。眼：大小中等，有理智的美丽表情。

波音达猎犬

14. 伯德梗犬的外形特征是什么样子？

答：体重：雄 6～7 千克，雌 5～6 千克。头部：宽广，类似水獭的头盖，短的鼻口。颈部长。鼻：黑色的较受欢迎。耳：小，呈“V”字形，沿双颊下垂。眼：黑色，表情机敏。被毛：上毛为坚硬的金针状，下毛短且密集，毛色为蓝与黄褐，带点蓝的灰与褐，红，芥末色等，胸部上常有小白点。

伯德梗犬

15. 伯恩山犬的外形特征是什么样子?

答:身高:雄 64～70 厘米,雌 58～66 厘米。头部:头盖平坦,眉头明显。眼:杏核形,古铜色。耳:耳根高,大小中等,三角形。休息时耳朵是平的,警戒时耳朵向前倾。鼻口:直的鼻口。上唇并没有将下颚盖满。剪状咬合的牙齿,上齿叠在下齿前面。被毛:长且柔软的被毛,稍呈波浪状,为极有光泽的毛质。毛色有漆黑色,胸部,头部及四肢带白色和褐色。

伯恩山犬

16. 布鲁塞尔格里芬犬的外形特征是什么样子？

答：体重：3～6千克。头部：头部特征非常重要，它应该具有类似人类的面貌。头骨大且圆，有一个半球形的前额。耳：如果是自然形状，应该是半立耳。耳朵小且位于颅骨较高的位置，有可能修剪过或保持自然形状。眼：两眼间距离适中，眼睛很大，眼珠是黑色的，向外突出，很醒目。睫毛黑且长，长有黑眼圈。鼻：鼻端厚，鼻子很黑，非常短，深藏于两眼下方。鼻孔大。口：口吻部短。嘴唇边缘为黑色，不下垂且正好能完全闭合，有一个完美的嘴形。被毛：刚毛型的被毛粗硬且浓密，越硬、刚毛越多越好。但被毛不应该很长，在整体上与短毛型被毛完全不同。头部被刚毛所覆盖，眼睛、鼻子、脸颊和下巴周围有稍长的毛包围。用手反撸被毛后，不显得凌乱。身体上的被毛长度刚好能显示出毛发质地。短毛型的被毛是直、短、紧且有光泽的，看不出任何刚毛的痕迹。毛色：红色、杂色、黑色和棕色。

布鲁塞尔格里芬犬

17. 达尔马提亚犬的外形特征是什么样子?

答:又称“斑点狗”。身高:56～61 厘米,体重:23～25 千克。头部:头大,长长的口吻,机灵闪光的眼睛,下垂的耳朵。尾:稍细而下垂。毛质与毛色:背毛短,有光油漆的硬毛,毛色为纯白。斑纹:黑褐色。

达尔马提亚犬

18. 大白熊犬的外形特征是什么样子?

答:身高(最矮):雄 70 厘米,雌 65 厘米。头部:头盖大,呈拱门形,从头盖到鼻口部逐渐变细,两者之间有些皱纹。鼻:鼻子为黑色。耳:小,且呈三角形,平躺,工作时稍微仰起。眼:颜色为深黄茶色,杏核形,眼眶为暗色。口:唇部呈黑色,嘴巴上侧有部分黑色。被毛:直毛或波浪状毛,下毛细且丰厚,上毛为长且厚的粗毛。毛色有白色,或白色上配穴熊般的斑纹,狼毛般的灰色,淡黄色。

大白熊犬

19. 大丹犬的外形特征是什么样子？

答:身高(最矮):雄 76 厘米,雌 71 厘米。头部:头盖平,且狭小,头盖正中有一条凹线。眼:大小中等,深入,颜色为暗色的较为欢迎。耳:大小适中,耳根高,前折。鼻:鼻孔大且宽,张开。被毛:短而厚,富光泽。毛色:芥末色,蓝色,黑色,白底上有纹斑。

大丹犬

20. 德国杜宾犬的外形特征是什么样子?

答:身高 65～69 厘米,体重 30～40 千克。头部:长,侧看尖端不尖,头部呈"V"字形,头顶线平,并与鼻梁部的线条平行,双唇在颚上紧闭。耳:小,耳根高,下折或直立。眼:黑色狗配古铜色眼睛,杏核眼,眼神敏锐,机智。鼻:鼻色随毛色而不同。后肢分开,且平行。足部:圆且厚,如猫足,坚挺,适宜于快速奔跑。被毛:粗壮被毛短且平滑,硬,平躺着。毛色:有黑色,蓝色,茶色,淡芥末色,眼、鼻口、喉、胸、四肢、尾的下方有黄褐色斑。

德国杜宾犬

21. 德国牧羊犬的外形特征是什么样子?

答:理想身高:雄 63 厘米,雌 58 厘米。头部:宽广的头盖呈楔形。眼:中等大小,杏核形,通常为古铜色。鼻:鼻子一定是黑色。耳:中等大小,耳根宽且高,直立耳。被毛:上毛是直毛,坚硬,下毛密厚。毛色:黑色毛混合褐色或灰色,似云刷状。黑色,狼灰色,褐色等多种颜色也存在。

德国牧羊犬

22. 斗牛犬的外形特征是什么样子?

答:体重:雄 25 千克,雌 23 千克。头部:大且宽,四方,脸颊圆,皱纹深。口:上唇两旁部分盖住下唇中间则接触下唇,并完全盖住牙齿。耳:小而薄,“玫瑰耳”的内侧有粉红色。两耳根高,距离宽。眼:深暗色且圆,两眼距离宽。鼻:鼻子及鼻孔宽且黑。被

斗牛犬

毛:细短,平滑。毛色:白色,红色,斑纹状;芥末色及黑棕色,夹杂白斑的也有。

23. 多伯曼犬的外形特征是什么样子?

答:身高 65~69 厘米,体重 30~40 千克。头部:长而紧凑。不论从前面或侧面观察都呈钝楔形。眼:眼睛呈杏形,位置适度凹陷,眼神显得活泼、精力充沛。眼睛的颜色单一,黑色狗的眼睛颜色为从中等到非常深的褐色,其他颜色如红色、蓝色、驼色的狗,眼睛颜色与身体的斑纹颜色一致。但不论什么颜色的狗,眼睛的颜色都是越深越好。耳:耳朵通常是剪耳,竖立。鼻:黑色的狗有纯黑色的鼻镜;红色的狗有深褐色的鼻镜;驼色的狗有深茶色的鼻镜。毛色:大多黑色、红色、蓝色、驼色,并伴有边界清晰的铁锈色斑纹,分布在眼睛上方、口吻、咽喉、前胸、四肢的下部、脚及尾下。前胸有小块白色斑纹。

多伯曼犬

24. 法兰德斯牧牛犬的外形特征是什么样子？

答：身高：59～68 厘米。体重：27～40 千克。头部：长方形平坦头盖。平脸颊是优良的品种。耳：三角形且柔软的耳朵，耳根高。鼻：鼻子为黑色，十分发达，鼻孔宽大。眼：暗色，椭圆形，大小中等，两眼距离宽，看起来机敏的表情。被毛：毛丰厚，长约 6 厘米。下毛密实，上毛粗而干燥，毛茸茸的。毛色：从黄褐色到黑色都有，也有斑纹状的。

法兰德斯牧牛犬

25. 古典英国牧羊犬的外形特征是什么样子？

答：身高（最矮）：雄 61 厘米，雌 56 厘米。头部：头盖四方宽广，眼上呈弓形，鼻口部力强和头盖长度相等。耳：耳朵小巧且紧贴头部。眼：两眼间距大，颜色有古铜色，一部分或全身为淡蓝色。鼻：鼻子大，黑色，鼻孔大。被毛：粗且长，但不弯曲。毛色：有灰色系列和蓝色，也有足部是白色的。头部、颈部、前驱、腹部有白毛。

古典英国牧羊犬

26. 贵宾犬的外形特征是什么样子?

答:①贵宾犬身高分三种:玩具型、迷你型、标准型,除了高度,各项指标的标准都是相同的。②体型:ⓐ标准型。肩高要超过38 厘米。任何一种标准型的贵宾犬肩高等于或者是小于 38 厘米都会在竞赛中被淘汰。ⓑ迷你型。肩高等于或者是小于 38 厘米,且要高于 28 厘米。任何一种的迷你型的贵宾犬若是超过 38 厘米或是小于等于 28 厘米都会在竞赛中被淘汰。ⓒ玩具型。肩高等于或者是小于 28 厘米。任何一种的玩具型贵宾犬要是超过 28 厘米都会在竞赛中淘汰。体态匀称,令人满意外形的比例应当是:从胸骨到尾部的点的长度和肩部的最高点到地面的高度相似。前腿以及后腿的骨骼还有肌肉都应当符合犬全身的比例。③头部:头部小并且要圆,有轻微的突出。眼:眼睛非常黑,呈椭圆形,眼神机灵。眼部的下方稍稍凹陷。耳:下垂的耳朵要紧贴于头部,耳根的位置在或是低于眼睛的水平线,耳廓非常长且很宽,在表面上要有浓密的毛覆盖。鼻:鼻梁、颊骨以及肌肉平滑,自枕骨到鼻梁的长度和口鼻的长度相等。口:长、直且要纤细,唇部不下垂。下颚的大小要适中,轮廓要分明,不尖细。牙齿:白且坚固,呈剪状咬合。④颈部、背线和躯干:脖子的比例匀称,修长、结实,足以能够支撑头部,能显出贵宾犬高贵、尊严的品质。咽喉部的皮毛非常软,脖子的毛非常浓。由平滑的肌肉连接头部和肩部。

贵宾犬

27. 荷兰毛狮犬的外形特征是什么样子?

答:身高:43～46 厘米。头部:从上面看呈楔形,鼻口部长度中等。近似狐狸头颈部的毛,如打褶的衣襟,靠近嘴巴的毛色较暗,鼻子为黑色。耳:小,耳根高,直立耳,柔软如丝绒。眼:暗色,杏核形,眼上有类似眼镜的记号。被毛:下毛淡灰色且柔软,上毛灰色,站立生长,且硬,需每天梳理。

荷兰毛狮犬

28. 猴面犬的外形特征是什么样子?

答:肩高:24～30 厘米,与身体长度(从肩部到尾根处)大致相等,整体看来呈正方比例,雌性可能略长。头部:与身体比例匀称,充满自信的面部表情很像猴子。眼:眼睛呈圆形、深色、明亮,位于头部中间位置但不外凸,眼眶为黑色。耳:耳朵位于头盖骨上方,

猴面犬

耳位高且立耳。口:口吻部短,且宽度向鼻尖逐步缩小。口吻部长度近似于两眼之间的距离。鼻:鼻子呈黑色,不上翘或下翻。嘴唇呈黑色,下唇略突。牙齿:牙齿呈轻微的下颌突出式咬合。被毛:被毛在身体上和身体两侧布满2.5厘米长的浓密粗硬的毛。成年猴面犬在肩部区域长有鬃毛或像斗篷一样的硬毛。头上、眉毛位置、胡须周围位置,从而构成了像猴子一样的面貌。颜色:黑色、灰色、银色、红色、黑色混合褐色或杂色都可接受。

29. 狐狸犬的外形特征是什么样子?

答:身高:36～38厘米,雌犬稍小。体重:雄犬体重5.0～10.0千克,雌犬体重5.0～10.0千克。头部:头相当大,头盖平而宽。口:口吻部中等长,尖而不太细。唇:黑而不松弛。牙齿:粗壮坚实,呈剪式咬合。鼻:小而尖,鼻端呈黑色。耳:耳为大三角形的直立耳,被短的被毛遮盖。眼睛:眼睛圆大而呈卵状,色黑,眼缘黑色。被毛细密柔软,毛色以明亮的纯白色为主。

狐狸犬

30. 蝴蝶犬的外形特征是什么样子?

答:肩高:20～28 厘米。体重 4～4.5 千克。头部:头小,宽度中等,头盖略呈拱门形。鼻:鼻子小,圆形,黑色,鼻梁稍圆。被毛:长的丝状毛,大部分为平滑毛,有些则略呈波浪状。毛色:白色配斑纹,斑纹主要为黑色、红褐色、黄褐色。背上和身体两侧的毛发笔直。胸部长有丰富的饰毛。没有底毛。头部、口吻、前肢正面和后肢从足爪到飞节部分的毛发紧而且短,耳朵边缘长有漂亮的饰毛,里面则长有中等长度的、柔软光滑的毛发。前腿背面长有饰毛,到脚腕处减少。后腿到飞节这段部分被"马裤"(也称为裙裤)覆盖。脚上的毛发较短,但精致的饰毛可能盖住脚面。

蝴蝶犬

31. 惠比特犬的外形特征是什么样子?

答:理想高度:雄性 48.26～55.88 厘米,雌性 45.72～53.34

厘米。头部:长而倾斜,两耳间相当宽,止部几乎无法被察觉到。眼:眼睛大,颜色深。两个眼睛颜色必须一致。眼圈色素充足。耳:小,质地细腻;休息时,耳朵向后,沿着颈部折叠。口:长而有力,显示出巨大的咬合力,但不粗糙。牙齿:下颚牙齿紧密贴合上颚牙齿内侧,形成剪状咬和。牙齿白而结实。鼻:鼻镜为纯黑色。被毛:短,紧密,平顺,且质地坚硬。

惠比特犬

32. 吉娃娃犬的外形特征是什么样子?

答:重量:最好不超过 2.5 千克。身体的比例为长方形。头部:最好是圆形的"苹果形"脑袋。眼:眼睛很大而不突出,匀称,最好呈现明亮的黑色或红色。耳:耳朵大,立耳,在警觉时更保持直立,但是休息时,耳朵会分开,两耳之间呈 45°。口:口吻较短,略尖。鼻:黑色、蓝色和巧克力色的品种,鼻子颜色都与自己的体色一致。吉娃娃分长毛型和短毛型两种。短毛型:被毛质地非常柔软,紧密和光滑(毛量足够大时允许有底毛)。被毛覆盖犬身,且头部和耳朵上被毛稀疏。尾巴上的毛发类似皮毛。长毛型:被毛质地柔软,平整或略曲,最好有底毛。被毛要细如丝样、光滑或略呈

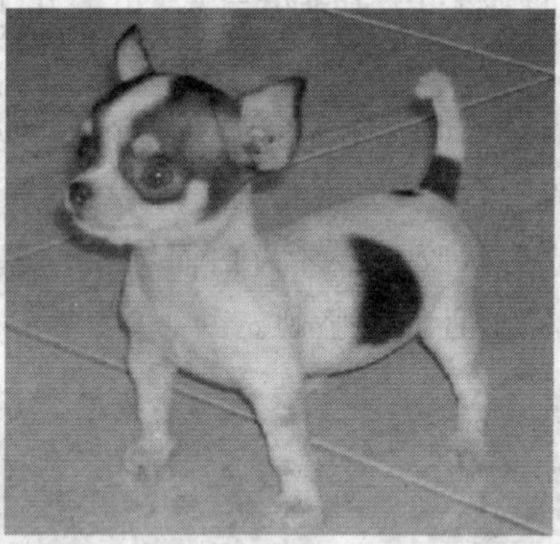

吉娃娃犬

波浪状。耳朵边缘有饰毛。尾巴丰满且长(羽状毛)。

33. 金毛寻回犬的外形特征是什么样子?

答:身高和体重:雄犬身高 56~61 厘米,体重 27~36 千克;雌犬身高 51~56 厘米,体重 25~32 千克。头部:头骨宽,口鼻尖端

金毛寻回犬

细，宽阔有力。牙齿剪状咬合，上门牙的内侧与下门牙接触。鼻镜黑色，眼睛黑褐色且眼缘较深，表情友善。耳朵中等大小且下垂。身体：颈部和后躯肌肉发达，胸腔宽厚。尾：尾巴长但不卷曲。被毛：有浓密的底毛。外层被毛硬、有弹性，既不粗糙也不过分柔软，紧贴身体；毛发直或呈波状。前腿后部和身体下有适量的羽状饰毛；颈前部、大腿后部和尾底侧有丰厚的羽状饰毛。头、足、腿前部的毛发短而均匀。颜色：鲜艳、有光泽的各种色泽的金黄色。羽状饰毛可比其他部位色泽略淡。

34. 凯安梗犬的外形特征是什么样子？

答：身高：28～31 厘米。体重：6～7.5 千克。头部：头盖宽广，眉头角度分明，与强壮的鼻口相连。耳：小且直立，两耳间距宽。眼：凹陷，两眼间隔大，暗褐色，两眼之间有很明显的凹陷。鼻：黑色。口：牙齿大，不能是上颚突出式咬合或下颚突出式咬合。被毛：能够适应任何气候的上毛，覆盖着柔软的下毛，毛色为红色、灰色、奶油色、芥末色或近黑色。鼻口部及耳部颜色较暗。

凯安梗犬

35. 凯利蓝梗犬的外形特征是什么样子?

答:理想身高:雄 46～48 厘米,雌比雄稍小。头部:长,和身体相称,头盖平,额段角度小。颚上的须密集。耳:小,呈“V”字形,贴着双颊向前方折下。眼:中小眼睛,暗色。身体:短且厚实,胸部有弹力,背部水平。被毛:极厚、柔软的丝状毛,蓝灰色,有时也可看见部分黑毛。出生时被毛为黑色,通常 18 个月内被毛会变成特有的蓝灰色。尾:断尾,长度适中,尾根位置高,保持直立状。

凯利蓝梗犬

36. 可卡犬的外形特征是什么样子?

答:可卡犬分英卡和美卡,原产地分别是英国和美国。

英国可卡犬身高:雄 39～41 厘米,雌 38～40 厘米。体重:13～15 千克。头部:呈四方形,前额和额段稍平坦、明显。鼻:鼻梁笔直,鼻肥大,鼻端颜色与毛色相协调。口:吻部方形,惹人喜爱，上唇边缘下垂，齿呈剪式咬合。耳：耳根位置低；耳朵位于眼睛水平线上，为硕大的大型垂耳，其上布满长、密实的波浪状饰毛，很具特色。眼：眼睛大而呈暗褐色，眼睛明亮、快乐、炯炯有神。被毛：被毛中长，丰密柔软，呈波浪状长丝毛；耳、胸、腹和四肢长有长饰毛。毛色：赤褐、黑、深蓝、金黄、猪肝色、红色、柠檬色等，全身常有白毛分布。英卡还有一种特别的黑白麻色。

美国可卡犬身高：雄 36～38 厘米，雌 34～36 厘米。体重：10～13 千克。头部：头盖圆，额段明显，颊部不宽。鼻：鼻端至额部的距离为头盖顶至鼻端距离的 1/2。鼻孔开张，鼻端色黑。口：口吻宽而深，下颌方短而平，上唇盖住下唇，牙齿粗壮，呈剪式咬合。耳：耳根位置低；耳长而下垂，布满长而密实的波浪状饰毛；耳朵质地柔软，耳长达鼻孔。眼：眼睛大而圆，表情丰富而温柔，眼色深色。被毛：丰厚密实，毛质柔软，长而呈大波浪状。毛色：有黑色、褐色、红棕、浅黄、银色以及黑白混合等色。

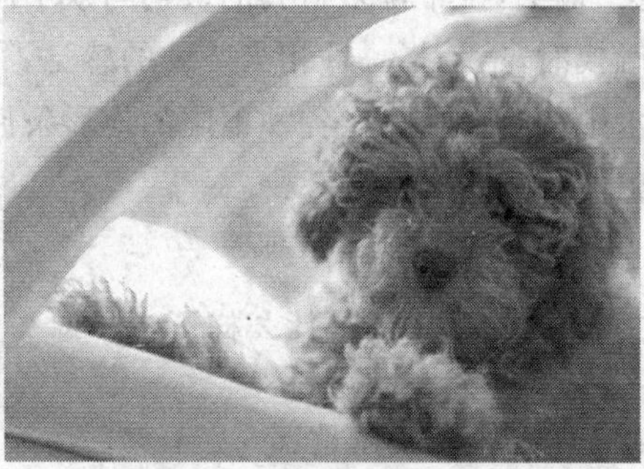

可卡犬

37. 拉布拉多猎犬的外形特征是什么样子？

答：身高：54～57 厘米。体重：25～34 千克。头部：头部宽阔，头部与前脸处在相互平行的面上，且长度大致相等。头部的骨骼线条清晰，面颊不突出。口：嘴唇向喉咙方向形成一条曲线。口吻既不长而窄，也不短而粗。鼻：鼻镜宽阔，且鼻孔非常发达。黄色或黑色犬的鼻镜为黑色，巧克力色犬的鼻镜为褐色。耳：耳朵不能太大、太重，与脑袋的比例协调。向前拉时，能延伸到眼睛内侧。眼：眼睛中等大小，位置分得较开，既不能突出，也不能很深。眼睛下面轮廓分明。黑色或黄色的犬，眼睛颜色为褐色，巧克力色犬的眼睛颜色为褐色或榛色。被毛：拉布拉多猎犬的被毛与众不同。被毛短、直且非常浓密，触摸时，给手指一种相当坚硬的感觉。能抵御恶劣气候的底毛，在水中、寒冷的地方、各种不同的地形条件下给予保护。背部的被毛略呈波浪状是允许的。

拉布拉多猎犬

38. 拉萨犬的外形特征是什么样子？

答：身高：25～28厘米。体重：6～7千克。头部：头盖很窄，额段角度恰当，两颊胡须和颚部的胡须都很长。耳：耳朵厚实而下垂。眼：眼睛呈古铜色，椭圆形的眼睛不大不小。鼻：鼻子呈黑色。被毛：四肢覆盖着密集而丰厚的长毛。足部覆盖丰厚的毛。尾毛很密集，尾跟高。尾巴向上卷曲，毛尖很容易打结。量多，甚至长达地面，头顶部的毛下垂，盖住眼睛。有很多颚须，蓬松的尾巴在较高的位置。上毛很长，且粗而直，下毛很丰厚。被毛沿着背骨左、右清晰地分开。毛色：蜂蜜色、深蓝灰色、金黄色、暗灰色、白色、黑色、茶色等多种颜色。

拉萨犬

39. 腊肠犬的外形特征是什么样子？

答：腊肠犬按其体型的大小，可分大型、中型、小型三类；按其毛型的不同，可分短毛型、长毛型和刚毛型三种。小型腊肠身高：雄犬一般为 22～28 厘米，雌犬为 20～24 厘米。最小型的犬称之为迷你犬，其身高雄犬为 20～24 厘米，雌犬为 18～20 厘米。小型腊肠犬的体重：雄犬为 7～12 千克，雌犬为 6～11 千克。迷你犬的体重雄犬为 4～5 千克，雌犬为 3.5～4 千克。头部：颅微拱，耳宽大下垂，鼻黑色，嘴扁而宽阔。颈较长，颈背呈拱形，肌肉丰满。躯干部长，前躯长，胸骨前突，肩胛长宽，后仰。臀部长而丰满，向尾部略下沉。尾很高，长而逐渐细尖，前肢短，中指向内侧弯曲，后脚股部肌肉结实，趾拱起，脚趾厚而粗糙，后脚较前脚小，四趾并拢，拱起，脚垫粗厚。长毛型犬具丝状长被毛，其颈下、体下侧、耳朵及四肢后缘皆具长丝状毛，后部毛最长。短毛型犬被毛短润滑，有光泽，夏季常可成光秃犬。长毛型和刚毛型的毛色不定；短毛型的毛色有黑褐色、赤色、茶褐色。

腊肠犬

40. 猎狐犬的外形特征是什么样子？

答：身高：雄 58～59 厘米，雌比雄稍小。头部：稍宽，长度适中，尖端变细。额段清楚分明。耳：耳根位置低，挨着两颊下垂。眼：大，淡褐色或茶色。鼻：长而宽的鼻子，鼻孔敞开。被毛：坚硬，有光泽，毛长中等。

猎狐犬

41. 灵缇犬的外形特征是什么样子?

答:身高:雄 71~76 厘米,雌 68~71 厘米。头部:长,头盖水平,两耳间距宽阔。耳:耳朵向后,朝后下折,小而薄。眼:暗,但有光,呈椭圆形。被毛:细致,密实。毛色:黑、白、红、芥末色,淡黄褐色、蓝色以及白色和任何颜色的混合色、斑纹状等。

灵缇犬

42. 罗威纳犬的外形特征是什么样子?

答:身高:雄 63~69 厘米,雌 58~63 厘米。头部:长度中等,头盖宽,鼻口部短且厚,前额相当隆起,两额十分扩张。有些犬头上起皱纹。耳:耳朵小,耳根高,平躺位置。眼:杏核眼,大小中等,颜色为古铜色。鼻:鼻子十分发达,一定是黑色。被毛:毛长中等,上毛粗而下毛细。毛色:黑色,加上特定部位上的黄褐色或红褐色斑,这些斑不超过全身的 1/10。下毛为黑色、灰色、淡芥末色,但从外面看得见为不优。

罗威纳犬

43.“马耳他”犬的外形特征是什么样子?

答:理想肩高:25 厘米。体重:1.8～2.7 千克。头部:颅顶部略呈圆形,额鼻阶适度。下垂耳位较低,有大量长毛形成耳缘饰毛,毛下垂至头。眼:眼距极宽,眼色极深而呈圆形,其黑色眼边增强了文雅而机敏的表情。口:吻长适中,精巧而逐渐收缩,但不显长吻状。牙:牙齿钳状咬合或剪状咬合。鼻:鼻黑色。尾:尾有长羽状饰毛,优美地位于背上,尾尖向体侧超过 1/4。被毛:长而纯白的毛,像丝状的单层毛,没有内层毛。向身体两侧下垂,可达地面,头部长毛可用头饰扎住或任其下垂。

“马耳他”犬

44．曼彻斯特梗犬的外形特征是什么样子?

答:头部:头部狭长,前额平,稍下陷,从前面和侧面看头部呈楔形,从侧面可以看到稍突出的鼻梁。眼:几乎全椭圆形的眼睛小而明亮,闪闪发光。两眼间距适中,外眼角稍倾斜,眼球不凸不凹,眼部色素为黑色。耳:耳朵为自然直立耳,或人工立耳或半立耳。自然耳耳根稍宽,往耳尖处逐渐狭窄,在头部两侧自然耸立。人工立的耳应长而尖,在头部直立。小型犬的耳朵自然直立,形状位置

曼彻斯特梗犬

类似大型犬。口:吻部在眼下方,无颊肌,下颌饱满。嘴唇紧闭,呈黑色,靠近颚部。颚部发育完整,有力,牙床发育完整,牙齿为白色,咬合部呈剪状,强壮有力。被毛:毛短而密,富有光泽,但不柔软。

45. 迷你杜宾犬的外形特征是什么样子?

答:肩高:26～30 厘米。体重:4～5 千克。头部:头盖窄小,头的尖端细,头顶平坦。鼻口部力强,整体上和头部很相称。口:咬合呈剪状,上齿和下齿紧密重叠。鼻:鼻子和被毛的颜色很协调。耳:耳朵尽量小,耳根高的品种比较好,有直立耳和垂耳。美国和其他国家则把这类犬的耳朵切剪呈尖形。在英国是禁止断耳的。眼:椭圆形的眼睛,大小合适,呈黑色。被毛:被毛短而平滑,且具有光泽。黑褐色被毛是迷你杜宾犬的典型标志。毛色似巧克力色、黑、蓝为底色,搭配黄褐色斑纹或红色的系列。唇、颊、胸、下颚、喉部、前足、后足、脚跟及尾下侧周围都是黄褐色。比较优良的品种,是胸部没有白毛的,但若有白毛,应不超过硬币大小。

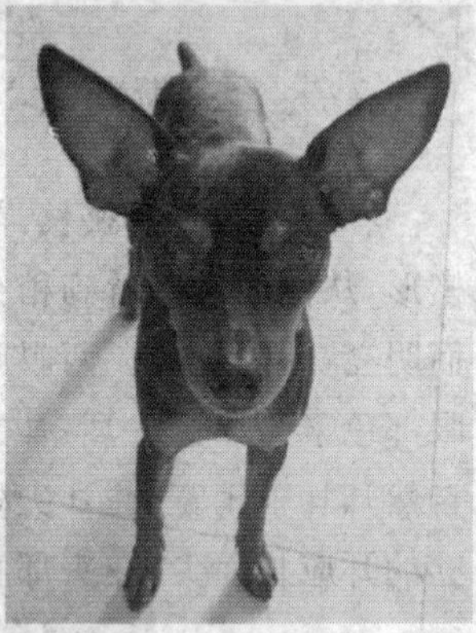

迷你杜宾犬

46. 牛头梗犬的外形特征是什么样子?

答:身高:35～45 厘米。耳:小又薄,两耳间隔窄,直立。眼:三角形,眼角朝上,凹陷,颜色为黑色或暗色。牙齿:剪状咬合,上齿和下齿完全重叠。被毛:短且硬,毛平滑有光泽。毛色:纯白,红,芥末色,黑白与黄褐色等,黑斑纹状,蓝色与猪肝色较受欢迎。

牛头梗犬

47. 纽芬兰犬的外形特征是什么样子?

答:身高:雄 71 厘米,雌 66 厘米。头部:头盖宽广,沉重。鼻口部短,且四方。鼻口部长满短且细的毛,嘴巴十分柔软。耳:小,耳根在后方且平躺。眼:小且凹陷,古铜色。被毛:上毛为粗的直滑毛,具油性,可弹去身上的水分,下毛密实。毛色:巧克力色,黑

纽芬兰犬

色，蓝铜色，白底配黑斑点。黑色或茶色的犬的胸部、脚趾、尾端处有白色毛。

48. 骑士查理王犬的外形特征是什么样子？

答：肩高：30～33厘米。体重6～8千克。身体的比例接近正方形。从肩到臀的长度略大于肩高，从肘尖到地的距离等于肩高的一半。口：嘴圆锥形，额颅扁平。鼻：鼻孔十分开阔。眼：眼睛暗黑色、大、不凸出。耳：耳朵长，有丰富的羽状被毛。毛色有四种：黑色带有局部的浅棕褐色、纯红色、白色带有栗色斑纹、或三色（黑色、白色、栗色）。

骑士查理王犬

49. 秋田犬的外形特征是什么样子？

答：身高：雄66～71厘米，雌61～66厘米。头部：头部大且宽，眉头明显。眼：暗褐色，小且呈三角形，眼眶为暗色。耳：小且呈三角形，直立耳，耳尖略圆。鼻：鼻子和唇都是黑色。鼻口部不尖。被毛:上毛粗且坚硬,下毛柔软密集。有红色,虎毛色,白色,斑状等。斑状不太受欢迎。尾端四肢的下端,口吻,胸部的斑被认可。

秋田犬

50. 拳师犬的外形特征是什么样子?

答:头部:四方形。耳:薄,耳根高,休息时耳朵平躺在头上,工作时则向前方下垂。美国和许多国家(除英国外)的拳师犬断耳。眼:大小中等,琥珀色,眼眶为暗色。鼻:鼻子宽,黑色,鼻孔大,鼻子上有一条线。鼻口宽且厚,鼻子朝上。口:下颚比上颚突出,稍微向上弯曲,嘴巴关闭时,牙齿和舌头不可外露。被毛:短,有光泽的平滑毛。毛色:芥末色,斑纹状。

拳师犬

51. 萨摩犬的外形特征是什么样子?

答:身高:雄 51～56 厘米,雌 46～51 厘米。头部:力强呈楔形,头盖平且宽广,鼻口部相当长。鼻:鼻子为黑色较受欢迎。口:黑色的嘴唇。耳:两耳间隔大,直立,长着不少耳毛。眼:两眼相当分开,杏核形,倾斜,颜色为茶色到古铜色都有。被毛:下毛丰厚且柔软,上毛长且粗,而且直立,毛端有银色的光泽。毛色:白色,浅黄色,奶油色。

萨摩犬

52. 沙克犬的外形特征是什么样子?

答:身高:雄 58～71 厘米,雌犬稍微矮于雄犬。头部:长且狭窄,两耳之间的头盖相当宽广。眼:大,呈椭圆形,颜色从淡褐色到暗褐色都有。鼻:鼻子下黑色或赤褐色。牙:剪状咬合,上、下齿紧紧重叠。耳:长,被丝状装饰毛覆盖着,贴着脸下垂。

沙克犬

53. 沙皮犬的外形特征是什么样子?

答:身高:46～51厘米,体重:16～20千克。头部:较方、较大,有些像河马头的形状。鼻:宜大而宽,黑色。若体色较浅,鼻色也允许相应较浅,与其体色相协调。口:吻部较肥厚,呈圆筒状。舌部呈浅蓝色。耳:耳朵要较小而薄,略向下垂,并向前覆盖耳孔。耳缘较曲,耳尖稍圆,并指向双眼。耳距较宽,有运动能力。眼:眼睛一般呈三角形,较小。若呈杏形而深陷于眼窝内,一般为深色。体色较浅的,眼的颜色也可较浅。面部有较多皱纹。颈部一般较粗,胸应深宽,背平直,体躯呈圆筒形。皮肤不同于一般犬种,其头及肩部的皮肤皱褶多于后体,厚而松弛,富于弹性。幼犬皱褶尤多,随着年龄长大而逐步减少,成年以后,仅头部、面部以及前躯仍保持较多皱褶,后体逐

沙皮犬

渐平满。毛应短而粗硬,不倒伏。

54. 圣伯纳犬的外形特征是什么样子?

答:雄犬体重 65～90 千克,身高 70 厘米;雌犬体重 55～77 千克,身高 65 厘米以上。头部:头盖宽大且圆,额段清楚分明,鼻口部短,厚。耳:大小中等,下垂。眼:大小中等,古铜色。鼻:鼻子大,黑色,鼻口非常发达。被毛:无论长毛种或短毛种,被毛都丰厚,被毛平躺,颜色有红褐色斑状纹,橙色,或红斑色配头、胸、四肢、尾端的白色,或白底上有各种颜色的斑块。

圣伯纳犬

55. 丝毛梗犬的外形特征是什么样子?

答:身高 22.9～25.4 厘米。头部:呈楔形,中等长。头颅:平,较吻部稍长。眼:眼小,深色,杏仁形,眼眶为黑色。耳:耳小,"V"形,耳根位置高,直立。两耳距离不十分宽。鼻:黑色。口:牙齿强壮,对合整齐,剪状咬合。被毛:单层,直,有光泽,质地像丝一样。

被毛分布于头部、背部到尾根部的区域。成年犬的被毛向下垂，覆盖整个身体，但不应低垂至地面。头顶部有很多装饰毛。但面部和耳不应有长的被毛。尾部被毛较多但没有羽状饰毛。四肢的前脚跟关节部和跗关节到脚的部分有短的被毛。毛色：蓝色和棕褐色两种颜色。

丝毛梗犬

56. 斯凯梗犬的外形特征是什么样子？

答：身高：23～25 厘米。体重：8.5～10.5 千克。头部：长，强壮有力。眼：棕褐色，理想的为深棕褐色，中等大小，眼间距较近。耳：对称，饰毛优美，有垂耳和立耳两种。立耳，中等大小，颅部高位，直立在颅骨外侧边缘，耳尖的距离比颅部的距离稍宽；垂耳，较大，低位，平倒。颅骨背部宽度适度，向前逐渐变窄直到和吻部相接。口：颌部强壮有力。嘴巴呈齿剪状或水平。被毛：双层被毛，下层毛短，柔软并且像羊毛。外层被毛硬，直且扁，长 14.0 厘米。躯干两边被毛垂直下垂，从头至尾形成分缝。头部被毛可以稍短，它遮住了额部和眼睛，形成了一个适度的“胡须和裙”。耳朵上长长的饰毛从耳尖和其外侧边缘笔直下垂，像流苏样围绕着耳朵，勾画出耳朵形状的大体轮廓。头发的末端和颈部的被毛混杂在一起,尾巴饰毛丰盛。

斯凯梗犬

57. 松狮犬的外形特征是什么样子?

答:身高:雄48～56厘米,雌46～51厘米。头部:宽,平平的头顶,额段小。耳:小且厚,两耳间距宽。眼:杏核小眼,通常为黑色。蓝色的口和舌。身体:肌肉发达,身体匀称,胸部厚实,背短且

松狮犬

直。被毛:密集毛站立,浓密。大腿后侧及尾巴下侧的毛较淡。毛色:黑、蓝、奶油、白、红、淡黄褐色。

58. 苏俄牧羊犬的外形特征是什么样子?

答:理想身高:雄 74 厘米,雌 68 厘米。眼:暗色杏核状,眼眶黑色。牙齿:剪状咬合,上、下齿重叠。耳:小,纤细,耳端尖,耳根高且靠后。耳毛长,稀少且不规则。被毛:长,丝状,最好是波浪形或卷曲。头、耳、脚的正面毛短而光滑。胸部及前脚毛密。任何毛色都有,以白底浓斑居多。

苏俄牧羊犬

59. 苏格兰梗犬的外形特征是什么样子?

答:肩高:25 厘米左右。通常情况,比较匀称的成年苏格兰梗犬,雄犬的体重 8.62～10 千克,雌犬的体重 8.16～9.53 千克。头部:从头部与犬的整个身体比例来看,头显得较长。从侧面观察,头颅和口吻应该呈两个彼此平行的平面。中等宽度,略拱且头顶较短,毛发很硬。头颅平滑,没有突起或凹陷的地方,且面颊也应该平而整洁。耳:双耳直立,耳朵小而尖。鼻:无论被毛是什么颜色,鼻镜都为黑色,大小适中。口:口吻的长度与头颅大致相等,从止部到鼻镜略呈轻微的锥形。口吻位于眼睛下方。牙齿大而且整齐,呈剪状咬合或钳状咬合,前者比较理想。颌部方正、平而有力。被毛:具有起伏不平的被毛。外层被毛为刚毛,毛质硬,内层底毛柔软浓密。被毛需要修剪整理,以明确地显示出苏格兰梗犬的轮廓。这种犬需要有足够的毛量,被毛的质地和密度决定了其品质。胡须、腿部、身体下方的被毛较长,也许会比身体上的被毛略软一些,但不能显得像绒毛。毛色:黑色、小麦色或带有其他颜色的斑点。

苏格兰梗犬

60. 苏格兰牧羊犬的外形特征是什么样子?

答:身高:雄 61～66 厘米,雌 56～61 厘米。体重:雄 27～34 千克,雌 23～29 千克。头部:头部与身体相比,必须显得轻盈,不可太重,无论从前、侧面看头部,都必须是薄“V”字形,自耳根于鼻端逐渐尖细下来。由侧面观看时,头盖的上线与口吻上线几乎平行，以及长度相等的平面，可以由额段加以区分。两眼内侧中心点（额段的中心点）正好是头部长度的中心点。鼻：鼻梁直，下颚坚实，眼睛、鼻镜都是黑色。眼：眼睛大小适中，必须在稍斜的位置，形状为杏仁形，暗褐色。被毛：长、有光泽，属于滑毛，相当密生，除了头部与四肢之外，整体皆覆盖相当多的被毛。上毛直挺，手感粗糙；下毛则为柔软的毛所覆盖。颜面毛为短毛。尾毛极为丰富，臀毛极长，呈蓬松状。

苏格兰牧羊犬

61. 威尔士柯基犬的外形特征是什么样子？

答：雄犬肩高 28～31 厘米，雌犬肩高 25～29 厘米。雄犬体重 10～12 千克，雌犬体重 10～11 千克。头部：头形似狐狸一样长而尖。眼：杏眼，眼色为咖啡色系，有深色眼线，其中又以黑色为佳。耳：坚硬，中等大小，直立，逐渐缩小至浑圆耳尖。耳距宽而平。耳朵能活动，对声音反应敏感。鼻：鼻梁直挺。从鼻尖穿过眼睛到耳尖交叉画直线，所形成的三角形接近等边三角形。毛色有：红色、黑貂色、黄褐色、黑黄褐色、奶油色等。但从头顶、口吻部、颈部，到胸部及四只脚掌基本上为白色。

威尔士柯基犬

62 威玛猎犬的外形特征是什么样子?

答:身高:雄 61～69 厘米,雌 56～64 厘米。头部:头部长,头盖和鼻口部长度相等,肩头角度适中。口:上唇下垂,将颚覆盖。耳:耳根位置高,相当长,有些折叠。眼:大小适中,青灰色或琥珀

威玛猎犬

色。鼻:敏锐的鼻孔,灰色的鼻子。被毛:均匀且短,有光泽,毛色为灰色,银灰色的更受欢迎。头部及耳朵的毛色和其他相比呈淡灰色。

63. 威斯拉犬的外形特征是什么样子?

答:身高:雄 57～64 厘米,雌 53～60 厘米。头部:瘦长,优雅,头盖宽广,比鼻梁稍长。鼻:鼻子是茶色。鼻孔相当发达。口:两唇将颚完全覆盖,但不松弛。耳:长,圆形,呈"V"字形垂耳。眼:大小中等,呈椭圆形。被毛:短直毛密生,非常有光泽的密毛,摸起来油滑,暗金黄色。

威斯拉犬

64. 西伯利亚雪橇犬的外形特征是什么样子?

答:肩高:50～59 厘米。体重:15～27 千克。头部:颅骨中等大小,与身体的比例恰当;顶部稍圆,从最宽的地方到眼睛逐渐变细。stop(脸上的凹点)—stop 十分明显,从 stop 到末端的鼻梁笔直。口鼻长度中等、从鼻子的末端到 stop 的长度等于从 stop 到枕骨的长度。口鼻的宽度适中,逐渐变细,末端既不尖也不方。眼:眼睛杏仁状,分隔的距离适中,稍斜。眼睛可以是棕色或蓝色;两眼颜色不同,或每只眼都有两种颜色是可以接受的。耳朵大小适中,三角形,相距较近,位于头部较高的位置。耳朵厚,覆盖厚厚的毛,背部略微呈拱形,有力地竖起,尖部略圆,笔直地指向上方。鼻:灰色、棕褐色或黑色犬的鼻镜为黑色;古铜色犬为肝色;纯白色犬可能会有颜色鲜嫩的鼻镜。粉色条纹"雪鼻"也可以接受。口:嘴唇着色均匀,闭合紧密。牙齿剪状咬合。被毛:被毛为双层,中等长度,看上去毛很浓密,但是不能太长掩盖犬本身清晰的轮廓。下层毛柔软,浓密,长度足以支撑外层被毛。外层毛的粗毛平直,光滑伏帖,不粗糙,不能直立。

西伯利亚雪橇犬

65.西部高地白梗犬的外形特征是什么样子?

答:身高:25～28厘米。体重:7～10千克。头部:从额部起头部呈圆形。头和躯干比例协调。颅部宽阔,比吻部稍长,头顶部下平坦,两耳之间稍呈圆锥形。到眼睛处逐渐变尖。鼻紧明显,眉毛浓厚。吻部钝形,比颅部稍短,强壮有力,朝着鼻子逐渐变尖。眼:间距宽,中等大小,杏仁形,深褐色,眼睛深陷,眼边黑色。耳:耳朵小,尖。直立,耳间距宽,位于头顶外缘。耳尖被毛坚硬。最好具有黑色皮肤色素沉着。鼻:大呈黑色。口:颌部水平,强而有力。

嘴唇黑色素沉着。被毛:被毛为双层毛。外层被毛由直而硬的白毛组成,长约5.1厘米,颈部和背部被毛较短。腹部和脚部饰毛较长。理想的被毛应硬,直,呈白色。饰毛可以稍软,较长些。

西部高地白梗犬

66. 西藏狮子犬的外形特征是什么样子?

答:身高:25～28厘米。体重:6～7千克。头部:头骨微圆顶,宽度和长度中等。额段细,轮廓清晰。眼:深棕色,卵圆形,眼距好,中等大小,向前凸出,眼边缘为黑色。鼻:黑色。口:吻部中等长度,钝,没有皱褶。下颌深而宽,下颚略凸出,下颌犬齿间距离宽,齿式为全齿,嘴闭合不露齿。上切齿整齐地位于里侧并且挨着下切齿。耳:耳朵中等大小,下垂,成年犬耳部饰毛发达,耳根部位较高。被毛:双层被毛。外层毛丝质感,颜面和腿前部被毛短毛,体毛中等长度,平伏。内层毛质好,浓密。颈部覆盖较长的鬣毛,耳朵和前腿后面有饰毛,尾和臀部有长毛。所有的毛色和任何混合色都可以。脚允许有白斑。

西藏狮子犬

67. 西里汉梗犬的外形特征是什么样子?

答:身高:大约 27 厘米。体重:雄犬约 10 千克,雌犬稍轻。头部:长,宽阔且强壮有力,和身体保持完美的匀称协调。头颅:大小适中,稍圆。眉毛下有一微小的犬牙,交错状的凹痕。颊部:光滑而扁平,但不厚实。颌部:呈方形,强壮有力。水平咬合或剪状咬合。牙齿:健康,坚固,白色,上、下犬齿紧密地咬合在一起。鼻:黑色,鼻孔大。眼:深陷,眼距相当宽,中等大小、卵圆形。大或突出的眼睛是严重的缺陷。眼边和耳尖缺少色素不是一个缺陷。耳:

西里汉梗犬

折叠状，与头顶同一水平，耳朵前沿紧贴于颊部。耳尖相当圆，直达眼睛外角，耳朵薄但无韧性，有足够厚度保持没有折痕。被毛：下层被毛柔软且密，上层被毛坚硬。毛色：头部和耳朵都为白色或带有淡黄色、棕褐色或獾样斑纹。

68. 西施犬的外形特征是什么样子？

答：头部：头盖圆而宽，两眼间宽且圆；头部被毛倾泻而下，有颌须和颊须。口：口吻部短，呈四方形。牙齿：齿呈钳式咬合或虎头式咬合。鼻：黑色，由鼻端至额长约2.5厘米。耳：耳根低，耳朵为大而长的垂耳；耳部布满长饰毛。眼：大，圆，色黑，但不凸出。颈：长适中，饰毛长，与耳部饰毛混为一体。身体长稍大于体高，胸阔而深，肩部结实，背部平直。被毛：长而柔顺是西施犬重要的特征之一。毛色：多种多样，但在前额和尾端有白色斑纹者最为珍贵。四肢：前肢直立，骨骼粗壮，被毛丰；后肢短，肌肉丰满，被毛丰厚；脚坚实而厚，有饰毛。尾：粗壮，紧靠背部，呈多毛放射状卷尾。

西施犬

69. 雪达犬的外形特征是什么样子？

答：身高：雄61～66厘米，雌犬比雄犬稍小。头部：瘦长，具深凹角度的头形与口吻部相连。头盖顶部的线与鼻梁平行且相等。耳：尺寸中等，耳根在后，位置低，紧贴头部垂下。眼：杏核状，两眼水平，颜色有淡褐色或暗褐色。鼻子：暗褐色或黑色，鼻子宽大为好。被毛：长度中等，直顺的丝状毛，腹部、尾部、脚部后有装饰毛。毛色：深栗色。

雪达犬

70. 雪橇犬的外形特征是什么样子？

答：身高：雄64～71厘米，雌56～58厘米。头部：头盖宽广，鼻口部大，颚强而有力，近似狼的脸型。耳：小且呈三角形，两耳之间距离宽。直立耳向后翻。眼：茶色，大小适中。呈杏核眼，倾斜。嘴：看起来微笑的嘴唇。被毛：下毛如羊毛状且厚实，厚而硬的上毛呈立状。毛色：有白色，从淡灰到黑的颜色，及从金黄色到猪肝色的颜色。胸部，腹部，足部，四肢的一部分，脸部等毛色是白色。

雪橇犬

71. 寻血猎犬的外形特征是什么样子?

答:身高:雄 63～69 厘米,雌 58～63 厘米。头部:大,长且狭窄。鼻:从中庭到鼻尖稍细,鼻孔宽大。眼睛:暗褐色或淡褐色,眼睛大小中等,蛋形。耳:相当长且薄,耳根位置低,摸起来像丝织物。被毛:毛短密集,头和耳部毛细且尖滑。毛色:有黑与褐色,茶褐色与黄褐色,也有红色。胸、脚尖及尾端有些白毛亦可。

寻血猎犬

72. 意大利布拉可犬的外形特征是什么样子?

答:身高:55～67 厘米。头部:瘦长,形状优美,头盖相称有形

意大利布拉可犬

状美丽的颚。耳:耳根位置在后,非常发达且下垂。耳朵有皱褶,接触特别敏感。眼:十分凹陷,颜色有黄色、橘色、茶色。鼻:鼻梁直或微微朝下弯曲。

73. 约克夏犬的外形特征是什么样子?

答:雄犬肩高 18.0～23.0 厘米,雌犬肩高 19.0～22.0 厘米。头部:小而平坦,鼻口部不长。耳:耳朵小,呈"V"字形,耳根相当高,为直立耳。两耳间距不大。眼:大小中等,呈暗色。被毛:长且非常细,有光泽的丝状直毛。毛色:全身都是暗色,暗蓝灰色的身体与尾巴,其他部位为黄褐色。

约克夏犬

74. 长须牧羊犬的外形特征是什么样子?

答:身高:雄 53～56 厘米,雌 51～53 厘米。头部:四方头盖,宽,头顶平坦,拥有力强的鼻口部。弯曲且大的眉部,但并不遮盖眼睛。眼:大,两眼间距宽,颜色和毛色相同。鼻、唇、眼的边缘通常为黑色,蓝色和茶色的犬则和毛色相同。耳:大小适中,休息时

长须牧羊犬

下垂。被毛:柔软的下毛,上毛是长而硬的直毛或波状毛。毛色:黑色、蓝色、灰色、茶色、带红的芥末色、暗灰色。头和胸、四肢、尾端是白色的也有。

75. 中国冠毛犬的外形特征是什么样子?

答:身高:23～33厘米。体重:2～5.5千克。头部:楔形,顶略拱。眼:杏仁状,粟黄,眼圈紫红。耳:大,竖立。颊瘦。口:吻长,锥形。唇整齐,剪状咬合;前臼齿发育不全。颈:略弓。身体:胸与肘齐平,胸骨不明显,肋骨发育良好。肩窄,甲骨向后45°。背线略向臀部倾。腰:细。四肢:前肢长直,肘贴体,腕竖直,狼爪;后肢长、细、直。脚:窄。足:兔形。趾:细长。尾:细长。中国冠毛犬有两个变种,一种

中国冠毛犬

无毛型,除了头部至后颈部有粗硬冠毛、前后腕部有"短袜",尾下端有羽状毛簇及颊、耳有饰毛外,其余部位均皮肤外露。皮柔软光滑,粉红,具蓝、栗色斑块,很像墨西哥的无毛犬。另一种为粉扑型,全身覆盖双层柔软丝质长毛。两者都有混合毛色。眼及眼圈、鼻镜与体色相近。同窝幼仔均会出现无毛型和粉扑型。

(三)幼犬的护理

1. 初养幼犬应该注意哪些问题?

答:①不要使幼犬过度疲倦。当幼犬初进门时,逗它玩耍,这会使它开心,增加其归属感。然而,过度玩耍会使幼犬精疲力竭,难以支持。所以,当幼犬玩了一会儿后,便应让它多休息,恢复体力。②最好在 2 周内少让它接触陌生人,不要带它到热闹的场合去。③幼犬睡觉时,切勿惊扰它,更不要惊吓它。④幼犬吃东西时,不要骚扰它,不要让它跑跑跳跳。⑤不要乱给零食,否则易影响幼犬正常的食欲,导致胃肠不适,造成呕吐或腹泻。⑥抓幼犬时,先用一只手抓住犬的颈部上方将其提起,随后用另一只手托住它的腹部,不要只抓住它的颈背部的皮。抱幼犬时,可用一只手放在犬的胸前,另一只手或手臂托住它的后肢与尾部,并贴近身体,使它感到安稳。切勿只抓住幼犬的前腿,因为幼犬筋骨和肌肉尚未发育完全,很易骨折或损伤。⑦不要把幼犬放置在高处,因为大多数犬有恐高症,稍有不慎跌下会发生脑震荡或骨折。⑧切勿用突然的响声惊吓幼犬,这会使它畏怯,对新环境失去信心。⑨不可欺骗幼犬,别以为捉弄它玩没关系,这是饲养幼犬的大忌。因为这样做,使犬以后对主人没有信任感。

2. 幼犬为何要注意保温?

答:幼犬在哺乳期内大多体质很弱,需要主人加倍地关爱,注意方法要得当。如:做好保温和哺乳等工作。幼犬出生后,由母体内的恒温环境来到体外的变温环境中,这些小家伙体毛稀少、调温机能尚未完全形成,故而要做好保温工作。

3. 如何正确抱幼犬?

答:平静地抚慰幼犬,并将一只手放在它的前肢和胸下面,另一只手则抓住后肢和臀部。这有助于牢牢地控制住它,使它不会局促不安。用一只手护着幼犬的胸部,另一只手放在它的臀部下,把犬抱起。这个抱法可以防止它从手中逃走。向不太熟悉的犬靠近时要小心,动作要慢,先朝脸的水平面伸出手,让它蹲下嗅手。手切忌从上往下按,因为这是一种威胁手势。不要拍它的头,因为这是一种支配手势。如果幼犬看起来友好又没有明显的害怕和攻击迹象,就可以抚摸它。

4. 幼犬都要做哪些免疫?

答:幼犬出生后,应该注射疫苗,这大家都知道。但是什么时候注射?一共注射几次?使用什么苗呢?

新生幼犬可通过胎盘、母乳获得一定量的免疫抗体,可以保护幼犬在一定时间内免受某些传染源的侵袭。由于母源抗体能干扰并中和疫苗病毒的抗原性,所以会对幼犬的主动免疫产生干扰。母源抗体主要通过初乳获得,根据初乳摄入时间及量的不同,母源抗体保护幼犬的时间也有一定差异；同时对不同病毒保护时间也有差异，通常 8 周龄左右幼犬体内的母源抗体浓度已低于免疫保护所需要的浓度。

对“犬瘟热”病毒和“犬细小”病毒起免疫作用的母源抗体在六七周时已经下降到一个比较低的水平，已经不足以抵抗这两种病毒的侵袭了。但此时仍有别的母源抗体在发挥作用，所以还暂时不能注射六联苗，以免引起免疫失败。可在幼犬出生后 42 天注射荷兰英特威小犬二联，这种疫苗是专门针对这种情况的，注射后可以在 1～2 周内迅速发挥作用，对“犬瘟热”病毒和“犬细小”病毒起到一定的免疫作用。

3～4 周后即可注射六联苗，再过 3～4 周后可注射七联或六联＋狂犬。2 周后产生免疫力。至此完成免疫程序。以后每年追加一次七联或六联＋狂犬。

如果所在地区可能无法获得二联苗，若不在疫区可以采用传统免疫程序，即 7～8 周龄时开始首次免疫，注射六联苗，2 周或 3 周(国产疫苗一般间隔 2 周，进口疫苗间隔 3 周)后注射第 2 针六联苗，再 2～3 周后注射七联或六联＋狂犬。如在疫区，应在幼犬 4～5 周龄时注射高免血清，间隔 10 天再注射 1 次，然后按照传统免疫程序注射。

要注意的是：①疫苗应采用同一品牌，不能在免疫过程中更换品牌，否则容易导致免疫失败。②疫苗应注意保存条件，灭活苗应保存在 2～8℃，防止冻结、高温和阳光直射；弱毒苗则应保存在－15℃ 以下，才能保持其效力。③确认健康的犬才能注射疫苗，注射疫苗后一般 10～15 天产生免疫力。在此期间，幼犬不能洗澡。应尽量减少出门活动，不与其他犬只接触。④对于适龄幼犬，因身体原因不能注射疫苗的，应先注射高免血清，待身体恢复健康后，方可注射疫苗。

5. 如何为幼犬驱虫？

答：幼犬20日龄时应驱肠虫。一般肠道寄生虫有蛔虫、钩虫、绦虫等。患病幼犬食欲不振，消瘦，发育迟缓；便秘或腹泻，腹痛，呕吐，腹围增大。严重感染可导致严重并发症而死亡。大部分的幼犬有肠道寄生虫，是由母犬经胎盘或乳汁感染。成犬的寄生虫感染一般呈隐形，所以即使没有在粪便中发现虫体，也应该按时驱虫。幼犬20日龄首次驱虫，每月一次直至半岁，半岁开始每季度一次，成年后每半年一次。驱虫建议采用犬、猫专用驱虫药品，比较安全。

(四)犬的饲喂与饮食

1. 犬每天应喂几次？

答：1月龄以内的仔犬喂养次数应适当增多。2个月以内的幼犬，每天最好喂5次。3个月以内的幼犬，每天要喂4次。1岁以内的犬，每天可喂3次。1岁左右的犬每天都要喂2餐。成年犬每天在早晨或上午喂1餐就足够了，如果在晚上喂食，会导致犬消化不良，腹部肥大，影响体型，造成肥胖症。犬没有胃口的时候，可以适当饿一天，使犬恢复食欲。

2. 为什么初生幼犬不宜喝牛奶？

答：许多健康的幼犬在喝了牛奶之后，会出现腹泻和呕吐现象，情况严重的甚至会脱水死亡。这是因为犬奶和牛奶的成分完全不同，犬奶中含有高蛋白质、高脂肪和低乳糖，而牛奶却含有低蛋白质、低脂肪和高乳糖，两者成分正好相反。幼犬的肠胃无法进行吸收和消化。喂养断奶后的幼犬，只要注意饲料搭配合理，不需要另外补给奶粉。

3. 为什么幼犬不能只吃肉？

答：有人认为用优质肉类喂幼犬，就可以使它长得强壮。其实，这样饲喂不但花费大，而且会使大部分幼犬出现腹泻，造成消化不良。在一般情况下，凡是肉类喂得过量或只用肉喂的幼犬(3～12个月大)，骨骼不强壮，因为肉类的钙质和磷的比例失调，钙少而磷多，造成幼犬营养不良，产生软骨病。

4. 哪些食物有利于犬的科学喂养？

答：①碎肉：碎肉中肥肉含量多，对犬来说并不像对人那样有害，是犬食物中热量的主要来源。②鸡肉：鸡和火鸡肉都很容易消化，而且热量含量低于其他肉类。③炒蛋：清淡而富有营养，炒蛋是幼犬和犬生病恢复期理想的食品。④米饭：煮好的米饭易于消化。和鸡肉拌在一起喂生病恢复期的犬最佳。⑤面食：通心粉和面条是碳水化合物的重要来源，且都无味，所以常要另加些香味。

5. 犬也需要蔬菜和水果吗？

答：有时牵犬到室外溜达时，犬会乱啃野草和泥沙。这种现象往往是犬吃蔬菜不够所引起的。犬如果只吃肉类、肝脏等食物，胃的消化功能便会下降，胃酸的分泌量会增加，出现反胃现象，吐出黄色黏液状的泡沫。有时会产生便秘，以及齿龈的黏膜和皮肤的微血管出血。还会使血管中的胆固醇堆积，容易引起脑淤血。因此，必须给犬吃适量的蔬菜和水果。如果犬不肯吃，可将蔬菜和水果剁碎后混入食物中饲喂。

6. 为什么说犬吃人吃的食物不好？

答：人的饭菜里含有不少油、盐和其他的调味品甚至香料，这些都是不宜给犬吃的。一只成年犬只需要吃含盐量 5% 的食品，过多的油、盐对它们的身体不好。辛辣的食物更会引起它们肠胃的不适。有些主人喜欢给犬吃人吃的食物，或者以"火腿肠＋米饭"等食物做主食，这会造成宠物营养不良，从而间接导致一些以缺钙为主的疾病，如犬的腰椎病、佝偻病，不该出现的骨折及因骨盆较窄而出现的便秘、肥胖、尿结石和牙结石等。所以，这种喂食方法不可取。

7. 犬类不可食用的食物有哪些？

答：①虾、章鱼、螃蟹、香菇等不易消化的食物，可能造成犬腹泻或呕吐。②姜、咖喱粉、胡椒、辣椒等刺激性香料，太刺激肠胃，并且会对犬的肝脏、肾脏造成负担。③洋葱含有溶解红细胞的毒性，摄入过多会造成血尿或者贫血、黄疸等中毒症状。④鸡骨和鱼骨又硬、又容易刺伤口腔及消化器官，也不可食用。⑤长期给犬喂食动物肝脏类食物会对宠物身体健康产生不良影响，因为动物肝脏会有一些毒素。此外，因为肝脏富有维生素 A，而维生素 A 和维生素 D 在体内是竞争的，维生素 A 多了会影响到维生素 D 的吸收，从而造成缺钙。⑥冷藏的牛奶、冰淇淋和其他乳制品也不能给犬吃,特别是对发育未完全的幼犬影响最大。通常喝下几口冷牛奶就会造成幼犬腹泻,长期如此会形成习惯性腹泻,导致身体虚弱,阻碍幼犬发育成长。即便是加热的牛奶和其他乳制品也只能少量地喂给犬,犬的肠胃不适应此类食品。⑦犬吃了葡萄或葡萄干可能中毒,症状是呕吐,不进食。严重时会肾衰竭,引起尿毒症,甚至昏迷死亡。犬的身体可以自动合成维生素C,因此不必给犬每天吃水果。⑧不能喂犬甜食。点心、砂糖等甜食极容易导致肥胖,而且也容易造成钙的吸收不足和龋齿病,对犬没有好处。

8. 选购狗粮的基本准则是什么?

答:①首先要选择适合您家养的犬的年龄和品种的狗粮,如有些狗粮会标明适合2～10月龄小型幼犬。②要选择历史较长的牌子,质量有保障。③狗粮的保质期限越短越好。因为标注时间较长的,防腐剂多。④颗粒越不规则越好。所有干粮都是先打成碎末再用模子压制成颗粒状的,外面比较光滑的说明膨化剂放得多。⑤辨别内、外喷油。外喷油的粮食工艺简单,营养成分不容易保鲜,内喷油较好。⑥狗粮的颜色适中,不要太重,也不要太浅。⑦狗粮的适口性不取决于人的嗅觉。如果你觉得味道很好的粮食,80%犬是不喜欢的,而且营养成分差。

9. 狗粮如何精挑细选?

答:狗粮是有口味之分的,目前市场上出售的就有"牛肉味"、"鸡肉味"等。专业的宠物食品其成分列表是按重量从大到小递减排列的。因此,在购买时应注意成分表中的各成分配比。如果某种狗粮的包装上写着"鸡肉味",可包装背后的成分配比中,鸡肉并没有列于第一位，那就证明这款狗粮的鸡肉含量并不高。

原材料项中应该含有至少一种新鲜肉类，最好是可供人食用级别的。在阅读这项内容时要特别注意，比如 chicken 为鸡肉，chicken meal 则是鸡肉粉，有些经销商会将肉粉故意误译为肉，以此混淆两者的品质。肉粉是经过榨油后的干燥动物组织，与新鲜肉有本质区别。尽量不要选用原材料表述含糊不清的狗粮。按照美国饲料管理协会的标准，最高等级的是 meat（纯肉）与 poultry（禽肉），然后是 meat meal（肉粉）与 poultry meal（禽肉粉）。挑选时，第一成分必须是 meat meal（肉粉）或 poultry meal（禽肉粉），而不是谷物，因为肉类提供的蛋白质远远高于谷物的蛋白质。如果狗粮中含有肉类副产品（By—product）的一律不要考虑，那可能就是下脚料。

许多人会选择散装狗粮，原因是价格便宜。但散装狗粮的生产日期无法确认，并且容器密封程度差，容易变质，因此不宜一次性购买太多。

10. 狗粮该泡不该泡？

答：因为幼犬牙齿没有长好，一般需要把狗粮泡开喂它吃。但成年犬如果长期吃泡软的食物，牙上就会生成结石，因此应把它吃泡软的狗粮的习惯给改掉。要注意，刚开始时，要控制量，因为狗粮泡开和干狗粮的体积差很多，所以不要让犬吃撑了。另外，很多犬吃东西都狼吞虎咽，给人的感觉似不嚼，实际上给它吃硬的狗粮，它很快就能学会嚼东西，不要担心消化的问题。

11. 如何喂犬零食?

答:①不要喂有过量色素或添加物的食物。②不要让犬养成天天都有零食吃的习惯。③当犬不吃饭的时候,不要以零食代替正餐。④给零食的最佳时机,就是当它做了一件令你高兴的事情之后。⑤当犬开始发胖的时候,就要注意零食是否该减量。

12. 如何纠正犬挑食的毛病?

答:为避免犬挑食,要训练其养成稳定的用餐习惯。3 个月前 1 天 4 次,3~8 个月为 1 天 3 次,8 个月以上就可以改为 1 天 2 次。如果不希望犬只对食物有兴趣,从小就要让它以饲料为正餐。用餐时,让犬养成专心用餐的习惯,限定 30 分钟内若没用完,就将饲料收起,下次正餐再提供。不要让犬养成想吃就吃的坏习惯。

(五)犬的日常饲养

1. 养犬对家庭环境卫生有何要求?

答:犬居住的地方要搞好环境卫生。如果有犬单独居住的犬屋,要做到每天清扫。随时清理卧具,清除粪便。定期消毒,每月消毒 1 次。逢春、秋季节,还要用消毒液消毒,将消毒液喷洒后,将门窗关好,闷一段时间再开门通风,同时用水洗去刺激性气味,以免刺激犬的鼻黏膜。

许多人养犬往往是在室内与人共住,这就更需要注意犬及居住地方的卫生,否则犬易生病,人也难保持健康。犬像人一样需要阳光，所以不能将它长期关在阴湿、潮闷的窝里，要常给犬住处通风，尽量让犬屋内照照阳光。

食具也要保持干净，要定期消毒，食盆、水盆最好能经常用消毒水浸泡或用沸水煮 20 分钟。每次进食时不要让犬剩食，要犬舔净盆子，然后为它清洗干净。

2. 犬在家里的适宜温度是多少？

答：以仔犬（出生犬到 2 个月的犬只）和幼犬而言，重要的是保持“28～30℃恒温”。母犬子宫中是一个恒温舒适的环境，当犬出生后面临的却是大自然或人为给予的温度了。因此仔犬和幼犬的恒温保持工作是非常重要的，温度的差异往往需要犬不断地去适应，这样容易妨碍犬的生长。

当犬渐渐长大后，虽然已经适应自然气候，但是常常会因饲主的疏忽而造成室内外温差大，而引起犬患疾病。夏季，室内温度不使用空调往往高达 30～32℃，对犬来说是可忍受的温度，对人来说则是苦不堪言的。适当使用空调降温，使人和犬都能有一个舒适空间是可行的。以人体生态学中和犬的温度适应找一个平衡，将温度维持在 27～28℃是最理想的。使用人造恒温控制时需要注意的是要让空气循环，同时也需要注意空气中湿度的保持，这样的犬就会有一个舒适的生活空间了。犬要到室外时，要记得先将空调关闭并让室内温度“回温”，这样可避免因为是内外的温差过大而让犬引发不适应感。回家也不必先急着将空调打开，先让犬适应室内温度后再一步步调低温度。最重要的是，夏季，无论室内室外，犬需要的饮用水不可或缺。

3. 在春季如何饲养管理犬?

答:春季是犬发情、交配、繁殖和换毛的季节,也是病毒、细菌和寄生虫的繁殖季节。对发情公母犬要加强看管,防止走失、乱配,还要防止公犬因争配偶斗架发生外伤,出现伤情应及时处理。春季犬换毛时,会引起皮肤瘙痒,擦破皮肤发生感染。换毛过程皮肤不洁,容易得疥癣等皮肤病。所以要注意犬的被毛梳理,保持皮肤清洁和预防皮肤病发生。春天是犬疾病多发的季节,必须注意防重于治的原则。对犬舍要彻底清洗并进行消毒,定期对犬进行驱除内、外寄生虫。此外,还要接种狂犬病及犬瘟热、细小病毒等疫苗。

4. 在夏季如何饲养管理犬?

答:夏季是犬最易患病的季节。夏季天气炎热,空气潮湿,一定要注意防暑降温,预防食物中毒。由于犬汗腺退化,散热较困难,当犬处在高温高湿的环境中,较易中暑。所以犬舍要选择通风良好、比较阴凉的地方。天气炎热时,还要经常给犬洗冷水浴。避免犬在烈日下活动,一般在早、晚外出散步。夏季,犬饲料易变质,引起食物中毒。所以喂犬的食物要新鲜并加热调制;饲喂量要适当,不要有剩余;对变质的食物要倒掉,不能再让犬食用。夏季是蚊、蝇、跳蚤、虱子滋生季节,一定要做好体外寄生虫的防治,以免引起疾病传播。

5. 在秋季如何饲养管理犬？

答:秋季对犬来说是最舒适的季节,也是犬类新陈代谢最旺盛的季节。为了增加体脂储备,准备过冬,犬食量大增,而且也变得活跃。因此,秋天应给予犬营养价值高的食物,以消除夏季疲劳,为过冬做好准备。由于气温变凉,此时也是犬脱夏毛、长冬毛的季节,应及时注意梳理和清洁,以促进冬毛的生长。秋季也是犬的发情、交配、繁殖季节,其管理方法基本与春季相同。根据犬类秋季的生理特点,在管理上除了防走失、防乱配、防斗伤外,要多梳毛。还需要注意防感冒,因为秋季气温下降,早晚较凉,昼夜温差大,犬易受凉感冒。

6. 在冬季如何饲养管理犬？

答:冬季气温寒冷,要注意防寒保温及进行日光浴,预防冬季呼吸道病和风湿病发生。冬季管理首先要抓好犬舍的防寒保暖。①将犬舍搬到向阳背风的地方,并在犬舍入口处挂上布帘,防止寒风侵入。②垫褥要厚些,并应勤换和日晒,以保持干燥。③堵好北壁破洞,关好北窗,防贼风侵袭。晴天要注意适当开窗通风,保持犬舍空气清洁新鲜,减少氨气,预防呼吸道病的发生。④天气晴暖的时候,要带犬外出活动,晒日光浴,以增强体质,提高抗病能力。晒太阳不仅可取暖,由于紫外线具有杀菌消毒作用,并能促进钙质吸收,有利于犬骨骼的生长发育,防止仔犬发生佝偻病。

在寒冷的气温下会引起犬体内热能的大量消耗,因此,冬天的饲料搭配中,应添加少许油脂、内脏、牛奶及含维生素 A 及脂肪成分较多的食物,这类饲料可迅速补充热量,增强犬的抗寒能力。

7. 犬的运动量多少才适合?

答:犬的健康和适当的活动量有绝对的关系。尤其 8 岁以上的犬,全身的问题会慢慢显现。适度的活动,可以活络全身的肌肉、韧带、关节与骨头,也能刺激消化道的血液循环、维持消化道比较正常稳定的运作,避免胀气、消化不良、便秘等问题。

成犬体重在 5 千克之内的,平时在室内的活动量就够了。体重在 10 千克左右的犬,每日应步行 15 分钟以上。体重在 10~15 千克的犬,每日应步行 30 分钟以上。体重在 20 千克左右的犬,每日应步行 60 分钟以上。体重在 25 千克以上的犬,每日应步行 120 分钟以上。

外出步行,跟随着主人的步距,一步一步地走,是最好的运动。一是可以培养主人和犬的关系,二是人和犬都有足够且适度的运动量。如果是大型犬,需要每日比较多的走动量,家人轮流一日数次陪它外出散步是比较妥当的办法。

运动应每日进行。应注意避免周末大量剧烈的运动。有些犬周一至周五几乎没有活动,在周六或周日却做大量的活动,甚至剧烈的运动。这样不好,尤其会造成 6 岁以上的犬心脏、脊椎、韧带与关节的伤害。运动的目的并不仅仅是为了消耗卡路里,而是为全身的血液循环、肌肉、韧带、关节和五脏六腑的健康目的。强迫犬以时速 20 千米以上的速度跑步,是一种很不好的方法。尤其犬的年纪在 4 岁以上时,很容易造成心脏的伤害。犬过壮年期,不该做会让心跳和呼吸非常快且长时间的运动,当呼吸和心跳维持数分钟或十多分钟非常快的时候,很容易造成心肌缺氧和全身多处组织的缺氧。

8. 犬只肥胖有哪些危害？

答：患上肥胖症的犬体重如果得不到控制，不仅出现行动笨拙、体态臃肿的现象，还会增加心脏、肾脏、肝脏的代谢负担，罹患糖尿病、高血脂和关节疾病的几率也增加。

9. 肥胖的犬该怎样减肥？

答：①改变饮食习惯：多喂一些低脂肪高纤维的食物，同时应定时定量饲喂。采用多次少量的方法，把一天的食量分为3～4次饲喂，平时不再另喂其他零食。对过度肥胖的犬要减少食量。②增加运动量：犬每天必须保持一定的运动量，大型犬要保持每天2小时以上的运动量，中、小型犬也需要1小时左右的运动量。要养成良好的遛狗习惯。③加强对可能引起犬肥胖的内分泌系统疾病的防治。特别要防范甲状腺机能减退、肾上腺皮质机能亢进、糖尿病、胰腺炎等疾病。特别提醒不要因为给犬减肥而忽视它们日常的营养摄取，少吃狗粮的同时，要继续给它们补充适量的钙粉、各种微量元素和维生素，确保健康减肥。

10. 遛狗时应注意什么？

答：遛狗可以锻炼犬的身体。阳光还能杀死犬身上的细菌和寄生虫。外出散步时可方便犬大小便。犬散步的时间、次数应有规律。朝、夕2次，早晨在早饭之前，晚上在晚饭之后，饭后不宜立即到户外活动。小型犬散步20分钟，中型犬40～60分钟。如果间隔一天没有运动，第二天的运动量要减少，然后逐渐恢复。刚开始散步的犬胆子小，总是喜欢贴在主人的两侧行走，这时候就要迁就它，慢一点。到了空旷的草地上或是花园里再把链条放松，让它尽情撒欢。

小于 3 月龄的幼犬或免疫(注射疫苗)不完全的犬只，尽量避免出门，以避免传染上疾病。1 岁以上的成年犬，在运动中应有节奏性，有时以短时间的急速运动为主，以期达到心肺和肌肉的锻炼目的。

散步时要注意给犬拴上狗链，发情期的母犬要穿生理裤，避免意外交配。对脾气较大、较厉害的犬尽量避开走，如果犬太大应将犬迅速抱起避开。

11. 为什么说犬不宜爬楼梯?

答:居家楼梯平面深度在 25～28 厘米，高度多在 20 厘米以上，这样的平面深度和高度设计，只适合人使用，对犬来说就不适合。长期上下楼会对犬的腰椎及四肢关节造成极大负担。长期爬楼梯的犬，最早在 4 岁就会出现腰椎或四肢关节的伤害，到了 6～8 岁，则容易出现功能上的障碍。犬年纪大时，四肢关节与腰椎关节功能障碍的肇始原因也在此。

12. 犬在什么情况下会伤人?

答:①吃东西时:当犬在吃自己心爱的肉骨头时，千万不要同它玩耍。此时，如果犬认为有人要抢它的肉骨头，它就会对你发动攻击。②休息时:当犬在太阳光下懒洋洋地睡觉时，最好不要去惊动它。此时，如果不是主人摸它的头、尾巴、耳朵，往往会遭到突然袭击。③季节转换期:犬对天气变化敏感，尤其是春、夏之交，天气乍暖还寒，气压较低。犬脾气易发作，常常凶相毕露，一反常态无端咬人。④发情期：每年春、秋两季是犬的发情期，如果两只互相摇头摆尾的犬碰到第三只犬，此时不论是雄性还是雌性的犬，两只同性的犬都会争风吃醋，互相攻击。这时主人如不掌握好犬的心态，在“管教”自家的犬时就会有可能被它咬伤，亦有可能被对方的犬咬伤。⑤母犬的分娩、哺乳期：仔犬在满月前，母犬十分警惕，担心有人要伤害仔犬，很容易伤人。这时除犬主人外，其他人不要去碰仔犬，最好离犬窝也远一点，以免遭到母犬的攻击。

13．如何防止犬伤人？

答：防止犬伤人，需要读懂犬的语言。犬发出威胁并不只是发出呼呼声，颈后毛发直立、尾巴平起、耳朵直立都是危险的信号。还有，人不应当直盯犬的双眼，因为这在动物世界相当于发出挑战。这时候应当视线下垂，站立不动，双手下垂，千万不要做手势和叫喊或奔跑。一旦犬咬了你，千万不要猛抽被咬的腿或胳膊，否则会留下伤痕。

提醒被犬咬后，要立即用清水或药皂好好清洗。一定要到医院打狂犬病防疫针。

14．外出旅游时，如何安置犬？

答：2～3 天的短期旅行，可把犬放在家里，那么只要把犬的粮食和水准备充足就可以了。有一种自动喂食器，可以一次性储存 5 千克左右的狗粮和 1.5 升的水。当犬饥饿或者口渴时，只要把小碗里的粮食吃光，存储器里的食物和水就会自动补给，不会出现断粮、断水的情况。但是这种自动喂食仅限于自己懂得去卫生间的犬,否则当主人几天后回到家里,恐怕已经满地的粪便,无处下脚了。

如果出行时间较长,可把自己的爱犬寄养在亲朋好友家。犬熟悉环境一般需要3～5天的时间,因此,应该在出行前几天就让犬和临时主人进行几次亲密接触,这样不但可以让临时主人熟悉犬的性格和脾气,而且还能避免犬因突然离开自己的主人而以为被遗弃,在情绪上产生很大的波动,甚至出现绝食等情况。此外,还可把犬放在专业宠物寄养中心。在把宠物送到寄养中心之前,带上犬证和免疫证,还有犬平时爱吃的狗粮和食具,以及它平时用的睡垫。更换了生活环境后,犬也许会因为情绪不佳而食欲下降,如果再换上一种不可口的粮食,恐怕犬会绝食抗议。衰老、体弱、幼小的犬更需要专人的看护,而宠物寄养中心毕竟人手有限,所以还是不要把这样的犬寄养到宠物中心。而对于具有攻击性的犬来说,最好也不要放到宠物中心,以免给养护人员带来危险。在犬寄养结束的时候,为了保证犬的卫生健康,建议主人给犬进行一次彻底的清洁,以避免犬把外界的细菌、病虫带回家。

15. 如何保证犬在家中的安全?

答:首先,要注意家里的阳台和窗户,许多缝隙都有造成犬坠楼的危险。一定要加高阳台和窗户的围栏,对过宽的缝隙应以铁丝网围封。其次,要确保家中没有任何暴露的电线,家用电器在主人外出和临睡时最好断掉电源。还有就是要注意家中的绳和线,犬很容易受绳和线的吸引,并误以为是玩具,如果不慎吞下,轻则会阻塞肠道,重则有可能导致窒息。平时它们在玩弄窗帘绳和百叶窗时也有被缠着的可能,还会有受伤或者被勒死的危险。因此,窗帘绳必须打结或缩短长度,避免犬随意拉扯。

16. 如何给犬选择衣服？

答：专家长年深入实际整理数据，归纳出以下基本尺寸，只要您为爱犬选购衣服时，量一量爱犬的身材尺码，就知道哪一个尺寸适合您的爱犬了。

cm

号码	背长	周长(胸围)	前腿长
1	23～31	33～40	<13
2	31～36	40～46	13～15
3	36～44	46～56	15～18
4	44～54	56～63	18～22
5	54～60	63～70	22～26
6	60～69	70～78	26～31
7	69～77	78～86	31～36
8	77～86	86～92	36～43

17. 给犬穿衣服有哪些好处和坏处？

答：①好处：一是防寒保温。在气温低的情况下，给犬穿衣服，关系到它的健康。比如吉娃娃、迷你杜宾这类体型瘦小，脂肪含量低的犬，以及一些幼小或年老的犬，都比较怕冷，抵抗力比较弱，在气温低的日子里出门最好穿上衣服，这样可以降低它们患病的几率。二是犬不需要常常洗澡，总洗澡反而会导致它们的皮肤出现问题。所以在外面比较脏的情况下，穿上衣服可以长时间地保持犬的清洁，也减少了养犬人的负担。三是可以保护犬的体表。当带犬出去玩时，穿上衣服也有好处。比如，秋天带犬去爬山，穿上衣服可以避免犬的身体带回来太多的植物种子，也可以防止昆虫爬到犬的毛里。②坏处：主要可以引起长毛打结。常穿衣服的犬有些部位的毛明显比不穿衣服的多。比如腋下、脖子、系肩背带的部位。衣服把毛压得很紧，再加上摩擦力，就很容易形成毛团，如果不仔细梳理很快就成了不好梳开的毛结。对于短毛犬虽然不存在长毛打结的问题，但是织物对于表皮摩擦，有可能会引起犬的皮肤病、过敏、瘙痒、脱皮等。

(六)犬的训练与调教

1. 如何看懂犬的表情？

答：①犬高兴时会使劲摆动尾巴，跳跃。有时也会“笑”，犬笑的时候鼻上堆满皱纹，上唇拉开，露出牙齿，目光温柔，耳朵向后伸，轻轻地张开嘴巴，鼻内发出哼哼声，身体柔和地扭曲，全身的毛平滑柔顺，尾巴轻摆，表示出与人亲近。②犬愤怒时鼻上提，上唇拉开，露出牙齿，两眼圆睁、目光锐利、耳朵向斜后方向伸直，嘴巴发出呼呼威胁的声音，身体僵直，毛发竖立，尾巴陡伸或直伸，与人保持一定距离。如果两前肢下伏，身体后坐，则表明即将向你发动进攻。③犬恐惧时尾巴下垂或夹在两腿间，耳朵向后伸，全身毛直立，两眼圆睁，浑身颤抖，呆立不动或四肢不安地移动，或者后退。④犬哀伤时头垂下，两眼无光，用祈求的目光望着主人，向主人靠拢，有时卧于一角，变得极为安静。除以上几种表情外，犬摆动尾巴，来回奔跑，表示兴奋；双眼平视主人表示等待、期望；头部下垂，耳朵靠拢，躯体低伏，表示屈从和敬畏；尾巴摆动，耳朵竖起，头部摆动，身体拱曲，有时还伸出前爪，则表示与人亲热等。

2. 如何听懂犬的“语言”?

答:犬兴奋时会不停地跳跃,晃着尾巴使劲摇摆,耳朵用力扭动。大型犬还可能把前腿抬起,匍匐在主人的身上发出叫声。犬愉快时会慢慢地摇尾巴,发出轻微的“呜呜”声。有时也会舔主人的手和脸。犬撒娇时会用鼻子发出“呵呵”的声音,在请主人宽恕时,会把尾巴垂下来,眼泪汪汪地望着主人;想得到什么,或要主人陪它玩时,会轻轻地摇动尾巴。犬愤怒时犬毛倒竖,全身僵直,四肢伸开,同时嘴唇翻卷露出牙齿,发出威胁性的“呜呜”声,耳朵竖立着朝向对方。犬悲伤时会发出“咕咕”、“呵呵”的叫声,低垂着尾巴,以求救的姿态摩擦主人身体。犬警觉时耳朵竖起,发出“汪汪”叫声,厉害时则发出连续的“汪、汪、汪”的叫声。犬感到恐怖的不同程度,会把尾巴完全卷到两腿中间时,则表现出极端的恐怖,耳朵也扭向后方,呈睡眠状态,全身紧缩成一团。犬寂寞时会全身松弛而瘫软,像打哈欠一样,发出“啊啊”的声音。

3. 如何理解犬的情绪?

答:当犬的情绪发生变化时,通过尾巴的变化来体现。犬遇到异性时,尾巴便会竖立成直角,而且微微震动。犬尾巴下垂时一般表示生气。当左右大幅度地摇摆尾巴表示它十分高兴。当尾巴卷到腹下表示它恐惧。尾巴松松垂下可能无聊。尾巴紧紧夹起来时表示害怕。

4. 如何理解犬的姿态？

答：犬心情愉快时前身伏下，翘起后身。犬恭顺时打滚。当犬发怒时呼噜噜地喘粗气。犬失望时低下头。犬愤怒时全身僵直、背毛竖立并低声咆哮。犬极度愤怒时耸起鼻子、露出牙齿，同时发出威胁的咆哮。

5. 训练犬的最佳时间是什么时候？

答：一般情况下犬龄在0.5～1岁之间，以中午或下午为宜，此时犬胃口大开。训练时要注意以食物诱导为主，别让犬吃饱了。

6. 调教犬时有哪些手段？

答：调教手段包括诱导、强迫、禁止和奖励等。

诱导是通过犬喜爱的食品和物品诱使犬做出某种动作，或利用犬自发性动作，通过与口令、手势的结合使用，增强调教效果。强迫是通过机械性刺激和威胁性音调的口令，迫使犬做出准确的动作；在外界诱因的影响下，犬不能顺利地按照口令、手势动作时，也可使用强迫手段，此法必须与奖励相结合，即每当犬被强迫做出正确动作后，都必须给予充分的奖励。禁止是指犬犯了错对犬的惩罚，只能用于犬发生不良行为时。当犬延缓执行口令时，只能采取强迫手段，而不能用禁止方法。在使用禁止手段时，态度要严肃，语气要坚定，但不得体罚犬。制止要及时，只有在犬有犯错的行为时，在初期制止才有效。事后禁止，非但无用，反而会使犬不知所措。在犬停止犯错后，应立即奖励，以缓和犬的紧张状态。奖励是为了强化犬的正确动作，巩固犬已养成的行为，调整犬的神经状态而采取的一种手段。奖励的方法有喂食物、抚摸、放游和叫“好”的口头表扬等。

7. 如何对幼犬进行呼名训练？

答：犬进门后首先就是取名字，当它高兴地玩耍、吃东西或受到赞许时，多叫几声它的名字，会使它很快适应这个音调指的就是它。

8. 如何制止幼犬夜吠？

答：刚到陌生环境的幼犬，情绪总会不稳定，因此会夜间低鸣或哭吠，这时可以给它以前使用过带有气味的物品、安全玩具、一个有规律声响的闹钟，或让它躺在看得见主人的地方，会让它较为安心或转移注意力。

9. 如何训练幼犬排便？

答：首先要掌握犬想要排便时的状态，当犬想排大小便时，自然会露出不安的样子，低头在地面猛嗅，并且绕圈子。其次要掌握犬的排便时间，一般是早上刚睡醒、吃饭后 30 分钟、喝水后 15 分钟。在这三个时间您应该把它抱到您希望它排泄的地方，铺好报纸，这样犬只能在报纸上排便，并把留有尿迹的报纸留下，粪便及时清走，经过一段时间的训练幼犬就逐渐习惯在报纸上解决大小便了。然后进行室外训练，可以把犬带到室外您希望它尿尿的地方铺上报纸让它排泄。如果幼犬服从了，要及时表扬和奖励它，这样,很快就能达到训练幼犬在固定地方排泄的目的。也可以在庭院的一角画一小块地铺上砂石,便能成为理想的厕所。如果犬在室内其他地方排便,要立即加以训斥,说“不准!”。然后用肥皂水将地板洗干净,不能留下尿的气味。2～3月龄的幼犬有时会把小便作为表达感情的手段。如幼犬在游玩的场所玩得高兴时会随地小便,主人不可妄加斥责,一般半年以后就不会再撒了。

10. 如何让犬“听话”?

答:如果犬一直不服从任何人,自己随心所欲,就会成为潜在的威胁。这里有几个方法可以改善。第一,我吃你看,当着它的面吃东西,吃完之后再让它们吃。这样,它们就会明白先吃东西的是头领。第二,用眼神征服它,可以让它四脚朝天地躺在地上,然后用手放在它的胸部,压制它,用严肃的眼神对它。这时候,如果犬耳朵向后、夹起尾巴,那你就成功了,这时就没必要继续威胁它了。第三,不听话就不理它,把犬限制在一个独立的空间中,不去看它,不去想它,假装它根本不存在,这对犬来说可能是比暴力还难以忍受的惩罚。

11. 如何进行幼犬的随行训练?

答:随行训练应在犬的幼年进行。训练方法:戴好牵引带后,让犬位于主人左侧,主人抓住牵引带,右手拿着食饵,左手轻轻地拉住牵引带,让犬坐下。开始走路时,主人首先迈出左腿,当犬在主人身边开路时,发出“跟上”的命令。如果犬突然向前面冲,主人左手滑向颈圈,将犬轻轻拉回正确位置。训练过程中,幼犬可能会“闹情绪”,如果幼犬试图直立或爬牵引带,要严厉地说“不”或“离开”，命令幼犬坐下，再开始从头训练。

12. 如何教犬握手？

答：让犬坐下，再伸出手来轻握犬的前足。同时不断念叨“握左手”、“握右手”的动作及口令，当犬做对时，要用食物及时表扬。

13. 如何教犬作揖？

答：①受训的犬一定要戴上项圈。训练时一手用食物诱惑幼犬，一手拎着项圈，使犬用后腿站立。②一旦犬做对一个动作，马上给它吃的以示鼓励。③固定口令。不能一会儿说“站”，一会儿说“别起来”。犬的兴趣全在吃上，它没精力分辨多变的口令。④会站了以后可以教它转圈和作揖。用手把着犬的前爪，手把手教它作揖的动作。无论训练犬做什么动作，主人嘴里都要不断念叨口令。

14. 如何训练犬摆出优美姿势？

答：首先将犬抱到小桌上，使其后腿靠近小桌边缘，左手托住它的前胸或下巴，右手轻轻向后拉犬的尾巴，双手配合向后推，使犬不能坐下。犬会本能地把身体向前倾，向上挺起，呈现出一种四肢挺直、昂首挺胸的标准姿势，重复多次即可。

15. 如何让犬站起来？

答：“起来”的动作不仅是一项教育，也是一项杂技。让犬学会这一动作,可增加不少乐趣。把犬爱吃的食物举到它的头顶,再慢慢升高,诱惑犬为了吃到食物而站起来。同时要说“站起来”的口令。还可以在此基础上训练犬转身。

16.如何让犬学会入座?

答:让犬背向墙站立,举起犬喜欢的食物放在其正上方,并朝它后面移动。犬注视着食物,自然倒退,直到屁股碰到墙壁,这时用手按它的腰部它就会坐下来。在这一瞬间,主人反复说“坐下”的命令,如此反复可以成功。

17.如何让犬不乱吃?

答:首先注意平时养成,不许吃食器以外的东西;其次如果吃了食器以外的东西,应予以“不行”的制止命令,或轻打它口吻以示警告;再次可以在家里或路上故意放点它所喜欢吃的东西而练习。散步以前或运动前,事先在必经之路放点东西,然后带它从食物旁边经过,它会就近取食,主人应立刻制止,说不行并责备它。依照这种方法多次实验,场所没有一定的限制,厅里、房间里可以实施。这个练习必须在食物还没有入口以前就要制止,等到入口再制止就已经来不及了。最后可以在食物里渗入芥末或是辣椒,使它吃了以后感觉到不舒服,之后自然敬而远之,再也提不起兴趣了。

18.如何让犬反应敏捷?

答:要让它开口叫。如吃饭时,主人端着食盆,在犬面前发出“汪汪”的模仿声,吸引犬叫出一声“汪”,这时要立即给予少量食物奖励。犬吠叫不停时要下令“不许叫”,若它不听,可以用手轻拍它的鼻尖令其停止。

19.如何让犬学会等待?

答:犬进食前,先让它坐下,然后让它维持坐姿许久,同时不断说“等一下”。等它熟悉这个命令后,再说“好”,让它起来进食。也可在说“等一下”时,用手压住犬的喉头部位,使它无法进食,像这样反复练习几次,再说“好”,让它进食,如此反复可以成功。

20.如何训练犬给主人帮忙?

答:用手拿着一根骨头或犬喜爱的其他物品,在犬面前晃几下,随之抛出几米远,立即发出“咬住”命令,如犬衔住物品,则说“好”并抚摸奖励。待犬衔片刻,约30秒,即发出“松口”的命令,接下骨头,给犬食物奖励。在犬学会“咬住”和“松口”后,再教其他动作形成一套完整动作。

21.如何训练犬送物品?

答:首先是训练犬会叼东西,将报纸或其他物品放到它的嘴里,发出“咬着”的指令,用手温柔地托住其下巴,让它能明白主人的意思咬实物品为止;其次是在犬咬住物品的情况下,用绳子带领前行,令它习惯咬着物品步行,记住及时奖励,这样重复几次,直到熟练为止;最后就可以尝试解开犬绳,训练犬自行取物或者送物。

22. 如何让犬适应犬绳？

答：从第一天把犬带回家，便应替它系上一个柔软的颈圈。一条柔软而且轻，由尼龙编成，可清洗的颈圈十分适合犬佩戴，而且很多时它自己甚至不会发觉到正戴着颈圈。当你拉动犬的颈圈时，记着不要太用力，以免令犬窒息。一只朴实的犬通常会任你把它拉到任何地方，就算它是一只顽固的犬，只要你给予鼓励，它也会乐于服从你。每只犬也必须接受被犬绳缚着的训练，因有些情况，你无可避免地也要用到犬绳，如带它到宠物医院时。但切记，勿用犬绳作刑罚用具，避免让犬感觉到是一种处罚。

23. 如何用犬绳有效驯犬？

答：首先，将绳套握在右手，保持适当的松弛，左手握绳在左腰间。绳子的状态，应是从犬的项圈之处稍微下垂，要随时注意犬所处的位置是否正确，是否出现牵拉绳子的现象，否则将达不到训练的目的。在训练的过程中注意避免一心为了使犬处在正确的位置经常是扯紧绳子。如果，经常给犬的脖子上施加压力，到了要纠正犬的行为时，牵拉绳子已经没有意义了。犬要处在人的左侧，并且朝一个方向，不习惯左侧的话，也可以换在右侧。首先就是人牵着犬走，当犬拉着绳子朝某一个方向走时，立即强行牵着它朝相反方向走，途中可以拐弯，也可以在另一条路上来回走。其次，当犬准备向前拉绳子的瞬间，注意观察犬准备拉绳子时的模样，当出现这种征兆时，猛地一下向后拉绳子，勒住犬的脖子。这一瞬间的力度时机把握是非常重要的，突然地给犬的脖子上施加压力，然后放松绳子。但必须注意，如果犬脖子上的绳子一直处在拉紧的状态，以上的训练方法就毫无效果了。

24．如何防止犬乱叫？

答：犬叫的原因基本可以分为三种：高兴、恐惧孤独以及警示。针对不同情形，可以采取一系列对策。

平时要让犬到一些开阔的地方多跑跑，消耗其体力，使其感到劳累，兴奋性降低后自然就不太想吠叫了。

主人出门之前约半小时，就不要再跟犬玩耍了，否则，犬一见主人要出门，就会拼命吠叫，希望主人留在家里陪它玩。在出门时，最好打开电视或收音机，使得犬以为主人还在家，这也有助于防止犬吠叫。出门时把门窗关好，减少外界人声、交通工具等声音对犬的刺激，也能减少犬的吠叫。

主人可以买带有若干小洞的圆球，在小洞里装满犬喜欢吃的食物，犬在玩球的过程中，食物不停地从小洞里掉出来，对犬不停地形成刺激，吸引其注意力，可以使其一连玩上几个小时顾不上吠叫。

如果是因为对生人警惕而吠叫，可加以适当安抚，使其停止吠叫。

此外，下述方法也可以使犬安静下来。

可以找东西给狗吃，越难咬烂的东西越有挑战性；可以给犬找点喜欢的玩具，尤其是散发主人味道的玩具；犬叫时适度回应或者坚定制止；也可以选择离开犬，多数的犬都会识相地闭上嘴；也可以用水喷洒让它冷静点。

25. 如何让犬不撒野?

答:首先观察犬的行动,要在它出去时抓住它,加以惩罚,当主人大声责备"不可以"时,它会逃回屋内;若犬已经在屋外嬉戏,应喊它的名字,下达"过来"的口令,若它不加理会,则径直走到它身旁抓住它,加以惩罚,当它听从命令跑过来时则不要惩罚,而立即带它回屋。

26. 如何带犬坐车?

答:首先保护好汽车内装饰。犬烦躁时不停地抓挠,汽车装饰会受损,这时,可以在坐椅上铺几张报纸,或是做一个椅套,虽然简单,但能有效地保护坐椅。其次保证行车安全。在高速行驶的汽车中,防止急刹车伤害爱犬,可以把犬装进犬箱。犬箱体积小,紧包住犬的身体,可以保证将对爱犬的损害降到最小。同时,犬箱也可以保证犬不会在行车过程中干扰司机开车。最后防止犬乱刨乱叫。可以用苦味无害的液体喷涂座椅,同时在车里放一个犬喜欢的玩具转移它的注意力,并戴上口笼,还要注意加强平时的服从训练。

27. 如何训练犬不晕车?

答:第一阶段,每天遛犬前,在没有发动的汽车上练习。让犬坐在副驾驶位置,你坐在驾驶席,给犬一些好吃的,和它说话。训练结束后带它去外面玩,让它把坐车和去玩联系在一起。第二阶段,将车发动着以后重复上述联系。第三阶段,慢速行驶,到热闹的地点停下，让犬习惯街上的噪声后继续重复上述练习。第四阶段，逐步加长行驶的时间和里程，让犬慢慢适应。

28. 如何让犬恋家？

答：带犬回到犬舍旁，可以下命令“回家”，并带领它进入犬舍，可以抚摸它，让它记住。

29. 如何让犬学会独处？

答：①适度的交流：出门前跟它打招呼，要它在家好好等待，告诉它主人回来后会有奖励等。最好能再给它一些美味可口的小零食和玩具。②建立自信：信心强的犬不容易产生焦虑，不妨和犬做些游戏，充分赞美和夸奖它在游戏中的出色表现，增强它的自信。③断续的分离：给它一点零食，然后主人离开几分钟后回来。虽然只是短暂分别，但犬仍会高兴得跳起来，好像久别重逢。之后，逐渐拉长分离的时间，一天之内离开家门很多次，直到犬懒得理会主人进进出出，不受分离的影响。④体力消耗：出门前，可以带犬到户外运动一下，让它消耗很多的体力，这样犬回到家里就会比较累，希望睡觉。⑤转移注意力：给它一件沾满主人气味的旧衣服或袜子，熟悉的气味会使它觉得主人仍和它在一起，它会感到安全。经常给犬提供一些好玩的玩具，使它把精力专注于玩耍中，让不安的情绪得到转移。

30. 如何让犬养成单独留下的习惯？

答：可以给它一些玩具，告诉它你要走，向它说“再见”，如它吠叫或哀鸣，柔声叫它“不可”。若它能在几分钟内都不再叫，可以称赞它，并把时间由几分钟延长至几小时，每次回来也要称赞它，最重要是让犬知道，你是一定会回来的。

31．如何让犬和平相处？

答：最好的办法就是把犬关到一个房间里，让它们争吵，犬可以从争斗的胜负中看出强弱，自然建立起等级。另外，也可以按照犬进入家门的先后顺序优待原来的犬，例如吃饭时让原先的犬先吃，抱犬时也先抱它，同时抱起新来的犬接近它。犬相互排斥是因为担心失宠所致。

32．如何阻止犬随便扑人？

答：当犬要扑过来时，主人可蹲下，与犬的视线水平直视，然后抚摸一会儿，有些犬还不能安静下来时，可以陪它玩几分钟。如果它尽兴玩要后还继续扑人，那就应采取措施让犬知道扑过来是不对的，可以用力握住它的两只前脚，让它感到疼痛；也可以向前迈一步，把它顶倒在地上；也踩它的后脚，以纠正它的行为。

33．如何不让犬随意舔人？

答：喜欢舔伤口或者屁股的犬容易出现某些感染。如：犬在舔屁股时会感染涤虫虫卵。如果之后它再舔主人，会将寄生虫传染进主人的脑部、肝脏或肠道，形成高尔夫球大小的包虫囊肿，一旦囊肿破裂将释放出成千上万新虫卵，从而危害主人健康。制止爱犬随意舔吻人必须从小开始，拒绝它舔你的脸和手，并轻声呵斥它。但不要严厉处罚它，因为舔吻是犬顺从的表示，过于严厉处罚或责备会让犬不知所措，以更多的舔吻来表示歉意。另外，当犬热情地扑入你的怀抱并对你发狂舔吻时，你应该先推开犬，让它冷静下来，然后抚摸它。

34. 如何纠正犬的坏习惯？

答：当就餐时，犬却在四周鸣叫要求食物时，应坚决地给它“不可！”的指令，就算它用十分可怜的眼神望着你也不能心软。

为防止犬乱咬东西造成损失，切记要把贵重的物件收好。把任何它可能会咬的东西拿走，不要让它拿到。买一些犬专用的咬嚼骨给它，改变它乱咬东西的毛病。

当犬不断地跳到你身上时，你应立刻有所行动，如叫“停”和用膝盖顶着它的身体，不让它接近。几次之后，相信它便会明白的了。

当犬想咬人或有任何攻击性行为，应及时给予纠正。大声地叫它“不可”，也可在它肩膊等地方打一下，让它知道你不喜欢。但别打在它的头或眼、耳附近等地方，也不要用棍等东西打。必要时可以打它的鼻端，大声警告它。

成年的犬只有性冲动是正常的行为，故无需刻意去纠正。最易引发它们性冲动的，是处于发情期的母犬所发现的气味。而当女性处于月经期间，亦有可能令一些敏感的犬有性冲动。如它有此行为，你可叫它“停！”，然后赶它出去。但长久来说，最好是带它去做绝育手术。

有很多犬喜欢追逐汽车或单车，这不单对犬本身构成危险，亦对驾驶者造成危险。作为它的主人，你有责任阻止它再这样做。你可以把它困在花园中，或是用一条足够让它有活动空间的犬绳强缚着它，当它想去追车时，便会被绳子的拉力扯着，但又不致受伤。有些主人会自己扮演"驾驶者"，当犬开始追来时，使用早已预备好、盛有稀释了的柠檬汁的水枪，射向它的脸部。

(七)犬的洗澡与美容

1.犬的洗澡频率是什么?

答:家养犬一般每月洗澡一次，气温高且潮湿的地区，可以1～2周洗一次。幼犬由于抵抗力较弱，易因洗澡受凉而发生呼吸道感染、感冒和肺炎。

2.犬洗澡时应该注意什么问题?

答:①洗澡前要先梳理皮毛，这样既可使缠结在一起的毛梳开，防止皮毛缠结更加严重，也可把大块的污垢除去，便于洗净。②洗澡水的温度不宜过高、过低，一般春天以36～37℃为宜。③洗澡时冲水要彻底，不要使肥皂沫或洗发剂滞留在犬身上，以防刺激皮肤而引起皮肤炎，一定要防止将洗发剂流到犬眼睛或耳朵里。洗澡时间要选在中午到傍晚前，犬毛要完全晾干。

3.经常给犬洗澡好吗?

答:对于犬来讲，除了在夏天降温，洗澡是没有任何意思的，甚至对它还会有害处。犬肛门附近的腺体时常分泌出带有难闻气味的物质，但也正是这种气味帮助了犬标定地盘和找到回家的路。另外，犬的皮脂腺也会分泌出一种有腥味的保护性油脂，作用是使犬的皮肤不受气候和外界污染的侵害。因此，主人不能太频繁地给犬洗澡。

4.病犬、幼犬能洗澡吗？

答：病犬、幼犬（3 个月以前）不宜洗澡。因为其身体机能较差，抗病力较弱，此时洗澡，不仅会加重病情，还极易引发感冒。

5.注射疫苗后可以马上洗澡吗？

答：幼犬注射疫苗的目的是使犬体内产生抗体，但在抗体正常产生之前，需要有热能抵御各种病毒。这时如果给幼犬洗澡，就会大量消耗犬体中的热能，容易生病发烧。在给幼犬注射疫苗 45～50 天后，幼犬身体健康，没有发烧的前提下，方可给幼犬洗澡。

6.犬美容都有哪些步骤？

答：(1)刷理：用针梳给犬理皮毛，可以刷去犬身上的死毛及毛结，令皮毛柔顺整洁有光泽感。

(2)梳理：刷理完毛发后，便可用钢梳再进行梳理，检查犬身上是否还有小毛结存在。如果在洗澡之前没把犬身上的毛结梳开，洗澡后更不易梳通。同时，也洗不透犬的毛发。

(3)洗澡：给犬洗澡时一定要选择好适合于自己犬毛发的洗发水，一般洗澡的水温是 35～45℃，冬天水温要高一些。一般来讲，长毛犬通常是 1 周洗 1 次澡，而短毛犬则 0.5 个月洗 1 次澡比较合适。

(4)吹风：给犬洗完澡后，用吸水性强的毛巾把犬身上的多余水分吸干，然后再用吹风机把毛发吹干。也可以一边吹风一边梳理毛发，这样吹出来的毛发自然、蓬松、漂亮。

(5)剪趾甲：犬的趾甲过长会影响走路，也可以引起骨骼变形，走起路来姿势不美观等一些问题。有些犬趾甲过长刺入脚垫使犬非常痛楚。剪趾甲时不能剪得过深，以免造成出血。如果犬被剪过一次流血，下次一定不让碰脚，脾气也变得暴躁。

(6)清洗眼睛、耳道：犬的眼睛不舒服时会用爪子抓，因此容易损伤眼球及角膜；犬的耳道也容易感染耳病(尤其是长耳朵的犬)，有时犬不时抓耳，或摇头并有刺鼻的分泌物都是犬有耳病的特征，所以给犬定期清洗眼睛和耳朵是很有必要的。

(7)修剪毛发：犬天生爱干净，有时犬的毛发弄乱了，犬会用自己的舌头去舔整洁。因此要帮助它们经常梳理毛发，有时还要定期地带犬到动物美容院修剪毛发。

7. 犬有眼屎怎么清洁?

答：引起犬眼屎多的原因较多，不同原因要具体分析。如果出来是硬结和干的糊状，是眼睛有炎症或上火。如果是软糊状的，是虚热。一般平时注意及时清理，每天坚持用杭白菊泡水洗眼或者给犬饮用，同时可以用宠物用氯霉素眼药水点眼睛，一天两三次就可以了。坚持一段时间，就能看到明显的好转。当觉得眼屎太黄的时候，用氯霉素眼水洗眼可防止长期眼屎过多造成青光眼。如果犬太燥热了，可买人吃的抗病毒口服液或板蓝根口服片，冲水饮用，一天两次就可以了。

8. 如何为犬清耳垢？

答：把犬安置在美容桌上，让它不会乱跑，然后用棉花棒将耳朵里的耳垢清除即可；若是耳垢已经堆积很厚，可以购买清耳液滴入犬耳朵里两三分钟，并在耳鼓附近轻轻按揉，会比较容易清除耳垢。另外，长毛犬耳朵里的毛较长，耳垢容易附着在毛上，饲主可以用止血钳将杂毛及耳垢一并拔除。

9. 什么样的犬需要拔耳毛？

答：不是所有的犬需要拔耳毛，常见拔耳毛的犬有西施犬、贵妇犬和雪纳瑞。一般在 1 个月左右需要拔一次耳毛，这样可以有效地预防耳螨的产生，防止耳中有异味。

10. 为何犬耳螨须经常清理？

答：耳螨是犬等家养宠物极易发生的一种寄生虫病。传播速度快，不影响人类。耳螨通常躲在宠物耳道中采集食物，分泌化学有毒物质，引得犬耳朵痒、难受，一旦皮肤破损招致病菌感染，会引发流脓性外耳及中耳炎，甚至是脑膜炎。得此病后，宠物有明显的疼痛感，严重为害健康，有损听力。

观察犬耳朵、耳洞是否有棕黑色的油性物质，是否经常在挠耳朵，如果有这些症状，基本可以断定患有耳螨。可用少许棉签蘸一点儿双氧水或眼药水，每日擦拭犬的外耳和内耳道。用少许的硝酸甘油滴耳液滴入耳道，盖住耳朵后轻轻地揉动，放开后犬自然会把污物、寄生虫等甩出。或用少量的硼酸粉给犬擦拭耳朵，此药副作用小,适合体弱的幼犬。宠物用品店有卖专门的耳螨药,分为耳螨油膏和洗耳液,效果也不错。

11. 犬的牙齿如何保护?

答:犬的牙齿是相当坚固的,不太容易发生蛀牙。但犬出生后三四个月开始,乳齿更换为恒齿时,容易因齿列不正,使食物残留在牙缝中而导致发炎。为了保护牙齿、清除牙垢,可给狗刷牙,每个月刷2~3次即可。

给犬刷牙很简单,在最初的几天,像平时一样,当抱它的时候,简单地给它刷一刷。用手指轻轻地抚摸它的脸颊部一两分钟,在手指上抹一点动物用的牙膏,让犬去尝,几天后,它就能适应这种方式。先让它喜欢牙膏,然后考虑怎么对待它,引导它用牙膏或牙刷,在牙刷上抹一点儿牙膏,轻轻掀起它的上唇,用牙刷顺着牙齿缓慢地做圆周运动,轻轻地刷牙及牙床。每天逐渐增加刷牙的数量,但是要慢,不要刷较远的地方,刷牙时间增加到大约30秒,要刷到每一个角落,刷完后要给它一些赞赏和奖励。牙刷的柔软程度和形状要适合犬的嘴和牙齿。动物的牙膏有一种香味,可以吸收,而且不用漱口。不要用人的牙膏,那里面通常含有让犬难以忍受的成分。

12. 为什么要关注犬的脚的健康?

答:一般砂石路对于犬的脚是不会有伤害的,而且对犬的脚爪生长有好处,饲主在遛狗的时候,最好选择自己熟悉的地方,小区花园、小广场都是不错的选择。若发现犬蜷起一只脚不敢着地,只用另外三条腿支撑自己,那么犬那只蜷起的脚一定是受伤了。

这时，扎伤犬的异物可能还存于伤口里，如果不小心触疼犬的伤口，一些犬会禁不住咬人。正确的处理方法是把犬叫过来，由一人安抚犬并控制住它的头，使它无法咬人；另一人观察脚部伤口情况。犬的脚被扎伤后，伤口处泥血交杂，可用洁净的水冲去伤口处的污秽，然后观察伤口里是否还有异物。如果异物明显可用镊子小心地将其夹出，然后用纱布将伤口包扎好。如果难以辨别，那么最好把狗送到正规的宠物医院请专业兽医进行治疗。

13. 犬为什么要经常进行趾甲修剪？

答：大型犬与中型犬，比如狼犬，由于经常在粗糙的陆地上跑动，长时间就可以磨平长出的趾甲。小型的玩赏犬，比如北京犬、西施犬、贵妇犬等，很少在粗糙的陆地上运动，磨损也相对较少，且趾甲长得很快，会使犬感到不舒服，而且还会损坏家里的木质家具、棉纺织品以及地毯等物品。有时太长的趾甲会引起劈裂，容易导致局部受到感染。除此之外，犬的拇趾已经退化，而且在脚内略向上的地方长有飞趾，起不到任何作用，还会阻碍步行以及有时会刮伤自己。因此需定期地给犬修剪趾甲。

犬的趾甲是十分坚硬的，应该用特制的指剪刀，属猫、犬专用的。犬出生后的 2～3 周，就可以请兽医将飞趾切除，缝一针就行了，以避免后患。平时修剪趾甲，除了使用专用的剪刀，最好在洗澡的时候，等趾甲泡软了之后再剪。需要注意的是，每一趾爪的基部都存在血管和神经。所以剪趾甲不能剪得过深，剪趾甲的 1/3 左右就可以了，然后再锉平滑一些，避免造成不必要的损伤。如果发现剪完趾甲之后行动出现异常，需要细心查看趾部，看是否有出血或破损的状况，如果出现破损可以擦碘酒。除了剪趾甲之外，需要检查一下脚枕有没有出现外伤。另外，趾爪与脚枕周围的毛发，则需要经常进行修短，防止滑倒。

14. 怎样给犬清理肛门腺？

答：居家的犬因为活动量不多，腿部力量降低，无法将多余的肛门腺液推送出去，造成肛门腺堆积、阻塞而肿胀。肛门腺从而发出难闻的味道，进而导致发炎出血甚至破裂。可以在为犬洗澡时，主人最好能顺便帮犬清理肛门腺以保持犬健康。挤肛门腺时应使用专业的手法，否则会挤不干净，甚至会给犬带来痛苦。建议请专业人员操作，大约1个月应挤一次肛门腺。

15. 如何梳理犬的被毛？

答：犬在春、秋两季会有大量的被毛脱落。大量的脱毛会附着在室内各种物体、人身上影响室内卫生。如被犬误食还会影响犬的消化。因此，要经常给犬梳理被毛。不仅可除去脱落的被毛污垢和灰尘，防止被毛缠结，而且可促进犬血液循环，增强皮肤抵抗力，解除疲劳。早、晚各刷皮毛一次，每日梳毛5分钟。

具体梳理的方法如下：①顺序：由颈部开始，自前向后，由上而下依次进行，即先从颈部到肩部，然后依次背、胸、腰、腹，再梳头部，最后是四肢和尾部，梳完一侧再梳另一侧。②手法：梳毛应顺毛方向快速梳拉。有些人在给长毛犬梳毛时，只梳表面的长毛而忽略了下面的底毛的梳理。犬的底毛，细软而绵密，长期不梳理，易形成缠结，甚至会引起湿疹、皮癣或其他皮肤病。在对长毛犬梳理时，应一层一层地梳，即把长毛翻起，然后对其底毛进行梳理。③梳子种类：毛刷、弹性钢丝刷和长而疏的金属梳。毛刷可以使长毛的末端蓬松，而底毛却梳不到。毛刷、弹性钢丝刷和长而疏的金属梳配合使用梳理长毛犬。

16. 犬毛梳理时的注意事项有哪些？

答：①在梳理被毛前，若能用热水浸湿的毛巾先擦拭犬的身体，被毛会更加发亮。②梳毛时应使用专门的器具，不要用人用的梳子和刷子。梳子的用法是用手握住梳背，手腕柔和摆动，横向梳理，粗目、中目、细目的梳子交替使用。刷子的用法是用手腕的力量，梳理时一手将毛提起，刷好后再刷另一部分。③梳毛时动作应柔和细致，不能粗暴，否则犬会疼痛，梳理敏感部位，如外生殖器附近的皮毛时尤其要小心。④对底毛缠结较严重的犬，应以梳子或刷子顺着毛的生长方向，从毛尖开始梳理，再梳到毛根部，一点一点地进行，不能用力梳拉，以免引起疼痛和将毛拔掉。如果擀毡严重，可用剪刀顺毛干的方向将毡片剪开，然后再梳理。仍梳不开时，可将带毡部分剪掉，待新毛逐渐长出。⑤犬的被毛玷污严重时，在梳毛的同时，应配合使用护发素（1 000 倍稀释）和婴儿爽身粉。⑥注意观察犬的皮肤。清洁的粉红色为良好，如果呈现红色或有湿疹，则有寄生虫、皮肤病、过敏等情况，应及时治疗。⑦发现蚤、虱等寄生虫，应及时用细的钢丝刷刷拭或使用杀虫药物治疗。

17. 如何让犬毛色变漂亮？

答：要使犬毛有光泽、美观，可每天给犬多喂富含蛋白质、维生素 E、维生素 D 的添加剂和海藻类食物、蔬菜等，如瘦肉、煮熟的蛋黄、植物油等，少喂富含糖分、盐分、淀粉等食物。肥胖而脂肪堆积的犬，一般毛质都比较差。要给犬多做日光浴，多吸收紫外线，并且经常运动，以促进犬血液循环，使犬长出健康的毛发。保护犬毛,每天要替它梳毛,如有条件,最好给它涂上薄薄一层护毛油。要使毛色光亮,还要注意不要让犬进入卧室,应该饲养在较寒冷的场所。

18. 经常美容会不会造成犬不换新装扮就不出家门的坏毛病?

答:犬的想法很单纯,它知道自己打扮漂亮后,人们都会赞赏它。如果老是相同的装扮,新鲜感必然会降低,夸奖的声音也少了,它会有自卑感,认为自己不再受宠,而换了装扮后,它又再度成为明星,久而久之,就形成了只有换新装扮才能得到夸奖的想法。犬这种想法只有主人能帮它改变,主人应经常地赞美它、爱抚它,使它拥有强烈的自信,并定时带它去做美容,形成良好的习惯。

19. 犬的皮屑特别多怎么办?

答:在正常的新陈代谢下,犬的表皮细胞会不断地生长、老化、死亡并且脱落的。此外,感染寄生虫,过敏反应或者皮肤发炎等病症,也会使皮屑变得更多。

去屑的方法如下。①洗澡:好好帮犬洗澡,就可以很好地除掉皮肤上积攒的老旧皮屑。基本上夏天每 2 周洗 1 次,冬天每个月洗 1 次就差不多了。太过频繁地洗澡有可能会破坏犬毛上的油性保护层。洗澡的时候要用微温的水,注意避开眼睛,最后要记着把犬潮湿的毛发吹干。②梳毛:定期为犬梳毛,可以使平时积攒的老旧皮屑和死毛刷掉,也能帮助犬将皮肤分泌的天然油脂平均分布在每一寸皮肤上,只要经常梳毛,很多掉皮屑的问题都可以自然解决。在选择梳子的时候要注意梳齿是否过硬。可以选用专用的宠物美容梳。③专用洗毛香波:如果使用一般的洗毛精无法有效地去处头皮屑，那就要选用含有多种特殊成分的专用去屑洗毛精了。洗浴时要让泡沫停留在犬身上几分钟，其中的药用成分才能充分发挥作用。不要用人用的去屑洗发水替犬洗澡，免得产生更大刺激。犬有严重皮屑时，最好别用含有杀虱成分的洗毛精替它们洗澡，这类产品多半会使皮肤更加干燥。④护毛喷剂：如果犬居住的环境干燥，也可能会造成大量头皮屑，不妨到宠物用品商店买一些油性的护毛喷剂。喷在毛发上后，可避免犬毛发上的水分过度蒸发。⑤润肤油：一般用来给婴儿保养肌肤的产品也能滋润犬的皮毛。⑥加点油：皮屑大增的一个原因也可能是食物中的油量不足。所以在食物中添加适量的宠物专用鱼油是个好主意，这可以帮助皮肤恢复正常的代谢功能。只要每天加半勺或一茶勺的鱼油，就能明显地看出改善效果。⑦改变饲料：许多犬在改用另一种较专业的饲料后，皮屑问题就自然痊愈了。

20．犬身上有异味怎么办？

答：口臭：要给犬多刷牙，吃一些咬骨，强健牙齿。

耳朵发炎：夏天细菌活跃，给犬洗完澡后要将它们的耳朵清理干净，并注意不能有水积留在耳内。

肛门腺发炎：犬的肛门腺味很重，一般应每个月挤一次。否则一旦发炎，气味会很难闻。

生殖道发炎：应该及时去正规宠物医院就诊。另外，应该给犬养成良好的生活习惯，尽量每天带它们去室外遛遛，把犬的住处安排在通风、采光好的位置，因为阳光可以抑制一定的细菌，还要尽量勤换犬砂。

皮肤病：夏季草地上跳蚤特别多，应尽量让犬少去；洗澡后还要用吹风机把皮毛完全吹干，不然也容易患皮肤病。

每天保持室内通风,或是安装排气系统,加速室内空气流通,可在室内点几支蜡烛,保持 20～30 分钟,利用烟雾消除异味;还可以使用遮盖法,点香草或是摆放果香比较浓郁的水果,如菠萝、哈密瓜等。一些具有吸附作用的物品也能起到净化空气的作用,比如醋和活性炭。还可以给宠物使用一些天然植物提取的除味剂,它能将异味分子分解为二氧化碳和水,从而快速、安全除味。

(八)犬的交配

1.母犬什么时候适宜交配?

答:母犬性成熟后,一旦发情就可交配,此时母犬会有急躁、食欲不振等征兆,最大的特征是外阴部会出血。但出血量各有不同,有些小型犬完全不出血,在不知不觉中进入发情期。此外,有些犬种出血量少,并且犬自身会舔掉,因此难以分辨。当母犬不断舔屁股时,饲主就应仔细观察了。第一次的发情期平均是在 6～8 个月,小型犬成熟较早,大型犬稍晚。发情期间可以通过出血期间来分辨,平均为 7～10 天。一旦发情就表示性方面完全成熟,可以开始交配、怀孕、产仔。但此时最好不要进行交配繁殖,母犬虽已性成熟,但尚未达到体成熟,体内各器官还未发育完善。如这时交配受孕,母犬自身的发育将受到影响,产后乳汁少,仔犬的体型小,成活率低。因此,最佳的繁殖时期,中、小型犬应在 1.5 岁后,大型犬在 2 岁以后,一些名贵的纯种犬繁殖时间应更晚。

2.如何挑选合适的公犬交配?

答:种公犬的品质将直接关系到下一代仔犬的优劣。要选择健壮、生长发育快、抗病力强、繁殖能力高的公犬，其中以经验丰富、数次交配成功的犬最为理想。公、母犬体型大小要合适，年龄最好是壮龄配壮龄，或壮龄配老龄，不能老龄配老龄。严禁三代内近亲繁殖。

3. 犬交配的方法及注意事项是什么？

答：一般是把母犬带到公犬主人家中交配。第一次交配时，若两犬以前未有过接触，母犬大多会拒绝公犬，所以，必须让母犬和公犬相处一段时间，并一起生活嬉戏，直到互相习惯为止，才能进行交配。到了交配日，应让母犬排便、排尿后再带出去。即使已做到上述情况，母犬仍不让公犬接近，或采取攻击的态度以致无法交配，就可人工辅助。主人应抓紧母犬脖圈，保持稳定，使母犬接受交配。为了防止母犬被公犬咬伤，必须让公犬套上口罩。如果是长毛犬，可先剃掉外阴部周围的毛，以保持卫生。配种次数以 2 次为好，2 次相隔时间为 24～48 小时。母犬交配后，要让它休息一会儿，活动一会儿后再给饮水，等心情稳定之后再带回家，并喂它丰富的食物。之后，饲主需要细致地观察母犬情况。

4. 孕犬如何护理？

答：要给孕犬多补充钙粉，不要让它做过分激烈的运动。尽量少洗澡，水温变化及洗完澡后吹干过程的温度变化是对孕犬来说是禁忌。最好以温的湿毛巾勤擦，保持孕犬清洁，同时也要保持毛发干燥不打结，增加其舒适感。若要自己接生，则需要准备碘酒、棉花、剪刀、线、清洁毛巾、脸盆、旧报纸等，以便接产时用。

(九)犬的疾病预防

1. 给犬注射疫苗都需要注意什么?

答:犬五联弱毒疫苗用于预防狂犬病、犬瘟热、犬副流感、犬细小病毒病和犬传染性肝炎5种传染病的预防注射。疫苗的用法:幼犬从断奶时开始,连续注射3次疫苗,每次间隔2～3周;成年犬每年注射2次,间隔2～3周。怀孕母犬可在产前2周加强免疫注射1次。

犬六联疫苗用于预防犬瘟热、犬细小病毒病、犬传染性肝炎、犬副流感、犬腺病毒型病和犬钩端螺旋体病6种传染病。疫苗的用法:幼犬50日龄至3月龄时,连续注射3次疫苗,每次间隔4周。3个月以上的幼犬,连续注射2次,间隔3～4周,之后每年再加强免疫注射1次即可。

犬三联疫苗用于预防狂犬病、犬瘟热、犬细小病毒病3种传染病。疫苗的用法:幼犬7周龄时进行首次免疫,间隔3～4周后进行第2次免疫。成年犬免疫2次,间隔3～4周,以后每年免疫1次。

狂犬病疫苗用于预防犬、猫等动物的狂犬病。疫苗的用法是3月龄以上的幼犬、猫注射1次,免疫期1年。

应该注意在疫苗注射后2周犬才能产生坚强的免疫力,在此期间仍可以感染疫病,要注意防护。同时,凡使用过某种疫病免疫血清的犬,在间隔2～3周后,方可使用同类的疫苗。

2.在给犬注射疫苗方面有哪些误区？

答：一是不出门就不会被传染，故不必打疫苗。传染病的传染方式是多种多样的，尤其在目前宠物数量和密度不断增加情况下，亲友间的往来以及犬主人的外出等因素，都可能把病原带进家里，并传染给自家的狗。所以，应该及时进行疫苗的免疫注射。

二是疫苗这么重要，应早打早踏实。疫苗免疫不是越早进行越好，主要应该考虑以下因素。如果犬已经感染某种疾病，这时免疫会加重病情，不宜免疫。这时需要进行针对性治疗，当犬病愈后再进行免疫。犬的年龄太小时注射疫苗，可能会影响免疫效果。因此，犬的第1次六联疫苗免疫最早应在40～50日龄后进行，第一次狂犬疫苗免疫最早应在3月龄后注射。

三是打了疫苗，犬就十分健康了。犬可能发生的疾病多达几百种，目前进行免疫的疫苗，只能预防其中的六七种疾病。所以，即使及时进行了疫苗免疫，也应随时观察犬的健康状况，发现犬的异常情况要及时就医。

四是第一年的疫苗免疫是最重要的，以后每年的疫苗免疫就无所谓了。每种犬用疫苗免疫一次后都有一定的免疫保护期。在免疫保护期过后，犬仍然可以感染发病。所以，要根据各种疫苗的免疫保护期，制定免疫程序进行免疫，才能保证犬不发生这些疾病。应该按照技术规定做好每一次的免疫，才是正确的预防免疫方法。

3.犬的春季防病要点都是什么？

答：春天野外各种植物生长、开花，一些对花粉和草籽过敏的犬会出现皮肤过敏的症状。这时,犬会因瘙痒而不断地抓挠皮肤,有时把肚皮贴在地上或者在家具上不停地摩擦。这时应及时到宠物医院治疗。另外,由于春天气候多变,应注意预防犬发生感冒。

4. 犬的夏季防病要点都是什么?

答:夏天天气炎热,在中午时不要长时间让犬处在阳光直射下,应防止犬中暑。同时,如果带犬在外活动很长时间后,回到开着空调的家里,犬很容易生病。空调病的主要症状是打喷嚏和流鼻涕,厌食甚至不吃不喝,严重时体温升高,呼吸和心率加快等。不要让犬睡在空调风口下,最好让它们待在有自然风的环境里。夏季降水增多,温暖和潮湿使蚊虫大量滋生,带犬外出容易感染体外寄生虫,使它患上皮肤病,要定期带犬去宠物医院使用药物预防各种寄生虫病。

5. 犬的秋季防病要点都是什么?

答:秋天犬的疾病也发生很多,比如胃肠病、食物中毒、热射病、日射病,蚊虫传播的心丝虫病、湿疹等。平时要注意检查犬的肛门部是不是有白色的颗粒状物,粪便中是否有寄生虫和虫卵,犬是否经常出现拉稀等现象。深秋的气温变化比较剧烈,犬最容易感冒,要注意在洗浴以后,彻底擦干犬的全身,注意保暖。这时期犬也容易患犬瘟热病,初期症状与感冒相似,要及时就诊。此外,犬除按规定进行预防接种外,在此流行时期要尽量减少或避免外出。

6. 犬的冬季防病要点都是什么?

答:冬季天气温很低,犬很容易着凉,非常容易感冒,首先应该注意保暖。预防感冒的措施是让犬穿上棉衣服,在犬窝内垫上褥垫等物,防止受凉。在给犬每次洗澡后,一定要立刻吹干犬的皮毛。冬天室外气温虽低,仍应带犬外出散步,保证每天有充分的运动量,可增强犬的体质、提高防病能力。幼犬在保暖情况下,尽可能外出多晒太阳,防止发生佝偻病。

7. 犬生病前的征兆都有哪些?

答:很多疫病都有一定的潜伏期,当您发现犬出现很明显的症状时,病情往往已经非常严重了。所以首先应该在它健康时,按照技术要求及时进行疫苗免疫,保证一些主要传染病不会发生。同时,平常要细心观察犬的变化,如果你发现自己的犬出现些微变化,就应该立即就医。在平时应留意以下 6 种现象:一是精神不振,身体软弱无力,动作迟钝,尾部微微颤动、下垂。二是鼻镜部干燥,流鼻液。三是排便不正常,有拉稀或便秘现象。健康犬每日排便 2 次左右,大便颜色因食物而异,通常为黄褐色,应该软硬适中。四是食欲不振或食欲迅速降低。犬有时出现不肯吃饭或呕吐现象。五是眼睛怕光、有眼屎,甚至眼结膜充血。六是体温升高。正常犬的体温约为 38.5℃,幼犬体温稍高。一般说来,犬早晨的体温低,中午至傍晚的体温略高,相差不超过 0.5℃左右。如果犬体温超过 39℃就可能是发生疾病的表现。

另外,如果犬出现咳嗽、小便困难、耳部或身体瘙痒、乱吃异物等现象,也可能是某种疾病的反应,不要忽视。

8. 如何诊治犬瘟热?

答:犬瘟热的病原是犬瘟热病毒,主要为害幼犬。通常以 3 月龄至 1 岁的幼犬最易感。病犬主要出现双相热型、鼻炎、严重的消化道障碍和呼吸道炎症等症状。病的后期常出现神经症状。病犬的各种分泌物、排泄物(鼻汁、唾液、泪液、心包液、胸水、腹水及尿液)以及血液、脑脊髓液、淋巴结、肝、脾、脊髓等脏器都含有大量病毒,并可随呼吸道和消化道分泌物及尿液向外界排出病毒。健康犬与病犬直接接触或通过污染的空气或食物,经过呼吸道或消化道感染此病。

本病寒冷季节(10 月份至翌年 4 月份)多发,多见于犬类比较集聚的地方。一旦犬群中有个别幼犬发生本病,其他幼犬很难避免被感染和发病。哺乳仔犬由于可以从母乳中获得抗体,一般很少发病。

临床特征体温呈双相热型(即病初体温升高达 40℃左右,持续 1～2 天后降至正常,经 2～3 天后,体温再次升高);第二次体温升高时(少数病例此时死亡)出现呼吸道症状,病犬咳嗽,喷嚏,流浆液性至脓性鼻汁,鼻镜干燥;眼睑肿胀,化脓性结膜炎,后期常可发生角膜溃疡;下腹部和股内侧皮肤上有米粒大红点、水肿和化脓性丘疹;病犬常发生呕吐;初便秘,不久拉稀,粪便恶臭,有时混有血液和气泡。有的犬病初就出现神经症状,有的犬在病后 7～10 天才呈现神经症状。主要表现是轻者口唇、眼睑局部抽动,重则流涎空嚼,或转圈、冲撞,或口吐白沫,牙关紧闭,倒地抽搐,呈癫痫样发作,持续数秒至数分钟不等,发作次数也由每天数次到 10 多次。此种病犬大多预后不良,即使痊愈,也常留有后躯无力等后遗症。由于本病常与犬传染性肝炎等病混合感染及继发感染细菌,使症状复杂化。根据上述症状只可做出初步诊断,最后确诊还须采取病料送检,进行实验室诊断。

防治措施:①要定期做好预防接种。目前我国生产的犬瘟热疫苗是细胞培养弱毒疫苗。为了提高免疫效果,应按以下免疫程序接种。仔犬6周龄时为首次免疫时间,8周龄进行第2次免疫,10周龄进行第3次免疫。以后每年免疫1次,每次的免疫剂量为2毫升。鉴于疫苗接种后需经一定时间(7～10天)才能产生良好的免疫效果。这是某些犬在免疫接种后仍然发生犬瘟热等疫病的重要原因之一。为了提高免疫效果,减少感染率,在购买仔犬时,最好先给仔犬接种犬五联高免血清4～5毫升,隔1周后再注1次,再隔2周后按上述免疫程序接种犬五联疫苗,这样既安全可靠,又可减少发病率。②加强兽医卫生防疫措施。应尽量做到自繁自养。在本病流行季节,严禁将外面的犬带到家中。③及时发现病犬,早期隔离治疗,防止继发感染,提高治愈率,减少死亡率。病的初期可肌内或皮下注射抗犬瘟热高免血清(或犬五联高免血清)或本病康复犬血清(或全血)。血清的用量应根据病情及犬体大小而定,通常使用5～10毫升/次,连续使用3～5天,可获一定疗效。早期应用抗生素(如青霉素、链霉素等)并配合对症治疗,对防止细菌继发感染和病犬康复均有重要意义。④应用各种消毒药对犬舍、运动场进行彻底大消毒。

9. 如何预防犬细小病毒病?

答:犬细小病毒对犬具有高度的接触性传染性,各种年龄的犬均可感染。但以刚断乳至90日龄的犬发病较多,病情也较严重。幼犬有的可呈现心肌炎症状而突然死亡。据临床发病犬的种类来看,纯种犬及外来犬比土种犬发病率高。本病一年四季均可发生,但以天气寒冷的冬春季多发。病犬的粪便中含毒量最高。

被细小病毒感染后的犬，在临床上可分为肠炎型和心肌炎型。肠炎型的主要症状为，自然感染的潜伏期为7～14天，病初表现发热(40℃以上)、精神沉郁、不食、呕吐。初期呕吐物为食物，即之黏液状、黄绿色或有血液。发病1天左右开始腹泻。病初粪便呈稀状，随病状发展，粪便呈咖啡色或番茄酱色样的血便。以后次数增加、里急后重，血便带有特殊的腥臭气味。血便数小时后病犬表现严重脱水症状，眼球下陷、鼻镜干燥、皮肤弹力高度下降、体重明显减轻。对于肠道出血严重的病例，由于肠内容物腐败可造成内毒素中毒和弥散性血管内凝血，使机体休克、昏迷死亡。血象变化，病犬的白细胞数可少至60％～90％(由正常犬的1.2万个/毫米^{3}减至4 000个/毫米^{3}以下)。心肌炎型的主要症状为，40日龄左右的犬多发生，病犬先兆性症状不明显。有的突然呼吸困难，心力衰弱，短时间内死亡；有的犬可见有轻度腹泻后而死亡。

此病的主要防治措施是发现本病应立即进行隔离饲养。防止病犬和病犬饲养人员与健康犬接触，对犬舍及场地用2％火碱水或10％～20％漂白粉等反复消毒。

10. 如何预防犬中暑?

答：①将犬安置在空气流通、避免日晒的地方，必要时给它吹电风扇或在室内安装空调装置。②长毛犬可以剃毛有助于散热，并随时在水盆中添加足够的清洁和凉爽的水供犬饮用。③高温天气时，不要带犬出门，如要出门必须携带饮水，要尽量减少犬的运动量。④随时注意宠物是否出现异常行为或症状，尤其肥胖、心肺或肝肾功能不佳、及患有慢性病的犬很容易中暑，要及时就诊。

11. 犬中暑如何急救?

答:首先应判断宠物是否中暑,先观察犬的行为和反应,然后可触摸体表状况。例如,犬是否处在闷热、高温的环境中,体温是否比平时高,也可以从宠物腹部无毛部位观察皮肤是否出现潮红、出血点、出血斑等情况。

如果宠物有中暑症状时,第一步要先解开颈圈、胸带或其他包覆、悬挂在宠物身上的物品。如果宠物只是出现流口水、急喘、躁动的轻度中暑情形,可以先降低环境温度,例如将宠物移至阴凉处,或给它吹电风扇、冷气降温,再给予适量水分即可慢慢恢复。若是已经呼吸困难、呈现呆滞状态,则要就近用冷水淋湿宠物全身,或将它半泡在水中,然后送医急救。

12. 换季时,如何预防犬窝咳?

答:两季更迭时气温变化大,特别是昼夜温差大,容易引发很多犬类传染病,其中犬窝咳也在此时进入高发期。犬窝咳即犬传染性气管、支气管炎,是由多种病原引起的犬传染性呼吸器官疾病,可以侵害任何年龄的犬。只要有一只发生,其他与之相接触的犬也会随即出现此症状。此病的病程为 1 周以上,少数病例可长达数月之久。大多数犬可随着机体抵抗力的提高而逐渐康复,少数犬会因为治疗不及时继发支气管肺炎。发病初期,病犬症状表现为干咳,咳后间或呕吐,但精神、食欲等均正常,一般不发烧,也没有流鼻涕等。此后表现为疼痛性咳嗽,体温升高,食欲不振,流脓性鼻涕。

犬窝咳的治疗需要标本兼治,一方面要对症治疗控制咳嗽等症状，另一方面要根据感染的不同病原体，采取抗生素治疗。也可以服用一些中药类，如双黄连口服液加上蛇胆川贝液等进行防治。还要经常对犬居住的环境进行消毒。

13. 如何辨别犬是否感冒？

答：犬的感冒症状不难辨别。犬感冒一般多发于早春、晚秋和气候变化骤然的时候。病因多数是由于突然遭受冷刺激，如冬季遇贼风或在室内睡觉时遭穿堂风侵袭、寒冷季节露宿、被雨淋、给犬洗澡后没有及时将毛吹干等。感冒的主要症状表现在：病犬精神沉郁，食欲减退或废绝，眼结膜潮红，流泪等。有咳嗽现象，鼻涕呈脓液状，呼吸加快，体温升高，恶寒战栗，如不及时治疗则有可能并发气管炎、支气管炎等其他疾病。

应该注意的是犬的许多传染病早期症状和感冒的症状很相像，如犬瘟热和细小病毒病等的早期症状。这些病的表现都是以体温升高、打喷嚏、流泪、流水样鼻液等症状为主，和感冒症状极为相似，容易误认为犬患感冒，造成治疗错误，引起犬死亡的严重后果。患病犬应该尽早到宠物医院诊断治疗。

14. 如何处理犬发烧？

答：发现犬精神沉郁、食欲不振，饮水量增加，犬的鼻镜端干热，耳根部皮肤温度较其他部位高时，则表明犬发烧了。可以用体温表准确测量病犬体温。

一般情况下，犬患传染病或呼吸道、消化道等其他器官炎症时体温会升高。犬发高烧时，在送医治疗前，最重要的是静养，如果犬出现发冷情况时，应该给它盖被取暖。

15. 犬呕吐的原因及处理方法都有哪些?

答:如果是刚吃的食物,有可能是因食物过硬、过大或者吃得过多造成的。如果是吃了较长时间食物已经消化了的,有可能是食物食具不卫生、食物不适合犬、体内寄生虫太多等原因造成的。如果呕吐过于频繁(一般1周内超过2次可视为频繁),应该属于病态的,应立即去医院检查和治疗。

如果给它喂食的时间不固定,有时饥饿也会造成犬的呕吐。

犬有清洁自身毛的习惯,在梳洗时会舔食进一些毛,有一部分积聚在胃里,而当积聚的量多了以后,犬会出现呕吐,这是正常现象。

如果犬出现呕吐,但没有更严重的病症时,可对犬采取禁食24小时(幼犬禁食12小时)的办法,期间可以供应水,但是不可太多。小型犬为50～100毫升,大型犬为200毫升。30分钟后给予同量的水。如果停止呕吐后,可给予少量易消化的清淡食物。如果进食后不再呕吐,则可将鸡肉、瘦肉煮熟后,连汁拌饭喂食。应一天喂食3小顿,不宜一天给予一大顿。第2天,如果一切情况良好,则可喂食正常的食物,但是仍保持少量。最好再过一两天,才完全恢复到正常饮食。

16. 犬腹泻的原因都有哪些?

答:犬腹泻是夏季常会出现的问题。一般是因为犬吃了不适当的食物,如冰淇淋、奶油蛋糕,含纤维质多的蔬菜和大量牛奶、花生、章鱼、墨鱼、贝类等不太容易消化的食物,可能引起犬的腹痛、腹泻。特别是牛奶,幼犬食用后都会腹泻。犬吃了不干净的食物、新鲜的动物内脏和巧克力,以及犬的日常饲料成分突然改变,都会引起犬的腹泻和其他一些疾病。

17. 犬便秘的原因有哪些?

答:犬的便秘是临床上的常见病。便秘是由某些因素使肠蠕动机能产生障碍,肠内容物不能及时地排出体外,其水分进一步被吸收,使粪便干燥而造成的。常见的便秘原因有:第一,食物和环境因素。犬因食入骨头、毛发和不消化异物等与粪便混合纠缠在一起,难以顺利通过肠腔;另外,食物结构的不合理,食物中的动物肝脏过多,这种食物很容易导致粪便的燥结;此外,环境的突然改变、缺乏运动、破坏动物正常的排粪习惯等都可引起便秘。第二,直肠或肛门部位受到机械性压迫或阻挡,如会阴疝、直肠息肉或肿瘤、肛门腺囊肿、直肠狭窄、骨折后骨盆变形等。第三,老年性肠蠕动机能减弱,腰间神经损伤,致使肛门括约肌丧失排便反射,以及髋关节脱位或四肢骨折时,改变了排便姿势,也可招致肠便秘。某些慢性传染病,高热疾病使机体脱水严重时也可导致犬便秘。

18. 大龄犬为何要定期体检?

答:一般小型犬在八九岁时开始步入老龄期,大型犬在 7 岁就可以算大龄犬。大龄犬随着年龄的增加,抵抗力会明显下降,体内已经开始发生变化。大龄犬最主要的变化就是代谢能力下降和心脏、肾脏功能开始衰竭,导致运动能力下降。因此,应该细心观察并及时发现它们行为的变化,每年还要定期进行身体检查,防止大龄犬发生各类疾病。

大龄犬最常见的疾病就是牙病和内分泌系统疾病。大龄公犬一定要注意前列腺、肾脏、心脏等器官，而母犬则应注意检查乳腺、肾脏、胰腺等器官。

19. 如何做好老年犬健康维护？

答：犬也与人类一样，随着年龄的增长器官功能逐渐出现退化。做好老龄犬的健康维护应该从中年犬开始。每年要定期对犬进行体检，检查的项目包括胸部X线片筛查肺部疾病和心脏病；腹部超声筛查腹部的肿瘤、泌尿系统结石及生殖系统疾病以及肝肾等器官的器质性变化等；血常规及血液生化检查可以尽早发现问题，及时治疗。

20. 如何预防犬的常见疾病？

答：①应及时到有关部门为宠物注射疫苗，特别是在街头领养回家的宠物，一定要先去兽医部门检查并注射疫苗。②每年都要为宠物进行一次寄生虫方面的检查，定期给它们服用驱、杀寄生虫药物。同时，每天要对宠物的休息处进行清理、消毒。③避免用鼻子或嘴去亲吻宠物，也不要和宠物同桌进餐，更不能与宠物共用餐具。

21. 如何治疗犬耳痒螨？

答：犬耳痒螨病是由耳痒螨属的犬耳痒螨所引起的皮肤病。主要症状表现是病犬摇头、搔抓或摩擦患耳。耳内有渗出物和暗褐色的蜡质，有时有鳞状的痂皮。用放大镜可以看到犬耳痒螨。如果侵害到脑膜会出现癫狂症状。治疗方法是把刺激性小的油

(如矿物油)注入耳道内,接着轻轻按摩进行清洗,然后用棉签将分泌物清除,用酞酸二甲酯(邻苯二甲酸二甲酯 24%、棉籽油 76%)1~2 毫升,注入耳道内并轻轻搓揉,每 3~4 天 1 次,直至痊愈。

22. 如何治疗犬皮肤真菌病?

答:犬皮肤真菌病或称表面真菌病,是指真菌侵袭表皮及其附属构造(毛、角、爪)的真菌疾病。引起犬皮肤真菌病的主要是犬小孢子菌。有时也可分离到须毛癣菌、疣状毛癣菌和石膏状小孢子菌。皮肤真菌对外界因素的抵抗力极强,尤其对干燥更强。此病的主要临床特征是在头、颈和四肢的皮肤上发生圆形断毛的秃斑,上面覆以灰色鳞屑,严重时,许多癣斑连成一片。

犬皮肤真菌病预防措施,一是搞好犬皮肤的清洁卫生,经常检查被毛有无癣斑和鳞屑。二是加强对犬的管理,避免与病犬接触。三是发现病犬要及时隔离治疗。此病治疗可用灰黄霉素 25~50 毫克/千克体重,分 2~3 次内服,连服 3~5 周。在进行全身疗法的同时,也可以对患部剪毛,涂抹制霉菌素或多聚醛制霉菌素钠软膏,可使患犬在 2~4 周内痊愈。

23. 如何避免犬患肛门腺炎?

答:肛门腺炎是犬的常见病。肛门腺是位于肛门两侧偏下方皮肤黏膜内的一对外分泌腺体,是所有肉食动物都有的。它的主要作用是分泌一些刺激性气味作为自己的标志。

肛门腺炎可分为两类,一类为肛门腺阻塞,由于腺口阻塞,肛门腺的分泌物淤积造成的肿胀,引起不适。另一类为腺体内发炎,化脓而引起的疼痛、瘙痒。这两类病症常伴随发作。

预防此病的方法十分简单，就是科学饲喂及相对稳定的日粮，防止犬腹泻及便秘。犬正常粪便应当是成形的软条状，表面具有一定的柔软度及黏性。那些不粘器具和地面的粪便是不正常的，可引发此病。在日粮中加适量的粗纤维，减少蛋白及骨头的含量等也可以预防此病。日常保健是指每次在给犬洗澡时，要有意识地注意犬的肛门腺，也可防止此病的严重发作。

24．如何预防犬传染给人的常见病？

答：犬传染给人类的人畜共患疾病有30多种，常见的有犬蛔虫病、犬丝虫病、犬真菌病、狂犬病等。

未满6个月的幼犬100%有蛔虫寄生。其排泄物污染环境后，人直接或间接地通过泥土食入即可被感染。比较多见的是幼儿园的儿童和小学生感染此病。因此，防止犬的寄生虫病感染人，最主要的是要定期检查犬的血液和大便，定期给犬进行驱、杀寄生虫药物治疗。

狂犬病是犬传染给人最多也是危害最大的传染性疾病。主要防止此病传染给人的方法是，按照规定为犬进行狂犬病疫苗的预防注射。一旦被犬咬伤，要立即到医院处理就医。

25．狂犬病的传播方式有哪些？

答：狂犬病病毒主要存在于病畜的脑组织及脊髓中。病犬的唾液腺和唾液中也有大量病毒，并随唾液向体外排出。病犬出现临床症状前的10～15天，至症状消失后的6～7个月内，唾液中都可含有病毒，因此，当动物被病畜咬伤后，就可感染发病。有些外表健康的犬、猫，其唾液中也可含有病毒，当它们舔人或其他动物，或与人生活在一起时,也可使人感染发病。呼吸道分泌物及尿液污染的空气,也可引起人畜的呼吸道感染。野生动物可因扒食病尸而经消化道感染。

26. 狂犬病有什么表现?

答:狂犬病的病原是狂犬病病毒。病犬主要表现狂躁不安和意识紊乱,攻击人畜,最后发生麻痹而死亡,因此又称疯狗病。本病通常为散发形式为多,大多数病犬有被疯病动物咬伤的病史,一般春、夏发病较多,这与犬的性活动有关。病犬表现狂暴不安和意识紊乱。病初主要表现精神沉郁,举动反常,如不听呼唤,喜藏暗处,出现异嗜,好食碎石、木块、泥土等物,病犬常以舌舔咬伤处。不久,即狂暴不安,攻击人畜,常无目的地奔走。外观病犬逐渐消瘦,下颌下垂,尾下垂并夹于两后肢之间。声音嘶哑,流涎增多,吞咽困难。后期,病犬出现麻痹症状,行走困难,最后终因全身衰竭而死亡。

27. 如何使用国产狂犬病疫苗防治狂犬病?

答:①应定期进行预防接种。目前我国生产的狂犬病疫苗有两种,即狂犬病疫苗与狂犬病弱毒细胞冻干苗。用狂犬病疫苗只接种 1 次是不够的,应以 3～5 个月的间隔接种 2 次。接种疫苗的犬可获半年的免疫期。另一种疫苗是狂犬病弱毒细胞冻干苗。使用前,应以灭菌的注射用水或生理盐水按瓶签规定的量稀释,摇匀后,不论大小,每犬一律皮下或肌内注射 5 毫升,可获 1 年的免疫期。无论接种哪种疫苗的犬,一般无不良反应,有时在注射局部出现肿胀,很快即可消失。但此两种疫苗对体弱、临产或产后的母犬及幼龄犬都不宜注射。注射后7天内的犬,应避免过度训练,并注意观察其健康状况。②要加强检疫。未注疫苗的犬入境时,除加强隔离观察外,必须及时补注疫苗,否则禁止入境。对无人饲养的野犬及其他野生动物,尤其是本病疫区的野犬,应予以扑杀。③对已出现临床症状的病犬及病畜应立即扑杀,尸体应深埋,不准食用。

28. 什么是伪狂犬病?

答:伪狂犬病是由伪狂犬病毒所致的哺乳动物急性传染病。本病自然发生于牛、犬、猫、鼠、猪;由于病毒对外界环境的抵抗力很强,犬吃了患伪狂犬病的猪、鼠等内脏而感染,也可经皮肤伤口感染。感染发病后100%死亡。

伪狂犬病主要症状是,潜伏期3～6天。病犬初期神情淡漠,以后不安、拒食,常有呕吐。开始舐擦皮肤受伤处,随后搔抓、舐痒处。以后该皮肤产生大范围的烂斑,周围组织肿胀。有的病例可见撕咬各种物体、跳墙、不能吞咽,口流涎、瞳孔大小不等症状。头、颈及唇肌有时抽搐。

此病目前尚无特效治疗方法,只有定期进行疫苗免疫进行预防。在发病后注射此病的免疫血清有一定疗效。同时,要对犬生活的周围环境进行严格消毒。

29. 家庭常备宠物用药以及作用都是什么?

答:为了避免犬的一些急病突发在夜间,或是生活在远离宠物医院的地方,养犬家庭准备一个常用药箱是很有必要的。一般常备药物包括外用药、消化道药物和特殊药物。这些药物主要作用包括以下几点。

外科用药:犬如果只是一般的皮外伤,可先用双氧水清洗伤口。如果犬流血,可以用云南白药药粉涂抹在伤口上即可。如出血过多,可适当地让犬内服一些止血的药物。常用且有效的创伤消炎药(如红霉素软膏、碘膏等),一般涂抹在伤口表面后,包扎一下,以防舔食。

消化道用药:多酶片、胃蛋白酶片、大蒜酵母片等药物对犬的消化不良、食欲不振会有很大帮助,可有效地调理犬的肠胃功能。庆大霉素片可以治疗因消化不良引起的腹泻。服用胃复安片可以止吐。

特殊用药:氯霉素眼药水用于眼部的必备药品,可治疗结膜炎、角膜炎。要备些维生素 E,经常给犬吃一些,会延缓它的衰老。当犬便秘时,可将甘油栓挤入肛门内,是非常有效的药物。如果犬包皮腔发炎了,应经常用洗必泰溶液冲洗,就可以帮它恢复健康。患癫痫的犬,在发作前给犬服用苯巴比妥会有效控制病情。还可给有晕车病史的犬备些镇静剂,常用的有安定、氯丙嗪等。但在用药后,要开窗或空调保持车内凉爽,药物的用量必须向兽医咨询。

30. 如何给犬喂药?

答:一般给犬喂药,可以先让犬坐下来,然后用一只手掰开犬的下颚,另一只手把药片放到尽可能接近犬的舌根的部位,随后把犬的头微微向上抬,用手顺着犬的脖子向下轻抚。如果在你松开手之后,看到犬舔了舔嘴唇,说明药片已经被犬吞下去了。

另外,最常用的方法是把药藏在犬平时爱吃的东西里,让它自愿吃下去。一般可以将药片磨碎后混入饲料、夹在肉内,混入水中(可溶性药物,提前要计算好饮水量和药量)。

31. 如何进行犬的急救与护理？

答：当有异物进入眼睛时，首先应保定好犬后，轻轻拨开上、下眼睑，发现异物时用清水冲洗去除之。如果不行应立即就医，应防止犬用爪子揉受伤的眼睛或蹭伤眼睛。若异物刺到眼球里面，则先盖上纱布直接到宠物医院就诊。

犬的耳朵出血时应由兽医诊治，把纱布放在头部，再把耳朵反放在纱布上，然后于伤口部位放纱布，用手压到止血后，再用绷带包扎。

犬的口部出血时，应让它先低下头坐好，把许多块纱布重叠放入口腔内进行压迫止血。舌头受伤时，则轻轻拉出舌头，或让犬张开嘴巴，按伤部5分钟加以止血。

误吞异物时，犬会发生呼吸困难、气喘等症状，并会不断地用脚抓脸。此时应按住犬使其不动，再用手指缠布，拉出舌头，利用手电观察喉咙深处，发现异物时，用圆头夹子夹出。如梗塞严重，上述方法无效时，必须送医处理，必要时做食管切开术取出异物。

烫伤处理应视程度决定，犬的体毛烧焦皮肤发红时，需用冷水冷敷10分钟，再用纱布盖住患部送医治疗。若体毛全部被烧掉，且皮肤变红时，则必须先处理犬的休克状态，然后再小心地用纱布包烫伤的部位，立刻送医。

犬触电时绝不可惊慌地去抱或摸，应先截断电源，在无法截断电源时，就用竹竿或木板移动犬的身体，然后尽快就医。

犬骨折时绝不可移动骨折部位，在进行止血及休克处理后，可用木条夹住骨折两侧加以固定，再由上面缠绕纱布，木条长度比骨折两侧还要长，然后速送宠物医院。

急救休克时，犬脉搏减弱，体温降低，呼吸增快，体质虚弱。急救时首先清理口腔，调整头部使其低于心脏，保持温暖，然后立即请兽医诊治。

当犬脑部受伤或其他原因停止呼吸 5～6 分钟时，就应立即施行人工呼吸。做法为：放犬侧卧，把头伸直用手拉出舌头，用干净布或纱布除去口腔和咽喉的黏液或异物，然后在肘后用力而柔和地下压胸部，压下后停几秒钟，放开几秒钟，如此反复进行，直到开始呼吸为止。

止血有 3 种方法，即手压止血、绷带压迫止血和止血带止血。手压止血可用清洁布或纱布块，紧压在伤口上 4～5 分钟，然后轻轻减小压力；如果继续大量出血，稍停一会儿，用纱布放在伤口上，再用绷带捆扎压迫止血，捆扎 1 小时，解开绷带检查一下，看看出血是否停止和绷带的松紧情况。当手压和绷带止血无效，或伤口呈现喷射状出血时，可用止血带止血。将止血带紧勒在伤口上方。每隔 15～40 分钟松一下止血带。应尽快送宠物医院。

32．带犬去宠物医院治疗的注意事项都是什么？

答：①要带上垫子。由于医院诊所台都是金属的，有些医院忙时根本不消毒，所以一定要带上垫子。②要认准好大夫。同一家医院内医生的水平也会有差别。要找技术好的医生看病。③在输液时，注意观察，防止针头跑出血管。输液的速度宁慢勿快。要记得在宠物输液时，要在犬身下垫上纸尿垫。④在麻醉前不要让犬吃东西。⑤犬没有发生异常情况下，尽量少去医院，防止交叉感染。⑥防止犬乱咬东西。

33. 吸烟对犬有什么危害?

答:研究结果表明,生活在吸烟家庭中的犬很容易患鼻癌和鼻窦癌,因为它们鼻子的面积较大,而接触癌细胞的几率也就更多,而患有鼻癌的犬存活时间不会超过一年。鼻子较短的或长度适中的犬则容易患上肺癌,因为它们的鼻容量较小,不太容易聚集吸入的烟尘,这样就使致癌烟尘直接进入肺部,导致肺部的疾病。

参 考 文 献

[1] 杨晓光.家有宠物巧饲养之狗.北京:中国社会出版社,2010.
[2] 杨晓光.家有宠物巧饲养之猫.北京:中国社会出版社,2010.
[3] 夏艳洁.观赏鱼养殖200问.长春:吉林科学技术出版社,吉林出版集团有限责任公司,2007.